航空戦史

-航空戦から読み解く世界大戦史-

古峰文三

目次

戦闘機隊員を育てた零戦隊の古巣
第十二航空隊 7

日ソ両軍が初めて経験した本格的航空戦
ノモンハン航空戦 37

〝無敵の戦闘機部隊〟その誕生と栄光、終焉まで
〝加藤隼戦闘隊〟戦記 63

敗因は補給ではなかった
新視点から見るインパール作戦 93

勝敗を分けたのは技術力ではなかった
日本本土防空戦 125

新鋭機・紫電改を擁する最強戦闘機隊の実像
海軍最後の戦闘機隊「三四三空」 153

その組織・運用は〝空軍〟たりえたか？
空軍としての陸軍航空隊 179

小さな部品の偉大な物語
沈頭鋲 209

撃墜王レッドバロン〝もうひとつの顔〟
リヒトホーフェン 225

イギリス空軍の真の勝因は何だったのか？
バトル・オブ・ブリテンの虚像と実像 253

ルフトヴァッフェの〝いちばん長い日〟
ノルマンディ航空戦 281

ドイツ空軍が空前の兵力を投じた知られざる大攻勢
アルデンヌ航空戦 313

写真提供／U.S.Air Force、U.S.Army、U.S.Navy、National Archives、NASA、Imperial War Museums、Australian War Memorial、Bundesarchiv、SA-kuva、Wikimedia Commons、野原茂、イカロス出版
図版作成／おぐし篤（特記以外）

※本書は雑誌『歴史群像』（発行:学研プラス）に掲載された記事に、加筆修正を加えた上で再構成したものです。

●初出一覧

第十二航空隊	歴史群像 2018年2月号 No.147
ノモンハン航空戦	歴史群像 2014年8月号 No.126
“加藤隼戦闘隊”戦記	歴史群像 2017年2月号 No.141
新視点から見るインパール作戦	歴史群像 2018年10月号 No.151
日本本土防空戦	歴史群像 2014年6月号 No.125
海軍最後の戦闘機隊「三四三空」	歴史群像 2015年12月号 No.134
空軍としての陸軍航空隊	書き下ろし
沈頭鋲	歴史群像 2017年12月号 No.146
リヒトホーフェン	歴史群像 2015年2月号 No.129
バトル・オブ・ブリテンの虚像と実像	歴史群像 2015年4月号 No.130
ノルマンディ航空戦	歴史群像 2018年6月号 No.149
アルデンヌ航空戦	歴史群像 2014年2月号 No.123

戦闘機隊員を育てた零戦隊の古巣

第十二航空隊

日本海軍の零式艦上戦闘機（零戦）は太平洋戦争の緒戦で、その運動性能とともに長大な航続性能を活かして快進撃の立役者となった。そうした長距離進攻作戦を可能とした背景には、支那事変で大陸に派遣されて多くの戦闘機パイロットを育てた“最初の零戦隊”、「第十二航空隊」の存在が大きい。なぜ十二空に最初に零戦が装備され、後の大戦にどんな影響を与えていたのだろうか。

昭和16年、中国大陸上空を勇躍する第十二航空隊所属の零戦

番号を持つ特設航空隊の誕生

第十二航空隊は支那事変勃発によって編成された、特設航空隊の筆頭に位置する航空隊だ。

特設航空隊とは戦時に於いて臨時に編成されて戦地に投入される航空隊で、常設航空隊が基地近傍の地名を冠称するのに対して番号を付与されることから、番号航空隊とも呼ばれる。

番号を冠した特設航空隊の筆頭が「十二」で始まるのは事変勃発の前年、昭和11年9月に南支で北海事件(※1)が発生した際に九六式陸上攻撃機(中攻)と九五式陸上攻撃機(大攻)とで第十一航空隊が編成されて短期間台湾に展開したことによる。

陸上機部隊は十番台を用い、水上機部隊は第二十一航空隊(北支に単独派遣予定)、第二十二航空隊(南支に単独派遣予定)といった二十番台が充てられた。また、この当時の特設航空隊は「第十二航空隊」が正式な名称で、太平洋戦争中期(昭和17年10月以降)の特設航空隊が「第三〇二海軍航空隊」と呼ばれたように隊名の途中に「海軍」を挟まない。

事変勃発と共に大陸に投入される航空隊の動員が始まり、木更津航空隊(中攻)と鹿屋航空隊(中攻・艦戦)の両隊はそれまで最優先で装備の充実が進められていた陸上攻撃機隊であるため戦力が大きく、常設航空隊がそのまま外征するかたちとなり、これらをまとめて第一連合航空隊(7月13日編成完了)を構成し、緒戦では台湾から東支那海を越えての「渡洋爆撃隊」として活躍した。

第十二航空隊は佐伯航空隊を基幹として旧式の九〇式艦戦6機と九五式艦戦6機、九四式艦爆12機、九二式艦攻12機の小型機部隊として編成され、大村航空隊を基幹として九〇式艦戦6機、九六式艦戦6機、九六式艦爆6機、輸送機1機で編成された第十三航空隊と共に第二連合航空隊(7月15日編成完了)

離陸する九六式陸上攻撃機 渡洋爆撃隊として出撃した

※1 昭和11年(1936年)9月3日、中国広東省北海で日本人が殺害された事件。

として運用された。

敵航空基地を破壊し敵機を地上で撃破する航空撃滅戦の主力部隊が第一連合航空隊、制空と航空撃滅戦の補助、そして地上部隊への協力を主任務とする小型機部隊が第二連合航空隊だった。

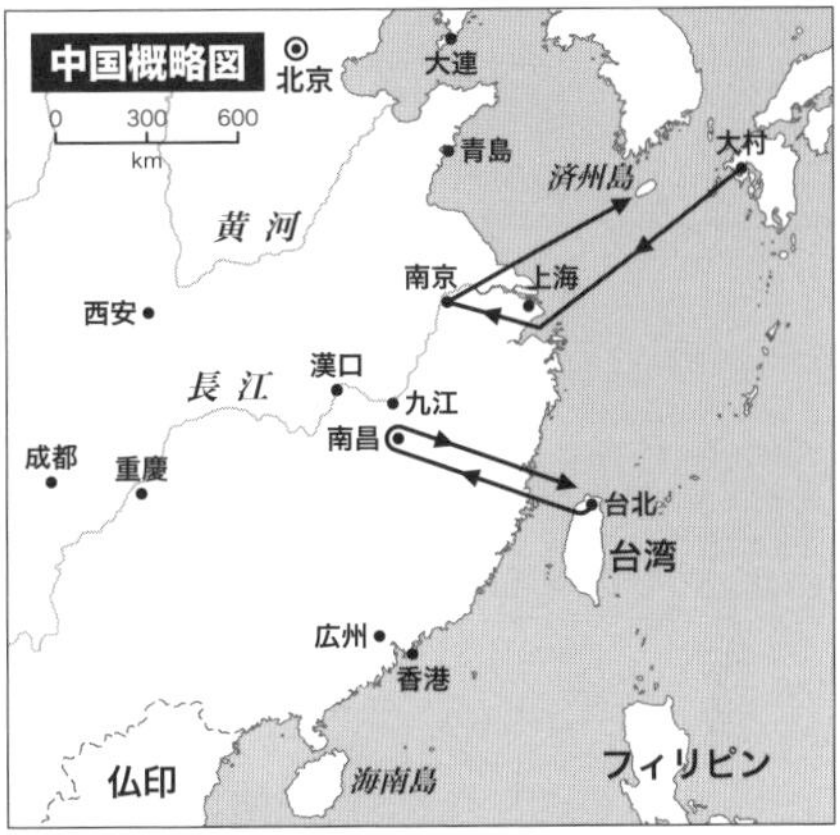

中国概略図

矢印は支那事変初期に実施された渡洋爆撃の進撃コースで、大村基地から南京を爆撃して済州島に帰還するルートが木更津空、台北から南昌を爆撃するルートが鹿屋空のもの

事変初期の戦闘

事変勃発直後の航空作戦は航続距離の大きな陸上攻撃機隊、第一連合航空隊の独壇場だった。

十二空、十三空が所属する小型機部隊である第二連合航空隊の出番は、上陸作戦が進捗し内陸の飛行場が確保されてからのことになる。それまでは空母部隊からの艦上機隊が制空と地上支援、航空撃滅戦を担っていた。

このような事情で第二連合航空隊は当初、大連近郊の周水子に展開し、陸軍航空隊が主担当となる北支方面で陸軍航空隊の支援を命じられていたが、上海方面への上陸作戦が開始されると共に8月末には第二連合航空隊に上海への進出が命じられた。

上海方面では飛行場が確保された順番に秘匿名称が振られ、最初に占領、整備された公大飛行場は「甲基地」と呼ばれ、虹橋が「乙基地」、呉淞が「丙基地」、昭和島が「丁基地」、江湾が「戊基地」、玉賓が「巳基地」と呼ばれた。

第二連合航空隊は周水子から内地の大村に一旦引き上げて待機した後、上海方面に進出を命じられ9月9日に「甲基地」へ進出を開始した。

しかし「甲基地」こと公大飛行場はゴルフ場を造成したもので滑走路の状態が悪く、十二空の装備する旧式な九〇式艦戦、九五式艦戦の離発着は何とかなったものの、十三空が装備していた当時最新鋭の全金属製単葉戦闘機である九六式艦戦はその細い脚と小径の主車輪が災いして進出直後に11機が脚折損による事故で行動不能となる椿事（ちんじ）が発生した。

それでも先遣隊の進出した9月9日当日から地上部隊の支援作戦が開始され、艦爆隊は敵砲兵陣地の攻撃に出動している。

ドイツ軍事顧問団の指導によって上海前面に築かれた中国軍の防衛線は第一次大戦式の強力な多段式防御陣地で、上海派遣軍はこの突破に大きな犠牲を払っていたからである。

そして強力な防御陣地に加えて中国空軍の活動も活発で、9月12日から10月までは第二連合航空隊の戦闘機隊は中国空軍戦闘機の制圧にも注力する必要があった。

こうして上海方面の地上支援と航空撃滅戦が進められる中で、陸軍航空隊の上海進出も開始され、陸海軍協定によって敵基地攻撃と空中戦による航空撃滅戦は海軍の主担当、地上軍直協は陸軍の主担当との役割分担がなされたが、10月1日以降、この協定は保留された。

それほどまでに中国軍の防御線の守りが堅く、地上部隊の苦戦が続いていたからである。

隠顕式銃座を出して飛行する九六陸攻

連合航空隊を育てた空地協同作戦

上海前面での地上軍直協作戦は航空戦史上で画期的なものだった。

それまで実施していた敵基地への爆撃による航空撃滅戦や後方の鉄道などの輸送路を爆撃して増援と補給を阻む阻止攻撃は、航空部隊独自の作戦として実施可能な戦いだったが、地上軍の戦闘に協力するには航空と地上との連絡が密に行われなければならなかった。

すなわち地上の陸軍部隊と海軍航空隊との間に簡潔で太いコミュニケーションを造り上げねばならない。

例えば地上部隊が直面した目標を、単純に海軍航空隊に伝えるだけでは航空作戦は合理的に行えない。上海派遣軍司令部や各師団司令部に上がった航空支援の要求を適切なかたちで航空部隊に伝えることができ、しかも即断即決で支援要請を航空隊に上げられる判断力と権限が必要だった。

このため、第二連合航空隊は陸軍の司令部に飛行機搭乗員でしかも飛行隊長クラスの要員を飛行機から降ろして海軍の無線班とともに送り込み、航空連絡将校としての任務に当てることとなった。

航空支援の要請は前線部隊から師団司令部に上がり、そこから海軍の連絡将校によって後方の基地へ目標と必要機数、使用兵器が具体的に指示され、地上軍直協用に2時間待機している飛行機隊が出動した。

陣地突破戦という動きの鈍い戦闘であり、しかも支援にあたる航空基地が前線に近いこともあり、地上軍は航空支援を要請すれば最大2時間程度で目標が爆撃される態勢が造り上げられていたのである。

これは第二次世界大戦中でも理想的なレスポンスといえ、朝鮮戦争時でも標準的なものだった。

そして近接航空支援の弊害として最も懸念された友軍への誤爆については、地上部隊が最前線を示す布標識を確実に展開することで防止策が採られていた。

そして共に戦う陸軍航空隊との連携も重視され、互いの連絡のために陸軍連絡機が陸海軍基地を往復する風景も頻繁に見られた。

また、大型爆弾を持たない陸軍航空隊に比べ、30kg爆弾、60kg爆弾、２５０kg爆弾、さらに事変に際して掻き集められた旧式爆弾各種を目標に応じて使い分けられる海軍航空隊は堅く守られた敵防御線の攻撃に向いていた。しかも陸軍には無い急降下爆撃機である九四式艦爆の高い爆撃精度は陸軍に強い印象を与えている。

海軍航空隊は陸上基地での航空部隊運用について昭和7年の第一次上海事変で母艦機が陸上で作戦した際に集められた戦訓をよく研究し、陸上基地航空戦についてのノウハウを身につけていただけでなく、今回の事変において第二連合航空隊は上海前面の陸海軍協同で展開した近接航空支援を総括して、戦場上空の航空部隊を総合的に統制する組織の必要性を述べている。

戦場と兵力に恵まれたとはいえ、空地連絡のために権限を委譲された将校の派遣を行い、通信連絡網を築き、即応の支援態勢を作り上げただけでなく、戦場上空の統制までを意識した日本陸海軍の空地連携は昭和12年（1937年）の時点では間違いなく世界水準を超えていた。その中心で十二空は活動していたのである。

ただし残念ながら太平洋戦争中の南方の戦場では近接航空支援を行える基地環境が無い場合が多く、さらに近接航空支援を十分に実施できる航空優勢も獲得しにくかったことから、日本海軍はこれ以上、空地協同のシステムを発展させることができなかった。

大陸の戦場への飛行機補給態勢

事変勃発直後の昭和12年8月、軍令部は外地で戦う基地航空隊への飛行機補給態勢を再検討した。

もともと中国戦線への飛行機補給は佐世保鎮守府が管轄し大陸にも出先機関が設けられ、機材、補給品の輸送管理に当たっていたが、大陸の戦場への飛行機補給は空輸に頼るほかはなく、九州、台湾、上海と海を渡りながら飛行して前線基地に至る長大な空輸ルートの途中で天候や機材の不調による不時着機も予測された。

事変が短期で終息すれば良いが、もし長期化、拡大化した場合、海軍航空隊は大規模な陸上基地航空隊への長期にわたる補給という未経験の課題を解決しなければならなかった。

大陸に投入された兵力は300機弱ではあったものの、それは当時の海軍航空隊が保有する第一線機の6割以上を占める兵力で、戦力としてはほぼ全てと言ってよかった。

戦いが拡大し、沿岸部から内陸部へと戦線が拡がっていった場合、機材、部品、燃料弾薬などの補給面で果たして何が起こるのか予想できなかった。

しかも事変初期の飛行機消耗は予想外に激しく、陸攻、艦戦、艦攻、艦爆、二座水偵、三座水偵など各種第一線機の消耗率は1ヶ月あたり20％にも及んでいた。

この問題を解決するために軍令部は、多数の飛行機を一度に安全に運べる専用艦船を要求した。

まず以前から計画されていた浅間丸級貨客船（※2）3隻に対して、特設航空母艦への改造準備が促進された。

沿岸部の地上戦支援に掛かりきりの正規空母部隊に加えて飛行甲板と格納庫、飛行機用昇降機を持つ臨時の航空母艦3隻でその機能を補強しようと考えたのである。

※2 1929～1930年に「浅間丸」「龍田丸」「秩父丸（後に「鎌倉丸」に改名）」の3隻が竣工した日本郵船の北米航路用大型貨客船。空母改装の計画もあったが、元々改装を前提とした設計ではないこともあって、改装は実施されなかった。

加えて空母予備艦として建造された「高崎（たかさき）」、「剣埼（つるぎざき）」（※3）の空母改造も準備されたが、軍令部要求艦船はそれだけではなかった。

浅間丸級特設空母のほかに特設水上機母艦として畿内丸級2隻の改造が準備され、さらに特設航空機運送艦（甲）2隻、特設航空機運送艦（乙）7隻の改造が準備された。

なかでも特設航空機運送艦（甲）は氷川丸級貨客船2隻に飛行甲板と着艦制動装置のみを設置して飛行機の発着能力を持たせたもので、格納庫は持たず飛行機昇降用のエレベーターもない輸送専門の空母型特設艦船だった。

こうした陣容で大陸の戦場に多数の飛行機を一度に、そして安全に輸送する構想が進められたのである。

しかし昭和12年末頃から航空撃滅戦が一段落したことから損害は減少しはじめ、加えて内地から前線基地までの飛行機空輸ルートが確立して事故機、落伍機の問題も改善の傾向が見られたことから特設航空機運送艦の計画は延期されることとなった。

輸入機の実験場となる十二空

上海の包囲を解除し、南京を陥落せしめた後、後退する中国空軍への航空撃滅戦はさらに続いたが、昭和12年11月頃から見知らぬ敵機との遭遇が始まった。

それは新たに中国軍の支援に乗り出したソ連製軍用機の姿だった。

だが変化したのは敵軍用機の機種だけではなかった。ソ連軍事顧問団による指導とロシア人パイロットによる教育および実戦参加によって、中国空軍の戦いはそれまでの愚直ともいえる正統的な戦術から、巧妙な「弱者の戦術」へと変化したのである。

ソ連製SB-2双発爆撃機は九〇式艦戦、九五式艦戦といった日本陸海軍戦闘機より高速で、新鋭の九六式一号艦戦は速度はともかくも上昇力に劣っていた。

このような状況で昭和13年1月には南京に進出した航空部隊がソ連製爆撃機の奇襲攻撃を受けて破壊されるなど、中国空軍のヒットエンドラン的戦術に悩まされることになる。

※3「剣埼」と「高崎」は、戦時に短期間での空母改造を前提とした「空母予備艦」。当初は高速給油艦として計画されたが、艦種は途中で潜水母艦に変更された。後に「高崎」は空母「瑞鳳」、「剣埼」は同じく「祥鳳」となる。

最大速度470km／hに達する陸軍の九七式戦闘機に較べて、海軍の九六式艦戦は420km／h台に過ぎず、しかも中国空軍の空襲に備えて導入された艶消しの陸軍迷彩塗料による迷彩塗粧は空気抵抗を増して速度をさらに低下させていた。

伝説的な「名機」として伝えられることも多い九六式艦戦だったが、九試単戦が示した最大速度450km／hは発動機の不調から量産機で再現されることはなく、最終改良型の九六式四号艦戦に至ってもその性能を上回ることができなかった。

このような事情から十二空の戦闘機隊では「陸軍戦闘機の方が速い」ことが印象づけられていた。

その上、海軍戦闘機隊は中国空軍の戦闘機によって犠牲を出しつつ戦う陸上攻撃機隊の護衛を求められていた。しかし陸攻に随伴できる行動半径を持つ戦闘機は存在せず、おのずから陸攻もその作戦範囲を限定せざるを得なくなっていた。

この状況に現行の戦闘機では対応し切れないと判断した海軍航空本部は、外国からの新鋭機緊急輸入に踏み切ることになる。

それは陸上戦闘機としてのハインケルHe112、30機の購入であり、陸上攻撃機を護衛できる行動半径を持つ高速複座戦闘機セバスキー2PA、20機の購入計画だった。

しかし対SB爆撃機邀撃（ようげき）用として期待されたハインケルHe112の購入は、契約こそ海軍との付き合いが長く日本に好意的なハインケル社の姿勢も相まって順調に進んだものの、実機の到着が大いに遅れてしまった。

1938年にチェコ危機が発生し、ナチスドイツ空軍は日本向けのHe112をドイツ空軍の増強兵力として使用した後に日本へ輸送したからである。このため到着したHe112の多くは使い古された中古機で状態が悪く、

漢口飛行場におけるSB-2爆撃機とその乗員たち。機体・人員ともにソ連から送られたもので、SB-2は型式にもよるが最大速度450km/hを発揮するなど、当時の日本海軍の戦闘機よりも優速だった

型式もバラついていた。

He112がこのような状態であることから中国戦線への投入は保留され、日本海軍は独自の陸上戦闘機（局地戦闘機）を試作する方向へと進む。これが後に「雷電」として完成する十四試局地戦闘機である。

長距離戦闘機として期待されたP-35戦闘機の複座型、セバスキー2PAも主に偵察機、誘導機として使われたのみに終わっている。

しかし、これら当時の外国製新鋭機の投入が十二空に対して検討され、一部が実施されたことは、十二空が最前線で戦う小型機部隊として独自の立場を築きつつあったことを示している。

また十二空は機体だけでなく、海軍爆弾の中で性能不十分と考えられた七番六号爆弾（焼夷爆弾）との比較対象として陸軍から「カ四弾」を譲り受けて九七艦攻に懸吊して実戦でその効果を確認し、六号爆弾改良の基礎資料を得るなど、各種兵器の実験も行っている。

母艦航空隊の行動半径を超えて内陸の最前線に進出した第二連合航空隊の筆頭航空隊である十二空は、新兵器の実戦テスト部隊でもあったのだ。

海軍航空隊がまだ戦場で使用したことのない新兵器を実戦で使い、その効果を確かめて運用を確立する十二空はやがて最大の新兵器ともいえる「零戦」を扱うことになる。

メッサーシュミットBf109に比較審査で敗れ、ドイツ空軍では採用を逃したハインケルHe112。最大速度は510km/hと九六式艦戦を上回り、日本海軍は大陸での爆撃機邀撃用として購入した

「名機」ではなかった九六式艦戦

堀越二郎技師の傑作として有名な九六式艦戦は試作段階で九試単戦一号機が水平最大速度450km/hという画期的な高速を発揮したことから海軍のみならず陸軍からも注目を浴びたが、試作一号機に装備され、その高性能を支えた「寿」五型発動機は「寿」シリーズで初めて減速ギアを装着した画期的な性能向上型だった。だが、減速機構そのものに問題を抱えており、数時間の運転で

破損してしまう欠陥を露呈して開発中止となってしまった。

　高性能でその名を轟かせた九試単戦の栄光は肝心の発動機を失い一瞬で萎(しぼ)んでしまったといえる。

　失われた「寿」五型の代替として当時入手可能なあらゆる発動機が搭載されて実験が繰り返されたものの、当時入手可能な直結式発動機（※4）では「寿」五型を超えることができなかった。

　このため九六式艦戦として制式採用されたものの、発動機は直結式の「寿」二型改一となり、最大速度こそ４００km／ｈを超えたが上昇力に劣り、艦戦として重要な空母からの発進も合成風速10ｍ／ｓで１３４ｍもの滑走距離を必要とした。

　しかも空力を優先した細い胴体には、近代的な編隊戦闘に必須の装備と考えられた無線電話の搭載が困難だった。

　これでは海軍の主力艦戦として大いに問題があり、現行の九六式艦戦は生産を中止し、主翼以外を完全に再設計した新たな機体の設計が進められた。

　発動機もようやく完成した減速ギアを装備した「寿」三型に換装されることとなり、上昇性能も改善し合成風速10ｍでの滑走距離も98ｍへと向上し、最大速度も４２４km／ｈとなった。

「寿」三型による飛行性能向上が明らかとなったことで、仕掛かり品となっていた一号艦戦の機体も新しい発動機へと換装されることとなり、「寿」三型装備の九六式艦戦は、旧機体の二号一型と新機体の二号二型という飛行性能の若干異なる二種の型式が存在するという複雑な事態となり、前線に混乱をもたらした。

　第二連合航空隊の十三空が事変初期に装備して出動したのは一号艦戦だったが、その後の補給は二号一型で行われ、十三空に遅れて十二空の戦闘機隊に配備された九六式艦戦も二号一型だった。

　機体の数に限度があった旧機体の二号一型の補給はやがて停止し、無線電話が扱いやすい太い胴体と密閉風防を持つ新機体の二号二型の供給が始まったが、十二空の戦闘機隊員にとって複葉で開放式操縦席の九〇式艦戦、九五式艦戦、そして単葉ながら開放式操縦席の二号一型艦戦から、新型で装備が扱いやすくなった二号二型艦戦の密閉式操縦席はきわめて不評だった。

※4 エンジンの回転を減速機(ギア)を介さず、プロペラ軸に直接伝達するエンジン。適切な回転数に調整できる減速機を装備したエンジンに比べて、エンジン本来の出力をプロペラ回転軸に伝達にしくい。

前線の代表的な戦闘機隊からの不評に航空本部は即座に対応し、二号二型艦戦の操縦席は旧来の開放型に改められることとなり、新設計の風防が前線に送られて搭乗員たちの意見が聴取されている。

海軍航空隊の中で欧米の戦闘機との空中戦を豊富に経験した第二連合航空隊の戦闘機隊員たちの意見がどれだけ重視されていたかがわかる事例といえるが、良いことばかりではなかった。

開放式操縦席としたことから九六式艦戦の空力的改良には自ずと限界が生まれ、陸軍の九七式戦闘機との性能差が埋まらなかったのである。

さらにソ連製高速爆撃機の邀撃があらたな課題となる昭和13年以降、九六式艦戦の性能はもの足りない。対戦闘機の空中戦では絶対の自信を持っていたが、ＳＢ－２爆撃機に対しては九六式艦戦の性能では捕捉することができなかった。

同じようにＳＢ－２爆撃機の奇襲攻撃に悩んだ陸軍は複葉の九五式戦闘機にオクタン価92の輸入燃料を特別配給して最大速度を４２０km／hまで上げる対策を実施していたが、九六式艦戦の性能は特別燃料で飛ぶ複葉の陸軍九五式戦闘機と大きな差がなかったのだ。

そして対爆撃機用に計画されたハインケルHe１１２戦闘機の配備も思うにまかせないため、敵空襲の際に上空から視認しやすくなるリスクを冒して、艶消しの表面が空気抵抗を増大させて速度低下を招く迷彩塗粧を中止し、平時の銀翼へと戻ることになる。

迷彩を剥がされた跡の残る十二空所属の九六式艦戦が写真に残されているのはこのためで、アルクラッド外板(※5)そのままの銀翼復活は海軍航空隊による航空優勢を意味している訳ではなく、それは少しでも速力向上を

十二空の九六戦編隊　二号艦戦、四号艦戦でもSB-2の捕捉は簡単ではなかった

※5 アルクラッド材…心材となるジュラルミンの表面を、耐食性を補完するアルミ合金で被覆した合板。

図り敵爆撃機の邀撃を成功させようとの必死の試みだった。

漢口基地被爆による大損害と十二試艦戦投入検討

昭和14年10月3日、漢口基地を中国空軍のＳＢ－２爆撃機8編隊が襲った。

それまでもソ連軍事顧問団が指導する奇襲戦術により度々被害を受けていたが、この日の損害は別格だった。漢口基地に投下された爆弾のうち1発が不運にも指揮所に命中したからである。

しかも内地からの飛行機を出迎えるために主要幹部が指揮所に集合しているところに爆弾が炸裂したため、1発の爆弾によるものとして人的損害は信じ難いほどに深刻だった。

木更津航空隊と鹿屋航空隊の副長、石井中佐、小川中佐をはじめ士官四人、下士官兵8人が戦死したほか、第一連合航空隊司令官、塚原二四三（にしぞう）少将が片腕切断の重傷を負い、鹿屋航空隊司令、大林大佐はじめ38人が重軽傷を負った。

この日も上空では戦闘機の哨戒が行われていたが、高高度で飛来した敵爆撃機を視認することができず、地上にあった戦闘機も被爆と共に発進したが高速の敵爆撃機に追いつけるはずもなかった。

ただちに漢口基地爆撃の中継点と考えられる前進航空基地への爆撃が実施されたが、地上で敵機を捉えることはできず、焦燥のうちに再び漢口基地は奇襲を受けることとなった。

10月14日に20機に襲われた漢口基地では、上空哨戒中の戦闘機により2機を撃墜したものの投弾を妨害することはできず、大破炎上5機、被弾による中小破40機（陸軍機を含む）という機材面での大損害を蒙ってしまった。

中国空軍側から見ればこの奇襲爆撃は臨時首都、重慶への爆撃に対する見事な反撃となった。高高度侵入で高射砲による射撃と敵戦闘機の邀撃をすり抜け、敵航空基地の指揮中枢を破壊し、敵航空兵力を地上において壊滅させたのだから作戦目的は完全に達成されたといえる。

もし中国空軍に十分な爆撃機が実動状態にあり、燃料と弾薬の十分な補給があればこうした攻撃を反復することで日本陸海軍に対して継続的な航空撃滅戦を展開することができただろう。

そうした場合、邀撃戦に適した機材を持たない日本陸海軍は窮地に陥り、航空戦の主導権を失う可能性すら考えられた。

このように漢口基地被爆による深刻な人的被害と物的被害は、海軍部内に大きな衝撃を与えた。

無敵の活躍を見せていた海軍航空隊がその主力基地を繰り返し奇襲され、極めて不名誉な大損害を蒙ったことで、戦略的な危機感もさることながら、日本海軍の中に中国空軍に向けての強烈な復讐心が芽生えたことも忘れてはならない。

その後の重慶爆撃作戦に対する姿勢において、比較的冷静に状況を判断していた陸軍に対して、海軍の徹底的かつ執拗な態度はここから生まれたと考えられる。

海軍の対応はすばやく、重傷を負った第一連合航空隊司令官塚原少将の後任は第二連合航空隊司令官桑原虎雄少将が暫定的に兼任した後に、正式に第一連合航空隊司令官として転補され、第二連合航空隊司令官には大西瀧治郎大佐が補任された。

そして被爆直後から漢口基地の防衛が見直されるだけでなく、第二連合航空隊の主力である十二空戦闘機隊の増強が直ちに決定した。

増強は1隊（海軍が用いた編成上の単位で機種ごとに異なる。昭和14年ごろの戦闘機隊の場合、1隊は12機）が決定したが、防空兵力としては不足と考えられ1隊半（18機）へと変更された。

しかしこの増強について現地の第一連合航空隊と第二連合航空隊は、現行の九六式艦戦では低速で敵爆撃機を捕捉することが難しく増強の意味が無いとして、新機種の配備を強く要望した。

具体的に要望として幾つかの候補が上げられた。

一つ目は「局地戦闘機の配備」だった。

計画中の十四試局地戦闘機の試作を急ぎ漢口に配備する案である。元々この局地戦闘機計画はこのような事態に備えて生まれたものだから試作が急かされて当然だったが、前月9月に欧州が戦争に突入した結果、最初の候補発動機ＤＢ６０１Ａをドイツから購入する計画が危ぶまれて計画が再考されている最中であり、昭和14年10月時点では装備する発動機すら決まっていない状態だった。

十四試局地戦闘機に陸攻用の巨大な三菱「火星」発動機を装備することが正式に決定したのは昭和15年1月11日になってからである。

これではとても間に合わない。

次に要望されたのは陸軍の九七戦だった。

九七式戦闘機は最大速度で九六式艦戦を大きく上回ることが良く知られていた。陸軍航空隊はこの戦闘機の高性能により、敵爆撃機対策にさほど苦労していないかの如き印象があった。

しかし、陸軍からの戦闘機供給は不可能ではなかったが、陸軍との交渉と手続きを要することと海軍航空本部は陸軍戦闘機の性能をそれ程高く評価していないこともあり「現地の陸軍部隊のとの協同作戦によるべし」と決まった。

三つ目はハインケルHe１１２の整備と投入だった。

第二連合航空隊司令、大西瀧治郎大佐は一旦、大陸への投入が中止されたハインケルHe１１２の再整備により十二空へ６機を供給して防空任務に就かせ、同時に来るべき局地戦闘機の完成に備えて搭乗員の訓練に用いたいとの要望だった。

性能的に見るべきものはない、九六式艦戦と変わらないと評価されていたHe１１２だったが、その評価は少なくとも速度面では正しくなかった。実際には４７０㎞／h程度の高速を発揮していなくては局地戦闘機代用として候補に上がるわけがなかった。

しかし状態不良の機体が多かったHe１１２の中から漢口に派遣する６機を再整備するには、欧州での戦争勃発により必要な部品の追加入手も困難で、今後の継続的補給の見通しも立たなかった。

こうして局地戦闘機候補の可能性が次々に潰れて行くなかで唯一見込があったのが、最大速度５００㎞／hの実力を持つ十二試艦上戦闘機だった。

この時点ではようやく二号機が完成し、試験飛行が開

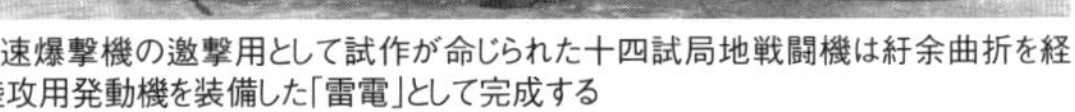

敵高速爆撃機の邀撃用として試作が命じられた十四試局地戦闘機は紆余曲折を経て、陸攻用発動機を装備した「雷電」として完成する

始された段階でしかなかったが、この機体には特別な事情があった。

それは装備する発動機の換装で、当初の三菱「瑞星」一三型から、より大馬力の中島「栄（さかえ）」一二型に換装した三号機が完成間近で、発動機の異なる一号機と二号機の存在意義が薄れていたからである。

三号機以降よりも性能が劣るものの、最大速度はほぼ５００km／hを発揮することは確かめられていたし、翼内には敵爆撃機の撃墜用に導入された大火力の20mm機銃を装備しているために局地戦闘機の代役には適任と考えられた。

こうして「瑞星」を装備した十二試艦上戦闘機一号機と二号機を、局地戦闘機として十二空に派遣する案はただちに承認された。

しかし、十二試艦戦はたった2機でしかなく、後が続かない。

このため量産機と発動機、機体の異なる一号機、二号機は内地に留められ、十二試艦上戦闘機は「栄」一二型発動機を装備した量産機の最初の40機分を、艦上戦闘機としての試験を省略した「局地戦闘機」として生産して大陸の戦場に配備することになる。

これが零式一号艦上戦闘機一型、後に零戦一一型と呼ばれる機体だった。

漢口基地の被爆は零戦の大陸デビューを導いたのである。

遅れる十二試艦戦配備と投入目的の変化

十二試艦戦の局地戦闘機型の量産が進むまでの間は、十二空に母艦戦闘機隊の搭乗員と機材を引き当てるかたちで十二空戦闘機隊の増強が行われ、急場をしのぐこととなったが、中国空軍の爆撃はその後の敵前進基地攻撃などの積極的作戦によって下火になり、一時期の危機感は薄れつつあった。

さらに漢口基地などへの奇襲爆撃を行う敵爆撃機の根拠地となっている蒋介石政府の臨時首都、重慶への大規模な爆撃作戦が立案された。これが「一〇一号作戦」である。

航空撃滅戦に重点が置かれていたが、この作戦は猛烈かつ連続的な爆撃を実施することによって蒋介石政府の継戦意思を挫く意図をも含む、戦略爆撃作戦としての性格も備えていた。

この作戦の主力となるのは第一連合航空隊の九六式陸攻だったが、敵戦闘機が活動する重慶上空まで陸攻隊を護衛できる戦闘機がないのは相変わらずだった。

九六式艦戦ではどうにもならず、セバスキー戦闘機でも力不足で数も足りないとなれば、残るは近々に配備される予定の十二試艦上戦闘機しかない。幸いにも十二試艦上戦闘機は洋上決戦において主力艦部隊の上空を長時間にわたり哨戒できる6時間の滞空時間が要求された戦闘機で、長い滞空時間はそのまま行動半径の大きさを意味していた。

十二試艦戦は一〇一号作戦用の制空戦闘機として適任ではないかと考えられたのは作戦開始の直前だった。

しかし、十二試艦戦の生産は増加試作の段階にあり、装備する「栄」発動機も初期不良に悩む状態であった上に、昭和15年3月11日、横須賀航空基地で空技廠の奥山益美職手が操縦する十二試艦戦二号機が飛行実験中に空中分解し、奥山職手は殉職した。

奥山職手は海軍一等航空兵曹として戦闘機の搭乗員を務め、空母「鳳翔」での勤務も経験した熟練操縦者だったが家庭の事情によって除隊し、その腕を惜しまれて空技廠のテストパイロットとしての専門職を持つ職手として操縦桿を握っていた。

事故発生時に即死状態だった奥山職手は航空廠（後に空技廠に改称）の功績ある者に対する特別規定により公式な死亡確認前に工手に昇進している。一般に「奥山真澄工手」とされるのは特別規定による昇進後の「工手」で呼ぶためである。

この事故は昇降舵のフラッター発生によることが判明してマスバランスの増大、主翼外板の一部の張替えなどの対策が行われることとなったが、3月11日の事故発生から対策が決定するまでの約3ヶ月の間、事故原因の究明作業によって十二試艦戦の大陸派遣準備が遅れている。

昭和16年6月10日、連合空襲部隊第一三〇番電は改めて局地戦闘機としてではなく、長距離侵攻用の戦闘機として十二試艦戦の派遣を要望している。

「宜昌又ハ安陸ヲ基地トシ十二試艦上戦闘機ヲ重慶梁山ニ進撃セシメ敵戦闘機ヲ空中捕捉シ徹底的撃破セバ敵ノ

戦意ヲ破砕スル上ニ極メテ有効ニシテ且重慶攻撃ノ目的達成ヲ迅速容易ナラシムルモノト認ムルヲ以テ至急十二試艦上戦闘機少ナクトモ十二機程度第十二航空隊ニ貸与方取計ヲ乞フ」

もともと十二空への戦闘機1隊半（18機）の増強が決まっていたところ、一〇一号作戦参加のためにとりあえず1隊（12機）だけでも十二試艦戦を派遣して欲しいとの要望だった。

そして宜昌は陸軍の最前線で、ここを地上部隊によって継続的に確保することで前進基地として用いることができるので、単座戦闘機が重慶へ往復できるとしている。重慶への戦闘機侵攻は漢口、重慶をいきなり往復する訳ではなかった。

一三〇番電に続いて、6月17日には連合空襲部隊第一九一番電は十二試艦戦の派遣を再度強く求めている。

「十二試艦戦ノ貸与ニ関スル当隊ノ要望ハ当隊機密第一三〇番電ノ通ナルトコロ陸軍部隊ノ宜昌確保ニ伴ヒ十二試艦戦ヲ成可速ニ該方面ニ進出セシメ一〇一号作戦ニ参加セシメ度取敢ズ六機其ノ他ハ整備完了次第当隊ニ貸与方取計ヲ得度」

一三〇番電での要望に思うような回答が得られないため、12機が間に合わなければ半分の6機だけでもいい、と強い要望である。

度重なる要望を受けて航空本部は十二試艦戦を7月15日以降なるべく早く6機、7月末に12機の進出を達成するよう下案を作成することが決定した。

こうして航空戦史上空前の単座戦闘機による長距離侵攻作戦が決定した。

写真は美幌航空隊の九六式陸攻。美幌空も昭和16年（1941年）より、重慶や成都など中国奥地への爆撃に参加したが、こうした長距離進攻作戦の護衛用戦闘機として、十二試艦戦が要望された

冒険だった単座戦闘機の長距離侵攻作戦

太平洋戦争中の戦歴から零戦は３０００㎞以上の航続距離を持ち、片道１０００㎞の侵攻能力のある戦闘機として知られている。

しかし零戦の航続距離は主力艦隊上空の制空任務を艦隊決戦終了まで全うするために、滞空時間6時間として要求されていたものであり、長距離を進撃するための性能ではなかった。

すなわち実戦で戦場を飛んだ場合、どれだけの行動半径を持つか、最大で何浬（かいり）（海軍が用いた距離単位は浬で約１・８５２㎞）の飛行が可能なのか、実はよく判っていなかった。そのような長距離飛行実験は行われていなかったのである。

昭和15年（１９４０年）頃の各国空軍の常識では単座戦闘機にとって１００㎞以上は長距離出撃と考えられ、これ以上の往復飛行は航法上の問題が生じると考えられていた。

しかし中国大陸は地形を読みながらの地文航法ができるような気がする。

漢口から長江を辿れば自然と重慶に辿りつき、帰路も長江を目安に飛ぶならば長時間の飛行とはいえ基地を見失うことはないように考えられるが、現実は違った。

広大な中国大陸の地形は平板で特徴が少なく、長江は目標とするにはあまりに広大で上流と下流の区別が付かない場合もあり、重慶、成都までの飛行は目標の無い洋上飛行とあまり変わらなかったのだ。

機上に装備する電波方向探知機の装備も予定されてはいたが、増加試作の段階にある十二試艦戦へのクルシー方向探知機の装備はまだ行われておらず、たとえ装備したとしても重慶、成都はクルシー基地局から誘導できる範囲を超えていた。

この航法問題をどう解決するかが重慶侵攻作戦の課題だった。

十二空は精鋭熟練の搭乗員を充当するだけでなく、陸軍の九七式司令部偵察機を海軍用に譲り受けた九八式司令部偵察機を誘導機として用いることとした。

最大速度５００㎞／ｈ以上の九八式司令部偵察機であれば十二試艦戦と共に編隊飛行が可能であり、戦場上空まで戦闘機編隊を誘導することができると考えられたのだ。

だが問題は帰路だった。

空中戦を展開した後、戦闘機隊は必ずしも集合地点に戻れるとは限らない。むしろ多くの場合、空戦中は航法ができないために各機とも一時的に機位を失い、その中に単機で帰還する者が出るのが当然だった。

単機で帰還する戦闘機をどうやって誘導、収容するか。

これには十二空の艦爆隊と艦攻隊が全力をあげた。

侵攻当日に別任務で出動した艦爆隊と艦攻隊は攻撃任務終了後、それぞれに長江上を横断する二重の収容線を張って旋回し続け、単機で帰還して来る戦闘機を発見次第、基地へと誘導するという手厚い態勢で航法問題を解決したのである。

漢口に進出した零戦

昭和15年7月26日、零式一号艦上戦闘機一型6機が漢口基地に到着した。

内地を出発する直前に制式採用手続きがとられ、十二試艦戦は海軍制式の兵器として採用されていた。

到着した6機は次に示す機体だった。

呼称番号3-161　三菱第七号機
呼称番号3-162　三菱第八号機
呼称番号3-163　三菱第九号機
呼称番号3-165　三菱第十号機
呼称番号3-166　三菱第十一号機
呼称番号3-167　三菱第十二号機

この機体製造番号から判る通り、増加試作機が完成次第送られている。

3-162号機、3-163号機、3-165号機は「栄」発動機の試十九号、試十六号、試十三号といった試作番号の発動機を装備しており、量産機との部品互換性、性能などが若干異なるため後に換装が必要だったが、それに構わず戦地に送り出されている。

そして尾翼に描かれた呼称番号には末尾の「4」が欠番となっている。

もちろん「四は死に通ずる」との縁起を担いだものだが、十二空の九六式艦戦隊ではこのような縁起担ぎは行われていなかった。

昭和15年のこの時期に急に縁起を担ぎ始めたのかといえばそれも違う。零戦隊と九六式艦戦隊の協同出撃の記録が残されているが、そこにある呼称番号を見ると零戦隊と出撃した九六式艦戦小隊には３‐１０４号機が存在する。

零戦隊のみ、特別に武運を祈って「4」を忌んで飛ばしているのだ。

この零戦隊特有の縁起担ぎが知られていないため、従来の零戦進出機数は末尾「4」の機体を存在すると推定して現実より多く数えられて来たが、十二空の零戦隊には航空隊の解隊のその時まで末尾「4」の番号は存在しなかった。

一〇一号作戦用に特別に派遣される新鋭零戦隊への想いが偲ばれる事実といえるだろう。

零戦隊の初陣

7月26日の到着で零戦隊がすぐに実戦に投入できる状態になった訳ではなかった。

機体にも問題があったが新しい「栄」発動機にも問題があった。予定した気化器高度弁の自動調整装置（AMC＝オートミクスチャーコントローラー）（※6）が間に合わず、各機ともに混合気の調整が不良で筒温（※7）が過昇気味、すなわちオーバーヒートの傾向に悩んでいたからである。

この問題は漢口現地に到着してから内地から派遣された第一航空廠の技術者と共に解決が試みられ、気筒を囲み冷却気を誘導するバッファープレートの改造と交換が実施され、カウリングの七・七粍固定機銃の銃口前方を70㎜四方切り取る改造が行われた。

零戦による漢口から重慶への長距離作戦の進撃ルート。まずは一旦、前進基地である宜昌に進出した後、作戦当日に九八式陸上偵察機の誘導で陸攻隊と合流した

さらに空中戦闘中の発動機回転数を２４００回転（本

※6 高度（気圧）の変化に応じて、エンジンに送り込まれる、燃料と空気の混合気の割合を自動で適切な値に調整する装置。
※7 レシプロエンジンのシリンダー（筒）の温度。

来は離昇2700回転）に制限された。

これらの改造と運転制限によって8月初旬に零戦は何とか実用域に達することができた。

8月12日には零戦の第二陣7機の空輸が行われ、1機が不調のため上海で滞留して送れたものの、最終的に全機が到着し、零戦隊は13機となった。

最初の重慶侵攻は8月19日に実施された。

零戦隊の指揮官は横山保（たもつ）大尉。出撃は到着した全ての13機で呼称番号も連続している。

昭和15年8月19日出撃の十二空零戦隊

中隊	小隊	搭乗員	呼称番号
第一中隊	第一小隊	横山保 大尉	3-161
		羽切松雄 一空曹	3-162
		大石英男 二空曹	3-163
	第二小隊	東山市郎 空曹長	3-171
		中瀬正幸 一空曹	3-172
		上平啓州 二空曹	3-173
第二中隊	第一小隊	進藤三郎 大尉	3-165
		北畑三郎 一空曹	3-166
		大木芳男 二空曹	3-167
	第二小隊	白根斐夫 中尉	3-175
		杉尾茂雄 二空曹	3-169
		有田位紀 三空曹	3-170
		藤原（不明） 二空曹	3-168

敵戦闘機と会敵できずに終わった8月19日の十二空零戦隊の搭乗割。呼称番号は161号機から175号機まで、末尾「4」を除いた13機が連続している。呼称番号とは、機体の製造番号とは別に隊内での管理用に割り振られた番号で、垂直尾翼に記入され、どの製造番号の機体がどの呼称番号の機体に対応するか、航空本部に月度報告された。

呼称番号の末尾の「4」は170番台でも欠番だ。横山大尉以下の士官搭乗員の名も見えて十二空零戦隊の本来の姿がわかる搭乗割である。

この中で3-168号機はその後の事故で破損し、修理完了後は訓練用となったため出撃していないが、このように欠番が生まれることで呼称番号は段々と錯綜して来る。

この日の出撃では敵戦闘機は退避してしまい会敵できず、空中戦闘は発生せず空振りに終ったものの長距離侵

昭和15年9月13日出撃の十二空零戦隊

中隊	小隊	搭乗員	呼称番号
第一中隊	第一小隊	進藤三郎 大尉	3-161
		北畑三郎 一空曹	3-166
		大木芳男 二空曹	3-167
		藤原喜平 二空曹	3-169
	第二小隊	山下小四郎 空曹長	3-171
		末田利行 二空曹	3-165
		山谷初政 三空曹	3-173
第二中隊	第一小隊	白根斐夫 中尉	3-175
		光増政之 一空曹	3-162
		岩井勉 二空曹	3-163
	第二小隊	高塚寅一 一空曹	3-178
		三上一禧 二空曹	3-170
		平本政治 三空曹	3-176

中隊、小隊は出撃ごとに編成され、中隊長には士官、小隊長には准士官または上級の下士官が充てられている。搭乗員には進藤三郎大尉や白根斐夫中尉、岩井勉二空曹など、戦後の戦記で広く知られた名前が並ぶ。

攻の体験は貴重なものとなった。

8月23日には第三次空輸の零戦4機が漢口に到着し、零戦隊は17機となった。

そして9月7日付の第二連合航空隊参謀による報告では保有機17機中、1機（3-168）は破損の修理後に訓練用となり、もう1機は大破使用不能となっている。

実戦投入可能な零戦は15機となっていた。

その後、8月20日に12機で出撃、9月12日にも12機で出撃しているが会敵することなく、9月13日には進藤大尉以下13機の出撃となった。

この日、零戦隊は陸攻隊と共に重慶に侵入したが、やはり敵戦闘機は退避して会敵できなかった。

しかし戦闘機隊は攻撃後重慶上空へ引返す策を採り、中国空軍のI-15、I-16（※8）合計27機と遭遇、ただちに空中戦となった。

この戦いで日本側は全機撃墜を報告したが、実際には撃破されたのみの機や不時着機もあり、全機が撃墜された訳ではなかった。零戦隊員たちが帰還後に報告しているように、中国空軍も技量と戦意に劣ることはなく空中戦が開始されると全力で反撃を試みた。


こうした空中戦で2倍の劣勢ながら敵戦闘機全てを撃墜破したことは画期的な戦果といえた。

この空中戦は太平洋戦争中に零戦が得意とした格闘戦性能を生かして勝利を得たように思えるが、当日の戦闘詳報には意外なことが記されている。

「所見　零戦の性能優秀ニシテ急上昇の性能敵ニ比シ遥カニ優レタル為、急降下急上昇ヲ以テスル攻撃ノ反復ニ依リ敵ヲ圧倒スルヲ得タリ。尚二十粍弾ノ威力極メテ大ニシテ一撃克ク必墜ヲ期シ得タルハ戦果拡大ノ一大原因ト謂フヲ得ベシ」

上昇性能が敵機に較べて優秀なので急上昇と急降下を

十二空零戦隊初の空戦となった9月13日の重慶上空で零戦隊13機は敵I-15、I-16合計27機をほぼ全機、撃墜または撃破するという戦果を上げた。写真は中国空軍のI-16戦闘機。I-16はソ連ポリカルポフ設計局が設計した戦闘機で、低翼単葉・引込脚形式をいちはやく採用した

※8　I-15、I-16のどちらもソ連ポリカルポフ設計局で開発された単座戦闘機。複葉のI-15に対して、I-16は単葉で実用機として極めて早い段階で降着装置を引込式とした。

繰り返して戦いを挑み、大威力の二十粍機銃によって一撃するだけで撃墜に至るだけの損害を与えることができたので大戦果が実現できたと述べているのである。

進藤大尉以下の13機は一対一の格闘戦に入らず、急上昇と急降下を主として戦ったことで損失ゼロの一方的な戦いを実現できたと推定される。

そして大威力の二十粍弾が敵機に致命傷を負わせ、少ない射撃機会で効率的に損害を与えていたと考えられる。もし零戦隊が格闘戦を挑んでいたら友軍に倍する数の敵機の大半を取り逃していたのではないだろうか。

貴重な戦訓を得た重慶空戦

重慶上空の空中戦で十二空戦闘機隊は戦闘詳報上で零戦について次のような評価を行っている。

「零式戦闘機ノ性能

1．飛行機ノ性能　E16 E15（※9）ニ比シ概ネ零戦ノ各種性能ハ著シク優越セル為、敵ノ旋回戦闘ニ撒キ込マントスルヲ避ケツツ急上昇急降下及優速ニ依リ容易ニ之ヲ殲滅セシメタリ

イ．急上昇急降下ノ戦法ニ適切ナリ

ロ．旋回圏大ナルヲ以テ劣性能ノ機種ニ対シ撒キ込マレザル様ニ戒心ヲ要ス

ハ．後方視界不良ニ就キ見張ハ特ニ厳重ナルヲ要ス

ニ．離陸滑走距離ハ比較的小ナルモ着陸滑走距離ハ相当大ニテ宜昌飛行場ニ於テ八五〇米ノ場合、不安ニ感ジタル者アリタリ　前進基地等ニ於テ殊ニ落下槽ヲ有スル場合、着陸滑走路ノ最小距離ハ九〇〇米程度ト思考ス」

まるで高速な局地戦闘機への評価のように見えるが、昭和15年当時の零戦は中国戦線のソ連製戦闘機に対し

昭和16年5月、編隊を組んで陝西省南鄭への攻撃に向かう十二空の零戦

※9 戦闘詳報の原文ママ。E16はI-16、E15はI-15のこと。

て、まさに高速重武装戦闘機だったのである。

　また、水滴風防を装備して後方視界も良好かと思える零戦について、後方視界が悪くよく見えないので見張りを厳重にしなければならないとしている。

　これは意外なようだが、実機の操縦席に座って後方を振り返ろうとすると後部風防の枠が重なって視界を妨げることが実感できる上に、アクリル製で曲面の後部風防透明部は視界が歪むことも判る。このような機体は、機体を振って蛇行させることでしか後方を確実に振り返ることができないのだ。

　そして零戦の行動半径については次のように述べている。

「零式戦闘機ノ進出距離
１．進出距離決定ノ要素
イ．空戦時間ハ二十分間トス
ロ．空戦開始二十分後燃料槽何レカ一ヲ貫通セラルモ帰投可能ノコト
ハ．天候良好ニシテ高度三〇〇〇米以上の飛行可能ノコト
ニ．航路上、河川鉄道等ノ著名物標ヲ有シ航法容易ナルコト
ホ．搭乗員敵地上空進出時、疲労甚シカラザルコト
２．進出可能距離
右要素ニ基ク進出可能距離ハ三九〇浬（著者注：約７２２㎞）ナリ
但、此ノ場合胴体槽（著者註：正規全備状態では満載にしない）ハ満載トセリ
今次宜昌ヨリ発進、重慶空襲ニ於テ見ルニ其ノ進出距離概ネ二九〇浬（著者註：約５３７㎞）ニシテ空戦中胴体槽ヲ貫カレタルモノ一機及嘴ノ操法ノ誤リニ依リ若干時間落下槽管ニ燃料ヲ放出シタルモノ一、二機アリタルモ宜昌ニ無事帰投セリ」

　一般に日本海軍戦闘機隊は被弾を考慮しない印象がある。しかしここでは零戦が燃料タンクに被弾して燃料の漏洩を起こすことを織り込んで進出距離を決定するべきだとしている。

　またここで搭乗員の疲労について触れているがこの件は別項で次のように触れられている。

「搭乗員の体力
　零戦ニ依ル搭乗員ノ疲労ハ九六戦ニ比スレバ極メテ小

ナルモ巡航速力極メテ大ニシテ概ネ一時間半乃至二時間頃ヨリ疲労ヲ覚ヘ帰投時ハ眼球赤色ヲ呈シ眼縁赤膨シ疲労甚シキモノアリ

斯ノ如キ場合翌日直チニ戦闘ニ従事セシメ難シ

尚、五時間以上ノ単座機飛行ハ相当ノ体力ヲ有スルモノニ非ザレバ大ナル無理ヲトモナフモノト思考ス」

目を真っ赤に腫らして疲れ切って零戦を降りる搭乗員達の表情が浮かぶような記述だが、「飛行機の性能だけでなく搭乗員の体力消耗も長距離侵攻の重要な注意点であることがここからも想像される。

太平洋戦争中、零戦が得意とした長距離侵攻は実際には極めて困難な作戦だったのである。

最後に9月13日の空戦に参加した搭乗員からの要望事項を見てみよう。

「改善希望事項其ノ他

イ・各燃料槽ト座席内ハ気密遮断ヲナス如ク考慮ヲ要ス

タンク漏洩又ハ敵弾貫通ノ場合、座席内ハ直チニガソリン充満シ搭乗員ヲシテ意識朦朧トナラシムルモノニシテ風防ヲ開ク時ハ更ニ生ノガソリン著シク噴出スル為、風防ヲ開クヲ得ザル状況ナリ

ロ・長時間飛行ヲナス機会多キヲ以テ搭乗員ノ疲労防止上、次ノ如キ考慮ヲ要ス

巡航飛行中座席ヲ後方ニ倒シ必要ニ応ジ現傾斜ニ復スルを得ル如クス

座席クッションハ背部ト共ニ更ニ良好ナルモノヲ艤装スルヲ要ス　現在背部は考慮サレ非ズ　鋲ノ突出セルモノアリ

各舵ノ修正ヲ座席内ニテ出来得ル様大型機ト同様修正装置ヲ要ス

修正装置無キ為、左右ノ傾斜及方向ノ保持ニ手足ヲ疲労セシムルコト甚ダシ

酸素ハ長時間高々度進撃用トシテ不足ヲ感ズ　酸素ノ増加ヲ要ス

ハ・後方視界不良ノ為、後方ヨリ奇襲ヲ受クル機会大ナルベキヲ考慮シ座席後部ニ等身形ノ防弾鈑ヲ装備スルヲ可トス

ニ・座席内ニ航空図、航法用具ノ格納用ポケットヲ設ク

ホ・無線電話ハ尚不良ナリ　従前ノ所見ニ同ジ

ヘ・整備員兵器員ハ零戦ガ九六戦ヨリ急変セル状況ニシテ現在ニテハ極メテ不足ナリ　次ノ如キ定員ヲ要

ス　一　整備員　現在艦攻定員ト同程度　二　兵器員九六戦兵器員定員ノ二倍以上ニシテ特ニ高兵（※10）出身ノモノヲ多ク要ス」

この改善希望は9月13日の出撃で実際に発生し、痛感した事例を挙げたもので、最初の希望は操縦席前に位置する胴体燃料タンクに被弾して燃料漏れを起こした搭乗員からの要望であり生々しい。

また座席をリクライニング式にしてくれ、クッションを良くしてくれ、座席背面に鋲が飛び出ているものがある、といった要望も長時間飛行の辛さを物語っているのだろう。

この座席に対する改善希望を受けて零戦の後継機計画となる十七試艦上戦闘機（後の「烈風」）計画要求書補足事項では座席にも配慮が見られ肘掛の追加が求められている。

次の、大型機と同じ距離を飛ぶのだから各舵の修正装置も大型機並みにしてくれとの要望もまたもっともなものだろう。

そして無線電話は編隊内で聴こえはするものの、言語不明瞭で特別な符丁を用いるなどの工夫がいる状況は変わらないとしており、日本海軍の戦闘機隊といえども各国の戦闘機隊と同じく無線電話の活用を重視していたことがわかる。

零戦の後方視界の悪さは繰り返し指摘されているが、改善希望として操縦者背面の防弾鋼鈑の装備を求めている点も注目に値する。

防御装備についての要求を恥じて控える傾向があったとされる海軍戦闘機隊の最精鋭といえる十二空零戦隊が、自ら防弾鋼鈑の装備を求めているのである。日本海軍航空隊も各国の航空部隊とほぼ同じ感覚を持っていたことがここから解る。

もう一つ生まれた零戦隊と十二空の再編成

中国戦線で十二空の他に南支方面を担当する第三連合航空隊が編成され、十四空に零戦隊が配備されたのは零戦が初戦果を飾った昭和15年9月のことだった。

十二空の零戦の一部を割いて十四空の零戦隊が編成され、さらに内地からの補給を得て十四空零戦隊は十二空に較べて定数12機のやや小振りな戦闘機隊となった。

※10 ここでの「高兵」とは該当術科学校で高等科を修めた兵という程度の意味と思われる。

十二空は修理完了機など状態の悪い機体を引き渡したことや十四空の訓練時に大破した機が出たため、10月22日の完備機は9機に過ぎず、その後も十四空への補給は十分に行われず定数12機を満たすことは困難だった。

その一方で重慶、成都に向けての出撃を繰り返す十二空零戦隊にも補充が行われ、戦力が維持されていた。

戦闘損失が1機も無いのに補充機が送られたのは奥山事故の対策で主翼換装を要する三菱第二十一号機以前の零戦が11月11日の段階で9機存在し、これらへの対策工事を実施しなければならなかったからである。

そして一〇一号作戦が一段落すると零戦隊の出撃回数も減少し、年末から昭和16年3月までの出撃はかなり間隔を置いたものになり、4月一杯は出撃が無く、十二空の戦闘機隊は新たな補給を受けて大幅に兵力を増大させた。

それまで1隊半（18機）の定数だった十二空が50機以上の大兵力となって、重慶への第二次爆撃作戦である一〇二号作戦に備えることとなった。

今まで搭乗員が数少ない零戦を使い回すかたちで活動していた十二空零戦隊は、機数の増大によって組織を変更し、それまで使われていた呼称番号も一新した。

新たな十二空零戦隊は搭乗割（出撃の都度に組まれる編隊構成）で固定した中隊が組まれるようになり、真木成一（しげかず）少佐が直率し蓮尾隆一中尉が補佐する呼称番号３‐１１１から３‐１２２までの真木中隊、鈴木実大尉が指揮する３‐１３１から３‐１４５までの鈴木中隊、佐藤正夫大尉が率いる３‐１５１から３‐１６１までの佐藤中隊、向井一郎大尉が率いる３‐１７１から３‐１８３までの向井中隊の4個中隊編成となって、各搭乗員が使用する機体も固定する傾向が現れ、特定の搭乗員と特定の機体の「愛機」的な結びつきも生まれた。

これによって尾翼に横線を描いた各級の長機標識が描かれるようになっている。そして胴体の赤帯も昭和16年5月以降の十二空零戦隊の目印となる。

また奥山事故で主翼換装が実施された三菱第二十一号機以前の機体は呼称番号も改められていることが写真でも確認できる。

尾翼に一本の黒線と多数の撃墜マークを描いた３‐１１２号機の胴体に機体番号が明確に三菱８０７号と読み取れるからである。

三菱807号とは第七号機のことで、零戦隊の十二空進出時には呼称番号3‐161号機として横山保大尉や進藤三郎大尉が搭乗した初期の隊長機である。

そして昭和16年5月以降の十二空で3‐112号機に主に搭乗したのは上平啓州一空曹だった。

また零戦の新規製造機体が一号一型（後に一一型と改称）から一号二型（後に二一型と改称）に移行すると共に、昭和16年に入ってからの補充機は全て一号二型すなわち二一型となった。

このため十二空所属機の写真で「一一型後期」とされる機体の多くは二一型だろうと考えられる。

対米戦用の実戦訓練部隊となった十二空

十二空零戦隊の急速な拡大には一〇二号作戦参加だけではないもう一つの目的があった。

それは来るべき対米開戦に備えてできるだけ多くの戦闘機隊員に零戦での実戦を経験させることだった。

このために各航空隊からの十二空への転勤者が選抜され漢口基地へと送り込まれた。

「大空のサムライ」の著作で知られる坂井三郎一空曹（当時）もその一人で、かつて十二空で九六式艦戦に搭乗して実戦を経験した熟練者として十二空へ復帰している。

坂井三郎一空曹は5月3日の重慶空襲に山下小四郎空曹長率いる3機で出撃した零戦隊の二番機を3‐116号機で務め、大編隊での攻撃となった5月19日の成都空襲では3‐119号機に乗る戦闘機隊指揮官真木成一少佐が率いる第一小隊の二番機を3‐116号機に乗って務めている。

これだけ見ると古参の貫禄を感じるが、坂井三郎一空曹の出撃はかなりまばらだ。

当時の十二空零戦隊には坂井三郎一空曹と同格かそれ以上の経験者が多数存在したからである。

3‐116号機も愛機という程ではなく、5月22日に

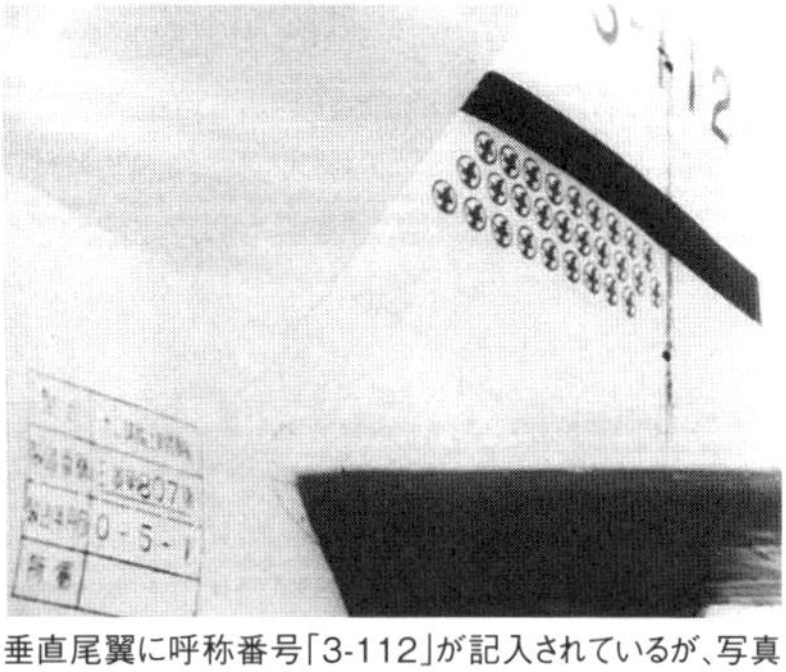

垂直尾翼に呼称番号「3-112」が記入されているが、写真左下に製造番号「三菱製807号」とあることから、十二空配備当初は「3-161」号機だったことがわかる零戦の極初期型

再び大編隊で実施された成都空襲では野澤三郎三空曹が搭乗している。

その後、大きく間を置いて7月4日の梁山攻撃で坂井三郎一飛曹（6月より階級の呼称が変わり航空兵曹から飛行兵曹となる）は出撃機数3機という小規模なものだった編隊長として3－179号機に搭乗し、零戦で初めての撃墜を経験している。

3－179号機ということは何らかの理由で真木成一少佐直率の中隊から向井一郎中尉が率いる四番目の中隊に異動したことを示している。

その後、坂井三郎一飛曹は新鋭の一式陸攻に誘導されての夜間進撃となった8月11日の成都攻撃で向井一郎中尉の三番機を務め、十二空零戦隊の最後の出撃となった8月31日には主力部隊ではなく別働隊として松潘攻撃に3－179号機で出撃して最後を飾った。

このように十二空零戦隊での坂井三郎一飛曹は、零戦による実戦体験を積む目的で集められた他の多くの搭乗員と同じように、日々の訓練と十分に間隔を置いた出撃で

昭和16年5月19日出撃の十二空零戦隊

中隊	小隊	搭乗員	呼称番号
第一中隊	第一小隊	真木成一 少佐	3-119
		坂井三郎 一空曹	3-116
		有田位紀 二空曹	3-120
	第二小隊	蓮尾隆一 中尉	3-121
		三上一禧 二空曹	3-117
		平本政治 二空曹	3-118
	第三小隊	山下小四郎 空曹長	3-115
		廣瀬良雄 一空	3-122
	第四小隊	羽切松雄 一空曹	3-113
		上平啓州 一空曹	3-112
		野澤三郎 三空曹	3-111
第二中隊	第一小隊	佐藤正夫 大尉	3-161
		横川一男 二空曹	3-151
		原良恵 三空曹	3-152
	第二小隊	山下丈二 中尉	3-160
		佐伯義道 一空曹	3-153
		日高義巳 二空曹	3-155
	第三小隊	宮崎儀太郎 一空曹	3-159
		河野安次郎 二空曹	3-158
		倉高博 三空曹	3-157
第三中隊	第一小隊	向井一郎 大尉	3-180
		平野崟 一空曹	3-181
		比嘉政春 一空	3-182
	第二小隊	平井三馬 空曹長	3-183
		坂上忠治 二空曹	3-171
		柴村實 三空曹	3-178
	第三小隊	本村英一 一空曹	3-173
		三本延良 二空曹	3-175
	第四小隊	酒井敏行 一空曹	3-176
		小林喜四郎 一空	3-172

昭和16年5月以降、「一〇二号作戦」に参加した十二空零戦隊は、零戦50機以上を保有する、前年とは大きく様変わりした大規模な戦闘機部隊へと増強された。保有機数に余裕が生まれたことから、搭乗員と機体が固定されるようになっている。十二空零戦隊の呼称番号は昭和16年4月から全面的に振りなおされた。そのため、本表中の「3-161」号機は前年の搭乗割に見られる「3-161」号機とは別の、新たに同じ番号を振り向けられた機体で、型式も零戦二一型である。

零戦に習熟する典型的なパターンを辿っていたといえる。

　このような連続する出撃で疲労を重ねて戦死されては困る「来るべき戦争」のための錬成要員は、一〇二号作戦も押し詰まった8月になると、もはや転勤手続きを経ることなく第一航空隊、美幌航空隊、元山航空隊などに籍を残したまま出張するかたちで十二空零戦隊に組み込まれて実戦を経験している。

十二空の解隊を引き継ぐ基地零戦隊

　中国大陸で事変初期から戦い続けた十二空は9月に解隊され、ここで零戦を経験した戦闘機隊員たちは各航空隊へと散っていった。

　南方侵攻作戦の主力となった台南航空隊、第三航空隊の両隊は十二空出身者の最大の転勤先となり、これらの戦闘機隊の搭乗割の名前だけを眺めると十二空と間違えかねないほどに十二空出身者が多く見られる。

　台南空と三空は開戦劈頭の台湾からフィリピンまでの洋上長距離侵攻を繰り返した。

　台湾からフィリピンまでは洋上に目標物が無く、誘導機が付く往路はともかくも、攻撃終了後の帰路をまったくの推測航法に頼らざるを得ない厳しさがあったが、零戦隊員たちは十分に任務を達成することができた。

　同じように仏印南部からマレー半島への洋上長距離侵攻を前提に、内地で訓練を続けて来た一式戦闘機「隼」を装備する陸軍の飛行第六十四戦隊が開戦第一日のみで長距離洋上飛行に危険を感じ、戦隊長の独断専行により地上部隊が上陸したばかりのマレー半島の飛行場に半ば強引に進出してしまったのとは対照的な航法技量だったといえる。

　その後も両隊は蘭印、ニューギニア、ソロモン諸島と零戦の大航続距離を活かした作戦に活躍してその名前を高めたが、こうした長距離侵攻作戦実施のノウハウと搭乗員の長距離飛行に対する技量は、ほかでもない十二空零戦隊で培われたものだった。

■参考文献
『第二連合航空隊戦闘詳報』／『第十二航空隊戦闘詳報』／『海軍航空本部戦時日誌』／『海軍航空史(4)戦史編』／『陸軍省大日記』／海軍航空本部『九六式一号艦上戦闘機取扱説明書』／海軍航空本部『九六式二号艦上戦闘機取扱説明書』／第十二航空隊『零式艦上戦闘機一型要目性能表』／第十二航空隊『零式艦戦操縦参考書』／蒼龍戦闘機隊『零式一号艦戦使用上ノ注意事項摘要』

日ソ両軍が初めて経験した本格的航空戦

ノモンハン航空戦

第二次大戦勃発の直前時期に、満州・モンゴル国境地帯で発生した日ソの武力衝突「ノモンハン事件」。地上はともかく航空戦では日本陸軍の勝利と伝えられる紛争だが、なぜ空の勝利が地上での勝利につながらなかったのだろうか。そして両軍はこの戦闘から何を学び、第二次大戦の航空戦に活かしていったのか。

ノモンハンに設定された飛行場に並ぶ、飛行第二十四戦隊第一中隊の九七式戦闘機。同戦隊はノモンハンに近い満州国ハイラルに駐留していたため、日本陸軍の戦闘機隊では真っ先に戦闘に参加している

「空での大勝利、地上での惨敗」は本当か？

昭和14年（1939年）5月、満州とモンゴルの国境線をめぐり小競り合いが続いていたノモンハン地区で本格的な戦闘が始まった。5月13日、第二十三師団の指揮下に国境付近の制空と地上直協を目的とした臨時飛行隊が配属され、これがノモンハン事件における航空戦の始まりだった。これ以降、戦いは予想外に拡大し4カ月にわたる激戦が展開されることになる。

ノモンハン事件は、日本陸軍がソ連軍の機械化部隊に圧倒され、その地上での苦戦の様相は戦後繰り返し回想されて、映画や小説に描かれ続けたこともあり、日本側の惨敗として知られている。

その一方で、戦場上空における航空戦では、日本側はソ連空軍を圧倒して膨大な撃墜戦果を挙げたことになっている。「ノモンハンのエース」、「ホロンバイルの撃墜王」といった勝利の物語には戦時中から事欠かない。地上戦では惨敗しているのに空での戦いでは勝利しているという矛盾に満ちたイメージが、ノモンハン事件を長い年月にわたり覆っていたともいえよう。

だが近代戦は諸兵科協同が原則であるはずで、本当の意味で航空優勢を獲得していたのであれば、地上軍が敗走するはずもない。その後の太平洋戦争期にも日本側が航空優勢を達成した戦場で地上部隊が敗北したことなど一度も無いからである。

日ソ両軍が衝突した国境紛争であるノモンハン事件で、一旦は国境を越えて進撃した日本軍が大損害と共に押し戻され、崩壊寸前で休戦に持ち込んだという事実には何の疑いもないのだから、空の戦いもまたそれに連動する動きがあったはずなのに、どうしてそれが指摘されなかったのだろうか。

それは、ソ連空軍の戦闘についてソ連側の戦史資料が極めて乏しかったことも一因であり、一方で戦後日本で地上軍の惨敗を批判的に描く立場からは空の戦いを意図的に無視する傾向があったことも、もう一つの要因だったといえるだろう。

だが、ノモンハン事件は日ソ両軍にとって初めての大規模な機械化部隊同士の衝突であり、典型的な近代戦の顔を持った戦いだった。そうである以上、空と地上の戦いの結果は互いに深く結びついていると見るべきだろう。この観点から見れば、空での戦いも日本側の敗北だったといえる。

空戦の勝敗は実際にどうだったのか？

ソ連崩壊後に公開された様々な情報は、ノモンハンで戦われた航空戦の様相を少しずつ明らかにし、そして日本側の情報も新たに精査され、戦いの実態が明らかになりつつある。互いの損害を比較することで、より正確な勝敗をつけやすくなって来ているのだ。

だがここにも問題がある。ソ連側の記録は日本陸軍が残した記録類とは基準が異なり、しかも欠落が多い。例えば、機体の残骸が回収され明らかに損害が出ている戦いであっても、その記録が見当たらなかったり、「戦闘損失」というカテゴリーに含まれる損失機数が空中での損害のみを数えていたりする場合もある。

結局のところ、事実の解明はまだ途上にあり、敗戦国として残存資料を洗いざらい明らかにされたことで、かなり精度が高いと考えられる日本側の損失記録と、まだ曖昧な部分が大幅に残るソ連側記録とのつき合わせが始まったばかりだ。

それらを考慮した上で、昭和15年5月から9月にかけての航空戦で、日本陸軍機の未帰還機数は64機、大破して廃却された機数は１０２機、合計１６６機の損害という数字には、誤差はあるにせよ概ね信頼できると考えられる。休戦後にまとめられた損害集計が各種残されているからである。しかし１０００機を越える撃墜戦果報告に至っては、それを証明する材料が無い。

一方、ソ連軍の損害記録は戦闘損失が２０７機、戦闘以外の事故などによる損失が43機の合計２５０機という数字が存在するが、日本側の

満州国とその周辺各国

ように大破廃却された機体は数えられていないようだ。
木金混合構造のソ連空軍機と全金属製機を装備する日本陸軍機では、耐久性が天と地ほど違う。金属部材は被弾貫通されても修理や補強が可能だが、木製部品は一発の被弾でも亀裂が入れば修理できない。露天に繋留された場合の耐候性も大幅に劣る。日本陸海軍航空隊はそもそもこうした理由で全金属製機の開発を急いだのである。

第二次世界大戦後期にソ連空軍がドイツ空軍を圧倒して航空優勢を獲得しながらも、1943年に2万6700機、1944年に3万500機といった恐るべき数の損失機数を記録している要因の一つはここにあったが、それ以前のノモンハン事件の状況は推して知るべしだろう。

これらのことから、どんなに厳しく見積もっても空中戦の結果においては日本側が優勢であり、普通に判定すれば全戦闘期間を均(なら)した空中戦に限れば日本側の勝利なのである。

では、陸軍戦闘機隊が大健闘したこの戦闘結果は、なぜ地上の勝利に結びつかなかったのだろうか。

ノモンハン事件関連地図

陸軍が初めて体験した本格的な航空戦

空中戦闘そのものの勝敗が地上戦の勝利に結びつかなかった理由のひとつに、航空戦に対する経験の浅さがあった。支那事変勃発から戦い続けた歴戦の強者のように感じられる陸軍航空隊も、現実にはノモンハン事件では欧州列強の空軍と本格的な航空戦を初めて行うことに対して自信が無く、また勝利の確信も持てなかった。

なぜなら、支那事変の航空戦も、十分な態勢で戦われたものではなかったからだ。

昭和12年7月に中国大陸で戦端が開かれた時点で、陸軍航空隊は大規模航空戦を戦う準備も無ければ、近代的航空戦に適した装備も持っていなかった。戦闘機は複葉の九五式戦闘機であり、爆撃機はどこから見ても旧式な九三式双軽爆撃機と九三式単軽爆撃機、欠陥機でしかない九三式重爆撃機といった構成で、これでは欧米からの輸入機を装備した中国軍には性能面で太刀打ちできず、海軍航空隊の活躍と総兵力の優位で何とか押し切ったのが本当のところだった。

なかでも中国軍に供与されたソ連製の高速爆撃機SB-2には手を焼いていた。同機を撃墜することは低速の九五式戦闘機には至難の業で、速力増加のため、輸入に頼るしかなかった「航空九二揮発油（オクタン価92の航空ガソリン）」を特配していたほどだった。この措置で九五戦の最大速度は時速約20㎞/hほど向上し、SB-2とほぼ同等の速力を得ることができたのである。

しかし戦闘機には何とか対策を採れても、根本的に旧式な爆撃機群に関しては打つ手が無く、新しい九七式重爆撃機と九七式軽爆撃機の配備を待つことと、応急的にイタリアから購入したフィアットBR20を「イ式重爆撃機」と名付けて準制式採用するしか方法はなかった。

こうした機材面の問題は昭和13年中に進められた各部隊の機種改変で解決する見通しだったが、肝心の新機種の配備は遅れ、昭和14年5月のノモンハン事件を迎えた時でも陸軍航空隊は新機種への改編と編制改正の最中であり、戦闘に参加した飛行戦隊は軒並み定数を割る兵力しか持っていなかった。

期待の新鋭戦闘機である九七式戦闘機も、発動機の不調と初期の不具合に悩みつつ配備されている状態で、しかもその性能と操縦者の技量が第一級の空軍戦闘機隊を相手に通用するかどうか、確信が持てないというのが本音だった。

戦術的には昭和10年から採用された「航空撃滅戦構想」によって、開戦と共に爆撃機全機種をもって敵航空基地を襲い優勢な敵空軍を地上で壊滅させる新しいドクトリンが定着しつつあったが、それをいざ実行しようにも適切な機材と兵力が無かった。このため、こうした空軍的な発想を十分に実践することができず、航空撃滅戦構想は机上の空論のまま放置されていた。

戦術思想に機材、装備、訓練がついて行かないまま迎えた大航空戦。それが陸軍航空隊にとってのノモンハン事件だったのである。

「航空戦初心者」だったソ連空軍

それではソ連空軍はどうだったのだろう。

1929年から始まった五カ年計画によって急速に発展した重工業分野に基づき、ソ連空軍は兵力を拡大。単葉引込脚戦闘機であるI-16、高速爆撃機SB-2といった世界水準に達する新型の優秀機など、機材、兵力ともに世界第一級の空軍力を持つに至った。

実際、この急速な空軍拡張には目覚ましいものがあり、五カ年計画以前の1928年には練習機も含めて914機の兵力だったソ連空軍は、1937年になると第一線機のみで8139機という、保有機数で世界最大規模の巨大空軍へと変貌していた。

しかし、このような破天荒な空軍拡張によって、ソ連空軍にはさまざまな歪みが生じていた。

まず、約10年で10倍に拡大した兵力を支える操縦者の養成に無理があった。飛行学校と、そこに配備する練習機の不足は平時でありながら訓練課程の短縮を強いることとなり、空戦技術を知らない戦闘機操縦者、長距離飛行のできない爆撃機操縦者を大量に出現させることとなった。Aクラスの操縦者の絶対数では日本陸海軍航空隊に劣らないものの、平均的な錬度は大幅に低下していた。大拡張による質の低下は著しく、ノモンハン事件後も休むことなく続けられた兵力拡張に乗員の訓練が追いつけなかったため、第二次世界大戦後半までソ連空軍の航空機乗員の錬度低下問題は克服されなかった。

日ソ両軍の錬度の差にはこのような理由があり、日本の操縦者の技量が神がかり的に優秀だったのではなく、ソ連空軍の平均的錬度が異常に低かったのである。

では、突如出現した巨大空軍とでも言うべきソ連空軍の戦術思想はどうだったのだろうか。

1920年代のソ連軍には比較的自由な雰囲気があり、諸外国の軍事関連文献の輸入と翻訳が盛んに行われていたが、経済的理由によって新思想の実現が阻まれていた。1928年のソ連空軍機の6割は戦闘機でも爆撃機でもなく、陸戦協力用の偵察機によって占められてお

ノモンハン航空戦の主役① 戦闘機

■日本陸軍

九五式戦闘機

昭和10年(1935年)に仮制式判定された日本陸軍最後の複葉戦闘機。ノモンハン事件の時期には旧式化していたが、高い運動性能を活かして善戦している

川崎 キ10 九五式戦闘機一型 全幅:9.55m／全長:7.20m／全高:3.00m／全備重量:1,650kg／エンジン:川崎ハ九-Ⅱ甲 液冷V型12気筒(850hp)×1／最大速度:400km/h／航続距離:1,100km／武装:7.7mm機関銃×2／乗員:1名

九七式戦闘機

九五式の後継として昭和12年に仮制式制定された低翼単葉の戦闘機。ノモンハン事件当時、陸軍最新鋭の戦闘機で、ソ連戦闘機を速度性能や運動性能で凌駕していた

中島 キ27 九七式戦闘機 全幅:11.315m／全長:7.509m／全高:3.563m／全備重量:1,534kg／エンジン:中島ハ一乙 空冷星型9気筒(710hp)×1／最大速度:470km/h／航続距離:800km／武装:7.7mm機関銃×2／乗員:1名

■ソ連空軍

I-15bis

複葉戦闘機I-15の改良型で、1930年代後半に配備が進められた。とは言え原型機の初飛行は1933年でノモンハン事件当時は旧式化しており、日本軍機に苦戦を強いられている

ポリカルポフ I-15bis 全幅:10.20m／全長:6.28m／全高:2.94m／全備重量:1,750kg／エンジン:シュベツォフM-25V 空冷星型9気筒(750hp)×1／最大速度:379km/h／航続距離:520km／武装:7.62mm機関銃×4／乗員:1名

I-153

本機もI-15の改良型で、主脚を引込式にするなど機体各部に空力的洗練が加えられている。I-15bisより性能全般に優れていたが、やはり1930年代末の単葉戦闘機には速度性能などで劣っていた

ポリカルポフ I-153 全幅:10.0m／全長:6.17m／全高:2.80m／全備重量:1,765kg／エンジン:シュベツォフM-62 空冷星型9気筒(1,000hp)×1／最大速度:424km/h／航続距離:560km／武装:7.62mm機関銃×4／乗員:1名

I-16

実用単葉戦闘機として世界で初めて引込式降着装置を採用した、当時のソ連空軍主力戦闘機。小型軽量化および表面積と空気抵抗の低減のため極端に短い胴体が特徴的

ポリカルポフ I-16タイプ10 全幅:9.00m／全長:6.07m／全高:3.25m／全備重量:1,716kg／エンジン:シュベツォフM-25V 空冷星型9気筒(750hp)×1／最大速度:445km/h／航続距離:540km／武装:7.62mm機関銃×4／乗員:1名

両軍戦闘機の性能比較

■最高速度

	機種	最高速度
ソ連空軍	I-15bis	379km/h
	I-153	414km/h
	I-16タイプ10	445km/h
日本陸軍航空隊	九五式戦闘機	400km/h
	九七式戦闘機	470 km/h

500 400 300 200 100 km/h

■航続距離

	機種	航続距離
ソ連空軍	I-15bis	520km
	I-153	560km
	I-16タイプ10	540km
日本陸軍航空隊	九五式戦闘機	1100km
	九七式戦闘機	800km / 1700km(落下タンク使用)

2000 1500 1000 500 km

り、端的にいえば第一次世界大戦中の航空部隊そのままの古色蒼然たる空軍だった。

敵空軍を地上で撃破する航空撃滅戦思想も、敵陣の後方深く攻撃して戦争遂行能力そのものを奪う戦略爆撃思想も軍内部で研究されてはいたものの、実現する手段が無かった。

さらに、五カ年計画と共に大規模な軍拡が開始されると、それまで輸入された戦術思想がよく吟味されず、未消化のまま実体を持ち始めることとなった。当時列強各国で巻き起こった航空撃滅戦や戦略爆撃といった空軍的運用か、第一次世界大戦以来の地上軍直協か、といった議論が熟すよりも先に、その結論が出ないまま軍備拡大によってこの二つを実現させたのである。

1937年のソ連空軍は2443機の重爆撃機と高速爆撃機、1779機の軽爆撃機、2255機の戦闘機、1662機の偵察機を持ち、各機種の比率とその兵力規模で約10年前とはまったく性格を異にする、総花的に拡大した空軍へと変貌していたが、その基盤となる根本的な戦術思想が未成熟だった。

それでも、支那事変勃発と共に中国軍を支援するため送り込まれた軍事顧問と優秀な操縦者たちは兵力で劣勢な中国軍に対して、自らが小兵力だった1920年代の戦術を指導してSB-2高速爆撃機によるヒット・エンド・ラン戦法で戦果を挙げるなど、小さな実績を積み重ねてはいた。しかし、劣勢空軍の戦い方は教授できても、大規模かつ本格的な航空戦が開始された場合にどう戦えば良いか、という問題に自信のある回答を出すことはできなかった。

またスペイン内戦でも、局地的航空戦を体験することはできたが、ファシスト側の海上封鎖によって孤立したスペインから軍事顧問団が撤収してしまったため、内戦後期における激戦の詳しい情報が入手困難となってしまった。このため、ドイツ、イタリアの両空軍との対決による断片的な戦訓は得たものの、航空戦に対する知見を大きく深めるには至らなかった。

ソ連空軍は新思想を試すに足る実戦経験を欠いたまま膨れ上がった「巨大な素人空軍」でもあったのだ。

両軍の装備と実力

次に、ノモンハン事件で両軍が装備した各機種を比較してみよう。

日本陸軍航空隊の主力戦闘機は九七式戦闘機であった。この戦闘機は陸軍が失敗を重ねながらようやく手にした近代的な全金属製単葉戦闘機で、一般に格闘戦を得意とする軽戦闘機の極致として知られる機体だが、最大の特徴は世界水準を超える高速性にあった。昭和12年当時の戦闘機で九七戦の水平最大速度470km/hを超えるものは稀で、液冷発動機と引込脚を持つメッサーシュミットBf109Bと比較しても劣らないどころか、やや優る性能を持っていた。陸軍航空本部が見込んだのはこの最高速度で、この頃世界の空軍に蔓延していた爆撃機優位論または戦闘機無用論を覆す実力を期待される存在でもあった。

海軍の九六式艦上戦闘機に範をとった機体だったが、より進んだ機体設計であった。発動機は九六式四号艦戦と同じ「ハ一乙」（海軍の「寿」四一型と同等）でありながら、九六式艦戦の最大速度435km/hに対して一

ノモンハン航空戦の主役② 爆撃機

九七式重爆撃機

ノモンハン事件に最新鋭の爆撃機として投入された九七式重爆撃機。航空撃滅戦に投入することを念頭に置いたため、爆弾搭載量よりも速度を重視した設計となっている

三菱 キ21 九七式重爆撃機一型甲 全幅:22.50m／全長:16.00m／全高:5.385m／全備重量:7,573kg／エンジン:中島ハ五 空冷星型14気筒(950hp)×2／最大速度:432km/h／航続距離:2,700km／武装:7.7mm機関銃×4／爆弾搭載量:1トン(最大)／乗員:6名

九七式軽爆撃機

九七式重爆と同様、航空撃滅戦の主力となる爆撃機として、同時期の他国の軽爆に比べて速度性能や航続性能に優れていた九七式軽爆撃機

三菱 キ30 九七式軽爆撃機 全幅:14.55m／全長:10.34m／全高:3.645m／全備重量:3,322kg／エンジン:中島ハ五 空冷星型14気筒(850hp)×1／最大速度:423km/h／航続距離:1,700km／武装:7.7mm機関銃×2／爆弾搭載量:400kg(最大)／乗員:2名

九八式軽爆撃機

三菱の九七式軽爆に競作で一度は敗れたものの、三菱が九七式重爆の生産に追われたことから採用された九八式軽爆撃機。本機もノモンハン事件に投入されている

川崎 キ32 九八式軽爆撃機 全幅:15.00m／全長:11.64m／全高:2.90m／全備重量:3,762kg／エンジン:川崎ハ九II乙 液冷V型12気筒(850hp)×1／最大速度:423km/h／航続距離:1,220km(正規)／武装:7.7mm機関銃×2／爆弾搭載量:450kg(最大)／乗員:2名

段と高速だった。

ノモンハン事件の直後、漢口の海軍航空基地が中国軍のSB‐2高速爆撃機に奇襲され大損害を蒙った際に、現地の海軍連合航空隊から九七戦の貸与要求が出ている。この要求は却下されたが、これは翌年夏にようやく十二試艦上戦闘機（零式艦上戦闘機）が配備されるきっかけとなった出来事だった。九七戦の性能はそれだけ傑出していたのである。

だが昭和12年度に制式制定され昭和13年春から開始された九七戦の配備はゆっくりとしたもので、配備から1年以上経った昭和14年5月でさえ、旧式の九五戦を装備した戦闘機隊が前線に残されていた。

そして何よりも、九七戦は中国大陸の航空戦が一段落した後で配備が始まったため、ノモンハン事件当時はその優秀性を確信させるような空での大勝利を経験していなかった。この戦闘機で果たしてソ連空軍との正面対決で勝利できるかどうか、まだ誰にもわからなかったのである。

一方、九七戦と戦うことになるソ連軍の主力戦闘機は当初、ポリカルポフI‐15bisだった。伝統的な複葉戦闘機で軽快な機体だったが、すでに旧式化しており、見るべき点があるとすれば機関銃4挺の重武装で九七戦を凌いでいたことだった。

しかしソ連空軍の戦闘機に対する指針が固まっていなかったこともあり、相変わらず複葉式の戦闘機が後継機として開発された。それがポリカルポフI‐153だった。引込脚を採用し複葉戦闘機としては最大速度414km／hと高速だったが、九七戦に対しては大きく見劣りしていた。その配備が厳重に秘匿された新鋭戦闘機ではあったが、もはや複葉戦闘機の時代は終わっていたのだ。

旧式な複葉戦闘機と対照的な存在だったのが、世界に先駆けて単葉引込脚形式を採用したポリカルポフI‐16で、これがノモ

九七式重爆実用化までのつなぎとして、日本陸軍がイタリアから輸入したBR.20。ノモンハン事件にも投入されたが、稼働率の低さは不評だった

ンハン事件の主力戦闘機だった。

ソ連空軍はI-16の各型式を残らず投入し、標準型のタイプ5、タイプ10、そして20㎜機関砲を両翼に装備したタイプ17までもが日本陸軍航空隊と対峙している。7・7㎜機関銃4挺の武装だけでも九七戦を凌ぐ上に、20㎜機関砲装備機まで揃えたソ連軍戦闘機の火力は驚異的だった。その上、操縦者背面に装甲を施すなど、日本戦闘機には無い防御装備が付け加えられていた。

爆撃機の主力は、支那事変で日本戦闘機を翻弄したSB-2の性能向上型であるSB-2bisが投入され、高速爆撃機としての地位を依然として保っていた。

陸軍航空隊の爆撃機も旧式な九三式重爆撃機の代用機であったフィアットBR20に加えて、待望の九七式重爆撃機が配備され、単発軽爆撃機としてはソ連戦闘機と互角の速力を持つ九七式軽爆撃機や九八式軽爆撃機がノモンハン事件に投入された。

このように両軍の装備は当時の最新鋭機を揃えたもので、陸軍航空隊にとってもソ連空軍にとってもノモンハン事件は文字通り「新兵器の実験場」という性格も帯びていたのである。

緒戦の大勝利と航空優勢確保

ノモンハンで戦端が開かれた直後に投入された陸軍航空部隊は、地上部隊協力用の小兵力でしかなかった。昭和14年5月12日に第二十三師団を支援する目的で派遣が命じられた第二飛行集団の臨時飛行隊は、制空用の飛行第二十四戦隊の九七戦20機、地上支援用の飛行第十戦隊の九七軽爆6機、航空偵察用の九七式司令部偵察機6機という小規模なもので、敵航空部隊そのものを地上で撃破する能力を持たないこの陣容からして、陸軍が想定していた戦いの規模と性格がわかる。5月13日、編成された臨時飛行隊はハイラルとカンジュル廟に進出した。

初出撃は5月14日で、九七軽爆は国境監視哨を爆撃し、国境のモンゴル軍を銃爆撃した。地味な戦闘ではあったが、小規模な航空部隊の地上支援作戦としては良好で、エアカバーを受けた地上部隊の作戦は順調に進展した。

このように、国境警備部隊相手の小規模な戦いしか考えていなかったところ、偵察に飛んだ九七司偵がソ連空軍の大規模な展開を察知する。ソ連軍はノモンハンに予想外の兵力集中を開始したことが判明したのである。

ソ連軍の航空兵力増強に対応して第二飛行集団は増援兵力を送り込み、緒戦での日本側航空支援の成果を見たソ連軍もさらに増強を続けた。

戦闘機同士の戦いは5月22日に始まる。飛行第二十四戦隊の九七戦3機はソ連側のR‐5偵察機2機とその護衛機であったI‐15bis2機、I‐16 2機と交戦し、前者1機、後者2機を撃墜し、さらにR‐5を2機とも撃墜（ソ連側記録）した。これに対し日本側の損害は無かった。

続いて5月26日、27日、28日と空中戦が続き、増援として投入された飛行第十一戦隊の九七戦はI‐15bisを10機、I‐153を3機、I‐16を4機、R‐5を1機撃墜し、2機を撃破（ソ連側記録）、九七戦1機を失うというワンサイドゲームを展開した。6月1日、2日にも空戦があり、第二十四戦隊と第十一戦隊は2機のI‐16を撃墜している。

このような戦果を挙げられたのは、ソ連空軍の操縦者の大半が訓練不足で技量の低い戦闘未経験者で占められていたことが原因といえる。前にも述べたことだが、このころになっても、空軍大拡張のために飛行学校や練習機が不足し、訓練用燃料の配給も滞っており、速成教育のみで実戦部隊に送り出され、実戦で役立つような戦技を習得していないまま戦っていたのである。

制空戦闘で敵航空部隊を圧倒した結果、爆撃機隊は妨害を受けずに敵地上部隊を攻撃することができ、味方の地上部隊への航空支援は十分に機能した。偵察機が航空戦用の司令部偵察機ばかりで直協機を欠いた編成となっていたため、地上部隊との連絡に改善の余地を残したものの、空と地上との連携はほぼ理想的に機能していた。

5月12日から6月12日までの「第一次ノモンハン航空戦」と呼ばれるこの期間、航空優勢は日本側が完全に握っていたのである。小規模な戦いではあったが、日本側の航空作戦は所期の目的を達し、陸軍中枢と関東軍内部では欧州での緊張激化に鑑みてノモンハンでの紛争はこれで終結する、との考えも生まれていた。

一方、ソ連空軍中枢にとって日本戦闘機隊に友軍戦闘機が手も足も出ないという事実は大きな衝撃だった。ソ連空軍が圧倒的に敗北したことはアジア方面での脅威が堪えがたく増大したと判断され、全空軍規模での増援が直ちに計画された。

全空軍的規模の増援は、スペイン内戦、支那事変で戦果を挙げたソ連邦英雄の称号を持つエース級操縦者を集中投入することで戦闘機隊の指揮官の充実を図り、操縦者への指導を徹底して技量面での底上げを目的としていた。加えて、技術者達を前線に送り込むことで機材の不具合、故障機の減少も狙い、モスクワで選抜された48人の増援チームがノモンハン戦の第二ラウンドでの雪辱を期してシベリアを横断し前線へと向かった。

陸軍航空隊が善戦健闘して獲得した限定的な勝利は、ソ連空軍に必要以上の刺激を与えてしまったのである。

禁じられた航空撃滅戦

6月後半から再開された地上戦闘に従って、陸軍航空隊もふたたび兵力を増強。このころの日ソ両軍の兵力は下表のように拡大した。

ソ連空軍は日本側の2~3倍に達する兵力の投入があり、数から見れば陸軍航空隊に勝ち目は無いほどの兵力差が発生していた。高速の九七司偵による航空偵察でソ連空軍の兵力拡大を察知していた第二飛行集団は、兵力の深刻な劣勢を意識して戦術の転換を検討し始める。

こうした優勢な敵と戦うために最も有効な戦術とは、敵機を地上で撃破する航空撃滅戦だった。

6月19日に前線へ再進出した第二飛行集団は5月の戦いとは異なり、地上の第二十三師団との関係は対等で、互いに協力する地位にあり、今回の戦闘では陸軍航空隊は地上部隊への支援と共に、空軍独自の戦いを展開する

昭和14年6月後半の両軍の編成と装備数

■日本陸軍

第二飛行集団
- 第七飛行団
  - 飛行第一戦隊:九七戦×23
  - 飛行第十二戦隊:イ式重爆×12
  - 飛行第十五戦隊:九八直協×8、九七司偵×6
- 第九飛行団
  - 飛行第十戦隊:九七軽爆×6、九七司偵×6
  - 飛行第六十一戦隊:九七重爆×12
- 第十二飛行団
  - 飛行第十一戦隊:九七戦×36
  - 飛行第二十四戦隊:九七戦×19

戦闘機:78機 軽爆・直協:14機 重爆:24機 司偵:12機
総計:128機

■ソ連空軍

第100混成飛行旅団
- 第22戦闘機連隊:I-15bis×32、I-16×35
- 第70戦闘機連隊:I-15bis×24.I-16×60
- 第38高速爆撃機連隊:SB-2×59
- 第150高速爆撃機連隊:SB-2×57

※このほか、第100混成飛行旅団にはR-5/R-5Sh偵察機×51が所属。

戦闘機:151機 爆撃機:116機 偵察機:51機
総計:318機

6月後半にはじまった第二次ノモンハン事件の時期には、日ソ両軍とも航空部隊が増強されていた。機数は随時変動するものの、この時点で航空機の総数ではソ連側が日本の2倍以上にのぼっている。

下地が作られていたといえる。

そのさなか、最初の大きな戦闘が6月22日に発生した。再編成を完了したソ連軍の航空攻勢が開始されたのである。

ソ連軍は戦闘機隊を集中投入し、性能の劣るＩ-15ｂｉｓを最下層に配置して囮編隊とし、これを攻撃する日本戦闘機を、上層に配置したＩ-16で急襲するという重層配備を行っていた。

このような組織的戦闘はノモンハン事件で初めてのもので、空中戦に参加したソ連戦闘機は合計１０５機、日本戦闘機は54機という、規模においても今までに無い戦闘が展開され、この日の戦闘でソ連側の損害は16機、日本側は5機を失っている。

公平に見て、この戦いは日本側の圧勝ではあったが、5月から6月前半にわたる第一期の戦いでの損害が九七戦1機に過ぎなかったことと比べれば、厳しい状況への変化が実感される。

ソ連戦闘機の大規模投入を深刻な脅威と判断した第二飛行集団は、後方のハルビンにあった第一戦隊、第十一戦隊を前線に近いハイラルと最前線の前進基地であるカンジュル廟に進出させ、合計59機の九七戦を前方配備させた。

次いで6月26日に発生した空中戦も、ソ連空軍が攻勢に転じたことを示していた。ソ連空軍は航空優勢を奪還すべく、今まで友軍支配地上空で戦っていた戦闘機隊を前線上空まで進出させて積極的に空中戦を挑もうとした。まさに兵力で優ることを十分に意識した作戦で、日本戦闘機の邀撃が無い場合はカンジュル廟の前進飛行場を攻撃する予定となっていた。

しかしＩ-15ｂｉｓ 13機の囮編隊とＩ-16 27機の主力編隊は、前線を越える前にハマル・ダバ高地のソ連軍陣地上空で第一戦隊の九七戦17機に遭遇して戦闘に突入。反転逃走する日本軍第一戦隊に引き摺られて全力で追撃に入ったところを、待ち構えていた第十一戦隊、第二十四戦隊の九七戦に急襲されて潰走してしまう。

この戦いでソ連空軍は6機を失い、日本側に損害は無かった。操縦者の平均的技量でも、部隊としての戦術でも陸軍航空隊が優位にあったことを示す例といえる。

しかし、敵味方の兵力差は空中戦だけで挽回できるものではなかった。ソ連空軍は、強敵である九七戦部隊を

ノモンハンに展開した飛行第六十四戦隊の九七式戦闘機。写真左に見えるテントは兵舎で、広大な平原が広がる同地ではこうした臨時飛行場が多数設定された

戦闘に巻き込んで拘束してしまえば、例え空中戦の結果が不利であろうと残る兵力で日本軍地上部隊を攻撃できる。兵力で優る側にはそうした余裕が生まれていた。

この兵力劣勢を打開すべく、第二飛行集団は戦闘勃発以来、初めての敵後方基地攻撃を実施した。これが「第一次航空撃滅戦」と呼ばれるタムスク空襲である。

ソ連空軍は前線近くに前進基地を置く一方、後方基地としてタムスクに司令部を置き、爆撃機部隊の主力をここから出撃させていた。タムスクと並んでサンベースも同様の役割を果たす基地だった。前進基地には緊急発進する邀撃用戦闘機隊を配置し、その後方に根拠地を置くという考え方で、日本側にとってはカンジュル廟周辺の飛行場群が前進基地、ハイラル周辺の飛行場群が根拠地に該当する。

6月27日、第二飛行集団の戦爆連合１０４機の編隊は、ハイラルと採塩所北の飛行場群から離陸した第六十一戦隊の九七重爆9機と第十二戦隊のイ式重爆12機、第十戦隊と第十六戦隊の九七軽爆9機、合計30機の爆撃機隊、そしてカンジュル廟から発進した第二十四戦隊を始めとする九七戦 74機で構成されていた。

日本側の奇襲攻撃は成功し、空中で17機を撃墜（ソ連側記録）、地上で8機を破壊したが、ソ連側が蒙った損害はそれだけではなく、損傷したことによってソ連空軍第70戦闘機連隊は63機のうち、稼働機18機という状態に追い込まれている。この空襲以降、数日間にわたりソ連空軍の活動は沈黙してしまう。

「優勢な敵は地上で撃破する」という航空撃滅戦の目的が十分に達せられたのがこのタムスク空襲であり、このような先制奇襲を反復することが、兵力格差を挽回して航空優勢を維持し続ける唯一の策だった。

しかし、このような敵後方を攻撃目標とする航空撃滅戦は、ノモンハン事件をあくまで国境紛争の枠内に留め、対ソ全面戦争への拡大を危惧する大本営の意図とは真っ向から対立するものだった。

関東軍も大本営の意向を知りつつ、あえて事前報告無しに作戦を強行したこともあり、大本営の関東軍批判は激しく、6月29日には「大陸指」第四九一号を発して「敵ノ根拠地ニ対スル空中攻撃ハ行ハザルモノトス」と厳命するに至った。

この「大陸指」第四九一号により、ノモンハンでの航空撃滅戦は実施不可能となり、日本側は前線上空の空中戦と地上攻撃、そして友軍基地の防空戦以外に作戦的選択肢が無くなってしまった。

ノモンハン航空戦に分岐点があるとすれば、タムスク空襲後に出されたこの航空撃滅戦禁止令こそがそれだろう。7月以降、日本側は劣勢な兵力を挽回する方策を失い、優勢な敵部隊と正面から衝突しては勝利するものの、戦うたびに貴重な機材と、取り返しのつかない人員の消耗を重ねていくのである。

防戦に傾く7月の戦闘

7月の戦闘は地上部隊の攻勢に従って地上支援の戦いとなった。7月2日に第二十三師団の攻勢に伴って地上支援作戦（第一次地上作戦直協）が開始されたが、タムスク空襲の損害から立ち直ったソ連空軍は7月3日に大兵力による波状攻撃を実施した。「空のベルトコンベア」と呼ばれる連続出撃で戦場上空にソ連軍機が常に在空するという事態に日本側は混乱し、空地直協のために第二十三師団に送った通信隊との連絡も途絶して地上作戦協力は思うに任せず、一方空中では大規模な空中戦が続いた。

特に7月5日から7月12日まで断続的に続いた空中戦を「第二次航空撃滅戦」と呼ぶが、その実態はソ連側からの航空撃滅戦と呼ぶべきもので、ソ連側は14機を失ったが、日本側も12機を失うという手痛い損害を被った。

空中で敵戦闘機を一掃できなくなったことは地上攻撃の自由が失われたことを意味する。そして7月17日からは、再編成されて第1軍集団となったソ連軍による積極的な空中戦が開始された。空中での航空撃滅戦を仕掛ける側が逆転し始め、日本側にとって戦闘は徐々に受動的なものへと変化しつつあった。

政治的理由によって航空撃滅戦を禁じられた日本側に残された唯一の希望が、戦闘機同士による空中戦だったが、その様相が日本側の連戦連勝から互角の戦いに近づいて来たのである。

また、6月27日のタムスク空襲による損害を教訓としてソ連空軍は基地の分散に力を入れ始めた。前線にいくつもの臨時飛行場を設け、後方基地の分散化も進められた。日本軍機の攻撃をかわす囮飛行機も多数設置されるようになり擬装も進んでいた。

そして各航空部隊の指揮管制システムもようやく充実し始め、ハマル・ダバ高地のソ連軍陣地内には空地協同作戦指揮所が置かれて、日本軍機の侵入警報を各基地に伝え、上空に達した戦闘機隊には地上に展開した目標指示板によって敵編隊への誘導を行うようになっていた。こうした徹底した分散と擬装、指揮管制システムや対空砲火の充実のため、7月の日本軍の航空撃滅戦空白期間をソ連軍は有効に活用したことから、ソ連空軍を地上で撃破する航空撃滅戦はますます困難になっていったのである。

8月におけるソ連空軍の編制

- 第1軍集団航空隊
  - 戦闘機隊
    - 第22戦闘機連隊:I-15bis×1、I-153×13、I-16×82
    - 第56戦闘機連隊:I-15bis×18.I-153×24.I-16×64
    - 第70戦闘機連隊:I-15bis×2、I-153×30、I-16×77
  - 防空専任部隊:I-15bis×41、I-153×3、I-16×21
    - 第8戦闘機連隊
    - 第23戦闘機連隊
  - 爆撃機隊
    - 第38高速爆撃機連隊:SB-2×53
    - 第56高速爆撃機連隊:SB-2×57
    - 第150高速爆撃機連隊:SB-2×71
    - 重爆撃機連隊:TB-3×23
  - 特別任務部隊:Po-2、R-5、R-5Sh、R-10等×43

戦闘機:376機　爆撃機:204機　偵察機:43機

7月15日にソ連軍はノモンハン地区に展開している全ての部隊をまとめて第1軍集団を設置し、新たに第1軍集団航空隊が編成された。機数の増加だけでなく、優秀な搭乗員たちも集められ、全体の戦闘力が向上している。

昭和19年8月下旬における日ソ両軍の飛行場

ノモンハン周辺に設定された日ソ両軍の飛行場を示した図。このように両軍とも飛行場の分散を行った上に、航空機や飛行場の偽装など被害局限策も進められた結果、飛行場に対する爆撃は効果が薄くなっていた。

しかし日本側も無策ではなかった。ノモンハンの地形は緩やかな丘陵地帯だったが平坦地も多く、飛行場の設置には大規模な工事の必要がなかったため、燃料弾薬の補給設備を整えれば臨時飛行場として十分に機能した。全金属製機で構成された陸軍航空隊は、格納庫や臨時格納用テントが充実していなくとも連続して運用可能だったことも助けとなった。

このように日ソ両軍とも飛行場の分散を比較的容易に行えたことが、互いに基地の全体的な抗堪性を高める結果となり、基地爆撃による損害を減少させることとなった。だがこれは、両軍とも敵に一撃で大損害を与えることが難しくなったということでもあり、激しい航空消耗戦の不吉な予兆ともいえた。

「もはや頼みは飛行隊のみ」

8月を迎えると、戦況は陸軍航空隊にとってさらに重苦しいものとなった。

日本側の航空撃滅戦が中断された7月中にソ連空軍はさらに増強され、両軍の兵力差は4倍にも及んでいた。日本側は戦闘機90機前後を含む全兵力150機程度で推移していたが、ソ連側兵力は8月中旬で600機を超える（前ページの表参照）。

総兵力600機を超える戦力集中はその後のフィンランド侵攻の際に近い規模で、ノモンハンという局地に集中されたものとしては驚異的な大兵力である。このような大増強によって、ソ連軍は日本軍が計画している地上反撃作戦の出鼻を挫く先制攻撃を意図していた。

そして明らかに旧式化していたI-15bisの代替機として、複葉ながら引込脚を装備したI-153の配備が進みつつあり、その一部には新兵器である地上攻撃用ロケット弾が装備されていたことも注目に値する。兵力だけでなく、地上攻撃戦術に関してもソ連空軍が優位に立っていたことがわかる。

このように大兵力での圧迫が強まる中で、戦闘拡大を危惧して後方への航空攻撃を禁じた「大陸指」四九一号は撤回され、8月7日に大本営はソ連空軍後方基地に対する航空撃滅戦を許可した。戦況の悪化を食い止めるためにはそれ以外に策が無いとの判断だった。

しかし8月中旬は天候不良の日が多く、敵航空基地に侵攻し空襲で叩く「積極的航空撃滅戦」の準備は遅れ、ソ連軍を先制することができないまま8月20日のソ連軍攻勢を迎えてしまう。攻勢は航空攻撃に始まり、地上軍の進撃がそれに続く形で進み、日本側は防戦に苦しむことになる。

混乱から立ち直った翌8月21日、陸軍航空隊は爆撃機隊を集中してタムスク、ザッパパイスの飛行場を爆撃。さらに午後には包囲されつつある日本軍部隊が守るフイ高地周辺の敵戦車部隊への攻撃を実施し、ハルハ川西岸に作られたハラ台地周辺の秘匿飛行場の爆撃も敢行した。そして戦場上空では大規模な空中戦が繰り広げられた。

ザッパパイス、タムスクを目標とした航空撃滅戦は8月22日にも引き続き実施されたが、日本側がようやく再開した航空撃滅戦は明らかに手遅れだった。

8月23日以降、第二飛行集団は包囲殲滅されつつある地上部隊の窮地を救うための地上支援に忙殺され、敵航空基地への攻撃は手薄になり、一方で連続する地上攻撃任務はソ連軍の戦闘機と対空砲火によって損害を重ねることとなった。

ハイラル、採塩所といった陸軍航空隊の各基地にも敵の爆撃が開始され、高射砲部隊が大幅に増強されたが、ソ連空軍はＳＢ‐2高速爆撃機を用いて、高射砲が大射角を取り射撃時間が制限される高高度からの爆撃を実施した。九七戦は水平速度ではＳＢ‐2に優越していたが、近距離の基地から警報無しに急襲するソ連爆撃機を急上昇して邀撃するには無理があった。

このような状況で前線から離れた飛行場にも敗勢の濃い戦況が伝わり始め、ノモンハン周辺の日本軍部隊全体に緊張が走った。唯一の希望は敵部隊に対する航空攻撃の戦果にかかっていたが、損害から見ると制空戦の状況は互角から劣勢へと移りつつあり、必死で敢行された地上支援作戦と共に指揮官クラスの損失が相次いでいた。そしてここで航空部隊を撤退させることは地上部隊の全滅に直結していた。

8月29日、壊滅に瀕した第六軍司令官の荻洲(おぎす)中将はソ連軍の砲弾が炸裂する中で「現在頼むところは飛行隊だけである」と述べたという。

航空部隊、地上部隊ともに苦戦を続けた末の8月31日、地上部隊は潰走状態で戦場を脱し、ノモンハンの地上戦は実質的に終わりを告げた。こうしてノモンハン地区の国境を支える者は航空部隊のみとなったのである。

航空戦における圧倒的な兵力差を緩和するため、まず第三十三戦隊が限定的に増強された。同戦隊は主に輸送掩護任務に就くことを命じられていたが、戦況に応じて積極作戦に転換して善戦した。だが、この戦隊の装備機は格闘戦性能に優れるとはいえ最大速度４００㎞／ｈ程度の複葉戦闘機である九五戦だった。機体の実力は限定されていたが、三十三戦隊は高い錬度と士気によって健闘し、九七戦との性能差はあまり意識されなかったという。

そして８月末には中支戦線で戦って来た航空兵団の満州移駐が決定した。第二飛行集団司令部は後退し、ノモンハンの航空戦は９月５日から航空兵団指揮下で戦われることとなり、第二飛行集団が残した各戦隊と新たな増援部隊が合流したことで日本側航空兵力は大幅に増加する。

ノモンハン航空戦の最終局面における航空兵団の戦力は戦闘機１５８機、爆撃機85機、偵察機12機の、合計２５５機であった。

依然としてソ連空軍との兵力差は3倍近くではあったが、航空兵団投入により日本側の航空兵力はノモンハン航空戦開始以来、最大となっていた。この兵力で航空反撃を行い地上部隊が敗退したノモンハン付近の国境地帯を安定化し、再度、地上部隊進出の機会を作り出すのが航空兵団の任務だったが、本格的な攻勢に出る準備中に休戦交渉が成立し、９月15日の戦闘を最後に新たな大戦闘は回避された。

こうしてノモンハン事件は地上戦、航空戦ともに終息した。圧倒的な兵力で攻勢に転じたソ連空軍に一蹴されかねない状況で陸軍航空隊は奮闘して友軍の倍以上の損害を与え、前線の崩壊を救った。だが初めて経験する本格的航空戦はまだ小規模だった陸軍航空隊にとってあまりにも厳しく、個別の戦闘結果と裏腹に組織的崩壊の危機に追い込まれたのも事実だった。

ソ連空軍が得た戦訓は何だったか

空軍誕生以来、最大最強の敵と本格的な航空戦を戦ったソ連空軍は、ノモンハンの戦場で何を学んだのだろうか。

１９３０年代の航空戦理論は、地上作戦に縛られない「戦略爆撃」と「航空撃滅戦」といった新しい独立空軍的思想と、地上戦協力という昔ながらの任務との対立を抱えていた。これらを両立させるに足る理論はまだ育っておらず、その基礎となる戦訓も不足していた。

しかし5月から9月までの4カ月に及ぶ激しい航空戦から、ソ連空軍はある種の確信を得ることとなった。それは戦場上空での「絶対的航空優勢獲得」である。

広大な平原で戦われた戦闘であるため、日ソ両軍ともに分散飛行場を急速設定しやすい環境にあり、地上戦に掣肘（せいちゅう）されない空軍独自の戦いである航空撃滅戦の実施は容易ではなかった。それに加えて、戦略爆撃機部隊が活躍するほどの要地も紛争地域には存在せず、日本と同じく不拡大方針による政治的制約から遠距離爆撃作戦も発動されることなく終わっている。

これに対して、前線上空の航空優勢争奪戦は極めて激しく展開され、地上戦の勝敗を分ける鍵となっていた。5月半ばから6月初旬にかけてのノモンハン航空戦の第一期では、日本軍戦闘機に圧倒されて前線上空での地上軍支援作戦が実施できず、地上作戦が十分に実施できなかった苦い経験を、そして6月後半から7月にかけての第二期では優勢な兵力で反撃に出ながらも日本軍の航空支援によって地上軍の攻撃力が殺がれる苛立たしさを経験した。

そして8月以降の最終局面では、大兵力による連続出撃によって戦場上空の航空優勢を獲得すれば、地上戦闘の自由度がどれほど増すかを実感することとなった。

ノモンハンでの戦訓は、ソ連空軍をして戦略爆撃や航空撃滅戦よりもまず戦場上空の航空優勢獲得を第一目標へ置くように促した。これによりソ連空軍は、第二次世界大戦終戦まで重要正面の最前線上空にあらん限りの兵力を集中する独特の戦術の形成へと進んでいくことになる。

昭和14年9月における航空兵団の編制

- 航空兵団
  - 兵団直轄
    - 飛行第十五戦隊:九七司偵×4
  - 第二飛行団
    - 飛行第九戦隊:九五戦×30
    - 飛行第十六戦隊:九七軽爆×16
    - 飛行第二十九戦隊:九七司偵×4
    - 飛行第六十五戦隊:九八軽爆×13
  - 第九飛行団
    - 飛行第十戦隊:九七軽爆×6、九七司偵×4
    - 飛行第三十一戦隊:九七軽爆×13
    - 飛行第三十三戦隊:九五戦×23
    - 飛行第四十五戦隊:九八軽爆×21
    - 飛行第六十一戦隊:九七重爆×13
  - 第十二飛行団
    - 飛行第一戦隊:九七戦×21
    - 飛行第五十九戦隊:九七戦×23
    - 飛行第六十四戦隊:九七戦×15
  - 集成飛行団
    - 飛行第十一戦隊:九七戦×23
    - 飛行第二十四戦隊:九七戦×23

戦闘機:158機　爆撃機:85機　偵察機:12機
総計:255機

9月1日、それまで中支で作戦中だった航空兵団が満州に移駐して関東軍に編入され、同5日よりノモンハンにおける航空作戦の指揮を第二飛行集団から引き継いだ。前掲の6月後半の編制と比べると、戦闘機は6個戦隊、軽爆2個戦隊が増強されて、戦闘勃発以来最大の戦力となっている。

第二次世界大戦下の独ソ戦で前線から数十km、あるいは数kmしか離れていない前進飛行場から一日に何度もの出撃を繰り返し、戦場上空を友軍機で常に充たそうとしたソ連空軍の基本戦術は、ノモンハンで学んだ教訓そのものだったともいえる。

　そしてスペイン内戦、ノモンハン事件と続いた航空戦の体験から、ソ連空軍は大規模航空戦が持つ「激しい消耗戦」という性格も熟知することとなった。ソ連空軍の航空戦理論は本格的な航空戦が戦われた場合、年間の消耗は３００％以上に上るという悲壮な現実の上に成り立っているのだ。

　このためにソ連空軍の大拡張は休むことなく続けられ、１９４１年の独ソ戦開戦時には総兵力２万機に達する超巨大空軍へと膨張する。

　相変わらず教育施設、機材、燃料は不足し、ソ連空軍操縦者の平均的技量を極めて低いレベルに押しとどめてしまったが、技量に優る少数精鋭の空軍を兵力で圧倒したノモンハンでの体験は、兵力拡大路線に疑いを挟ませなかったのである。

　その結果、独ソ戦最初の一年で８０００機という大損害を被ったにも関わらず、ソ連空軍は翌年には復活し、反撃へと移行することができた。巨大な損害を埋めたのは極東方面に控置されていたほぼ同数の航空兵力の転用だったが、極東にそのような大兵力が存在した理由こそ、ノモンハン航空戦で日本陸軍航空隊が見せた敢闘の結果であり、ソ連空軍に与えた脅威の大きさだったのである。

日本陸軍航空隊にとっても貴重な戦訓だった激烈な消耗戦

　一方、日本陸軍にとってノモンハン事件は惨憺（さんたん）たる敗北だったことに何の疑いも無い。しかし一般に批判されるように、その敗北が隠蔽され無視されることはなく、ノモンハン事件後、日本陸軍は戦訓を反映した改革を実施している。

　ソ連軍に匹敵する戦車の開発が行われず、地上部隊の機械化も野戦砲兵の強化も進捗しなかったことから「何の反省もない」と考えられがちだが、ノモンハン事件の前後で大きな変化を遂げたのは、最も重要な役割を果たした航空兵力だったのである。

ノモンハン航空戦でソ連軍によって撃墜された機数は104機前後であることは確実だが、機体の補充は6月下旬から9月5日までの期間のみで182機に及び、その総数は200機を超えると考えられる。

撃墜された機数に加えて損傷して廃却された機体や、事故による自然消耗、長期にわたる戦闘飛行で規定時間に達して返納された機体があるので、戦闘以外の原因による損失は戦闘損失とほぼ同等になるのが航空戦の常だ。実際に失われた機数は損失として計上された機数より遥かに多いのである。しかも182機という数字は、同じ期間の陸軍第一線機の生産数を上回る深刻なものだった。

このように、日本陸軍航空隊がノモンハン航空戦で学んだ最大の教訓は「本格的航空戦とは一大消耗戦である」という事実だった。

さらに、機材だけでなく人員の消耗もまた激しかった。太平洋戦争後期の大損害に比べればノモンハンでの損害は軽微なものに見えるが、まだ規模の小さかった当時の陸軍航空隊にとって、戦闘機隊だけで79人に上る戦死者は耐え難いものだった。

しかも戦死者には将校31人が含まれていた。まだ小規模な組織で士官学校卒業のエリート将校の比率が高かった陸軍航空隊は下士官層が薄く、激しい消耗戦を戦える十分な数の要員がいなかったのだ。

そして将校の戦死傷者中で戦隊長は戦死2人、戦傷3人。来年度、再来年度の戦隊長候補となる中隊長以上の戦死傷者は合計12人に及び、長く戦い続けた第二十四戦隊などでは戦隊長と中隊長が一掃されてしまうほどであり、以後の部隊編成に深刻な影響を残している。

このため、消耗戦に対応できるだけの大量の下士官層養成と共に直接の人員消耗対策もまた急務と考えられた。その結果、航空優勢獲得を担う戦闘機装備の飛行戦隊は従来の定数36機から56機へと拡大され、運用に余裕を持たせて隊員の疲労の蓄積を防ぐとともに、多少の損害が生じても継戦能力を失い難いよう対策された。戦闘機隊の定数はノモンハン航空戦を経て1・5倍になったのである。

さらに機材面でも改善が求められた。第一は火力の増大で、ソ連軍が配備した20㎜機関砲装備のI-16タイプ17はその飛行性能はともかく、その火力は陸軍航空隊に強い印象を与えた。そして、高速のＳＢ‐２爆撃機の基地急襲を邀撃(ようげき)できなかった経験から、戦闘機にはさらなる高速化と高高度性能が求められた。そして打ち続いた幹部操縦者の消耗から防弾装備の導入も合意された。

陸軍機の特徴を決めたノモンハン事件

こうした航空戦に対する認識の変化は具体的にどう現れたか。

具体的な例としてノモンハン事件終結直後の11月、九七戦に代わる次期主力戦闘機として試作中だったキ四十三（後の一式戦闘機「隼」）の試作方針変更がある。火力増大要求は当時入手できる機関砲だった12・７㎜機関砲の採用となり、速度増大の要求は海軍の十二試艦戦（後の零戦）に先駆けて二速過給器付のハ一〇五（「栄」二一型の先行型に相当したが、やがてハ一一五となり一式戦二型で導入となった）の装備実験が開始された。

一式戦闘機「隼」の開発の遅れは九七戦に対する過度の愛着から格闘戦性能の不足を指摘されて停滞したのではなく、火力と速度、高高度性能の充実という追加要求によって新たな仕様に改造する時間を取られたからである。格闘戦性能の追及は一式戦ではなく九七戦ベースで「キ二七Ⅱ」として実施された。

こうした重要な試作方針転換は、当然のことながら陸軍戦闘機隊の総本山である明野陸軍飛行学校の意見とも同調していた。ノモンハンの体験はそれだけ重大な出来事だったのだ。昭和14年末は明野飛行学校の幹部たちにとって、ノモンハンで倒れた先輩や同期、後輩の顔と名前が生々しく浮かんで来る時期だったのである。

そして人員消耗対策として防弾タンクの導入も決定した。防弾タンクは九七戦の後期生産型から導入され、一式戦以降の陸軍戦闘機は全て防弾タンクを採用している。爆撃機も九七重爆二型から防弾タンクを装備し始め、陸軍機はその防弾装備によって、ほぼ無防弾の海軍機とは一線を画すこととなった。

また、初めて体験した大規模な編隊同士の空中戦は、戦闘機隊にとって組織的戦闘の重要性を改めて思い起こさせた。ソ連空軍は整然とした日本陸軍戦闘機隊の戦闘を無線電話の活用によるものだと誤解していたが、陸軍航空隊もまた、ソ連戦闘機の大編隊は無線電話の活用によって支えられていると誤解していた。当時、大規模編隊を適切に指揮するためには、無線電話の装備が必須と考えられていたからである。ノモンハン以降、技術的に未成熟ではあっても無線電話の標準装備が実行されたのも、やはりこの戦いの戦訓が理由だった。

大編隊による組織的な戦闘も重要だったが、もう一つの陸軍戦闘機隊の特徴である「ロッテ戦法」が早い段階から受容された背景にも、ノモンハンの戦訓があった。ノモンハン航空戦後期に、一撃離脱戦法に徹して格闘戦を避けるようになったI-16との戦闘経験は、陸軍航空隊が昔ながらの3機単位の密集編隊から、2機プラス2

ノモンハン航空戦全期間における空中損失

■第一期:日本軍の圧倒的優位

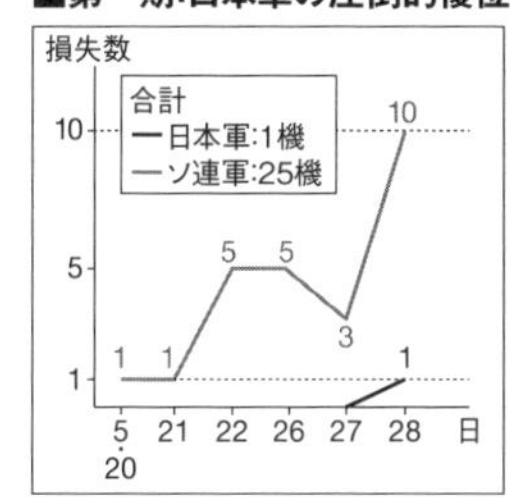

■第二期:ソ連空軍の増強により日本陸軍航空隊の損害増加

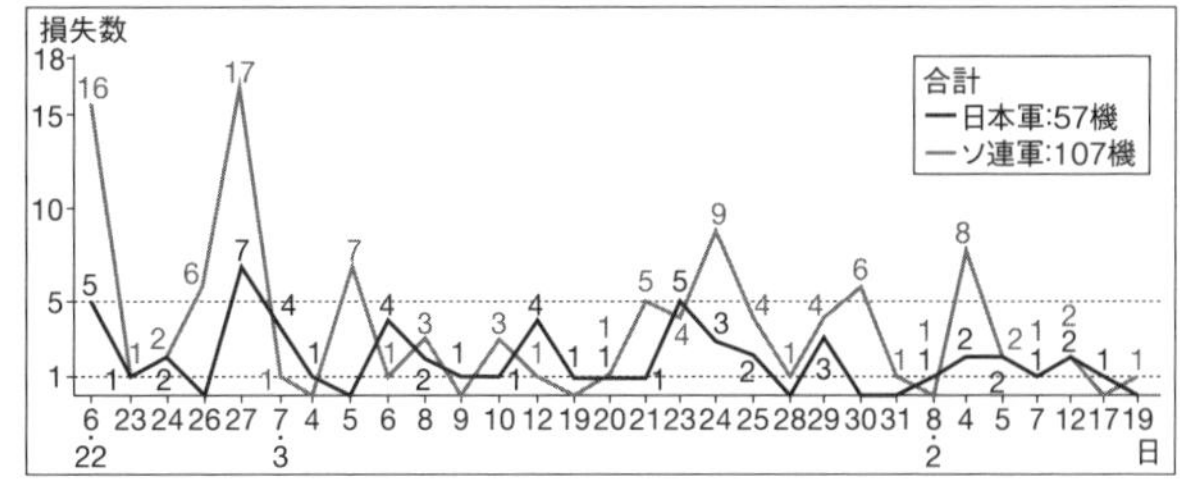

■最終期:連続出撃するソ連軍の航空優勢確立

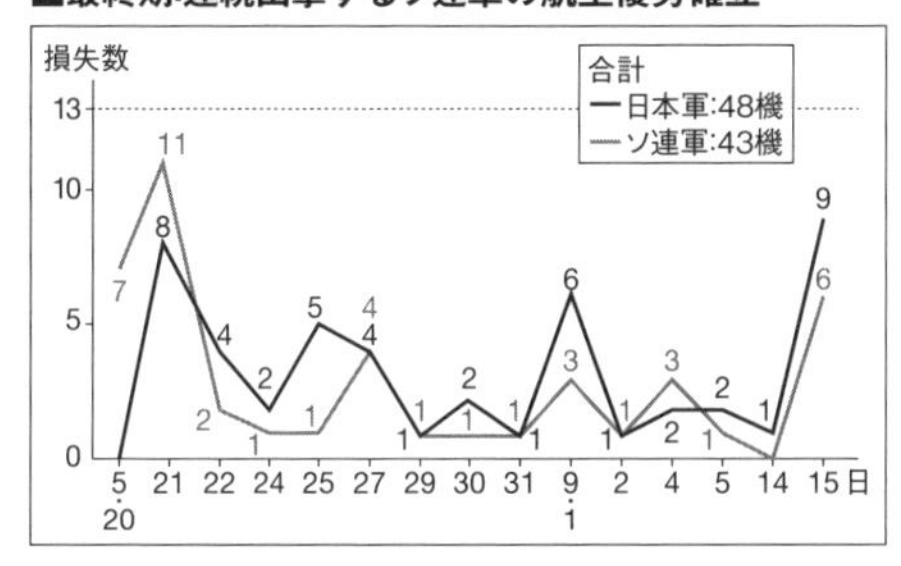

■日本航空部隊 中隊長以上の戦死傷者

月	日	所属	氏名	区分
6月	22日	飛行第二十四戦隊中隊長	森本重信大尉	戦死
7月	12日	飛行第一戦隊長	加藤敏雄中佐	戦傷
	21日	飛行第一戦隊中隊長	山田計介大尉	戦死
	23日	飛行第一戦隊中隊長	高梨辰雄大尉	戦傷
	29日	飛行第一戦隊長	原田文雄少佐	戦死
	29日	飛行第二十四戦隊中隊長	可児才次大尉	戦死
8月	2日	飛行第十五戦隊長	安倍克巳大佐	戦死
	4日	飛行第二十四戦隊長	松村黄次郎中佐	戦傷
	22日	飛行第十一戦隊中隊長	本村孝治大尉	戦死
	24日	飛行第一戦隊中隊長	増田巌大尉	戦死
	25日	飛行第六十四戦隊長	横山八男少佐	戦傷
	31日	飛行第三十一戦隊中隊長	井上二郎大尉	戦死
9月	1日	飛行第十五戦隊中隊長	水崎九十九大尉	戦死
	1日	飛行第六十四戦隊中隊長	安西秀一大尉	戦死
	1日	飛行第六十四戦隊中隊長	丸田文雄大尉	戦傷
	15日	飛行第十一戦隊中隊長	嶋田健二大尉	戦死
	15日	飛行第五十九戦隊中隊長	山本貢大尉	戦死

空中損失の推移から見たノモンハン航空戦は、3つの時期に分けることができる。第一期はほぼ第一次ノモンハン事件と重なり、日本陸軍航空隊が空中戦でソ連空軍を圧倒していた時期で、損害も日本側は1機のみ。

第二期は第二次ノモンハン事件のはじまった6月下旬からソ連軍の8月攻勢のはじまる8月中旬までで、この時期になるとソ連側の損害も多いが、日本側の損害も増加している。ただし、日本軍の地上支援はおおむね阻害されずに実施されていた。

第三期はソ連軍の8月攻勢がはじまった8月下旬以降で、ソ連側が連続出撃で航空優勢を確保した時期にあたり、期間中の損害は日本側がソ連側を上回っている。また日本側の中隊長以上の戦死傷者を示した表からも、8月以降の損害が目立つことがわかる。

機の緩い４機編隊へと編隊構成を変える端緒となった。

そして３機編隊から４機編隊へと編隊単位を変えるもう一つのメリットがあった。それは12機編成の中隊に３機編隊では４人の編隊長が必要だが、４機編隊では編隊長が３人で済むというものだった。ノモンハンの消耗戦で幹部操縦者を次々に失った経験に照らして、編隊長適任者の節約というメリットは大きい。

日本陸軍航空隊だけでなく各国空軍が気づいていたロッテ戦法のこうした人事的なメリットに海軍航空隊が気づくのは、昭和19年になってからのことだった。陸軍航空隊は海軍に先んじて近代航空戦を学んでいたのである。

変化は戦闘機だけでなく、他の機種にも及んでいる。太平洋戦争中に実用化した陸軍軍用機は昭和15年に定められた試作計画によるものがほとんどだが、昭和15年に計画されたキ六十からキ八三までの各試作機にもノモンハン航空戦の影響が窺える。

今まで重爆、軽爆、襲撃機まで敵飛行場攻撃を主体としていた陸軍爆撃機群の中で、超低空爆撃を主体とした軽爆の戦法より高い命中率を期待できる急降下爆撃機の試作（海軍の中島十一試艦爆の転用）など地上戦協力を意識した試作計画が出現する。より高速で万能な偵察機の試作や高速を武器とする重爆の試作などもノモンハンの戦訓反映による。

日本海軍航空隊と比較した際に目立つ防弾装備、編隊戦術の早期導入、地上攻撃機の重視といった日本陸軍航空隊の機材と戦術の特徴は、陸軍と海軍といった単純な対比からではなく、やがて両軍が体験する大規模航空戦を先取りした戦いを経験したか否かによると考えてよい。

ノモンハン航空戦はそれだけ過酷で驚きに満ちた戦いだったのである。


第二次ノモンハン事件における人員損耗（戦死者）

	部隊	将校	准士官・下士官	兵
戦闘機隊	飛行第一戦隊	5	5	0
	飛行第十一戦隊	13	12	0
	飛行第二十四戦隊	6	17	0
	飛行第五十九戦隊	1	5	0
	飛行第六十四戦隊	4	6	0
	飛行第九/第三十三戦隊	2	3	0
	合計	31	48	0
爆撃機隊	飛行第十戦隊	3	6	1
	飛行第十二戦隊	1	0	0
	飛行第十五戦隊	8	6	1
	飛行第十六戦隊	1	6	1
	飛行第三十一戦隊	3	0	0
	飛行第六十一戦隊	4	10	1
	合計	20	28	4

表は第二次ノモンハン事件における、日本陸軍の戦闘機隊と爆撃機隊の人員損耗（戦死者数）を示す。兵よりも将校や准士官・下士官の戦死者数が多い。幹部操縦者の大量喪失は、以後の航空部隊の戦力維持にも大きな問題となった。

“無敵の戦闘機部隊”
その誕生と栄光、終焉まで

“加藤隼戦闘隊”戦記

太平洋戦争中に陸軍の精鋭戦闘機部隊として喧伝された「加藤隼戦闘隊」こと飛行第六十四戦隊。同戦隊が国民的英雄に祭り上げられることとなった背景、そして一式戦闘機「隼」を装備するに至った経緯など、華々しい軍国神話の裏側にも目を向ける。

ビルマ・イラワジ河上空、飛行第六十四戦隊の一式戦闘機「隼」

「加藤隼戦闘隊」とは何か？

「加藤隼戦闘隊」とは、開戦時に一式戦闘機一型を装備して南方侵攻作戦に活躍した飛行第六十四戦隊を、開戦前から昭和17年5月まで指揮した戦隊長、加藤建夫(たてお)中佐（戦死後二階級特進し少将）の名を冠して呼んだ非公式の別名である。しかし途中に挟まる「隼(はやぶさ)」とは何なのか。陸軍機の制式名称は終戦まで紀元年次の年式冠称方式で○式○○機といった様式で命名されるもので、加藤戦隊長が戦死した時点でも一式戦闘機には特別な愛称は無かった。

年式と機種名以外に名前を持たない戦闘機になぜ「隼」の愛称が与えられたのだろうか。

それは陸軍航空本部、西原勝(まさる)少佐の発案だった。

開戦劈頭の南方侵攻作戦を空から支えて大活躍した陸軍戦闘機隊の新鋭戦闘機として、一式戦闘機の存在を公表する際にその愛称として「隼」の名を伝えたのである。これは西原少佐の独創だったといわれるが、もともと戦闘機を猛禽類の隼にたとえる例も多くあり、国民に受け容れやすい単純明快な愛称として「隼」が選ばれたと考えられる。真珠湾奇襲とマレー沖海戦で勇名を轟かせた海軍航空隊に対抗して、陸軍航空の活躍を印象づける意図も込められていたことだろう。

連戦連勝に湧く国民の陶酔もさめない昭和17年6月5日、ミッドウェー海戦で海軍は「赤城」「加賀」「蒼龍」「飛龍」の4隻の航空母艦を失い、突然日本の洋上航空戦力は壊滅状態に陥った。

この惨敗の真相は国民から隠されたが、どちらかと言えば地味な陸戦の勝利を伝える陸軍の宣伝を尻目に、洋上の戦いにおける派手な勝利を華々しく伝えてきた海軍の宣伝は急激に勢いを失い、これを機会に陸軍は強力な宣伝を開始した。

この時、宣伝面で海軍を圧倒する新たな「軍神」に選ばれたのが昭和17年5月というちょうど良い時期にビルマ戦線で自爆戦死した加藤戦隊長だった。

この時から「加藤建夫少将」は陸軍航空を代表する英雄として繰り返し宣伝されることになる。すなわち「加藤隼戦闘隊」とは陸軍航空本部主導の宣伝キャンペーンによって生み出された軍国神話という側面もある。

歴戦の名門部隊だった飛行第六十四戦隊

派手な宣伝によって祭り上げられた「加藤隼戦闘隊」の実像は果たしてどうなのか。虚像としての「加藤隼戦闘隊」と実像としての飛行第六十四戦隊とのギャップはどれくらいあったのか。もしここに大きなギャップが存在するならば、軍部による宣伝の虚構性を糾弾する方向で筆も進むことだろう。

しかし飛行第六十四戦隊は陸軍戦闘機隊の中では歴戦の部隊であり、その母体を辿ると陸軍航空黎明期にまで遡ることができる名門戦闘機隊でもある。

そして昭和16年4月から翌年5月の戦死まで約1年の在任でしかなかった加藤戦隊長も、実はこの精鋭部隊と極めて深く長い縁のある代表的な指揮官だった。

まずは飛行第六十四戦隊の歴史を辿ってみたい。

第一次世界大戦終結後間もない大正10年（1921年）に各務原（かかみがはら）で航空第五大隊が編成完結した。そして大正14年には飛行第五連隊と改称している。

支那事変勃発に伴って昭和12年7月15日、飛行第五連隊に動員が下令され、連隊の中から第一中隊、第二中隊による飛行第二大隊が抽出されて大陸へと進出した。

飛行第二大隊はその後に飛行第六十四戦隊と改称する「加藤隼戦闘隊」の前身である。

動員下令と共に装備機材も九二式戦闘機から新鋭の九五式戦闘機へと緊急改変されての進出だったが、同じ川崎製の複葉戦闘機である九二戦と九五戦は飛行特性が似ていたこともあり、一、二回の試飛行のみで未修教育（※1）を省略しての出動となった。

この飛行第二大隊の大隊長を務めたのは近藤三郎少佐だったが、大隊を構成する2個中隊のうち、第一中隊を率いたのが加藤建夫大尉だった。加藤建夫の名は飛行第

昭和13年頃の加藤建夫大尉（当時）。太平洋戦争開戦の時点で38歳と、戦闘機乗りとしては高齢にもかかわらず、自ら率先して出撃する指揮官だった

※1 新機種への慣熟教育。

二大隊動員時からこの戦闘機隊に刻まれていた。

そして陸軍戦闘機隊として初の本格的航空戦に参加することになる飛行第二大隊の編制には実験的な意図があったといわれる。加藤大尉率いる第一中隊は陸軍戦闘機隊の総本山ともいえる陸軍明野飛行学校の教官と助教を集めて編成された成績優秀者による教導飛行中隊的な存在で、戦闘機戦術の研究材料収集も期待されていたという。

この中隊を率いる士官学校37期卒の加藤大尉は実戦経験こそ無いものの、この特別な中隊を戦場で直接指揮するエリート中のエリートとして、対英米開戦後の新設飛行戦隊なら戦隊長を務めてもおかしくない操縦技量と人格、判断力を認められていた。戦闘機隊長としてはけして若くはない満33歳の初陣にはそのような背景がある。

7月19日に中隊ごとに大陸へと出発し、長距離飛行の後に奉天飛行場に集結した第二大隊はその後、錦州の東機局飛行場に移動したが、前線が遥か南方へ移動していることを知り、部隊は錦州で無為に時を過ごすことなく、命令の下らないまま独断専行で天津飛行場への前進を決心し、第一中隊は進撃する地上部隊に追及して直ちに戦闘に参加することができた。このように現場で状況に応じて即座に判断を下せたのは飛行第二大隊長、近藤少佐(28期)という老練な指揮官の下、加藤第一中隊長、佐藤第二中隊長といった実力ある幹部によって構成されていた第二大隊中枢の決断力によるところが大きい。そしてこの果敢な独断専行の特徴は「加藤隼戦闘隊」にも受け継がれて行く。

飛行第二大隊／飛行第六十四戦隊の歴代大隊長／戦隊長

氏名階級	陸士卒	着任	離任	特記事項
近藤三郎少佐	28期	昭和12年7月	昭和13年3月	飛行第二大隊 大隊長
寺西多美弥少佐	36期	昭和13年3月	昭和13年8月	飛行第二大隊 大隊長
寺西多美弥少佐	36期	昭和13年8月	昭和14年3月	飛行第六十四戦隊 初代戦隊長
横山八男少佐	36期	昭和14年3月	昭和14年10月	ノモンハン事件で負傷入院後交代
佐藤猛夫少佐	38期	昭和14年10月	昭和16年4月	内地転出
加藤建夫少佐	37期	昭和16年4月	昭和17年5月	5月22日 ブレニム邀撃時に戦死
八木正巳少佐	38期	昭和17年5月	昭和18年2月	2月12日 アキャブ上空で戦死
明楽武世少佐	46期	昭和18年2月	昭和18年2月	2月25日 戦隊長発令電到着日に戦死
広瀬吉雄少佐	45期	昭和18年3月	昭和19年6月	明野飛行学校に転出
江藤豊喜少佐	48期	昭和19年6月	昭和20年4月	明野飛行学校に転出
宮辺英夫少佐	52期	昭和20年4月	終戦	

飛行第二大隊の支那事変投入から加藤戦隊長、八木戦隊長まで指揮官に若返りがなく、限られた戦力で全体最適を考慮しつつ、独断専行できる老練な飛行将校が選ばれていたことがわかる。戦争前半の侵攻作戦にはこうした指揮官の存在が必須だったが、中期以降は戦線拡大と消耗による人材不足、飛行団単位の航空戦への移行に伴い、若い戦隊長が選任されていく。

北支での活躍と加藤隊長の離任

北支での中国空軍の活動は比較的低調で地上攻撃が主だった任務となっていたが、その中でも犠牲は避けられず、地上銃撃中に被弾した第二中隊長佐藤大尉の敵中不時着と自決などの悲劇も発生していた。

加藤第一中隊長はこうした中で積極的な敵機の撃滅策を考案し、前線近くに秘匿飛行場を設け、整地も不十分な滑走路に着陸するために低圧タイヤを装着した九五戦で進出して奇襲的に敵爆撃機を邀撃する作戦を実施したほか、自ら敵飛行場に単機強行着陸して敵状を確認した後、中隊機の掩護する中で再び離陸して帰還するといった冒険的な行動も辞さない血の気の多さもあった。

やがて昭和13年を迎えると最新鋭の全金属製単葉戦闘機である九七式戦闘機の配備が開始された。水平最大速度400km／h、高速のSB－2爆撃機邀撃用に特別配給されたオクタン価92の航空九二揮発油を使用して420km／h程度の九五戦は複葉戦闘機としては極めて優秀な性能だったが、九七戦は最大速度470km／hと当時の世界水準を抜く高速戦闘機だった。

新鋭機ゆえに機数が揃わないため一気に全機の機種改変は行えず、第一中隊も九五戦、九七戦の混成中隊となっていたが、ここで面白い記録がある。

通常、配備された新型機は隊長機に当てられ、中隊長の指揮する編隊が性能に優る新型機で飛び、その性能を生かして中隊をリードするものだったが、九七戦の配備が開始された3月が過ぎ、5月に入っても加藤隊長は旧式の九五戦に乗り続けている。たとえば5月20日の出撃記録でも第一中隊加藤編隊は九五戦の4機編隊（おそらく1個小隊3機と加藤機）、第二編隊と第三編隊はそれぞれ6機の九七戦で構成されていた。

飛行第六十四戦隊の九七戦乙型。ノモンハン事件後に南支方面に派遣された同戦隊第一中隊の所属機で、中隊長の丸田大尉にちなんで丸田部隊と呼ばれた。尾翼のマークはこの丸田部隊独自のもの

加藤隊長には自分の編隊が装備する旧型機の低性能を技量と直接指揮で補って、間接的に指揮する第二編隊、第三編隊が新型機の威力を発揮するようにとの意図があったと考えられるが、あるいは意のままに動く軽快な複葉機である九五戦を気に入って、敵に対する第一撃は自ら指揮する軽快な九五戦編隊で行って敵機を攪乱(かくらん)し、高速の第二編隊、第三編隊が追撃して戦果を拡大し、自らは第一撃の後、素早く高度を回復して全隊を見渡す位置に復帰するという第一次大戦中のエース、リヒトホーフェンのような戦法を実践していたのかもしれない。どちらにせよ興味深いエピソードである。

そして昭和13年6月、加藤大尉は陸軍大学入学のため飛行第二大隊を去ることとなる。

支那事変が無ければ前年には陸大に進んでいたのではないかと思われるが、昭和14年7月には陸大専科を卒業し陸軍航空総監部兼陸軍航空本部部員となり、そして寺内大将の随員となって航空軍備の先進国であるドイツ、イタリアへの視察に同行している。技量と指揮能力、加えて指揮官としての人格もが実戦を通じて証明されたエリートとして陸軍航空の中枢へと進む道を歩んでいたといえる。普通ならこの後、古巣の部隊に復帰することはない。

飛行第六十四戦隊の誕生とノモンハン航空戦

加藤第一中隊長が去って間もない昭和13年8月、飛行第二大隊は飛行第六十四戦隊と改称する。航空部隊の組織を「空地分離」によって飛行部隊と地上部隊に分ける編制改革によるものだったが、飛行第二大隊は独立飛行第九中隊を編入して3個中隊で編成された飛行戦隊となったほか、地上部隊として第九十四飛行場大隊が整備や基地警備などの地上任務を負って配備された。第九十四飛行場大隊はその後、飛行第六十四戦隊と共に終戦まで各地を転戦することになる、戦隊を陰で支える頼り甲斐のある部隊となってゆく。

そして昭和14年8月には飛行第六十四戦隊は激化するノモンハン事件に増援部隊として投入され、ノモンハン末期の激戦に参加することになる。

ノモンハンの空中戦は敵味方ともに大規模な編隊空中戦へと移行しつつあり、陸軍戦闘機隊は個々の空中戦では勇戦激闘したものの打ち続く損害に苦しみ、当時は旧式機材となっていた九五戦装備の戦隊まで投入せざるを得ない苦境に喘(あえ)いでいた。

　機材の消耗もさることながら、陸軍戦闘機隊にとって一番の悩みは激戦による中隊長以上の戦死傷者が17名にも及んだことだった。飛行第六十四戦隊も例外ではなく戦隊長、横山八男(はちお)少佐が重傷を負って後退入院、事変終息後の10月に戦隊長交代となっている。

　次世代の戦隊長、飛行団長クラスの人材をたった一度の局地的国境紛争で多数失ったことは、陸軍戦闘機隊の人事を揺るがす大問題となっていた。

航空兵団編成図(昭和14年9月)

- 航空兵団
  - 兵団直轄
    - 飛行第十五戦隊:九七司偵×4
  - 第二飛行団
    - 飛行第九戦隊:九五戦×30
    - 飛行第十六戦隊:九七軽爆×16
    - 飛行第二十九戦隊:九七司偵×4
    - 飛行第六十五戦隊:九八軽爆×16
  - 第九飛行団
    - 飛行第十戦隊:九七軽爆×6、九七司偵×4
    - 飛行第三十一戦隊:九七軽爆×13
    - 飛行第三十三戦隊:九五戦×23
    - 飛行第四十五戦隊:九八軽爆×21
    - 飛行第六十一戦隊:九七重爆×13
  - 第十二飛行団
    - 飛行第一戦隊:九七戦×21
    - 飛行第五十九戦隊:九七戦×23
    - **飛行第六十四戦隊**:九七戦×15
  - 集成飛行団
    - 飛行第十一戦隊:九七戦×23
    - 飛行第二十四戦隊:九七戦×23

ノモンハン事件時の最大規模となった航空兵団編制を示す。当時まだ小規模だった陸軍航空部隊がノモンハン航空戦から得た大きな教訓は、その後の組織や装備へ影響を及ぼすこととなる。

　このために陸軍は戦闘機隊の編制改正を行い、予備機を増強して継戦能力を高めると同時に戦闘機の性能と装備を見直し、全戦闘機への機関砲装備、防弾装備の導入を決断する。この当時、試作機の審査中だった九七戦の後継「軽戦闘機(※2)」であるキ四十三にも試作方針の改正による改造が命じられていた。

一式戦闘機「隼」審査の実態

「基本的な性能不足と明野飛行学校を中心とする歴戦の戦闘機操縦者から格闘戦性能の不良を批判され一旦は試作中止となっていたキ四十三を、陸軍飛行実験部(※3)に着任した今川一策(いっさく)中佐が再評価し、参謀本部の遠距離戦闘機計画に後押しされて復活、今川中佐は格闘戦至上主義に凝り固まる明野飛行学校の主張を新戦術による模擬空戦によって覆して制式機となった。」

　これが一式戦闘機「隼」の試作経緯として広まっているストーリーである。

　だが試作審査関係の史料精査によって、このような旧思想vs新思想といったドラマチックな展開は実際には存

※2　当時の日本陸軍における軽戦闘機は、武装に機関銃(口径7.7mm級)のみを装備して、特に格闘戦性能を重視した、対戦闘機戦闘を主眼とした戦闘機のこと。対する重戦闘機は機関砲(口径12.7mm以上)を装備し、速度の卓越が重視されていた。
※3　それまで各飛行学校や陸軍航空技術研究所などで行われていた試作機の飛行審査を一元化するため、昭和14年(1939年)に設立された部署。

在しなかったことが判明している。

ノモンハン事件後の昭和14年11月、キ四十三には戦訓を反映した武装強化と性能改善を目的とした第三次審査計画による改設計が命じられた。審査計画には第一案と第二案があった。

第一案は軽量化を徹底して軽快な運動性を得る案で、引込脚の廃止などが試されたが効果が上がらず、その代わりにキ四十三ではなく、九七戦の徹底軽量化改造機が「キ二十七Ⅱ」として製作され実験に供された。九七戦二型の計画である。この機体は「キ四十三第三次審査計画第一案徹底案」と呼ばれたためこれを省略して「キ四十三Ⅰ」と誤って伝えられることがあるが、正しくは「キ二十七Ⅱ」である。しかしこの改造機も原型に比べて目立った性能向上は見られなかった。

第二案は発動機を換装し速度と上昇力を改善することで、九七戦とは別の性格を持った戦闘機へと育成するもので、試作機の装備するハ二五（海軍の「栄」一二型に相当　離昇1000馬力）から二速過給器を装着したハ一〇五（海軍の「栄」二〇型に相当　離昇1150馬力）に置き換える案だった。

格闘戦至上主義に凝り固まっていたと伝えられる明野飛行学校はむしろこの第二案の方向性を支持していた。キ四十三に九七戦より行動半径の大きな戦闘機を求めている以上、九七戦と同じ格闘戦性能を維持することは難しく、むしろ速度、上昇力の向上を目指すべき、との評価である。

今川中佐が飛行第五十九戦隊から陸軍飛行実験部に着任した昭和14年12月、キ四十三の試作機3機が格納庫で埃（ほこり）を被っていた、といった話は全くの間違いで、確かに飛行実験部には試作機3機が分配されていたが、この時期のキ四十三試作機は緊急の改造作業でスケジュールが埋まっていたのだ。

この第三次審査計画による改造作業と飛行実験は昭和15年6月まで続けられ、第二案の発動機換装と機関砲（当初は12・7㎜ブレダ機関砲）の装備が行われた。

そして同月の「軽戦研究会」で第二案により進むことが決議されたほか、最終的には中島飛行機の小山技師から機体の再設計希望が出され、航空技術研究所（※4）と航空本部はこれを認めてキ四十三は根本的に機体を改設計することに決まっていた。

※4　昭和10年（1935年）に設立された機関で、陸軍航空に関するあらゆる研究・試験、および機材や燃料の審査等を行った。航技研。

試作にさらに時間が掛かるものの、九七戦の要目を引き継いだキ四十三には翼銃を搭載する余地が無いなど不都合な点も多く、胴体も主翼も新たなものに変える方が合理的だったからである。再設計が認められたことにより第三次審査計画の成果を盛り込んだ改造機である十四号機と十五号機の製作は中止された。

「キ四十三は一旦、不採用となった」といった誤解はこうした経緯から生まれている。

「遠戦仕様書」と明野飛行学校の猛反発

陸軍参謀本部が南方侵攻作戦を準備し始めたのは昭和15年の夏だった。

南方侵攻とはフィリピンの攻略と蘭印占領による石油資源確保を目指すものだったが、この作戦の最大の障害となるものはイギリスが第一次大戦後に対日戦の拠点として要塞化を進めていたシンガポール島であり、この攻略こそが南方侵攻の成否を決する一大作戦と考えられていた。

シンガポール攻略を実現するにはマレー半島地区に展開するイギリス空軍を撃破しなければならない。そうでなければ上陸部隊を乗せた輸送船団はマレー半島に近づくことができない。

しかし、陸軍航空隊の現用機材には仏印の基地からマレー半島を往復できる戦闘機が無く、重爆隊は護衛戦闘機無しで遠距離の航空撃滅戦を戦わねばならない状況にあった。

そこで参謀本部は飛行実験部の今川中佐に応急的な遠距離戦闘機案を求めたところ、司偵や軽爆の改造案などの提案がなされたが、いずれも無理のある計画であることは提案者である今川中佐自身が自覚していた。

こうした検討の中で参謀本部が下した結論は、キ四十三の試作機を第三次審査計画前の原型のまま、左右の主翼下に「爆弾型」の落下タンク（容量200リットル）を懸吊することで航続距離を飛躍的に伸ばす計画だった。

これが昭和15年11月に出された「キ四十三遠戦仕様書」と呼ばれるもので内容は次の通りだった。

1．蝶型空戦フラップ（※5）の装備
2．定速可変ピッチプロペラの装備
3．エンジンカウリングの改良

※5 糸川英夫技師がキ44用に考案したファウラーフラップの一種。

4．爆弾型落下タンクの装備
5．武装は現在のまま。新製機は13㎜（実際には12・7㎜）とする。7・7㎜との交換装備
6．昭和16年1月末までに13機を改修
7．天蓋を改修
8．行動半径1000㎞以上
9．発動機は「ハ二五」とする

この仕様は参謀本部の命を受けて航技研で立案されたものと考えられるが、燃料搭載量を落下タンクによって合計400リットル増加し、巡航時の燃費が極めて良好な「ハ二五」の特性から落下タンク内の燃料のみで巡航速度において4時間以上の飛行が可能になるとの計算で成り立っている。落下タンクの燃料のみで往路1000㎞を飛ぼうというのである。

昭和16年1月までに13機改修の目標はキ四十三の試作

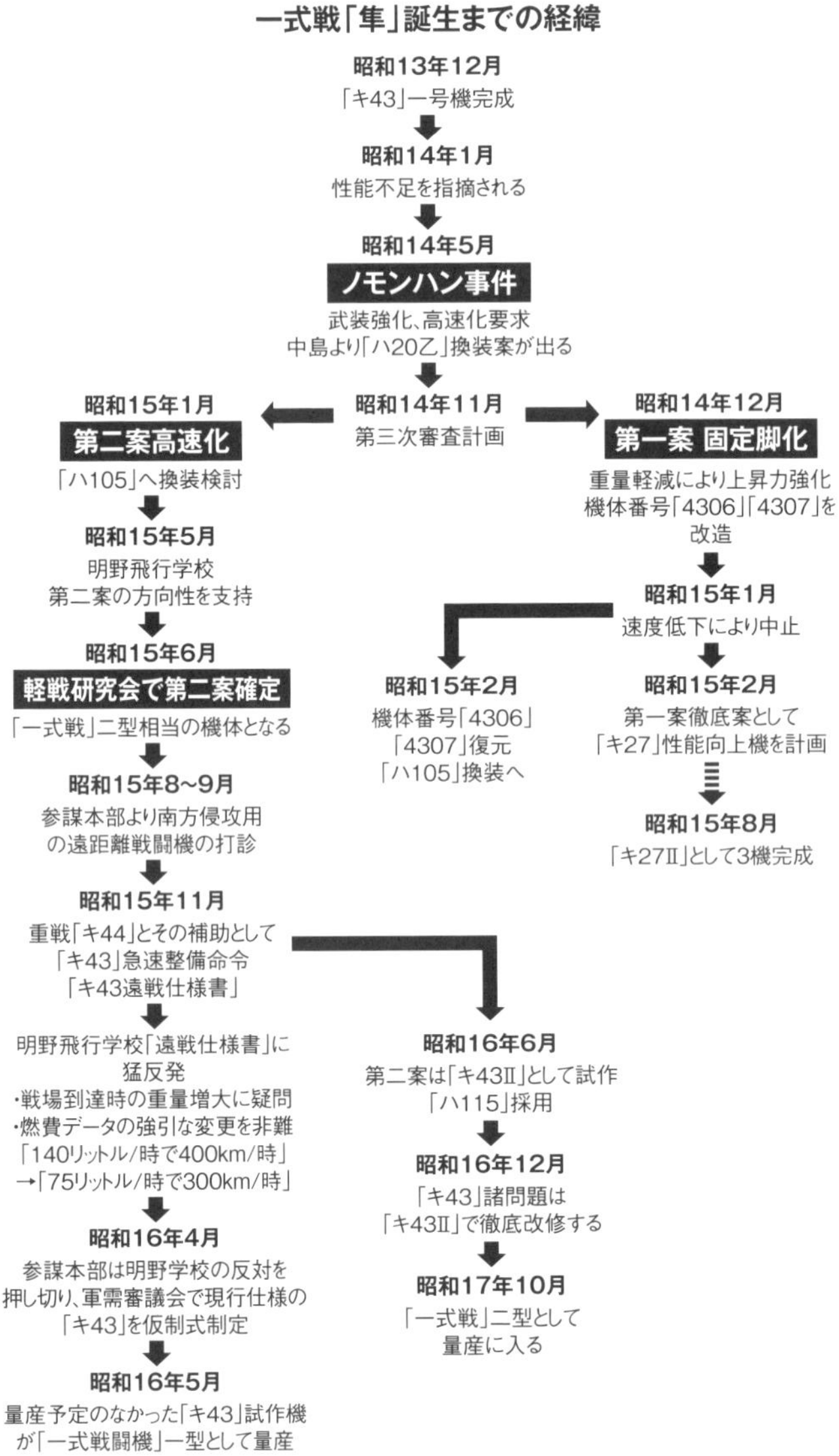

一式戦「隼」誕生までの経緯

昭和13年12月
「キ43」一号機完成
↓
昭和14年1月
性能不足を指摘される
↓
昭和14年5月
ノモンハン事件
武装強化、高速化要求
中島より「ハ20乙」換装案が出る
↓
昭和14年11月
第三次審査計画

（右）
昭和14年12月
第一案 固定脚化
重量軽減により上昇力強化
機体番号「4306」「4307」を改造
↓
昭和15年1月
速度低下により中止
↓
昭和15年2月
第一案徹底案として
「キ27」性能向上機を計画
↓
昭和15年8月
「キ27Ⅱ」として3機完成

（昭和15年1月中止から）
昭和15年2月
機体番号「4306」「4307」復元
「ハ105」換装へ

（左）
昭和15年1月
第二案高速化
「ハ105」へ換装検討
↓
昭和15年5月
明野飛行学校
第二案の方向性を支持
↓
昭和15年6月
軽戦研究会で第二案確定
「一式戦」二型相当の機体となる
↓
昭和15年8～9月
参謀本部より南方侵攻用
の遠距離戦闘機の打診
↓
昭和15年11月
重戦「キ44」とその補助として
「キ43」急速整備命令
「キ43遠戦仕様書」
↓
明野飛行学校「遠戦仕様書」に
猛反発
・戦場到達時の重量増大に疑問
・燃費データの強引な変更を非難
「140リットル/時で400km/時」
→「75リットル/時で300km/時」
↓
昭和16年4月
参謀本部は明野学校の反対を
押し切り、軍需審議会で現行仕様の
「キ43」を仮制式制定
↓
昭和16年5月
量産予定のなかった「キ43」試作機
が「一式戦闘機」一型として量産

（昭和15年11月から）
昭和16年6月
第二案は「キ43Ⅱ」として試作
「ハ115」採用
↓
昭和16年12月
「キ43」諸問題は
「キ43Ⅱ」で徹底改修する
↓
昭和17年10月
「一式戦」二型として
量産に入る

機と増加試作機全てを改修するという意味であり、その後は量産機が続くことになっている。

先に述べたようにキ四十三は小山技師が自ら希望した機体再設計案が認められたことで、原型の試作機体製造用の治具は片付けられていたという。（十四号機と十五号機の製作中止が正式に命じられたのは昭和16年2月20日だった）

突然の量産命令に中島飛行機太田製作所では一旦は製造中止となったキ四十三原型試作機の量産準備と13機の試作機の改造作業に忙殺されている。「キ四十三の復活」とはこのような「キ四十三原型試作機での量産強行」による混乱を示している。

参謀本部の南方侵攻用戦闘機構想

昭和15年夏、前年のノモンハン事件の苦い教訓に続いて、衝撃的な事実が判明した。それはイギリス本土の制空権をめぐる航空決戦となった「バトル・オブ・ブリテン」の様相である。

ドイツ空軍の主力戦闘機、メッサーシュミットBf109Eに匹敵し、それ以上に高速かつ重武装を誇るイギリス空軍の新鋭戦闘機スーパーマリン スピットファイアの大量投入とその実績が、実際に航空戦を観戦した武官によって日本に報告された。

スピットファイアの水平最大速度は570㎞／h以上と伝えられ、現行の九七戦では太刀打ちできない性能と考えられた。近い将来、南方侵攻作戦が実施される頃には、この新鋭戦闘機がイギリス本土のみならずマレー半島およびシンガポール方面に配備されることは間違いなく、しかも現在の戦闘機審査計画ではスピットファイアに対抗できる新鋭戦闘機は、まだ試作機が飛んだばかりのキ四十四（後の二式戦闘機）しか存在しないのだ。

このままでは南方侵攻作戦に参加する陸軍重爆隊は「バトル・オブ・ブリテン」に出撃したドイツ空軍爆撃機と同様に大損害を蒙りかねない。

深刻なスピットファイアの脅威に対して参謀本部は、二つの策を採った。

それは対スピットファイア用の制空部隊としてキ四十四を現状の試作機仕様のままで50機準備することと、重爆隊の護衛用に遠距離戦闘機に改造したキ四十三を「少数機」(昭和16年1月末までに13機、4月末までに25機から30機)準備することだった。

「スピットファイアに勝つ」制空戦闘機はキ四十四、「重爆の護衛機」はキ四十三で補助的にやる、というものだ。「キ四十三遠戦仕様書」の背景にはこうした発想が存在したのである。参謀本部の構想上では制空の主力は高速の重戦闘機キ四十四であり、キ四十三は少数が投入される補助的存在に過ぎず、南方侵攻作戦における本来の主人公ではなかったのだ。

明野飛行学校の猛反発

この「遠戦仕様書」に対して猛反発したのは明野飛行学校の教官たちだった。

歴戦の戦闘機操縦者からなる彼らの反対理由はキ四十三の格闘戦性能といった瑣末(さまつ)な問題ではなく、参謀本部が提起した遠距離戦闘機計画そのものに対する反発だった。

キ四十三は昭和12年の陸軍航空兵器研究方針に基づいて九七戦の行動半径を拡大した軽戦闘機という概念で試作された戦闘機である。そのため、翼内に設けられた燃料タンクの一番タンク、二番タンクは主タンクと呼ばれ、キ四十三の「常装備」とはこの一番、二番タンクを満載にし、三番、四番の「補助タンク」の容量に余裕を持った状態を言う。三番、四番タンクは翼内増加タンクとして設けられたものなのである。

キ四十三、後の一式戦闘機一型の水平最大速度はこの「常装備」状態のもので、燃料満載状態では最大速度を始めとする飛行性能は低下する。

一式戦闘機一型の最大速度495km/h(これはオクタン価87の航空八七揮発油を使用して計測された数値で航空九二揮発油を使用した場合は500km/hを超える)は「常装備」状態でこそ発揮され、往路を落下タンク内の燃料400リットルで飛行した後、戦闘に突入する際には主タンクと補助タンクに燃料を満載した「満載状態」にならざるを得ない。

戦闘機として本来計画されていた性能を発揮できる状態ではなく、重い満載状態でスピットファイアと戦えば空中戦での勝利はおぼつかない。

明野飛行学校の戦闘機教官たちは「遠戦仕様書」の内

容を、現実の空中戦に全く勝ち目の無い机上の空論として批判したのである。キ四十三の格闘戦性能に頑迷な軽戦至上主義者が反発したのではなく「自分たちに無駄に死ねというのか」と反発したのである。

しかし現状では重爆を護衛なしの裸で出撃させる訳には行かない。重爆には何らかの護衛をつけなければ戦闘機以上に不利なことは否定できない。「遠戦仕様書」をめぐる議論は激しくもつれた。

昭和16年4月13日に開かれた「キ四十三研究会」では航空本部、航空技術研究所、飛行実験部、明野飛行学校などからの出席者が意見を戦わせたが、航技研の木村昇少佐が記した研究会のメモの最後にこのような言葉がある。

「ソレヨカ爆撃機ヲ速クシタホウガヤサシクナイカ?」

議論はこれ程までに紛糾したのである。

だが、南方侵攻作戦は決定事項であり、何らかの策は採らねばならない。否定論は強烈なものだったが「遠戦仕様書」は事実上、既定方針となっていた。

そしてキ四十三の量産が開始され、参謀本部の計画する遠距離戦闘機計画は数の上では実現しつつあった。最初にキ四十三を装備したのは飛行第五十九戦隊で、この戦隊は飛行実験部の今川中佐が大陸で指揮していた部隊である。第一中隊、第二中隊の2個中隊で構成された飛行第五十九戦隊は当初の構想の「25機から30機」という数そのものだった。

その一方で、対スピットファイアの制空戦闘機として期待された重戦闘機キ四十四は予定されていた性能を発揮することができず、昭和16年の春を迎えても試作審査が難航していた。

キ四十四は昭和16年12月に予定されていた対米英開戦に間に合わないことが次第に明らかになって来た。50機、すなわち重戦闘機1個戦隊を開戦までに揃えることは性能的にも数的にも無理があった。

キ四十四の量産がおぼつかない状況を補完するため、遠戦として整備されつつあったキ四十三の戦隊をさらに1個増加することが決められ、キ四十三装備の2個目の飛行戦隊として選ばれたのが飛行第六十四戦隊だった。

加藤少佐、古巣に帰る

昭和16年4月、加藤建夫少佐が飛行第六十四戦隊の展

開する天河飛行場に九七戦で単機飛来した。戦隊となって三代目の戦隊長として着任したのである。

明治36年9月28日に北海道旭川で生まれた陸士37期の加藤戦隊長は、このとき既に37歳、第一線の戦闘機隊長としてはギリギリの年齢といえた。海軍の航空隊司令とは異なり、陸軍の飛行戦隊長は自ら飛行隊を率いて戦うプレイングマネージャーだからである。

飛行第六十四戦隊の戦隊長は飛行第二大隊長からそのまま初代戦隊長となった寺西多美弥少佐が36期、二代目戦隊長となりノモンハンで負傷交代した横山八男少佐が同じく36期、加藤戦隊長戦死後に後を継いで四代目の戦隊長となった八木正巳少佐が38期と老練な戦隊長が続いたが、五代目の明楽武世少佐は46期と若く、六代目の広瀬吉雄少佐は45期、七代目の江藤豊真少佐は48期、最後の戦隊長となった宮辺英夫少佐は52期である。

このようにノモンハン事件後から終戦までの飛行戦隊長は45期程度の若手が当たるのが理想だった。陸大卒で欧州視察にも参加した加藤少佐が戦闘機戦隊長として第一線に復帰するのは異例ともいえる。

これは飛行第六十四戦隊が来る南方侵攻作戦で飛行第五十九戦隊と並んで新鋭機を装備して先頭に立つ重要部隊となったことに関係があるようだ。さらに言えば、飛行第六十四戦隊が受け取るはずだった新鋭機とは、昭和16年6月に晴れて仮制式制定を迎えて一式戦闘機となったキ四十三ではなく、対スピットファイア用戦闘機である重戦キ四十四（二式戦闘機）だったのではないかと推定される。

参謀本部の計画であるキ四十三、25機から30機の重爆護衛戦隊が2個中隊編成の飛行第五十九戦隊なら、キ四十四、50機からなる制空戦闘機戦隊が予定されていなければならない。3個中隊編成の飛行第六十四戦隊は数的にこの制空戦闘機隊計画に符合するのだ。

昭和16年4月の加藤少佐の戦隊長着任は、本来であれば配備されるはずのキ四十四の到着予定と重なるのではないだろうか。従来と性格の異なる新鋭高速重戦を装備する部隊を指揮できる人材として、あえて抜擢されたのが経験豊富な加藤少佐なのではないだろうか。

そしていつまで待っても準備の整わないキ四十四の代わりに飛行第六十四戦隊に配備されたのが、数的に多少の余裕が出てきた一式戦だったのではないかと筆者は推定している。

着任後、加藤戦隊長が持ち前の旺盛な義務感と闘志から一式戦での訓練に注力したのは事実だったが、共に訓練に加わった戦隊員の回想中には加藤戦隊長は内心、一式戦を気に入っていなかった様子だとも書かれている。

これは九五戦で活躍した熟練操縦者である加藤戦隊長が格闘戦能力に劣る一式戦を鈍重に感じていたとも解釈できるが、逆に性能的にあまり見るところの無い一式戦を前にして「内示されていた高速戦闘機と違う」と密かに不満を抱いていた可能性も無くはない。

二式戦闘機「鍾馗」(キ44)二型。本来、南方作戦における対スピットファイア用戦闘機となるはずだったが、実用化の遅れから開戦時の主力は一式戦(キ43)が務めることとなった

また、戦隊マークと共に戦隊長と中隊長を表すマーキングも先任中隊長である安間大尉を委員長として操縦者たちが意見を出し合い、矢印の戦隊マークは第一中隊が白、第二中隊が赤、第三中隊が黄色と決められ、空戦時に隊長機を判別できるようにして欲しいとの要望から長機を示すマーキングは戦隊長が主翼を斜めに走る白線を描き、中隊長は胴体に二本の白線を描くことなどが決められた。

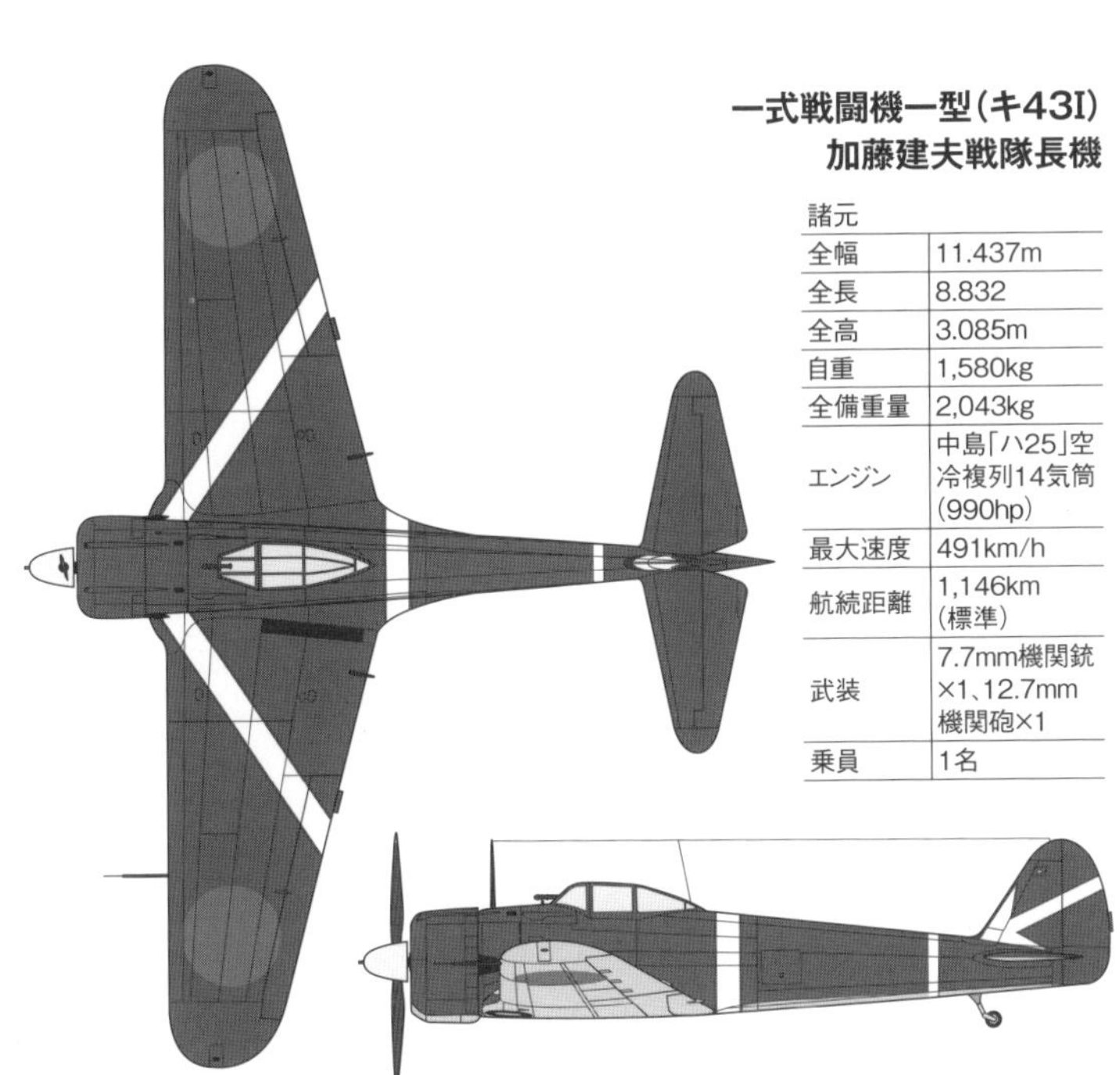

一式戦闘機一型(キ43I)
加藤建夫戦隊長機

諸元

全幅	11.437m
全長	8.832
全高	3.085m
自重	1,580kg
全備重量	2,043kg
エンジン	中島「ハ25」空冷複列14気筒(990hp)
最大速度	491km/h
航続距離	1,146km(標準)
武装	7.7mm機関銃×1、12.7mm機関砲×1
乗員	1名

この白線による長機の識別は安間大尉によれば陸上部隊が夜襲時につける白襷にちなんだものだという。

開戦劈頭、「隼」の大活躍

陸軍戦闘機として異例の航続力を持つ一式戦は、試作機を強引に量産に持ち込んだ機体であるゆえに欠陥が残されていた。中でも深刻だったのは機体強度問題だ。飛行第六十四戦隊も空戦訓練中に主翼外板に皺が寄る危険な兆候を数多く体験し、訓練中に2件の空中分解事故が発生する。

海軍の零戦も昭和15年2月の奥山工手の空中分解事故、昭和16年4月の下川大尉の空中分解事故によって改修を繰り返していたが、量産開始が遅かった一式戦は零戦のような大規模改修を行う時間的余裕が無く、機体の補強のほか、３００時間以内の飛行時間制限、昇降舵スプリングの導入などの対策を対症療法的に実施しつつ訓練が続けられた。

こうして昭和16年12月8日の開戦を迎え、一式戦は長く激しい戦いに突入することになる。

飛行第六十四戦隊は12月4日、フコク島ヴォンド基地に進出した。仏印南端の基地はマレー半島への出撃に適していた。しかし南方作戦で必須となる洋上長距離航法訓練を熱心に行って来た戦隊にとっても、ここからマレー半島までの目標物の無い長距離飛行は難題であることに変わりはない。

単座戦闘機の長距離洋上飛行は世界でも例が無かった。一般に航法能力に優れていたとされる海軍航空隊であっても同じことで、中支戦線で漢口から重慶、成都へ出撃した零戦隊も往路は誘導役の偵察機隊が引き連れて飛び、復路は友軍の艦攻と艦爆が二重の収容線を張って迷子機の収容に努めていた。海軍の零戦隊ですらこのような手厚い支援がなければ長距離侵攻はおぼつかなかったのである。

だが今回はそうした余裕が無く、名門戦隊の高い技量と一式戦闘機の航続力だけが頼りの冒険的な作戦となっていた。

開戦前日の12月7日、マレー半島に向かう上陸船団の直掩任務で加藤戦隊長率いる7機が出動した。船団上空は各隊が時間を決めて直掩に当たることになっており、飛行第六十四戦隊の分担は上陸船団が九七戦でも護衛できる南部仏印沖を離れて洋上に乗り出す日本時間午後5時30分から午後7時55分の日没までという困難なもので、加藤戦隊長は精鋭を選び、編隊を自ら率いて出動した。

7日の直掩任務は問題なく完了したが、問題は帰路にあった。悪化した天候と夜間洋上航法という厳しい関門をすり抜けて着陸したのは戦隊長以下4機に過ぎなかった。

悲劇の7日の翌日は戦隊の全力をもってするマレー航空撃滅戦の初日となった。

ケダー州の飛行場群に展開する英空軍機の撃滅に出撃する爆撃隊を護衛して、戦隊の可動機全てが出動した。

飛行第二戦隊、飛行第九十八戦隊の重爆隊とヴォンド基地南方50km地点で合流を果たす予定だったが、戦隊は空中集合に遅れ、速度を上げて重爆隊に追及した。この際に消費した燃料により戦隊は帰路で苦しむことになる。

この日、日本側は仏印の悪天候により航空部隊の出撃が全体的に遅れるという混乱があり、英空軍の機先を制することができなかった。このため英空軍の爆撃によってコタバルに上陸部隊を揚陸中の輸送船3隻に損害が出てしまったが、第一波の攻撃を終えて基地に着陸し第二波の攻撃を準備中の英航空部隊に出撃の遅れた日本爆撃機が襲い掛かり、敵機の地上撃破に成功するという幸運に恵まれた。

このため敵戦闘機の反撃は殆ど見られず、1機の撃墜と地上撃破10機を数えた以外に戦隊は自慢の戦技を披露する機会に恵まれなかったが、敵機多数の地上撃破に

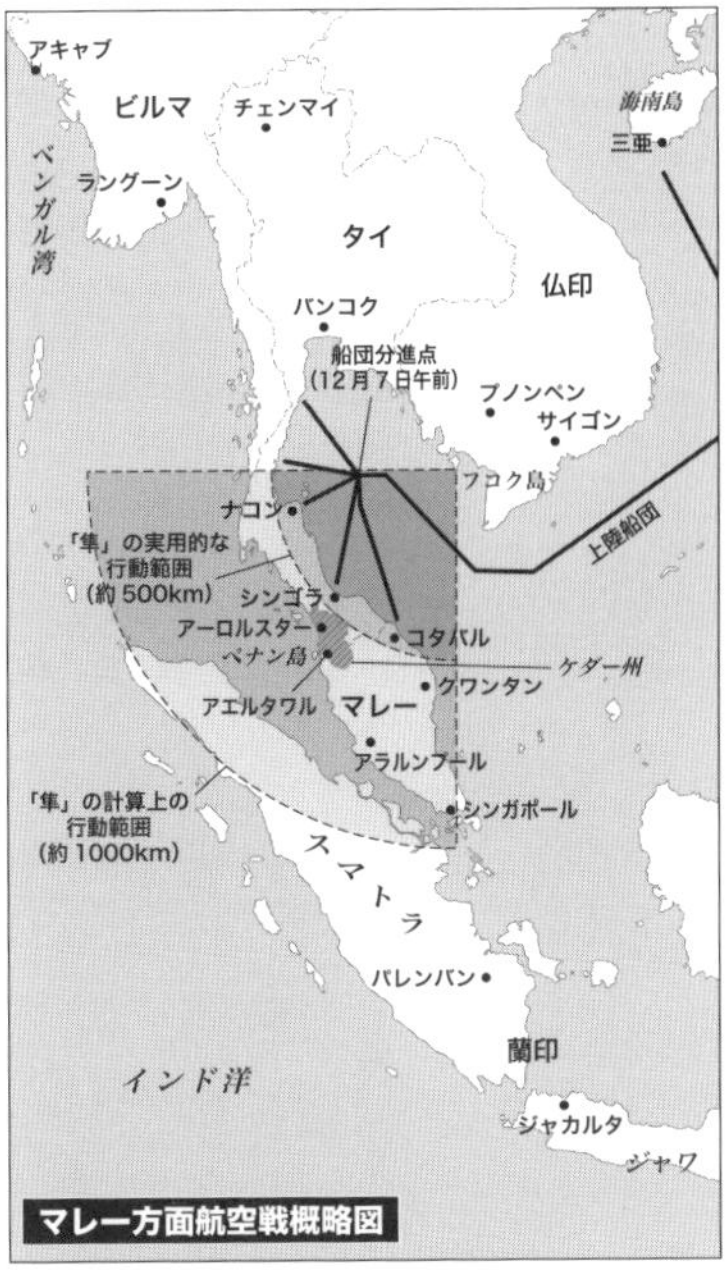

マレー方面航空戦概略図

飛行第六十四戦隊によるマレー上陸船団の上空直掩は、上陸前日の12月7日、船団が各上陸地点に向けて分進を開始してから実施された。フコク島ヴォンド基地からの往復は帰路が日没後となり、困難な夜間洋上航法の結果、7機中3機が未帰還となっている。
また、フコク島からケダー州への爆撃機隊護衛任務は、当時の一式戦部隊にとって実用的な進出距離の限界に近かった。

よって航空撃滅戦の目的は十分に果たされ、英空軍は後退していった。

問題は復路だった。

往路での増速から燃料を余計に消費してしまった戦隊は、一部不時着機を出しながらフコク島を目指して何とか帰還することができたが、まったくギリギリの残燃料での着陸となり、一歩間違えば戦隊全滅もありえない話ではなかった。

昭和17年、マレー方面に進出した飛行第六十四戦隊の一式戦一型。第二中隊、檜與平中尉(当時)の乗機で、翼下に落下タンクを搭載している

7日の悲劇に続いてこの体験は加藤戦隊長に洋上長距離飛行の困難さを刻み込んだようだ。

9日は再びケダー州の飛行場群に対する航空撃滅戦が継続され、敵の回復を許さない反復攻撃が計画されたが、途中の悪天候により重爆隊は引き返さざるを得なかった。しかし加藤戦隊長はそのまま超低空で雲の下を抜けてマレー半島に到達、そのままシンゴラ飛行場に着陸した。

シンゴラは既に上陸部隊が制圧して航続距離の短い九七戦部隊が着陸しており、地上は戦隊の着陸を拒否したが、強引に戦隊全機が着陸し操縦者総出で燃料補給を行い、そこから後方へ退却した敵戦闘機隊を求めてペナン、アエルタワルへの出撃を実施した。

加藤戦隊長は航法と燃料に不安のあるフコク島ヴォンド基地とマレー半島の往復を繰り返すことより、戦隊をマレー半島に進出させて前線近くから制空戦を展開する道を選んだ。このような独断専行は開戦当日にシンゴラに進出した第十一飛行団の九七戦部隊にも見られたことで、九七戦部隊も開戦当日にまだ状況の定まらないシンゴラ飛行場に強行着陸していたのだ。開戦当時の老練な戦隊長が率いる飛行戦隊には戦争中盤以降にはとても見られない権限委譲が行われていたことがわかる事例だ。

ペナン飛行場の襲撃は在地敵機が無く、空振りに終わったがアエルタワル飛行場ではバッファロー戦闘機を地上で捉えて戦果が挙がり、戦隊はナコン飛行場に着陸し、翌日からはマレー半島内からの航空撃滅戦に従事した。

戦闘機隊の基地推進は地上軍の進撃を追ってさらに続き、12月12日には安間大尉以下2機がコタバルへ進出し、翌日は上空を通過する本隊と共にクワンタン攻撃を実施した後、戦隊全機がコタバルに帰還した。

マレー半島上陸以来、初めて発生した大規模な戦闘機同士の空中戦は12月22日のクアラルンプール上空の空中戦だった。

加藤戦隊長の率いる編隊と、支援の安間大尉率いる編隊、そして攻撃編隊の高山中尉率いる3編隊に分かれた23機が出撃し、クアラルンプール上空でバッファロー戦闘機十数機を捕捉、ただちに戦闘に突入した。

この戦闘では敵機の大半を撃墜するという一方的な勝利を得たが、攻撃編隊長、高山中尉は2機撃墜の後、3機目の敵機に攻撃を掛けて引き起こした瞬間に空中分解し戦死した。

帰還した一式戦数機にも主翼付根に亀裂が見られる機体があり、大至急補強工事を実施したが、一式戦の機体強度問題はこのように全力の空中戦を躊躇させる深刻なものだった。

ただし、幸いなことに敵戦闘機は上陸以来、バッファロー、その後シンガポール攻撃が開始されてからはハリケーンと比較的低性能の機体であり、恐れていたスピットファイアは出現しなかった。

敵の高速戦闘機も出現せず、また敵戦闘機には機関砲装備も無かったのは一式戦にとって幸いだった。機関砲を装備した戦闘機と戦えば比較的簡易な一式戦一型の防弾タンクでは対応しきれなかったが、7・7㎜機関銃装備のバッファローやハリケーンであれば燃料タンクの防弾は十分に効果があった。

「スピットファイア出現せず」「防弾タンク効果あり」といった報告はただちに内地に送られた。そして南方作戦用に採用された濃緑色の迷彩塗装に効果のあることも同時に伝えられている。一式戦を装備した飛行第五十九戦隊と飛行第

シンガポールに展開していたオーストラリア空軍第21スコードロンのブリュースター バッファロー戦闘機。最高速度520km/hなど一式戦一型を上回る面もあったが、マレー戦では大きな損害を被った

六十四戦隊は新鋭機のモニター部隊としての役割も負っていた。

ビルマへの転戦と加藤戦隊長の戦死

コタバルに進出以降、シンガポール方面に対する航空撃滅戦を徹底した飛行第六十四戦隊は断続的にビルマ方面への支援作戦にも出撃し、蘭印方面への侵攻も掩護するという八面六臂（はちめんろっぴ）の活躍を示した。

往復6時間にわたる長距離出撃を一日に二度実施するような過酷なスケジュールをこなしながらの戦いとなり、特に2月16日から16回連続で実施されたシンガポール攻撃は過酷なものとなった。戦隊は損害に耐えつつも撃墜28機を報告してシンガポール上空の制空権確保に貢献し、加藤戦隊長は中佐に昇進する。

パレンバンの空挺作戦を掩護し、ジャワ方面航空戦を戦った戦隊は3月12日、チエンマイに進出、タイ領内からビルマ戦線の戦闘に本格的に加わった。

ビルマ方面の陸戦は順調に進展していたが、中国領内南部に展開する米空軍、フライングタイガーズ（※6）のトマホークは九七戦装備の部隊には手に余る敵だった。対トマホーク戦について九七戦部隊からは「必勝の信念に変わりなけれど」と前置きしつつ「強敵」「数で押すしかない」といった報告が上がっている。最大速度で大きく劣り、火力でも劣る九七戦での対P-40戦は確かに苦しいものだった。高速で火力に優れ防弾装備の手厚いP-40は海軍の零戦隊も手こずる強敵で、一般に鈍重な機体との印象もあるが戦隊員からは「空戦性能のいい飛行機」との評価もある。

フライングタイガーズが装備した対英レンドリース機を転用したトマホークは、当時の日本陸海軍戦闘機にとって強敵だった。写真は1942年5月、中国上空にて編隊飛行するフライングタイガーズ

この苦境を打破して制空権を確保するために、一式戦装備の戦隊がビルマ戦線へと投入された。そしてこのビ

※6　中国軍支援のために米軍からの志願者によって編成されたアメリカ義勇航空隊（American Volunteer Group＝AVG）の通称。日米開戦後は米陸軍に組み込まれた。トマホークは米陸軍P-40戦闘機のイギリス向け輸出型に与えられた名称。

ルマ戦線が終戦まで飛行第六十四戦隊の主戦場となる。戦隊にとってビルマへの転戦は運命的なものとなった。

しかし一式戦装備の戦隊にとっても対P－40戦は容易ではなかった。4月8日に16機をもって実施されたローウィン飛行場攻撃では地上攻撃に降下したところをP－40編隊約20機に奇襲され、開戦以来、加藤戦隊長を補佐して来た専任中隊長、安間克己大尉以下4機を失うという手痛い損害を受けたほか、その他の出撃でも損害が嵩んでいった。

そして昭和17年5月22日、北部ビルマの作戦を一段落させた戦隊はインド国境に近いアキャブ新飛行場（アキャブ基地北部に設けられた新設の秘匿飛行場）に進出していたが、午後2時頃、高度1500mでアキャブ本飛行場へと侵入する偵察任務の英軍のブレニム爆撃機1機が発見された。

「回せ！」と叫びながら加藤戦隊長は愛機に駆け寄り、大谷大尉、安田曹長、近藤曹長、伊藤曹長の4機が戦隊長機に続いて離陸した。

敵機はベンガル湾上に逃走したが、編隊はこれに追いすがるかたちで洋上に出て5機で後方から攻撃を開始した。爆撃機に対して真後ろからの攻撃は防御火器に反撃されやすく危険なものだったが、偵察状態のブレニムは高速でそれ以外の攻撃は困難だった。

だが不利な攻撃であることに変わりなく、まず安田機はブレニムの後部銃座からの射撃で被弾して引き返し、次いで大谷機も被弾して脱落した。

いささか拙劣な空中戦となったが、2機の脱落のあと、加藤戦隊長が前に出てブレニムに射撃を開始し、アレサンヨウ西方10kmの洋上にこれを撃墜した。

その時、加藤戦隊長機は右翼に被弾し火災が発生、近藤曹長、伊藤曹長に翼を振って別れを告げた後、反転して機首を垂直に立て海中に突入、自爆したとされる。

写真はビルマ方面にも配備されていた英空軍のブレニムMk.Ⅳ。第二次大戦開戦時の双発爆撃機としては高速で、胴体中央部上面に旋回銃塔を備えている

このあまり鮮や

かとはいえない戦い振りからは開戦以来、半年の間戦い続けた「加藤隼戦闘隊」の疲労が見えるようだ。

菅原道大（みちおお）大将の日記によれば、加藤戦隊長はビルマ作戦の終息が見込まれる8月には戦隊を離れて内地への栄転が予定されていたという。満38歳、数え年で40歳となる加藤中佐にとって飛行第六十四戦隊は最後の第一線勤務となるはずだった。

戦隊を生き延びさせた18年のビルマ戦線

加藤戦隊長の戦死後、飛行第六十四戦隊の指揮は八木正巳少佐が後を継いでビルマの航空戦は続いた。インド、ビルマ国境の山岳地帯を前に戦線がほぼ安定を見せたビルマ戦線は他の戦線に比べて平穏で、しかも雨期に入ると航空部隊は前線から退き休養と戦力回復をはかることができたからだ。

ビルマの安定した戦線と雨期による休養期間は飛行第六十四戦隊にとって幸運といえた。ソロモン、ニューギニアへと投入されたならば、昭和18年中に戦隊は消耗戦に巻き込まれて壊滅的な打撃を受けて消滅していたことだろう。

連合軍側もまた同様で、ビルマでの敗北による損害回復と、インド軍の再編成と訓練に長い時間を費やすと共に、この戦線では日本の航空兵力を直接撃滅するよりも優先度の高い作戦が実施されていた。

それは中国大陸奥地に退却したままの蒋介石率いる中華民国軍への航空輸送だった。陸路での援蒋ルートが日本軍によって閉ざされたため、中国軍と中国領内に展開するアメリカ陸軍航空軍部隊への補給はヒマラヤ超えの空輸に全面的に依存していた。

この困難な空輸作戦とその根拠地となるアッサム地方の航空基地群の防衛にアメリカ軍はほぼ全力を費やしていたため、日本軍との正面対決は避けられていた。

太平洋の島嶼と異なり、ビルマの陸軍航空隊は陸軍内で「航空要塞」と呼ばれた多数の基地群を持ち、敵の航空撃滅戦に対して粘り強く戦える体制があり、その制圧には大兵力の投入が必須だったからである。

また英軍は昭和18年後半からウィンゲート准将率いるビルマ北部への長距離浸透部隊を空輸のみで補給しなければならず、航空兵力の大半がこの任務に投じられ大規模な航空攻勢が実施できない状況が続いていた。

　本来ウィンゲート准将による北部ビルマへの浸透は英軍にとって反対論も根強い作戦だったが、陸上の援蒋ルート再開を最優先とするアメリカ側の支持を得て中止することができない苦々しさがあった。ビルマ航空戦の安定はこのようにアメリカ、イギリス、中国三国間の駆け引きによる政治的な要素の濃いものだったといえる。

　日本側にも援蒋空輸を阻止する試みはあり、アッサム地方への空襲と空輸ルートへの哨戒が行われたが、これを阻止するほどの徹底した攻撃は兵力的な限界から実施されなかった。

　蒋介石政府を連合国から脱落させる可能性もある援蒋空輸ルートの遮断は連合軍が最も恐れた事態だったが、この時期の陸軍航空隊はソロモン、ニューギニアの航空戦に全力で臨んでいたため、戦況を大きく変える要因となり得る全面的な空輸妨害作戦はついに実施されなかった。

ビルマ方面における航空戦で日本軍は、連合軍が残した飛行場群を利用して柔軟な作戦を実施することができた。これらの飛行場群によって、第二次アキャブ作戦支援、インパール作戦支援、そして北ビルマに降下したチンディット部隊が戦線後方に造成したモーニンなど臨時飛行場の制圧といった、多面的な作戦を同時に展開することが可能となった。

一式戦二型への改変

　こうした中で戦隊は昭和18年に入ると一式戦二型への機種改変を開始し、段階的に一型を返納して二型への切り替えを進めていた。

　一式戦二型は発動機を二速過給器付の二式一一五〇馬力発動機（ハ一一五）へと換装し、一型で問題となった機体強度の改善を本格的に実施した型式だった。武装は二型になって初めて胴体左右ともに12・7㎜口径の一式固定機関砲（ホ一〇三）となり、火力は実質的に倍増していた。防弾装備も強化され一型のフェルトによる漏洩防止機構からスポンジゴムを用いた多層式の防弾ゴムへと移行し、操縦者背面の防弾鋼鈑もやがて追加された。

また初期の量産機を除いて翼端も切り縮められたため、水平最大速度も向上している。

この二型が前年に配備されていれば加藤戦隊長の痛恨の戦死も回避できたかもしれないとも思える改良が施されていたが、操縦者たちにとって二型は「もう少し速く」「もう少し武装強化を」と感じる物足りなさがあったようだ。

また、敵爆撃機による奇襲に反撃するため、昭和18年9月には高速の二式戦闘機の部分的な導入が決定され、戦隊の操縦者が内地へ出張して明野飛行学校で未修教育を受け、中島飛行機大田製作所で直接機体を受領した後、戦線に復帰している。

明野飛行学校所属の一式戦二型。二型は発動機を二速過給器装備のハ115に換装して飛行性能を改善、武装や防弾も強化された、一式戦の真打と呼ぶべき型だった

インパール航空戦

ビルマ戦線の安定は昭和19年2月の第二次アキャブ作戦で崩れた。この作戦はインパール攻略を目指した牟田口中将がインパールの敵兵力の誘引を目的に開始した陽動的作戦で、英軍は日本側の策に乗ったかたちで兵力を投入し、インパール方面は手薄な状態となった。しかし、英軍の情報部隊は日本軍のインパール作戦開始を3月15日と正確に察知し、作戦開始前からビルマ国内の航空基地に対して積極的航空撃滅戦を展開し、空中で約100機を撃墜、地上での撃破100機を報告している。

3月中に行われた連合軍側の航空撃滅戦で陸軍航空隊は制圧され、インパール作戦にはまともな航空支援が無かったとの印象があり、とくに作戦終盤での飢餓状態の敗走が強く批判される中で、航空部隊の活動は日本国内の戦史からも忘れられる傾向がある。

だが英軍側も認めているように3月中の航空撃滅戦で日本陸軍航空隊の制圧は成功せず、インパール作戦における日本側の航空作戦はほぼ予定通り実施されていた。

日本側のインパール航空撃滅戦は3月12日の午後に飛行第六十四戦隊、飛行第二百四戦隊協同の60機によるインパール侵攻から始まる。翌日の3月13日にも両戦隊協同でモーニン飛行場への攻撃が行われ、3月15日の作戦発動時にはやはり60機の一式戦によってチンドウィン河を渡河する地上部隊主力のエアカバーが実施され、同日中にインパール飛行場群への攻撃も行われた。

数十機の戦闘機による大編隊が重爆と共に航空攻勢を行う姿は既に敗色濃厚な太平洋の戦場では珍しいものになっていたが、ビルマ戦線では開戦劈頭のマレー半島上陸当時よりも規模の大きな空襲が連続して行われていたのである。

しかし出撃規模に応じて損害もあり、3月27日のレド製油所攻撃では60機の一式戦が出撃しながら重爆9機が全滅するという事態も発生した。陸軍重爆は既に飛行性能、防御力ともに第一線で活躍できないという事実を突きつけられる悲劇だった。

連続出撃に伴って増加する修理機は上田厚士中尉を中心とした整備班が「宵越しの乙（隊内で修理可能な状態を指す）は持たない」とのモットーで「戦隊内に乙無し」の報告を上げる活躍で戦力が維持された。

またこの時期、内地で通信学校乙種学生を修了した金沢大尉が帰隊し、戦隊内でモールス信号の特訓を行い、不調の無線電話に代わり空中での電信による指揮と情報交換が可能になっていた。

悪天候に遮られながらも航空戦は継続され、4月17日には飛行第五十戦隊、飛行第二百四戦隊と協同で50機が重爆6機を護衛してインパールを空襲して戦果を収めた。重爆の機数が心許ないが、当時の兵力ではこれが限界だった。

4月25日にはやはり3個戦隊協同50機で軽爆3機を護衛してシルチア、ハイラカンデー飛行場を攻撃し、翌日にもコヒマ、インパール攻撃が継続されたが、このとき、アラカン山脈上空を飛行する敵大型機を発見し、第二中隊長、宮辺英夫大尉が攻撃、撃墜を報告している。実際には撃墜に至らなかったことが判明してはいるものの、この戦闘は日本軍戦闘機とボーイングB－29との初対戦となった。

更に5月4日から6日にかけてのインパール連続攻撃

が行われ、5月11日には地上軍からの要請でインパールの敵砲兵陣地への一式戦による爆装攻撃も実施された。インパールへの空襲はこの後5月23日、5月29日にも行われたが、天候は次第に悪化し、雨期の訪れと共に6月17日の空襲を最後にインパール方面での航空作戦は中止され、戦隊はタイ領内の基地へと後退した。

苦境に立たされていた英軍

このように一般的な印象とは180度異なり、インパール作戦と連動した航空攻撃は連続して実施されたが、その効果を振り返れば英軍はかなりの窮地に立たされていたことが判明している。

まず緒戦の後退戦で最前線のレーダーサイトが放棄されたことがインパール防空陣に大きな穴を開け、4月にインパール周囲の山上にレーダーサイトが再建されるまで早期警戒態勢が弱体化していたことが日本軍機の奇襲的侵入を許していた。

そして日本側の補給途絶による飢餓が有名なインパール作戦で、実は英軍側にも飢餓の危機が迫っていた。陸路の補給線を断たれ包囲状態にあったインパールには英軍将兵と住民約15万人が存在し、これらの人々への補給は最低一日500トンが必要とされたが、それは英軍のダコタ（ダグラスC-47輸送機）150機が毎日到着しなければ達成できない数値であり、スターリングラードで包囲されたドイツ第6軍を思い出させるような空輸要求だった。

しかし英軍は3月5日から再び発動されたウィンゲート准将率いるチンディット部隊（※7）による北部ビルマ浸透作戦にも空輸を行い、インパールの北で孤立するコヒマへの空中投下も実施しなければならない。さらに作戦初期、英軍にとってインパール戦勝利の原動力となったと評価される第5インド師団の緊急空輸が行われたため、インパールへの補給物資の積み上げも十分ではない。

またインパールの飛行場群は公式には「晴天用」とされる舗装と排水が不完全なもの（※8）であり、ダコタの発着は常に危険を伴っていた。

このような限界に近い状況下で飛行第六十四戦隊ほかの一式戦が襲撃し続けたのである。4月25日の空襲ではダコタ5機が一気に撃墜されるなど危機的状態も発生

※7 ビルマ北部において日本軍の後方撹乱を行った長距離挺進部隊。
※8 舗装と排水が完備された飛行場は「全天候用」とされた。

し、英軍はインパールにスピットファイア飛行隊を常駐させてダコタの援護に当たるなどの対応策をとったが、4月中のインパール地区での英軍戦闘機消耗は30機に及んだ。この損害は翌5月にも収まらず、各機種合計で60機が失われている。

このように敵味方ともに陸路の補給が困難な戦場では空輸が最も重要な航空作戦となっていた。もしインパール作戦に対して陸軍航空隊が全力を投入する決断を下し、インパールへのダコタの飛来を半分でも阻止できたならば飢餓街道を敗走したのは英軍だったことだろう。

落日の隼戦闘隊

インパール作戦後の飛行第六十四戦隊は8月にビルマに復帰して、陸路援蒋ルートの再開作戦により騰越の守備隊が包囲孤立してからは、守備隊への弾薬、医薬品の空中投下を行ってその最期を看取ったほか、恵通橋（けいつうきょう）の爆撃を実施するなど積極的な活動を続けていたが、昭和19年後半からは弱体化した爆撃機隊に代わり一式戦による爆撃が継続して実施されるようになる。インパール退却で壊滅状態となった地上軍を支える阻止攻撃が主任務となり、名門戦闘機隊は戦闘爆撃機部隊へと変貌してゆく。

そしてこの頃から戦隊への機材補給が目立って低調になり、戦力の低下が避け難い状況となる。比島航空決戦に補給が集中された為である。

さらに昭和20年元旦にはついに特攻隊の編成が開始される。これはビルマの海岸部への上陸作戦が懸念されたためで、戦隊全体を「七生隊」、第一中隊を「一本隊」、第二中隊を「至誠隊」、第三中隊を「殉国隊」と名づけ、全機特攻の構えとなったが、奇しくも同日、アキャブへの敵上陸が開始され1月3日にはアキャブ基地も陥落するという急展開により戦機を失い、特攻作戦が実施されることはなかった。

アキャブ港の敵船団に対しては1月9日、第五十戦隊と共に50機編隊での艦船攻撃が実施され、1月13日にもミエボン港への艦船攻撃が行われたが、これがビルマ戦線における日本側最後の大規模な航空攻撃となった（※9）。

これ以降、連合軍機が友軍基地上空に張り付くようになり、自由な活動を封殺されてしまい、積極的な作戦に出るためには基地上空の敵を排除しなければならなく

※9 巡洋艦1、大型輸送船1に損害を与えたと報告された。

一式戦部隊出撃規模比較

	任務	機数	特記事項
昭和16年12月7日	マレー上陸船団護衛	7	
12月8日	マレー航空撃滅戦	50	59戦隊と協同
12月22日	クアラルンプール侵攻	18	
12月23日	ラングーン侵攻	25	
昭和17年4月8日	ローウィン侵攻	16	
4月10日	ローウィン侵攻	9	
4月28日	ローウィン侵攻	20	
4月29日	ビルマ降下作戦援護	16	
5月21日	チッタゴン侵攻	9	
12月5日	チッタゴン侵攻	15	
昭和18年2月12日	キャクトー侵攻	7	
2月20日	モンドー侵攻	11	
2月23日	チンスキヤ侵攻	25	
2月25日	チンスキヤ侵攻	21	
3月17日	コックスバザー侵攻	11	
3月18日	モンドー侵攻	13	
3月21日	フェンニー侵攻	15	
4月5日	チッタゴン侵攻	12	
4月9日	チッタゴン侵攻	16	
12月26日	チッタゴン侵攻	95	33戦隊、204戦隊と協同
昭和19年1月15日	モンドー侵攻	24	
2月4日	モンドー侵攻	70	204戦隊と協同
2月8日	モンドー侵攻	不明	
2月9日	ナゲトーク攻撃	7	64戦隊爆装機
2月13日	シンゼイワ攻撃	不明	64戦隊一部爆装
2月15日	シンゼイワ伝単撒布	不明	
2月18日	カラダン河谷軍偵援護	不明	
2月21日	シンゼイワ侵攻	不明	50戦隊、204戦隊と協同
3月10日	グワ艦艇攻撃	不明	64戦隊爆装機
3月11日	侵攻部隊渡河援護	60	50戦隊、204戦隊と協同
3月12日	シルチア侵攻	60	50戦隊、204戦隊と協同
3月13日	モーニン侵攻	不明	204戦隊と協同
3月15日	侵攻部隊渡河援護	60	50戦隊、204戦隊と協同
3月17日	インパール侵攻	36	50戦隊、204戦隊と協同
3月17日	インパール侵攻	18	50戦隊、204戦隊と協同
3月18日	カーサ、モーニン侵攻	54	50戦隊、204戦隊と協同
3月25日	チッタゴン、コックスバザー侵攻	不明	50戦隊、204戦隊と協同
3月27日	レド製油所攻撃	60	50戦隊、204戦隊と協同
4月4日	インパール ナミ侵攻	不明	64戦隊第一中隊
4月6日	インパール カラット侵攻	不明	64戦隊第二、第三中隊爆装
4月7日	インパール カラット夜間攻撃	2	
4月13日	モール陣地攻撃	30	64戦隊爆装機のみ、他に50戦隊援護機
4月15日	インパール侵攻	不明	50戦隊と協同
4月17日	インパール侵攻	50	50戦隊、204戦隊と協同
4月24日	インパール 対地攻撃	50	50戦隊、204戦隊と協同
4月25日	シルチア ハイラカンデ侵攻	50	50戦隊、204戦隊と協同
4月26日	コヒマ、インパール侵攻	50	50戦隊、204戦隊と協同
4月28日	インパール 対地攻撃	不明	50戦隊、204戦隊と協同
5月4日	インパール 対地攻撃	25	50戦隊、204戦隊と協同
5月5日	インパール 対地攻撃	30	50戦隊、204戦隊と協同
5月6日	インパール 対地攻撃	25	50戦隊、204戦隊と協同
5月8日	インパール 対地攻撃	不明	64戦隊単独
5月10日	インパール 砲兵陣地攻撃	25	50戦隊、204戦隊と協同
5月11日	インパール 砲兵陣地攻撃	不明	50戦隊、204戦隊と協同
5月14日	コヒマ方面 砲兵陣地攻撃	25	50戦隊、204戦隊と協同
5月15日	インパール 対地攻撃	35	50戦隊、204戦隊と協同
5月18日	フーコン地区侵攻	35	50戦隊、87戦隊と協同
5月19日	インパール侵攻	25	50戦隊と協同
5月20日	インパール制空	22	50戦隊、64戦隊、87戦隊(二式戦)
5月21日	インパール33師団正面攻撃	20	50戦隊、204戦隊と協同
5月23日	インパール15師団正面攻撃	35	50戦隊、204戦隊と協同
5月24日	インパール 飛行場攻撃	15	50戦隊、204戦隊と協同
5月25日	インパール 飛行場攻撃	15	50戦隊、204戦隊と協同
5月26日	インパール 飛行場攻撃	不明	50戦隊、204戦隊と協同
5月29日	インパール侵攻	34	50戦隊、204戦隊と協同
5月30日	インパール侵攻	33	50戦隊、204戦隊と協同
6月17日	インパールへ最後の侵攻	不明	50戦隊、204戦隊と協同
7月8日	ミンガラドン 地上支援	不明	
7月9日	ミンガラドン 地上支援	不明	
8月18日	恵通橋爆撃	10	64戦隊爆装機

緒戦の侵攻作戦と中期のビルマ戦線の対峙戦時代において出撃規模がある程度判明している戦闘機隊の出撃と、昭和19年3月からのインパール作戦時の出撃規模を比較した表。インパール作戦では機数不明の出撃も掲載したが、前後の出撃機数からおよその機数は推定可能と思われる。一般的には航空援護を欠いていたと認識されているインパール作戦だが、この作戦に伴う航空戦では緒戦の南方侵攻作戦時にまさる兵力集中が行われ、他戦隊と協同での全力出撃が繰り返されていた。旧式化した重爆隊に代わり、一式戦による爆装攻撃も実施されたインパール航空戦は、飛行第六十四戦隊が参加した最大の激戦といえるだろう。

なっていた。ビルマ戦線の制空権はこのとき完全に連合軍側の手に落ちたのである。

2月以降は進撃する英軍機甲部隊に対するタ弾（※10）攻撃が戦隊の主任務となり、3月には飛行師団命令で空中戦闘が禁止されるに至った。

ビルマ戦線の敗走と共に戦隊は敵機甲部隊を攻撃しつつタイ領内へ、次いでカンボジアへと撤退し、昭和20年8月1日の戦隊創立記念日には各所に散らばった戦隊員をクラコールに集結させて合同慰霊祭と記念式典を執り行なった。一見余裕のある行動に見えるが、本土決戦参加を希望しつつも第三航空軍参謀長から「南方軍の死に水をとれ」と命じられた戦隊にとって最後のセレモニーと言えるものだった。

そして終戦を迎える際、この式典に戦隊員を集結させたことで全員が統制の取れた復員を実施することができた。戦隊に対する飛行停止命令は8月24日、残存全機が燃料の尽きるまでプノンペン上空を飛んで自活体制に入り、ここで名門戦隊の歴史は終った。

■参考文献

六四会編『飛行第六十四戦隊史』／六四会編『飛行第六十四戦隊史補遺』／関口寛ほか『栄光隼戦闘機隊 飛行第六十四戦隊全史』／David Rooney "BURMA VICTORY - IMPHAL,KOHIMA AND THE CHIDITS-"／Adrian Rainier Byers "AIR SUPPLY OPERATION IN THE CHINA-BURMA-INDIA THEATER BETWEEN 1942 AND 1945"

※10 日本陸軍で使用された、空対地・空対空用の親子式爆弾。主に戦闘機に搭載されて、投下されると収納筒に多数収められた成形炸薬弾頭の子爆弾が飛散し、広範囲に損害を与える構造だった。

新視点から見るインパール作戦

―敗因は補給ではなかった―

補給を無視した無謀な作戦計画や圧倒的な戦力差により日本軍が惨敗を喫した、と評されることが多い「インパール作戦」。しかし、これまで触れられる機会の少なかった日本側の戦略や航空作戦、イギリス軍の実態を検証すると、その真の敗因が明らかになってくる。

1944年のビルマにおいて、補給物資を空中投下するイギリス空軍のダコタ輸送機。インパール作戦時、イギリス軍では大規模な空中補給が実施され、窮地に陥った戦線を支えた

最悪のイメージで語られる「インパール作戦」

「インパール作戦」の名は太平洋戦争でもっとも悲惨な戦いの一つとして早くから知られている。

太平洋戦争において戦死傷者数でこれを上回る戦いもあり、しかもインパール作戦は一般国民を巻き込むことのないインド・ビルマ国境の山岳地帯で戦われた局地的な作戦だった。それにもかかわらず、より醜悪な印象を与える理由は、この作戦が押し寄せる敵に対しての邀撃戦ではなく、積極的な意図をもって野心的に立案された攻勢計画だったことにある。

そして実際に作戦に従事した第三十一師団（烈）、第十五師団（祭）、第三十三師団（弓）からなる第十五軍の軍司令官、牟田口廉也（むたぐちれんや）中将について伝えられる奇矯な性格、強引な言動、無責任と見える行動は作戦そのものへの嫌悪感を掻き立て、さらに現代社会に投影されて語られることも多い。

高木俊朗『インパール』『抗命』『全滅』からなる「インパール三部作」は、この作戦で倒れた将兵と戦闘に際して露呈した日本陸軍の醜悪な行動を描いた優れた一般向けドキュメンタリーとして現在でも読み継がれており、インパール作戦に関する印象の原型となっている。

だがこの作戦の立案過程とその推移についての検証は十分とは言い難いものがある。

「インパール三部作」はコヒマに孤立した第三十一師団を『抗命』で描き、5月末以降の作戦最終局面における第三十三師団担当方面への増援部隊の苦闘を『全滅』で描いているが、それまでの進撃と停滞膠着に陥るまでの描写は比較的あっさりとしている上に、インパール作戦の持つ戦略的側面についても深く検証されてはいない。

無視されたと言われる補給問題についても、インパール作戦全体の兵站計画がどのようなものであったかが検討されることも少ない。

そして「制空権が無い」「圧倒的な兵力差」として片付けられることが極めて多く、「航空は頼りにせず」との牟田口軍司令官の言葉を真に受けて、方面軍直轄の重要作戦であるはずの日本側のインパール航空作戦はそれ以上に注目されることがない。

インパール作戦の陰惨な面は描いても描き切れない深

刻なものではあるものの、日本側の勝算はどのような論理で見出されたのか、そして敵であるイギリス軍は日本軍の攻勢計画をどのように受け止めたのか、そして何に悩み、何に苦しんだのか。

そして最も重要な点として、この作戦に見込まれた勝利はどのような経験と計算によって見込まれたもので、その勝利の希望は、本当は何によって打ち砕かれたのか。

撤退路上に餓死者、病死者が続出し「白骨街道」と形容されるこの悲惨極まりない作戦も、それが一つの戦いである限り、両軍の間には何らかのかたちで勝敗を懸けたシーソーゲームが存在するはずである。

従来触れられることの少なかった日本側の戦略、それに対するイギリス軍の認識と行動、そして語られてこなかったインパールでの空の戦い、といった要素について、日本側の兵站計画、航空作戦、そして連合軍側の記録を再検討することでインパール作戦の全体像がより明確に見えてくるだろう。

ビルマ戦線の出現理由と戦略的重点

陸軍には当初、ビルマへの本格的な侵攻作戦を実施する構想はなかった。

マレー半島を南進してシンガポール占領を目指す攻勢の側面を固める意図でタイ、ビルマ国境を越えた限定的な作戦を行うのみで、ラングーン占領からビルマ奥地の制圧に至る作戦は計画されていない。

こうした原構想を本格的な侵攻へエスカレートさせたのは参謀本部作戦課長、服部卓四郎中佐だと言われている。

シンガポール攻略の観点からはビルマ全域の占領に意義は無かったが、対英米戦ではなく、対中国戦にとってビルマは極めて重要だった。

中国大陸沿岸を日本によって封鎖された蒋介石政権は大陸沿岸部から重慶方面への月間6万トンの物資輸送が遮断され、存続の危機に瀕していた。

蒋介石はルーズベルト大統領に対して援助を求め、蒋介石に対する援助物資を日本軍の制圧地域を避けて送り届ける迂回ルートが開拓された。

日本側が「援蒋ルート」と呼ぶ補給路は日本の中国南部侵攻、北部仏印進駐、南部仏印進駐によって遮断と南下が繰り返され、ビルマを経由する新たな「援蒋ルート」のみが残った。

昭和16年12月の太平洋戦争開戦時には、ラングーン港から北へ向かい中国奥地に続く道路、陸路「援蒋ルート」上をアメリカ政府によって送り込まれた民間人顧問団が管理するアメリカ製トラックの群れが連日、ビルマ中国国境の峠道を北上していた。

しかし陸路は国民党支配地域でありながらも各地に割拠する軍閥による勝手な通行税徴集と物資の横領に苦しめられ、しかも物資だけでなくアメリカ製トラックそれ自体がこうした略奪行為の目標となっていた。

こうした損失を避けて重慶の蒋介石政府の下に直接、物資を届ける手段として開拓されたのが空路の「援蒋ルート」で、ビルマ北部に建設されたミイトキーナ飛行場を起点に、中国奥地へ民間航空会社による物資の空輸が開始された。

こうして「援蒋ルート」は空路と陸路の二本立てとなった。

服部卓四郎中佐はこの「援蒋ルート」に注目し、ビルマ経由の陸路、空路の遮断による蒋介石政権の崩壊を意図し、ビルマ全域の占領を提案し、南方軍の作戦に組み入れられた。

日本軍の侵攻によって昭和17年5月にラングーンが陥落し、空路の起点となっていたミイトキーナも占領され、ビルマ戦線の連合軍は北部山岳地帯奥地に追い込まれた結果、蒋介石政権は「援蒋ルート」が陸路、空路ともに遮断されるという危機的事態を迎えた。

危機に瀕した蒋介石はアメリカに対して新たな空路による物資輸送の強化を切望し、インドのアッサム地方に急造された飛行場群からヒマラヤ越えの厳しい航路で中国に向かう空輸ルートが設けられている。

輸送機の飛行性能ぎりぎりの高高度飛行となる空輸作戦は「ハンプ」の通称で呼ばれ、国民党軍だけでなく中国大陸に展開したアメリカ陸軍航空軍への燃料、部品の供給をも一手に担う生命線となっていた。

しかし「ハンプ」による空輸量はヒマラヤ越えの厳しい航路と輸送機不足によって月平均500トン程度に留まり、中国大陸での対日戦を攻勢に転じさせるには遠く及ばない。

こうして蒋介石とアメリカにとって、ビルマ戦線で戦い続ける目的は何を置いても陸路「援蒋ルート」の再開となっていった。

単純にビルマの奪回を意図し、蒋介石への援助に興味を抱かないイギリスと、「援蒋ルート」再開を最優先と考えるアメリカとでは、ビルマ戦線における戦略構想が大きく異なっていたのである。

イギリス側から見ればインパールはインド・ビルマ国境を越えたビルマ奪回作戦の重要拠点ではあったが、仮に山間部の小都市でしかないインパールが陥落したとしてもインド全体の防衛計画に大きな影響はなかった。

インパールからインドへ向かうには北へ向かいコヒマを経由する長く細い山道を経るしかなく、日本軍のカルカッタ侵攻などにはまったく現実味がなかった。

しかし、コヒマの北西に位置するディマプールは違った。

ここは中国戦線を支える長大な援蒋ルートの要所だったからである。

アメリカからの物資を中国に送り届ける援蒋ルートは日本軍の空襲圏内にあるカルカッタではなく、遠くカラチを揚陸点としてそこから延々と1mゲージの狭軌鉄道でアッサム地方の飛行場群に運ばれ、輸送機による空路で中国奥地へと続いていた。

ディマプールがもし陥落すれば、アッサム地方への物資輸送路は遮断される。

そしてアッサム地方の飛行場群を移転後退させること

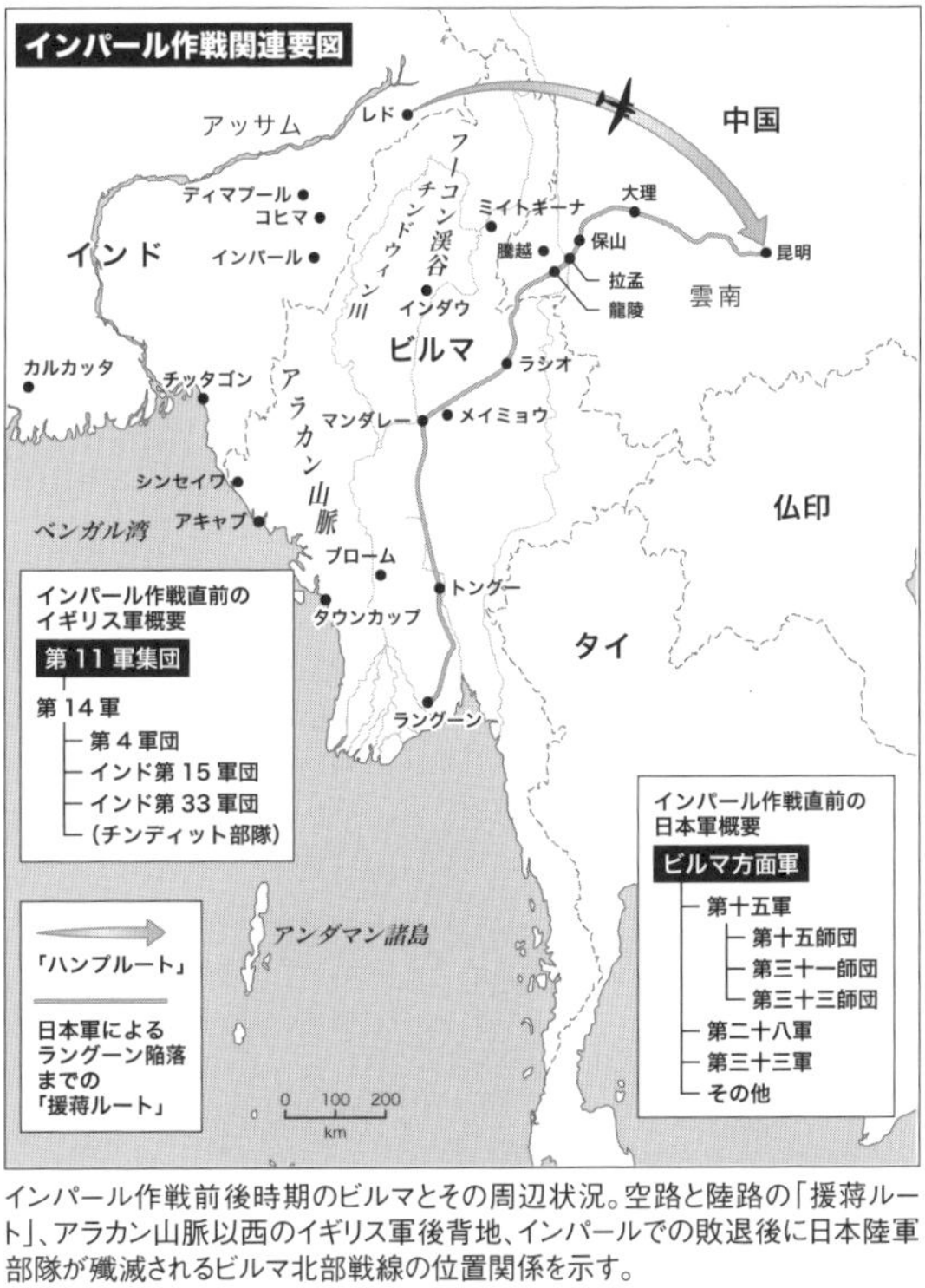

インパール作戦関連要図

インパール作戦前後時期のビルマとその周辺状況。空路と陸路の「援蒋ルート」、アラカン山脈以西のイギリス軍後背地、インパールでの敗退後に日本陸軍部隊が殲滅されるビルマ北部戦線の位置関係を示す。

は不可能だった。

ヒマラヤ越えの高高度飛行を伴う空路援蒋ルートは主力輸送機C‐47の行動を著しく制限しており、航路の延長は考えられない。

昭和17年のビルマ攻略時に陸軍中枢が指示したアッサム地方への侵攻作戦「二十一号作戦」は当時、牟田口中将自身が補給への不安から実施を拒否した経緯がある。

その牟田口中将が翌年にインパールとディマプール攻略に異常な執念を持った理由は、インド領内への本格的侵攻などではなく、自ら援蒋ルートの完全切断を実現し戦争全体の状況を変え得る作戦として「インパール作戦」を認識していたことによる。

では、昭和17年に補給問題を理由にアッサム地方侵攻を拒否した牟田口中将はなぜ変心したのだろうか。

「冒険者」ウィンゲート准将のチンディット構想

ラングーン陥落以降、雨季のビルマ戦線で連合軍が体験した長い撤退作戦は極めて苦しいものだった。

スティルウェル中将（※1）の率いる中国国民党軍のビルマ最北部への撤退もさることながら、在ビルマイギリス軍の撤退戦も大きな犠牲を伴う苦痛に満ちた作戦となり、インド軍の消耗と士気の低下は危機的なレベルに及んでいた。

日本側が「英印軍」と呼んだインド軍は歴史のある植民地軍の印象があるが、現実には1940年5月のフランス崩壊を機にほぼ新編成に近いかたちで急速拡大したもので、イギリス陸軍の兵力不足を補い、中東方面の防衛に投入することを目的に、在インドのイギリス人臨時士官とインド人士官を大量に採用しながら編成された、若く経験の浅い軍隊だった。

新編されたインド軍のうち中東に送られなかった貴重な部隊がビルマ撤退で大きな痛手を受けたことで、イギリス軍にとってビルマ奪回に対する絶望感と日本軍への劣等感が醸成されていた。

この頽廃的雰囲気に一石を投じたのがウィンゲート准将の立案した長距離侵攻作戦だった。

中東とエチオピアで非正規戦の経験を積んだウィンゲート准将はウェーベル将軍のインドへの赴任（※2）と

※1 中国・ビルマ・インド戦域米陸軍司令官。
※2 英インド駐留軍司令官およびABDA（豪英蘭米）司令部司令官として。

共に呼び寄せられ、ビルマ戦線での攻撃的作戦を研究し、小規模な部隊による日本軍の兵站線破壊を目的とした期間限定の侵攻作戦を立案した。

1943年（昭和18年）に実施されたウィンゲート准将の長距離侵攻作戦は「チンディット（※3）」の異名を持ち、密林、山地での行動を訓練した約3000名の「チンディット」部隊が輸送機による空中補給を受けつつインパール、コヒマ方面から北ビルマに徒歩で浸透し、日本軍の後方を大いに撹乱した。

この作戦の成功によってウィンゲート准将の名は連合国の首脳陣に知られ、ビルマ撤退による沈滞ムードからの脱却と、来るべきビルマ奪回作戦の先鋒としてより大規模な第二次「チンディット」部隊の編成へとつながった。

しかしビルマの密林地帯は徒歩で行軍する部隊にとっては予想以上に厳しい環境だった。第一次「チンディット」の約3000名の将兵のほぼ全員が何らかの感染症に罹患（りかん）し、戦闘による戦死者に加えて重傷者と感染症の重症患者約800名を置き去りにしての撤退で参加兵力の約半数を失い、事実上の部隊壊滅という不名誉な事態を招く。このことは、あらためて雨季のビルマ戦線での長距離徒歩行軍と撤退戦の厳しさを示し、たとえ空中補給を受けていても極めて大きな消耗を伴うことが認識された。

しかし「チンディット」はイギリス軍と日本軍の両者に重要な教訓を与えている。

イギリス軍にとっての大きな成果は、空中補給により孤立した部隊がどんなかたちであれ長期間活動できた実績だった。

地上からの補給が困難なビルマ戦線で、将来の作戦を一変させる可能性のある空中補給が注目されたのである。

一方、日本軍にとってはインパール、

写真右から3人目が「チンディット」の発案者であり指揮官も務めたウィンゲート准将。それ以前にも中東などで特殊部隊を創設していたウィンゲートは、日本軍の戦線後方に対する長距離侵攻作戦を立案、実施した

※3 ビルマの仏教寺院を守護する神獣の彫像「チンシー」にちなむ名称。

コヒマからの山越えルートでの「チンディット」部隊の侵攻が逆ルートを辿る攻勢の可能性を示唆した。

チンドウィン川を渡河して険しい山地を越えてのインパール、コヒマの攻略に現実味が生まれたのだ。

「ラングーン兵棋演習」が示唆した作戦失敗と新たな構想

昭和18年6月、ビルマ方面軍はラングーンでインパールに向けた攻勢作戦の兵棋演習を実施した。

この兵棋演習の結果は惨憺たるものだった。

インパールを目指す攻勢はその外郭となる諸地点でイギリス軍との激戦に巻き込まれ、防衛線を突破してインパール前面に達した時点で兵力は半減し、インパール平地で戦車と有力な砲兵火力によって打ちのめされ、たとえ一時的にインパールを攻略してもそれを長期にわたり維持することは不可能との結論だった。

本来なら「インパール作戦」構想はここで消滅してもおかしくない。

だが現実には、ビルマ方面軍司令官河辺中将は反対意見を退けて最終的にこの作戦を支持し、陸軍参謀本部もそれを認め、作戦の準備が開始されている。

第十五軍司令官、牟田口中将の強力な主張だけでなく、その上級司令部と陸軍中枢もまたビルマ戦線での攻勢を支持したのだ。

たとえインパール攻略に失敗しても、来るべきイギリス軍の反撃作戦を前に防衛線をチンドウィン川から前進させることに意義を見出していたことも大きな理由だったが、日本側の作戦構想はそれだけに留まらない。

昭和18年の秋から冬にかけて、ビルマ方面軍では連合軍に対する三段階にわたる予防的な攻勢作戦の研究が行われた。

それはインパールの南方、アキャブ島方面で予想されるイギリス軍の攻勢を邀撃、撃滅する「第二次アキャブ作戦」によってイギリス第14軍の主力をこの地域に誘引し、兵力が減少したインパール方面への攻勢を「インパール作戦」として実施、ディマプールに脅威を与えた後に、逆方向の中国領内、援蒋ルートのゴールに当たる大理に向けた攻勢を開始するという大構想である。

大理への侵攻（「大理作戦」）はビルマ方面軍の枠を超

える作戦だったが、中国大陸で開始される一号作戦（「大陸打通作戦」）に呼応するものとして方面軍に要請されたものだった。

ビルマ方面軍は兵力不足から大理への攻勢計画を縮小し、その手前の保山の攻略を第一期、その後に大理に向けた攻勢を実施するという段階的作戦へと変更しているものの、援蒋ルートの完全遮断と戦線の安定化を狙ったビルマ方面軍の三段階作戦計画の出現によって「インパール作戦」は現実のものとなり、昭和19年1月にはビルマ方面軍に対して作戦の承認が下りるに至った。

日本側のビルマ作戦は三段階

インパール作戦は独立した作戦ではなく、第二次アキャブ作戦によってイギリス軍主力を南方に誘引した上でインパールを攻略し、空路援蒋ルートの拠点ディマプールを脅かしてビルマでの攻勢を抑止し、大理攻略に向かう三段階の広範囲な作戦だった。

縮小された連合軍のビルマ奪還計画と「第二次アキャブ作戦」

連合軍のビルマ奪回計画も日本軍に劣らない大規模なものだった。

それは五つの作戦で構成されていた。

1．ウィンゲート准将指揮下の6個旅団による第二次長距離浸透作戦
2．スティルウェル中将直属の中国軍によるフーコン峡谷からの南下作戦
3．中国軍による雲南方面からの南下作戦
4．イギリス軍による南西ビルマ沿岸地域での「アラカン作戦」
5．イギリス軍によるアンダマン諸島上陸作戦

この五つの作戦はビルマ奪還を目指すイギリスと、ビルマ北部を横断する陸路援蒋ルート打通を目指すアメリ

カとの、異なる戦略目標を共に達成する大規模なものだったが、計画立案から間もなく大きな障害が出現した。それはヨーロッパ大陸への反攻、ノルマンディ上陸作戦だった。

この作戦のためにイギリス海軍はインド洋方面からの上陸用艦艇の引き上げを迫られ、まずアンダマン諸島上陸作戦が中止されてしまった。

続いてビルマ攻略用の航空基地確保を狙うアンダマン諸島攻略が放棄されたことを理由に、蒋介石は雲南方面からの南下作戦を拒否し、スティルウェル指揮下にあるはずの中国軍部隊までもが蒋介石の密命により活動を鈍化させた。

こうして連合軍のビルマ奪還作戦は縮小を続け、最終的にはアキャブ方面での攻勢によるビルマへの前進航空基地獲得と、「チンディット」部隊による日本軍の後方撹乱作戦、そしてスティルウェル指揮の中国軍によるミイトキーナ攻略を目指した極めてゆっくりとしたフーコン渓谷南下作戦のみが生き残った。

そして連合軍のビルマ奪回作戦の一部として最初に着手されたのは「アラカン作戦」、すなわち日本軍が「第二次アキャブ作戦」と呼ぶ戦いだった。

しかしアキャブ方面での攻勢は前年にも実施され、日本軍の反撃によって敗退していた。

進撃するイギリス軍部隊に対して、日本軍は軽装備の部隊を迂回機動させて敵後方の連絡線を遮断し、補給路を断たれたイギリス軍は敗走を強いられるという手痛い敗北だった。

軽装備の部隊による迅速な迂回行動により敵先鋒を包囲孤立させる戦術は日本軍の必勝パターンだったのである。

そして昭和19年2月、前年の戦いと同じくイギリス軍先鋒部隊であるインド第7師団は士気旺盛な日本軍第五十五師団によって反撃を受け、シンゼイワ盆地に包囲

1944年2月、アラカン作戦中に撮影された英第7インド師団の兵士。この戦闘中に同師団が、空中補給で日本軍の包囲を耐えきった経験は、のちのインパール作戦において大きな意味をもつこととなる

されてしまった。

だが今度のイギリス軍は前年とはまったく違った反応を示した。

外周数kmの狭い地域に包囲され、加えて付近の制高点も日本軍に占領されて防御陣地をほぼ全て見下ろされるという苦境に立ちながらも、撤退も降伏もしなかったのだ。

イギリス第14軍司令官スリム中将は第7インド師団に対して撤退を厳しく禁じると同時に、輸送機による空中補給を約束していた。

弾薬、糧秣、医薬品を空中投下する条件で徹底抗戦が命じられたのである。

戦車と砲兵に援護された強力な防御戦を戦う第7インド師団に対して、軽装備の第五十五師団は敵を包囲しながらも補給に苦しんだ。

ラングーンからアキャブ方面への補給物資は途中まで鉄道で運ばれ、そこから陸路を自動車輸送され、さらに舟艇によって前線へと送られた。鉄道ターミナルとなるブロームまでは一日当たり平均400トンの物資が運ばれたが、ブロームから沿岸のタウンカップへの自動車輸送量は計画を大幅に下回り一日あたり平均100トンに過ぎず、くわえてタウンカップから前線までの舟艇輸送は敵の空襲と舟艇の不備によって一日当たりわずか5トンに留まり、ブロームとタウンカップには滞貨の山が築かれた。

作戦後期にようやく実施された舟艇の増強によっても、第五十五師団にとって最低限度の必要量である一日20トンを運ぶのが限界であり、日本軍の兵站線は崩壊状態にあった。

事前の輸送量見積が甘かったのは事実だったが、第五十五師団は昭和19年1月に新編された第二十八軍の指揮下にあり、牟田口中将の第十五軍とは関係が無い。

兵站線の破綻はビルマ方面軍の兵站計画にあった。

こうして補給の途絶によって第五十五師団は自ら包囲を解いて退却を強いられた。

日本軍による攻撃を空中補給によって耐え切ったシンゼイワ包囲戦での勝利は、イギリス側の戦史ではビルマ戦線の戦局転換点、輝かしい勝利へのターニングポイントとして扱われているが、この戦いはイギリス軍が予想しなかった危機を招くことになる。

それはスリム中将が第14軍の主力をアラカン方面に投入して攻勢に出たことで、ビルマ方面軍が意図したイギリス軍主力のアラカン方面への誘引が実現したからである。

昭和19年3月、アラカン方面への増援によってインパール、コヒマ方面の兵力は危機的に不足し、インパール平地の防衛が困難なだけでなく、後方とインパールを結ぶコヒマはがら空き状態となっていた。

日本軍にとってインパール攻略に向う絶好の条件が現実となった。

ウィンゲート准将の事故死と「チンディット」の功罪

ビルマ奪還作戦の先鋒として計画された第二次「チンディット」作戦は極めて大規模なものだった。

ウィンゲート准将の「チンディット」部隊は計画上、合計6個旅団を擁したが、その内容は別表のようなものだった。

これらの部隊が日本軍討伐部隊の戦車、重火器が到達できない山地、森林の奥にグライダーによって降下。小型ブルドーザーを駆使して臨時飛行場を急速整備し、空輸による補給を受ける出撃拠点(ウィンゲート准将は「ストロングホールド」と呼んだ)を建設して、そこから徒歩で長距離浸透し日本軍の兵站線の破壊作戦を実施する計画だった。

しかし第十五軍の「インパール作戦」発動直前の3月5日に開始された第二次「チンディット」(「サースディ作戦」)は発動して間もなくその勢いを失ってしまう。

総指揮官であるウィンゲート准将の乗機が3月24日にイ

第二次「チンディット」部隊の編成

第16旅団(6個コラム)	王立歩兵連隊第2大隊(ウエストサリー)
	レイセスターシャー連隊第2大隊
	王立砲兵連隊(歩兵として)
第77旅団(10個コラム)	王立歩兵連隊第1大隊(リヴァプール)
	ランカシャーフューリジア連隊第1大隊
	南サフォードシャー連隊第1大隊
	第6グルカ連隊第3大隊
	第9グルカ連隊第3大隊
第111旅団(5個コラム)	王立歩兵連隊第2大隊(ランカスター)
	カメロニアンズ連隊第1大隊
	第4グルカ連隊第3大隊"
第14旅団(8個コラム)	ベッズ&ハーツ連隊第1大隊
	ヨーク・ランカスター連隊第2大隊
	レイセスターシャー連隊第7大隊
第23旅団 ※編成途上で第14軍司令官スリム中将により削除	第3西アフリカ旅団(ギルモア指揮)
	ナイジェリア連隊第6・第7・第12大隊

※コラムは250人からなるチンディットの単位で、いくつかの大隊の組み合わせで構成された。

ンパール付近に墜落、事故死するという不運な事件が発生した。もともとウィンゲートの強烈な個性とカリスマによって属人的に成り立っていた「チンディット」構想は第14軍司令官であるスリム中将に歓迎されていなかったこともあり、ウィンゲート准将事故死後の総合的な指揮権はイギリス軍を離れて北ビルマの戦闘を指揮するスティルウエル中将に委ねられてしまった。

このため「チンディット」部隊による日本軍の兵站線破壊は、インダウの補給品集積所を偶然発見して航空部隊に通報し、コヒマ攻略に向かう日本軍第三十一師団向けの補給品の80%を焼き払った程度に終わり、その戦力はミイトキーナ攻略に向かうスティルウエル軍の先鋒部隊として実力を超えて酷使された。その結果、密林内の厳しい長距離行軍と、スティルウエル中将に強いられた日本軍守備隊との重火器を欠いた不利な戦闘、蔓延する感染症によって、撤退までに兵力の大半を失うという悲惨な結果となった。

「チンディット」部隊の空挺降下は日本軍により深刻な脅威と受け取られた一方で、スリム中将にとっては、本来なら侵攻する日本軍を邀撃すべき軍の優秀部隊を大量に引き抜かれた上に、敵の後方に降下(一部は徒歩で浸透した)した数千の将兵に貴重な輸送機を割いて補給を維持しなければならないという事態は災厄意外の何ものでもなかった。

「チンディット」部隊の浸透はイギリス空軍の限られた空輸能力を限界にまで緊張させる要因となった。

インダウの補給品集積所への空襲誘導による破壊も、コヒマ方面への進撃で峻険な山道を通過する第三十一師団への補給計画(インパール攻略後に補給路を打通する予定だった)とその輸送力の乏しさから見れば、元々前線に輸送できるものではなく、結果として「インパール作戦」への影響は微々たるものでしかなかった。

日本側の戦史で「ウィンゲート旅団の脅威」として記される長距離浸透作戦はこのような負の側面を持っていたのである。

「インパール作戦」各師団の状況と補給計画

第十五軍の「インパール作戦」参加兵力である第三十一師団(「烈」師団)、第十五師団(「祭」師団)、第三十三師団（「弓」師団）の作戦準備状況は次のようなものだった。

●第三十一師団

3週間分の糧秣を携行し、駄馬3000頭、駄牛5000頭を携行したが駄牛用飼料は携行せず。

機関銃中隊の定数8銃を4銃に半減、連隊砲、速射砲中隊の4門を2門に半減、大隊砲小隊の定数2門は維持し、砲1門あたりの弾薬は大隊砲で200発、速射砲、連隊砲は300発を携行。山砲兵連隊は重量のある十糎（センチ）榴弾砲を残置し、山砲17門、弾薬は1門あたり150発を携行。

●第十五師団

25日分の糧秣を携行、うち7日分は各人の携行とした。各連隊の機関銃中隊は4銃を2銃に半減、大隊砲小隊は2門を1門に半減、連隊砲中隊の4門も2門に半減。野砲兵連隊は分解搬送不能の野砲8門、十榴4門を全て残置し、代替として三一式山砲10門となった。

弾薬は師団砲兵の山砲に1門あたり160発、連隊砲各120発、速射砲各300発を携行。

第十五師団は師団でありながら他方面への兵力抽出により実戦力は歩兵3個大隊程度に過ぎなかった。

●第三十三師団

攻勢発起点となるフォートホワイトに糧秣1ヶ月分の集積を行い、師団各部隊は行李を含んで14日分の糧秣を携行。携行量が少ないのは主進撃路となるインパール南道およびタム、パレル道に向かう道路により自動車輸送での追送が可能だったことが理由。

また三十三師団は鹵獲弾薬活用を見込んで鹵獲機関短銃を装備し過剰の小銃は残置。威力の小さい擲弾筒も残置して鹵獲迫撃砲で代用。山砲兵連隊は馬不足により各中隊2門編成だったが他の砲は後にまとめて追送。

弾薬は軽機関銃各1200発、重機関銃各3750発、大隊砲各150発、速射砲各120発、連隊砲各150発、師団砲兵の山砲兵第三十三連隊は1門あたり800発、配属された軍直轄の野戦重砲兵第三連隊主力と野戦重砲兵第十八連隊に十五糎榴弾砲各150発、十糎加農砲各180発が携行および自動車追送された。戦車第十四連隊も配属。

このようにコヒマ攻略を任務とする第三十一師団とインパール北方からの攻撃を主力とする第十五師団は、山道を進むために装備を軽減し火力を半減していることがわかる。

一方、整備された道路を進む第三十三師団は装備に優れ、日本軍にしては火力にも携行弾薬にも恵まれていた。

一方、北部の山岳地帯を越えて軽装備でコヒマに向かう第三十一師団への補給は事実上不可能だった。

中央部を突破してインパール北方とタム、パレル道を進撃する予定だった第十五師団もよく似た状況で、装備の軽減により対戦車戦闘能力に大きく欠けており、敵の堅固な防御陣地を突破するだけの支援火力にも欠けていた。

第十五師団の一部と一緒に自動車通行可能なタム、パレル道を進んでインパールを目指す第三十三師団山本支隊と、インパール付近で最も道路状況に恵まれたイン

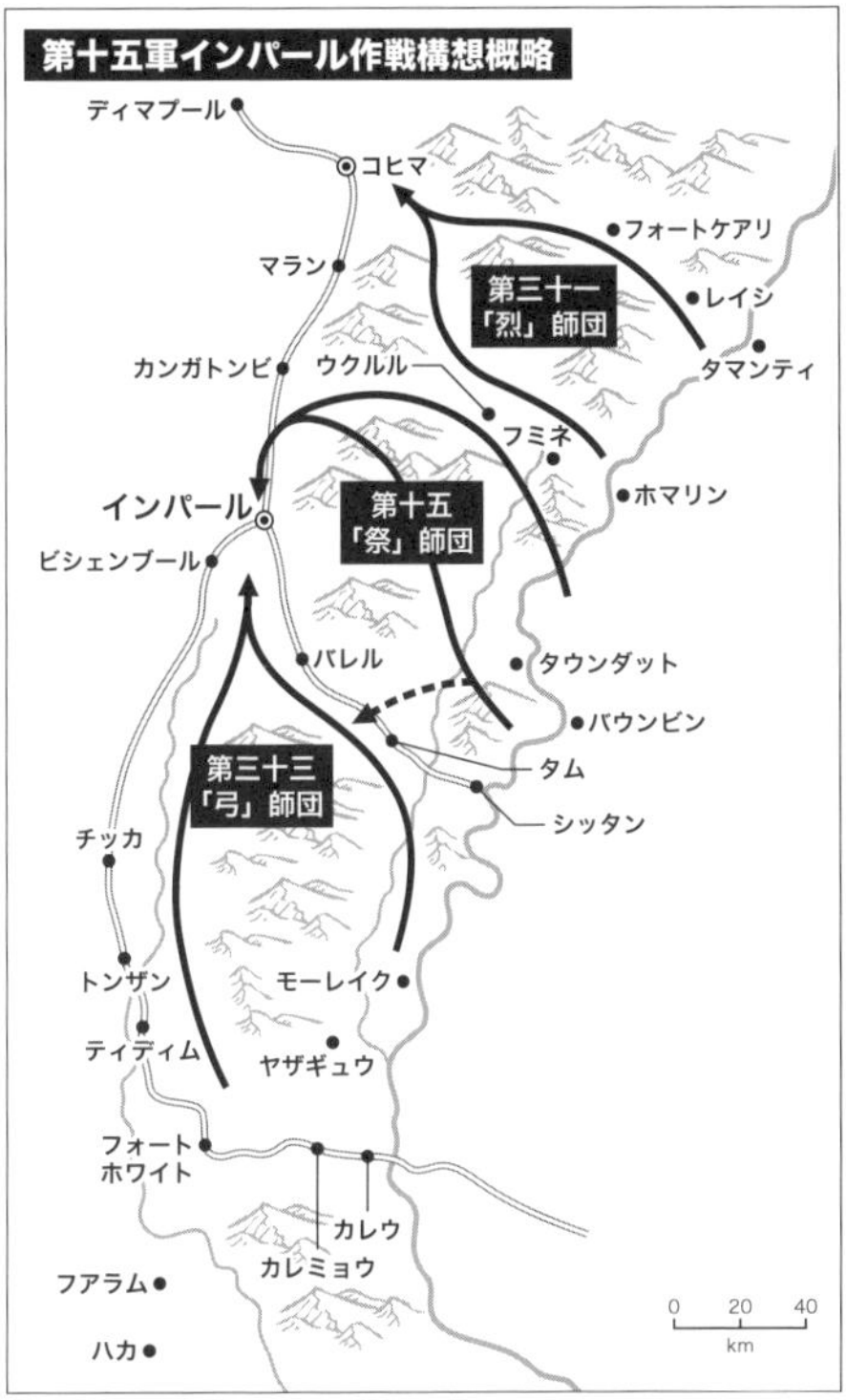

第十五軍インパール作戦構想概略

第三十三師団は整備された道路や川沿いの谷地、第十五師団は谷地と山間の町や集落を結ぶ山道を進むことになったのと対照的に、第三十一師団はまさに“道なき道”を進むこととなった。

激戦地となったコヒマの空撮写真。道路に囲まれた中央の丘がイギリス軍守備隊が最後に追い詰められた地点だったが、ここでもイギリス側は空輸によって包囲を耐え抜いた

パールとティディムを結ぶインパール南道を進撃する第三十三師団主力は、第十五軍の3個師団の中で自動車の配備数が最も多く、優れた輸送力と戦車連隊と自動車牽引の野戦重砲兵連隊を与えられ、補給にも比較的余裕があった。

このようにインパールと後方結ぶ道路の中間地点にあるコヒマ占領を任務とする第三十一師団が携行糧秣を使い果たせば、飢餓に陥るのは自明のことだった。

チンドウィン川からコヒマに至る兵站線の整備はインパール攻略後とされた結果、第三十一師団はインパール作戦のタイムテーブルが狂えば弾薬不足と飢餓に陥るだけでなく、作戦が順調に推移してさえ携行した弾薬と糧秣を使い切ってしまう危険があった。

このためビルマ方面軍はインパール攻略後、第三十三師団の輸送力を利用してインパールからコヒマへの突破補給を行い、第三十一師団を救援する計画を立てていた。

厳しいタイムテーブルとぎりぎりの糧秣、最初から半減された火力と限られた弾薬という悪条件の下で踏み止まるのが、第三十一師団に与えられた任務だったのである。

このようなギリギリの補給計画の責任は、ともすれば第十五軍司令官、牟田口中将に負わせられる。

しかし20日程度の携行糧秣での進撃と目標奪取後に残敵との戦闘をも見込んだ「突破補給」による糧秣、弾薬の追送という形態は「インパール作戦」だけでなく、インパール攻略後に発動する予定とされた「大理／保山作戦」でもまったく変わらなかった。

第十五軍だけではなく、ビルマ戦線の東側で攻勢を予定する第三十三軍でも補給計画が概ね同一であるならば、それは明らかにビルマ方面軍の責任である。

すなわち「インパール作戦」が携行した弾薬と糧秣を使い果たすまでの期間、作戦に参加した3師団の補給計画に関して、第十五軍司令部に大きな責任は見出せない。

インパール作戦で航空優勢を確立できなかったイギリス空軍

圧倒的な兵力差により敵空軍の跳梁を許し、銃爆撃を受ける一方だったかのように回想される「インパール作戦」に伴う航空戦は再考に値する。

日本側の第三航空軍に属する第五飛行師団はビルマ戦線全体で対峙する連合軍航空兵力との兵力差を深刻に捉えていたが、インパール地区の航空戦に関して言えばイギリス空軍は第五飛行師団を作戦前に撃滅するどころか、作戦の中止に至るまで日本側の航空作戦を阻むことができていない。

イギリス側の戦史では、昭和19年3月の日本軍の攻勢と同時にビルマ各地の飛行場に対する航空撃滅戦が展開され、日本機約100機を破壊してイギリス空軍が航空優勢を確立したとされるが、現実は違っていた。

ビルマはイギリス軍時代に建設された多数の飛行場が存在し、日本機の分散疎開が容易で簡単に地上撃破できるものではなく、さらにイギリス軍戦闘機の行動半径の小ささが災いして制空戦も徹底できなかった。

逆に第五飛行師団は爆撃に曝される前進飛行場から後方に下がっても、インパールを行動半径に収めることができた。

そしてインパール方面を担当するイギリス空軍第221集団に所属するスピットファイアMk.Ⅷ装備の5個スコードロン（1個スコードロンは12機〜16機を装備する「中隊」規模）と、第五飛行師団指揮下の一式戦闘機二型装備3個飛行戦隊の保有機数はほぼ拮抗していた。

名目上は戦闘機である旧式で低速鈍重なハリケーンMk.ⅡとMk.Ⅳは、一式戦闘機に対して圧倒的に劣勢で戦闘機としては機能せず、将兵から「ハリボマー」の愛称で呼ばれながら地上攻撃任務に専念していた。

このように戦闘機兵力が拮抗状態にあったことから両軍とも互いの作戦を妨害することができず、第五飛行師団はインパール地区への空襲を反復することができ、イギリス空軍は日本軍地上部隊への銃爆撃を継続できたのである。

昭和19年6月

カングラ飛行場を基地とする英空軍第42スコードロンのハリケーンMk.IIC。ティディム近郊の村落にかかる橋を攻撃している。ハリケーンは空戦で一式戦に抗しえなかったため、もっぱら地上攻撃に従事した

に入り第五飛行師団がインパールでの航空作戦から引上げられるまで、航空優勢はどちら側の手にも握られることはなかったのだ。

しかも日本軍の攻勢とスリム中将の後退防御方針によって前線がインパール周辺地区に向けて下げられると、それまでタム近辺の丘陵に置かれていたインパール防空用のレーダーサイトも撤収し、3月中のインパール平地は早期警戒網を失って日本軍の空襲を事前に察知できないという苦境に陥っていた。

昭和18年前半時期、ビルマ・インド国境付近チッタゴン南方のドハザリ飛行場を爆撃する九七式重爆撃機。第五飛行師団はビルマ戦線全体で見れば連合軍空軍に劣勢だったが、インパール方面に限れば英空軍第221集団に対して戦闘機は対等の戦力を維持し続けており、これも日本側が航空作戦を継続できた要因となった

この状況はインパール平地の東側山地に新たなレーダーサイトが設置されるまで続いたが、4月以降の日本機はレーダー探知を避けて山地の地形に沿って低空で侵入するようになったため、レーダーサイトは戦術的に意味を成さなくなっていた。

こうした状況の下で第五飛行師団にビルマ方面軍から命じられた主な任務は以下の4つだった。

1．チンドウィン渡河時の上空直衛
2．地上軍直協は最小限（航空戦優先）
3．敵砲兵陣地の制圧
4．決戦時の空中補給

第十五軍がもっとも脆弱な状態となるチンドウィン川の渡河時のエアカバーについては、強気の牟田口中将も第五飛行師団に対して頭を下げる必要のある重要任務だった。第五飛行師団は爆撃機兵力に劣っていたことから、通常は強く求められる地上軍支援のための銃爆撃を最低限とされ、その代わりに戦闘機の制空作戦による敵空軍の活動妨害が求められている。

さらに山地踏破のために装備軽減されて火力が弱体と

なった第三十一師団、第十五師団の要所での突破力を補うための敵砲兵陣地制圧も特別に求められたほか、インパール前面に到達した際に重爆や戦闘機を利用した空中補給を行い、最後の突進力を補充する役割をも担っていた。

こうした任務を帯びた第五飛行師団所属の飛行戦隊は雨がちなインパール平地に晴れ間が見られれば必ずといって良いほどの密度で出撃を実施している。

「インパール作戦」発動とイギリス軍の3月危機

昭和19年3月8日、第三十三師団はインパール南道をティディムに向けて進撃を開始し、続いて3月15日には第十五師団と第三十三師団がチンドウィン川を渡河してチン高地帯に侵入して「インパール作戦」は本格的に発動された。

このときイギリス第14軍司令部には三つの選択肢があった。

一つはチンドウィン川に前進する積極的な攻勢作戦であり、二つ目は現在の前線を防衛線として守り抜く作戦、三つ目はインパール平地にまで後退して有力な砲兵と戦車戦力により日本軍を撃滅する作戦である。

スリム中将は苦悩の末に現在の前線を後退させインパール平地で決戦を挑む三つ目の案を採用する。

インパールから離れた数箇所の拠点で戦うよりもインパール近郊に防御線を構えたほうが補給でも兵力の柔軟な運用でも有利との判断だったが、スリム中将の選択にはインパール防衛のための兵力不足という事情があった。

アラカン戦線に投入してしまった兵力をインパールに呼び戻さない限り、日本軍の猛攻を支えるには不安があり、後方との連絡線をコヒマで切断される危険も迫っていた。

しかも日本軍の進撃は意外に迅速で、インパール南道の先端に位置するティディムにあったインド第17軽師団（2個旅団編制）のインパールに向けての後退は日本軍の進撃に追いつかれてしまい、ティディム後方のインパールまで109マイルポスト近辺に設けられた大規模な補給品デポはそこに勤務する軍属5000名の脱出には成功したものの、師団の2ヶ月分を賄える膨大な糧秣と弾薬、燃料が無傷で第三十三師団の手に落ちてしまったのだ。

この補給デポは本来イギリス軍のビルマ奪回作戦用に前送されていたもので、スリム中将が後退防御を選択したことによってインパールへ運び出すか、焼却処分するしかない文字通りの大きな荷物となっていた。

それを敵に渡してしまった大失態を重く見た第17軽師団は後退から一転して反撃に移り、補給デポの奪回を試みた。

そして補給デポを巡る激戦が展開された結果、第17軽師団はティディムの後方で日本軍に迂回され包囲されてしまったのである。

3月16日、第4軍団長スクーンズ中将は包囲された第17軽師団の救援を目的として、インパール防衛の最後の予備兵力であるインド第23師団の投入を命じた。

もはやインパール防衛の切り札となる予備兵力は皆無となり、コヒマはさらに無防備な状態であり、そしてイギリスだけでなくアメリカにとっても極めて重要な援蒋ルートの鉄道要衝ディマプールにもまともな守備兵力が無く、重大な危機が及んでいると判断されていた。

こうした第14軍司令部の危機感はイギリス軍側が「インパール作戦」の全貌を正確に把握できていなかったことを示している。

日本軍がインパール攻略を狙うのか、ディマプールへのなりふり構わぬ突進を試みようとしているのか、それとも両者を一気に実現しようとしているのか、どうにも確証が無かったのだ。

イギリス第14軍の運命を決した「マウントバッテン会議」

イギリス第14軍の危機を打開すべく、3月13日に第14軍司令官スリム中将と空軍幹部、そして南西方面連合軍(SEAC)総司令官マウントバッテン元帥による緊急会議が開かれた。

議題はインパール防衛兵力の不足の解決であり、その方法とはアラカン戦線に投入されたインド第5師団のインパール、ディマプールへの緊急空輸だった。

この会議にマウントバッテン元帥が出席した意味は大

きかった。

なぜならインパール周辺で日本軍と対峙する部隊とビルマ北部に降り立った「チンディット」部隊への補給で、イギリス空軍の輸送部隊は手一杯で余力が無く、その上にインド第5師団を緊急輸送するだけの輸送機はアメリカ軍から借用するしか手が無い。

アメリカ第5航空軍、そして大のイギリス人嫌いで知られるスティルウェル中将の合意を得て空路援蒋ルートを飛ぶC-47をインド第5師団の緊急輸送に転用するには南西方面連合軍総司令官であるマウントバッテン元帥の権威が必要だったからである。

1942年のディエップ上陸作戦（※4）などの敗北から作戦指揮に関して手腕に疑問を持たれるマウントバッテンは、こうした交渉と調整については大いに成果を上げ、援蒋ルートを飛ぶC-47を30機転用する合意を成立させた。

こうしてインド第5師団は全ての将兵、全ての兵器、全ての車両、全ての騾馬（らば）（道路事情の良くないビルマ戦線ではイギリス軍も騾馬を輸送手段に使用していた）をインパールとディマプールへと何の事前訓練も無しに緊急輸送する必死の空輸作戦が3月17日から開始され、驚くべきことに3月29日までに見事に完了している。

しかしそれでもスリム中将の指揮には乱れが隠せなかった。

スリム中将は日本軍のコヒマ到達を4月4日と予想し、この部隊が牟田口中将の個人的な野心と同

C-47輸送機に積み込まれる、「チンディット」部隊向けの騾馬。第5インド師団の緊急輸送、「チンディット」部隊や包囲されたインパールへの補給などで、連合軍側の空輸能力は限界に近づいていた

インパール防衛緊急空輸作戦による援蒋ルートへの影響

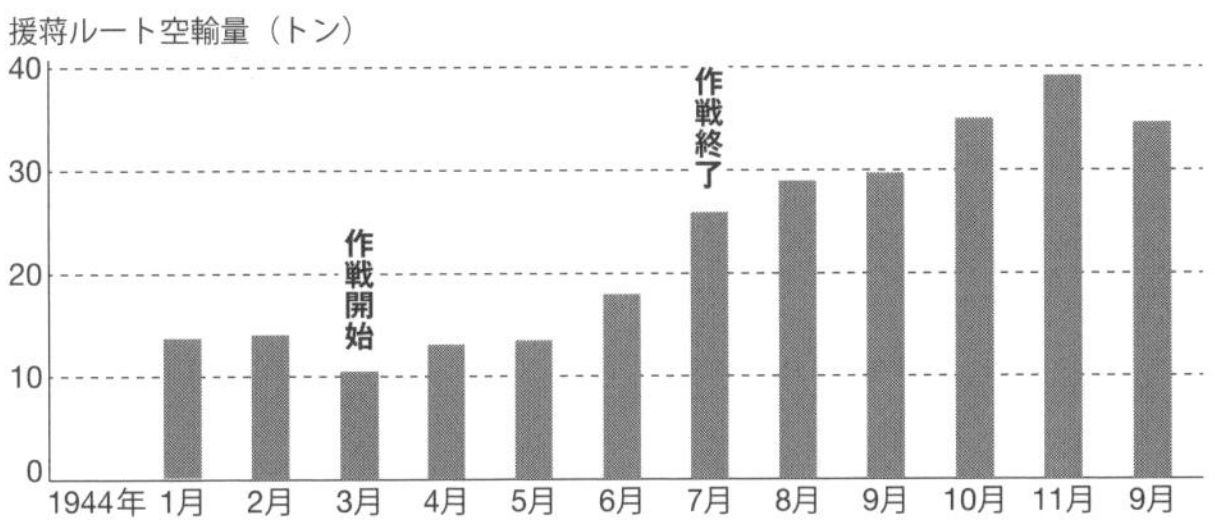

援蒋ルート空輸量（トン）
40 30 20 10 0
作戦開始 作戦終了
1944年 1月 2月 3月 4月 5月 6月 7月 8月 9月 10月 11月 9月

中国奥地からのB-29による日本空襲準備のため、空路援蒋ルートの輸送量は大幅に増強される予定だったが、インパール作戦によって輸送量は逆に減少し作戦終了まで伸び悩んでいたことが明確にわかる。

※4 1942年8月19日に実施された、北フランス・ディエップへの奇襲上陸作戦。

じくディマプールに向かうと判断し、ディマプールへの日本軍到達を4月10日と計算していた。

このためインド第5師団の一部であるロイヤル・ウエストケント連隊は3月29日までにディマプールに空輸された。

日本軍のコヒマ到達までにまだ余裕があるため、連隊はディマプールからコヒマに前進して陣地構築に着手しようとしたが、翌日の3月31日にはスリム中将のコヒマ放棄命令により、ディマプールへ後退が命じられてコヒマを離れてしまう。

せっかく空輸された精鋭部隊がインパール作戦の「舞台」から外されてしまったのである。

しかし4月3日に日本軍と戦いながら後退してきたアッサムライフル連隊の残余250名がコヒマに辿りつき、さらに4月4日にディマプールに待望の増援部隊であるイギリス第2師団が到着すると、ロイヤル・ウエストケント連隊はようやくディマプールからコヒマに再進出を果たした。

第三十一師団のコヒマ到達にギリギリのタイミングで間に合ったのである。

このためにコヒマのナガ族集落は日本軍の手に落ちたものの、激戦地として知られる「テニスコート」に連なるコヒマ中心部は終始イギリス軍が占拠し続けることとなった。

もし第三十一師団のコヒマ到達がほんの少しだけ早ければ、コヒマには疲労したアッサムライフル連隊残余を中心とする弱体な守備隊があるのみで、さらにあと少し早ければコヒマは事実上無防備な状態にあった。

第三十一師団がコヒマを完全占領できなかったのは、幸運にも僅かな時間差で守備についたロイヤル・ウエストケント連隊の健闘の結果だった。

1944年3月、インパールに迫った日本軍。しかし、これまでと違い、包囲されても空中補給によって抵抗を続ける英印軍に、第十五軍は各地で予想外の出血を強いられた

包囲された町、インパール

インパールに向けた日本軍の進撃はインパール南道を通る第三十三師団とタム、パレル道を戦車第十四連隊の援護の下に進撃する第三十三師団山本支隊と第十五師団の2個大隊、山越えルートでインパール北方に出てインパールへ南下する第十五師団主力が三方からインパールを包囲するかたちとなった。

インパールとコヒマを結ぶ道路は3月28日に第十五師団によって遮断され、コヒマ陥落を待つまでもなくインパールは孤立した。

このときインパールには軍民合計15万人もの人々が居たとされている。

陸路を遮断されたインパールへの連絡路は空しか残されていなかった。

非戦闘員の脱出は包囲の輪が閉じられる前から始められ、包囲後も空路での脱出が続けられたが、それでも包囲下にあるインパールへの補給は必要な物資は一日あたり５００トンと計算された。

一日あたり５００トンの補給量とは１９４２年〜１９４３年の冬にスターリングラードで包囲されたドイツ第６軍への補給目標に匹敵する。

毎日「ダコタ」（ダグラスＣ‐47輸送機のイギリス軍名称）１５０機が発着しなければならない量である。

幸いインパールへの空輸は空路「援蔣ルート」よりも短距離で済むため、「ダコタ」は貨物満載の状態で飛行することができたが、それでも一日あたり１５０機の投入は厳しく、その実現は困難だった。

連合軍は物量に恵まれていた印象とは異なり、空輸量の限界からインパールには「飢餓」がすぐ目の前に迫っていたのである。

このため将兵の食事は前線であれ後方であれ、ハードビスケットとコンビーフ、ソヤ・ソーセージなどが主体となる単調なもので、極めて評判が悪かった。

また第14軍司令部に連絡任務で包囲陣外から飛来する将校たちには、「狩り」によって仕留められた野鳥料理などが、意識的に「前線らしい荒々しい料理法」で振舞われたとも伝えられる。

そして輸送機を受け入れるインパール周辺の飛行場に

も問題があった。
乾季、雨季ともに使用できる舗装滑走路を持つ飛行場はインパール・メイン飛行場とパレル飛行場のみで、ツリハル、カングラ、ワンジンの滑走路は未舗装で雨天の使用は困難だった。

これらの飛行場はアスファルトの簡易舗装道路でインパール市街と結ばれていたが、雨季に連続的に発生する豪雨の下では簡単に冠水してしまった。

インパール・メインとパレルの舗装滑走路も雨季に入ると冠水し、「ダコタ」は危険を冒して浅い水の中に着陸するしかない。

そして4月4日にはインパール・メイン飛行場は日本軍の野戦重砲の射程に入って、時折、大口径砲弾が落下するようになり、身軽なハリケーン装備のスコードロンはインパール・メイン飛行場から未舗装のツリハル飛行場へと退避した。

しかしインパール・メイン飛行場と共に舗装滑走路を持つパレル飛行場も日本軍の砲撃下に捉えられ、インパールへの空輸は困難さを増した。

イギリス軍にとって幸いだったのは飛行場への砲撃がハラスメント程度の軽く断続的なものであったことで、輸送機の被弾と砲弾穴による滑走中の事故リスクは高まったものの、空輸自体を中止するには至らなかった。

まったくの仮定として、この時点で日本軍がインパールの飛行場に対して昼夜にわたる執拗な砲撃を実施していれば、イギリス第14軍は補給を断たれてインパールを放棄し北方へ突破脱出を強いられたのは確実である。

だが日本側にはそれを実現するだけの砲弾が無く、さらに「ダコタ」の発着妨害がインパール攻略に繋がるという明確な意識も無かった。

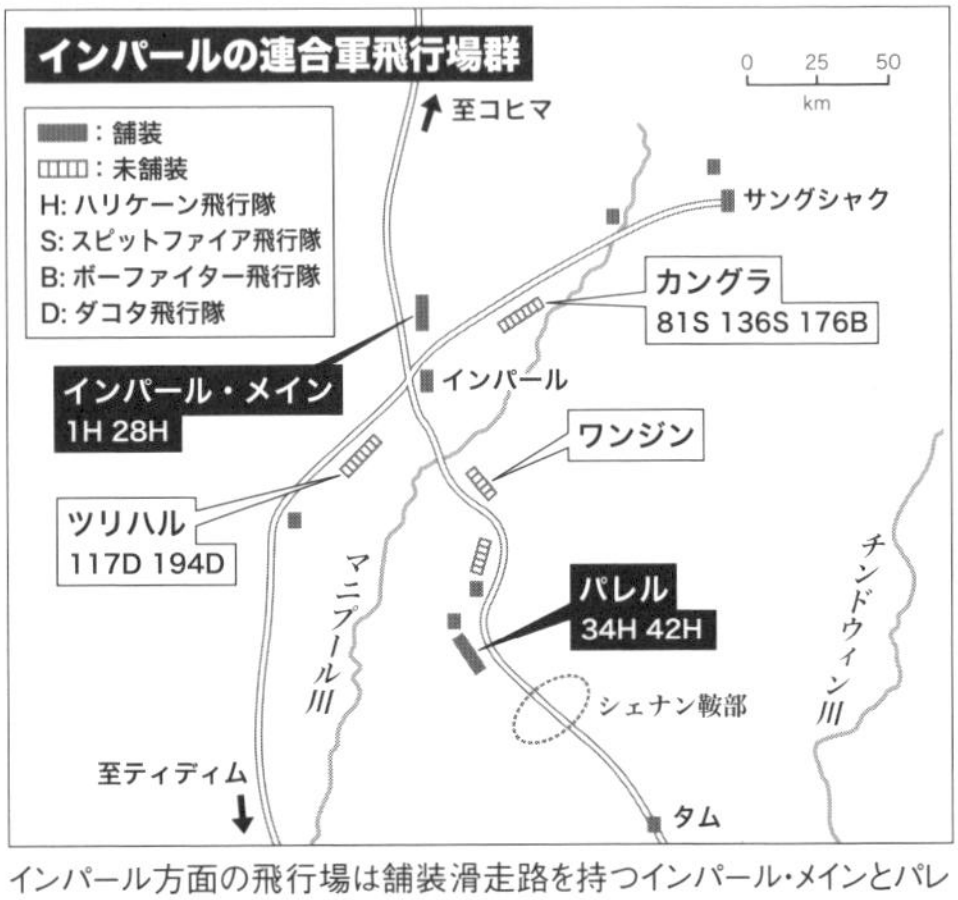

インパールの連合軍飛行場群

インパール方面の飛行場は舗装滑走路を持つインパール・メインとパレルが主力だったが、どちらも4月初旬には日本軍の砲撃下に捉えられた。そして第十五師団はカングラ、第三十三師団はパレルを脅かしている。

野戦重砲兵はその都度発生する地上部隊の要請に応えて小規模な砲撃を実施することに乏しい砲弾を費やしていた。

しかし、このような厳しい状況はインパールのイギリス軍内に敗北ムードを醸し出していたのも事実で、3月31日にイギリス空軍第221集団司令部は陥落の危機が迫るインパールから脱出し、インパールからの航空戦を現地で直接指揮するのではなく、後方からの間接的な指揮を行うことを決定した。

集団司令部の撤退はインパールに残る航空部隊の士気を大きく低下させた。

第30ウィング司令、ゴッダート少佐は第221集団司令部の脱出を知った3月31日の日記に次のように書き残している。

「3月31日　日記（大意）　ジャップの包囲環はインパールの北と南で閉じつつある。陸軍は各所で邀撃しているが後退中。全飛行場は防御ボックスに組み入れられたが、陸軍の奮戦にもかかわらず長くはもたない。」

しかも4月に入ると飛来する「ダコタ」が飛行第六十四戦隊、飛行第五十戦隊、飛行第二百四戦隊の一式戦闘機「隼」に撃墜されるようになった。

これに対応して機数の少ない貴重なスピットファイアMk.Ⅷが、インパール向けの空輸起点であるインパール西方のシルチャー飛行場からインパールまでの「ダコタ」回廊を常時4機から8機で哨戒するようになり、この行動はイギリス軍の積極的な制空作戦を大きく制約した。

低速で鈍重、しかも防御力がほぼ皆無の「ダコタ」は日本戦闘機に捕捉されると容易に撃墜される脆弱な存在でもあった。

しかし、ここまで追い詰められながらもインパールは陥落しなかった。

日本軍の侵攻部隊は各方面で押し留められ、地上戦はインパールを目の前にしながらも膠着状態に陥ってしまう。

インパール平地に到達した日本軍には弾薬も兵力も無く、インパール防衛線を突破する力が残されていなかったのだ。

予想外の反撃を受けた三師団

インパールに三方向から迫った日本軍3個師団がそれ

以上の突破力を失っていたのは進撃過程で生じた予想外の激戦が理由だった。

インパール南道から北上する第三十三師団はティディム突破後に第17インド師団を包囲したものの、敵は後方を遮断されても降伏もしなければ敗走することもなかった。

孤立した第17インド師団は補給を空中投下によって受けながらあくまでも粘り強く戦い、壊滅的損害を出しながら、日本軍にもそれ以上の損害を与えた。

第17インド師団の包囲は柳田師団長にとっても、これから起きる敵部隊の敗走を追うようにしてインパールに南から駆け上がるイメージを与えたはずであろうし、第十五軍司令官牟田口中将も過去の経験から同じ期待を抱き、激励した。

しかし現実には敵は粘り強く戦い、その撃滅は手痛い損害を伴った。

柳田師団長と牟田口中将の作戦の成否に関する認識が決定的にずれたのはこの戦いの結果である。

インパール南道のイギリス軍はその後もトルブン隘路やニントウコン、ビシエンプールで強力な防御線を構築し、第三十三師団は敵陣を突破するたびに大きな出血を強いられた。

一方、タム、パレル道を進んだ第三十三師団山本支隊と第十五師団の一部は第20インド師団の遅滞戦闘に翻弄されつつ前進し、タム、パレル道の先端にあるモレに置かれた大規模な補給デポの目前に達したものの、イギリス側はこの補給デポの物資の一部を運び出してインパールへ持ち帰ると共に残る大半の物資を焼却処分することに成功した。

師団を2ヶ月支えるだけの補給品は非常に貴重なもので、第20インド師団にとっては自らが切り拓いた道路によって苦労して集積したビルマ奪回作戦用の物資を焼却処分することは直属の第4軍団司令部への不満を募らせた。

しかしインパールの空輪を支えるパレル飛行場の直前に位置するシェナン鞍部に後退して、新たな防衛線を築き上げた第20インド師団は強力な防御戦を展開し、そこで戦線は膠着してしまった。

第十五師団主力は山中を突破してインパール北部に到達したが、そこから南下する過程で敵の優勢な砲兵と戦車による反撃に遭遇して前進を阻まれた。

　自動車道を進撃できない第十五師団は対戦車兵器などの重装備を欠き、イギリス軍戦車の攻撃に為すすべも無く消耗していった。

　そしてコヒマ攻略をめざす第三十一師団宮崎支隊はコヒマの南東山中にあるサングシャクで第50パラシュート旅団の頑強な抵抗に出遭い、その殲滅に貴重な時間を奪われ、兵力の約半数を失っている。

　サングシャクはイギリス軍にとっても予定された防御拠点ではなく、第50パラシュート旅団がサングシャクの集落に到着したのは第三十一師団宮崎支隊の攻撃直前だった。

　鉄条網の供給も無く、数十cm彫れば岩盤に突き当たり深い壕が掘れない不利な地形で必死の防御戦が戦われた。

　ここでも糧秣、弾薬の空中投下が行われ、イギリス軍の火力は撤退の瞬間まで衰えず、イギリス軍、日本軍ともに多数の戦死傷者を出しながらの激戦が続いた。

　最終的に第50パラシュート旅団は壊滅状態に陥り、その残余は重傷者を置き去りにして徒歩でインパールに向けて脱出したが、このような抵抗はサングシャクだけでなく、他地区の小拠点も激しい抵抗を示し、その制圧に費やした数日はコヒマの完全占領を妨げる直接の原因となっている。

　このようにインパール周辺のイギリス軍は一年前とはまったく異なり、精力的で粘り強く抵抗して日本軍部隊に取り返しのつかない損害を与えている。

　コヒマとインパール周辺にたどり着いた日本軍部隊は外周防御拠点との戦闘で戦力半減、疲労困憊した状態で、弾薬にも不足を来たしていた。

　しかもインパールに手が届く地点に到達した時点で携行した糧秣は底を尽き始めた。

　もともと自動車補給路の無い険しい山岳地帯を徒歩で進撃し、インパール陥落後の「突破補給」を頼りにコヒマに留まった第三十一師団は最も深刻な状況にあり、やがて佐藤師団長の独断によるコヒマからの撤退、師団長解任事件につながる。

　こうして昭和18年6月の「ラングーン兵棋演習」と同じ事態が現実となった。

　師団と共に前線にあった3人の師団長は4月中盤によく言えば膠着状態、事実上は守勢に転じた戦況を目の当たりにし「インパール作戦」の完全な挫折を認識するに至った。

第十五軍は補給の欠如によって負けたのではなく、空中補給によってビルマ戦線の戦いの様相が一変し、イギリス軍部隊が包囲されても敗走せず粘り強く戦うようになったことで、一年前までのような軽装部隊による迅速な包囲撃滅が見込めなくなった結果、敗北したのである。

しかも4月後半から天候は徐々に悪化し、雨季の到来を告げる豪雨は簡易舗装の道路を各所で押し流し、日本軍の輸送環境を極端に悪化させることになる。豪雨の中の勝利の見えない戦いは、文字通りの泥沼へとはまり込んでいた。

作戦挫折を決定的にした「インパールの悪循環」

戦術の変容がそれまでの常勝パターンを無効にする事例は第二次世界大戦中、いくつか存在するものの、昭和19年のビルマ戦線で出現した変化は急激かつ鮮やかなものだった。

イギリス軍が大規模に採用した空中補給は、地上からの補給が困難なビルマ戦線の制約を乗り越える画期的なものだったが、補給作戦を担うのは、それ自体は極めて脆弱な「ダコタ」輸送機である。

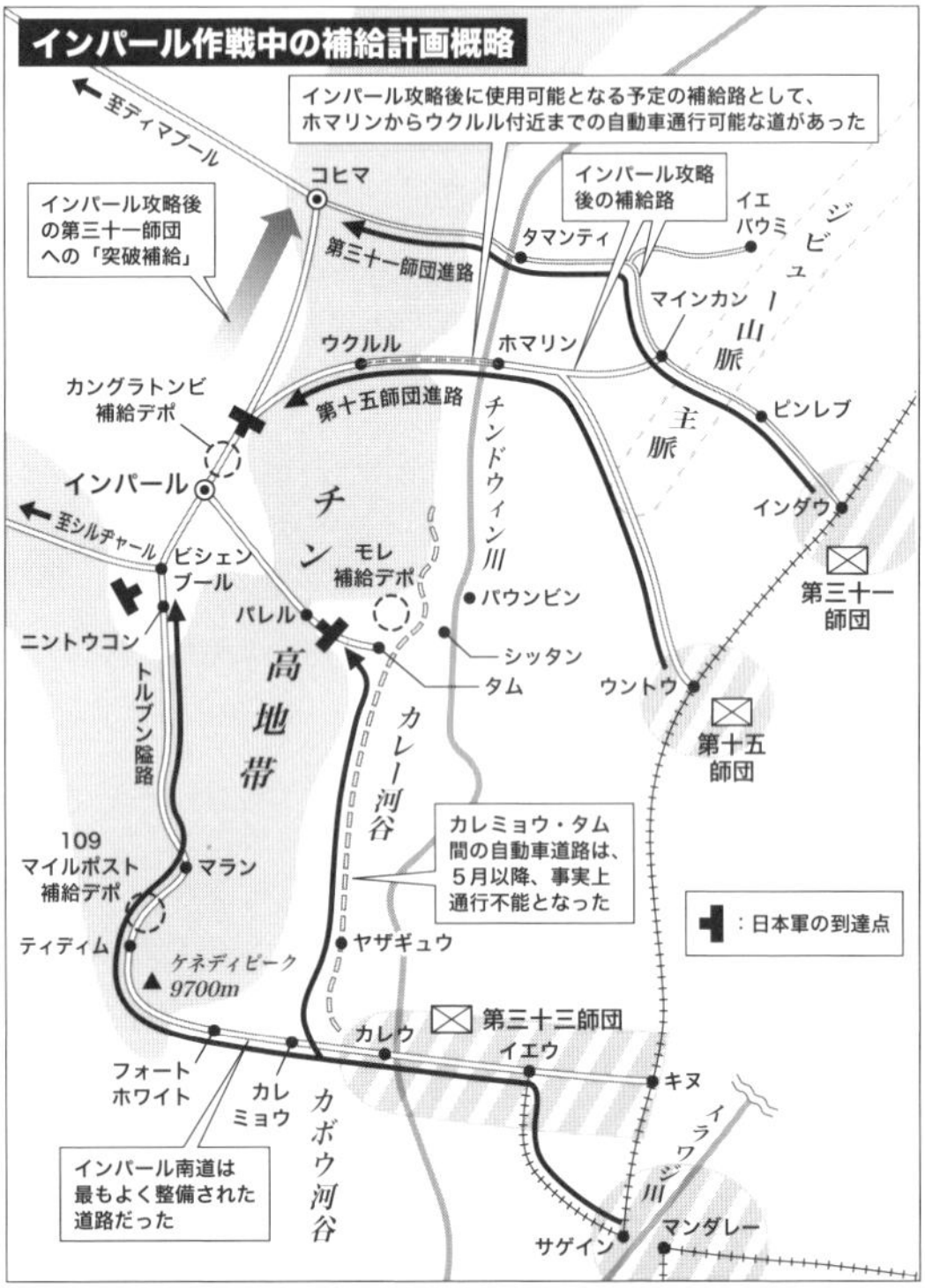

インパール作戦中の補給計画概略

補給計画は第三十一、第十五、第三十三の各師団で異なっている。山岳地帯を徒歩で越える第三十一師団の補給路はインパール攻略まで開通せず、補給物資を使い果たした同師団には、インパール攻略後に自動車道が比較的整備されていた南部経由で「突破補給」を実施する計画だった。しかし、こうした計画は乾季にのみ有効で、戦闘が長期化して雨季に入ると、補給路は急速に荒廃し、補給どころか速やかな撤退すらも不可能となった。
なお、本図は戦後に復員局でビルマ方面軍補給関係者によって描かれた補給計画図に基づくため、地形や位置関係、距離が実際とは異なる部分がある。

この「ダコタ」の飛来を妨げることができれば日本軍にも勝機が見えてくるが、残念ながら日本側の作戦指導は「ダコタ」の妨害という明確な指針を欠いていた。

このためにインパール平地の飛行場群への砲撃や斬り込み隊による発着妨害も「ダコタ」への直接攻撃も不徹底に終わり、日本軍の戦いに悲惨さを加えることとなった。

それでは日本の航空兵力は「インパール作戦」で一体何をしていたのだろうか。

別表に掲げたのは昭和19年3月、4月、5月の第五飛行師団の出撃一覧表だが、3月と4月の攻勢局面と戦線が膠着して事実上の守勢に転じた5月では、航空兵力の用法に大きな違いがあることが読み取れるだろう。

3月、4月には制空作戦、航空撃滅戦のための出撃が目立つ。

第五飛行師団はビルマ方面軍司令部との事前の打合せ通りに、地上軍への協力＝戦闘爆撃機としての出撃は最小限として「敵航空兵力に対する直接攻撃」すなわち空軍の戦い方を重視していることがわかる。

しかしこれが5月になると一転して地上攻撃が急増する。

空中補給を支えに徹底抗戦するようになったイギリス軍を前にして、兵力も火力も不足する疲労状態の各師団は飛行師団に対して支援要求を行い、飛行師団もそれに応じて各方面の地上部隊に対して砲兵陣地攻撃などの地上支援作戦を繰り返している。

だが、地上攻撃に注力すればするほど制空作戦は実施困難となり、「ダコタ」による空輸はその分だけ容易になり、イギリス軍陣地もまた強化されて行く。

これがインパールで見られた戦術的な「悪循環」のメカニズムだった。

この「悪循環」はビルマ方面軍司令部にはほぼ認識されていたと考えられる。

なぜなら5月31日の出撃以降、インパール方面での航空作戦は中止され、3ヶ月間もの連続出撃が終了するからだ。

第五飛行師団は6月18日に形ばかりの出撃を行い、それを最後に兵力を維持したまま後退した。

飛行師団の作戦を中止する権限はビルマ方面軍司令部にあり、ここからビルマ方面軍司令部は5月末には「インパール作戦」に見切りを付けていたことが読み取れる。
ビルマ方面軍はここでインパールを諦めたのだ。

作戦挫折後に生まれた「インパールの悲劇」

インパール作戦挫折の最大要因は補給ではなく戦術の変容にある。

日本軍はこれに驚愕しながらも対策を打つことができず「第二次アキャブ作戦」に続く「インパール作戦」の敗因となった。

しかし作戦発動1ヶ月前に第二十八軍の戦線で出現した重大な変化に第十五軍が素早く注目して研究し、次月にはその対策を立案して実施に移せたとしたら、それは奇跡に近い話である。

第五飛行師団の連続空襲

3月	空襲目的	機数	参加部隊
11日	侵攻部隊渡河援護	60	50戦隊、64戦隊、204戦隊
12日	シルチア侵攻	60	50戦隊、64戦隊、204戦隊
13日	モーニン侵攻	不明	64戦隊、204戦隊
15日	侵攻部隊渡河援護	60	50戦隊、64戦隊、204戦隊
17日	インパール侵攻	36	50戦隊、64戦隊、204戦隊
17日	インパール侵攻	18	50戦隊、64戦隊、204戦隊
18日	カーサ、モーニン侵攻	54	50戦隊、64戦隊、204戦隊
25日	チッタゴン、コックスバザー侵攻	不明	50戦隊、64戦隊、204戦隊
27日	レド製油所攻撃	60	50戦隊、64戦隊、204戦隊
4月			
3日	ウィンゲート部隊上空制空	36	50戦隊、64戦隊、204戦隊
3日	インパール夜間空襲	不明	重爆隊
4日	インパール、ナミ侵攻	不明	64戦隊第一中隊
6日	インパール、カラット侵攻	不明	64戦隊第二、第三中隊爆装
7日	インパール、カラット夜間攻撃	2	
13日	モール陣地攻撃	30	64戦隊爆装機と50戦隊援護機
15日	インパール侵攻	40	50戦隊、64戦隊
17日	インパール侵攻	50	50戦隊、64戦隊、204戦隊
21日	インパール侵攻	28	50戦隊、64戦隊
22日	インパール侵攻	20	
24日	インパール対地攻撃	50	50戦隊、64戦隊、204戦隊
25日	シルチア、ハイラカンデ侵攻	50	50戦隊、64戦隊、204戦隊
26日	コヒマ、インパール侵攻	50	50戦隊、64戦隊、204戦隊
28日	インパール対地攻撃	不明	50戦隊、64戦隊、204戦隊
5月			
4日	インパール対地攻撃	25	50戦隊、64戦隊、204戦隊
5日	インパール対地攻撃	30	50戦隊、64戦隊、204戦隊
6日	インパール対地攻撃	25	50戦隊、64戦隊、204戦隊
8日	インパール対地攻撃	不明	64戦隊
10か	インパール砲兵陣地攻撃	25	50戦隊、64戦隊、204戦隊
11日	インパール砲兵陣地攻撃	不明	50戦隊、64戦隊、204戦隊
14日	コヒマ方面砲兵陣地攻撃	25	50戦隊、64戦隊、204戦隊
15日	インパール対地攻撃	35	50戦隊、64戦隊、204戦隊
18日	フーコン地区侵攻	35	50戦隊、64戦隊、87戦隊
19日	インパール侵攻	25	50戦隊、64戦隊
20日	インパール制空	22	50戦隊、64戦隊、87戦隊
21日	インパール33師団正面攻撃	20	50戦隊、64戦隊、204戦隊
23日	インパール15師団正面攻撃	35	50戦隊、64戦隊、204戦隊
24日	インパール飛行場攻撃	15	50戦隊、64戦隊、204戦隊
25日	インパール飛行場攻撃	15	50戦隊、64戦隊、204戦隊
26日	インパール飛行場攻撃	不明	50戦隊、64戦隊、204戦隊
29日	インパール侵攻	34	50戦隊、64戦隊、204戦隊
30日	インパール侵攻	33	50戦隊、64戦隊、204戦隊

第五飛行師団は当初の計画通りチンドウィン川の渡河援護を全うし、次いでインパール方面を中心とする航空撃滅戦を展開して空輸作戦を脅かした。しかし4月後半以降、各師団司令部からの直接要求により精度も効率も悪い対地攻撃が主体となり、空軍的活動が不可能になっていった。そして5月末で、雨季を理由に作戦を中止している。ビルマ方面軍は正規の作戦中止より1ヶ月早い5月末を以て作戦の継続を諦めたことが、航空部隊の出撃からも読み取れる。

そうした点で「インパール作戦」は敗北が運命付けられた戦いとも言えるが、先に述べた通り、まったく勝機が無かったとも言い切れない。

あらゆる戦いに付きまとう誤解と混乱がこの戦いにも数多く存在したからである。

しかし、この作戦を悲惨極まりないものとした責任は、勝利の希望が失われてもなおインパール攻略に執着して撤退命令を出さず、絶望的な攻勢の継続を主張した第十五軍司令官牟田口中将その人の責任にあるのは確実だが、それに引き摺られたビルマ方面軍司令部の責任も無視できない。

「インパール作戦」は7月4日に作戦終了が通達されたが、4月初旬には誰の目にも敗北が明確に見えていた。

そして作戦終了となった後も雨季の豪雨に曝されながらの苦しい撤退戦は11月まで続き、この作戦に参加した兵士たちの多くは血みどろの戦いが続いたインパール平地ではなく、作戦発起時とは打って変わって豪雨により増水し荒れ狂うチンドウィン川を前にして渡河できず、感染症と飢餓によって倒れていった。

雨季の到来と共に速やかに後退する選択肢も存在した

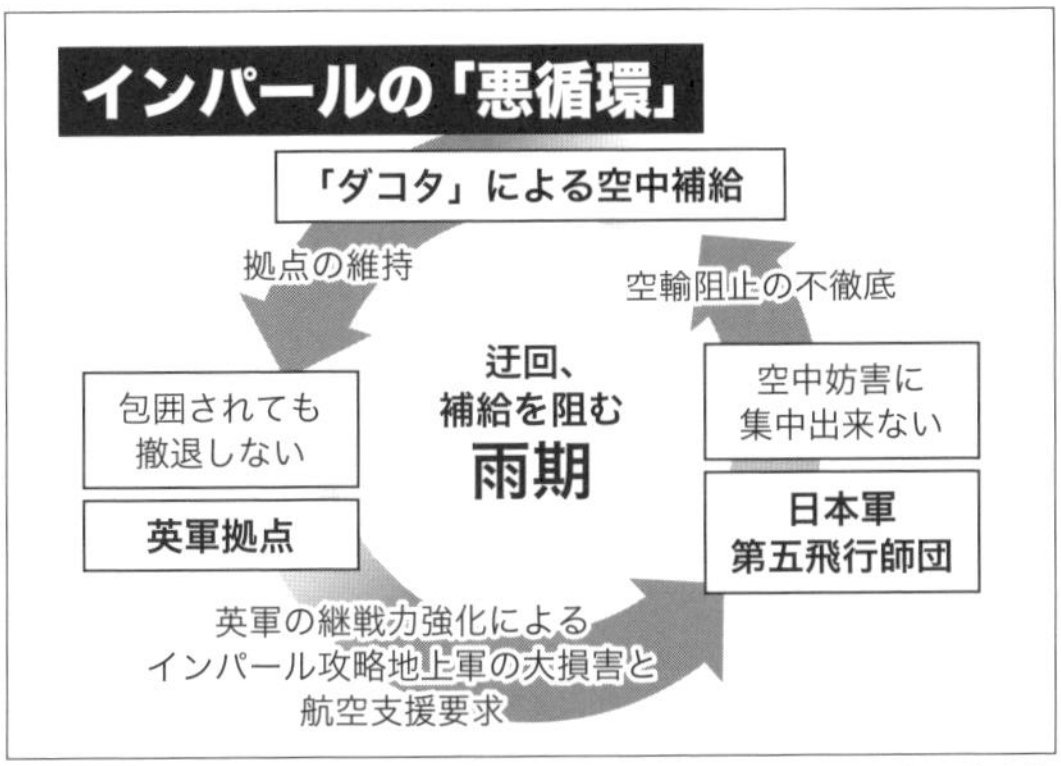

空輸によって、包囲されても撤退も降伏もしない英軍の新戦術は、日本の地上部隊を激しく消耗させ、貴重な航空兵力を地上部隊支援に割かざるを得なかった。その結果、英軍の空輸が安定するという、日本軍にとっての悪循環が生まれた。

第十五軍各師団の人員損耗状況

	第三十一師団	第十五師団	第三十三師団	軍直轄部隊	合計
作戦前の人員	38,000	26,000	33,000	58,000	155,000
作戦後の人員 （括弧内は損耗率）	5,500 （85.5%）	3,000 （88.5%）	3,300 （90%）	31,000	42,800

第十五軍各師団の装備損耗状況

	第三十一師団	第十五師団	第三十三師団	軍直轄部隊	合計
作戦前の自動車	256	230	423	1,999	2,908
作戦後の自動車	49	3	356	385	793
作戦前の火砲	36	36	36	109	217
作戦後の火砲	12	60	10	21	103

インパール作戦での人的損害は、各師団85～90%の戦死傷者を出し、終戦まで部隊再編はかなわなかった。また、トラックと火砲の消耗状況は北部の悪路で苦闘した第三十三師団及び第十五師団と、道路状態に比較的恵まれたインパール南道を進んだ第三十三師団とでは状況が大きく異なっていたが、総合的には作戦中の兵器損耗は三つの師団から輸送力と火力を致命的に奪い去っていたことがわかる。

にも関わらず、7月までもずるずると延長された「インパール作戦」の参加部隊を、豪雨により泥沼と化した山道を撤退させ、チンドウィン川西方に再布陣させるまでにはなんと5ヶ月を要したのである。

ちょうど一年前にウィンゲートが率いた第一次「チンディット」と同じように、ビルマの密林と山岳を越えた徒歩による撤退戦はそれだけで大きな消耗を招く過酷なものだったが、日本軍の補給機能は豪雨によって停止状態にあり、兵員の損耗はさらに嵩んだ。

その中で「インパール作戦」に全力を投入したビルマ方面軍は、「インパール作戦」中にスティルウェルの中国軍によって重要拠点であるミイトキーナ飛行場を奪われ、敵に空路援蒋ルートの中継基地を与えることとなった。

続いて8月以降の攻勢で拉孟と騰越の守備隊が全滅し、昭和19年11月、連合軍は2年半ぶりに念願の陸路「援蒋ルート」を再開通させた。

しかし同月には中国奥地に代わる戦略爆撃基地となったマリアナ諸島から東京に向けてB-29による空襲が開始されており、皮肉なことに対日戦における中国大陸の戦略的な価値は大幅に低下し、「援蒋ルート」の再開にも大きな意義はなくなっていた。

これはあまりにも空しい顛末だった。

日本、イギリス、アメリカ、中国の4カ国の将兵数万名が命を捧げたビルマ戦線の存在意義がほぼ消滅してしまったのだ。

しかしそれでも戦いは終わらない。

ビルマ戦線の陰鬱な戦いは翌年、昭和20年5月のラングーン陥落と日本軍の総撤退まで果ても無く続いた。

■参考文献

防衛庁防衛研修所戦史室『戦史叢書15 インパール作戦』／防衛庁防衛研修所戦史室『戦史叢書61 第三航空軍の作戦 ビルマ・蘭印方面』／陸幹校（旧陸大）戦史教官執筆 陸戦史研究普及会編『インパール作戦』上、下巻／ビルマ方面軍参謀部第一課『ビルマ方面軍より観たる「インパール作戦」』／復員局『ビルマ作戦記録 ビルマ方面軍兵站の概要』／第三航空軍〈航空軍発電綴〉／『やうちゃの足跡 ビルマ方面軍野戦自動廠・第十五軍野戦自動車廠戦誌』／飯森徳秀編『ノアの戦い：インパール経済補給戦記』／Major-General S.Woodburn Kirby"THE WAR AGAINST JAPAN Vol.III The Decisive Battle"／Norman L.R.Frank"The Air Battle of imphal"／Raymond.A.Callahan"Triumph at Imphal-Kohima"／P.V.S. Jagan Mohan"Tigers Over Imphal : No.1 Squadron Indian Air Force"／David Rooney"Burma Victory"／Michael Pearson"The Burma Air Campaign : 1941-1945"／Fred Eldridge"Wrath in Burma : The Uncensored Story of General Stilwell in The Far East"／LTC Edward P.Egan"Field Marshal William J.Slim"／Major Adrian Rainier Byers"Air Supply Operation in The China-Burma-India Theater 1941-1945"

勝敗を分けたのは技術力ではなかった

日本本土防空戦

太平洋戦争末期、B-29の空襲によって主要都市は灰燼に帰し、継戦能力を喪失した日本。本土に対する戦略爆撃を阻止できなかった要因として巷間語られる「B-29無敵論」「環境的絶望論」だが、新たな視点から検証を加えると、また別の敗因が見えてくる。

昭和20年6月1日、大阪空襲時のB-29。この時期には日本側邀撃機の活動が低調となったこともあり、本来はB-29の護衛役であるP-51も地上に銃撃を加えるようになった

完全な敗北、完璧な勝利

アメリカ軍のB－29による戦略爆撃から国内の産業、交通、そして国民を防衛する戦い、すなわち日本本土防空戦は日本側の完全な敗北に終わった。昭和20年8月15日に終戦を迎えるまでに、日本の主要航空機工場は被災焼失または地方への分散疎開を強いられ、航空機生産は大幅に減少していた。加えて本土沿岸の国内航路も執拗な航空機雷敷設によって寸断され、国内の物流は麻痺状態となっていた。

そして市街地への無差別焼夷弾攻撃は東京、大阪、横浜、名古屋といった大都市だけでなく、地方の中小都市までが攻撃対象となり、軍需産業だけでなく国民の生活と生命そのものが大きな脅威に曝され、戦争遂行に欠くことのできない国民士気が崩壊しつつある状態にあった。さらに広島、長崎への原子爆弾攻撃は戦略爆撃の究極の姿として敵国の元首である天皇に終戦の決断を促す要因ともなっている。

敵国民の士気を砕き、為政者に講和を促すというまるで戦略爆撃理論を絵に描いたような爆撃が、しかもたった数ヶ月間の作戦で成功したのが日本本土空襲であり、「戦争を終わらせる爆撃」という概念が世界で初めて現実となったのである。ドイツ本土爆撃でその有効性を疑われつつあったアメリカ戦略爆撃機部隊が、その評価を一気に挽回したのがこの戦いであり、空軍の独立と戦後の核戦略に至る流れはここで確定したともいえる。日本本土空襲はアメリカの戦略爆撃機部隊にとって誇るに足る完璧な勝利だった。

戦時下の防空体制

■日本は何もできなかったのか

日本の主要都市が軒並み焼け野原の惨状を呈したという誰の眼にも明らかな大敗を喫したことで、日本本土防空戦については極端な印象が広まっている。

たとえばB－29の性能が日本側の戦闘機をまったく寄せ付けない超越的なもので、日本戦闘機はB－29の飛ぶ高度1万m以上の成層圏近くまで上昇することも、B－29に追いつくことすら困難で、頼みの高射砲もB－29の飛行する高度まで射高が及ばず、Ｂ‐29編隊の遥か下で炸裂するだけだったという、絶望感に満ちた、いわば「Ｂ‐29無敵論」とでもいうべきものだ。

だが、この世に同時代の戦闘機に対して無敵の爆撃機などというものは果たして存在し得たのだろうか。

もう一つは日本の防空体制の不備と認識の甘さが大敗北を招いたというもので、爆撃機邀撃に必要なレーダー網も十分ではなく、頭上にＢ‐29編隊が出現してから防空戦が開始されるのが常で組織的な防空戦闘を行う術もないという、日本の戦争指導そのものへの批判に向かう「環境的絶望論」である。

では、戦時中を描いたドラマや映画などでたびたび流れる空襲予報の「警戒警報」は、いったい何を根拠に流れているのだろう。そしてラジオ放送から「東部軍管区情報」として伝えられる敵爆撃機編隊の動きは誰がどんな形で判断しているのだろうか。

全国の都市が焼け跡と化した誰の目にもわかる衝撃的な敗北のために、太平洋戦争という無謀な戦争に踏み切った当然の報いとして本土空襲を捉える批判的視点から、日本の防空戦備はその実態、その実力について恣意的に歪められて来たような雰囲気さえある。

■意外にも近代的だった日本の防空システム

１９３０年代に世界各国で流行した戦略爆撃論の代表的提唱者であるドゥーエは、飛行機による空襲は侵入時間、侵入高度、侵入方向を自在に選択できることから防空側が圧倒的に不利であり、戦略爆撃に対抗する手段は無いと説いていた。当時としては根拠のある主張であり、各国ともに防空計画の立案と実施は頭の痛い問題だった。飛行機の発する爆音を巨大な聴音器で探る試みは早くから行われていたが、その能力は大袈裟な見掛けとは裏腹にきわめて貧弱なものだった。

しかし、１９３０年代のオリンピックブームに連動して発展したテレビ放送技術に引きずられる形で急速に進歩を遂げた電波技術は、レーダー装置として実を結び、爆撃機の侵入を２００km、３００kmという遠距離から探知できるようになると状況は一変した。

爆撃機の侵入と進路は探知、予想できるものとなり、防空戦の実施は早期警戒網からの情報によって画期的に容易となった。レーダーの出現によってもはや爆撃機は無敵ではなくなったのである。

このように第二次世界大戦中の防空体制とは、対空レーダー網の建設と同義語となっていた。当時の防空体制とは、レーダーを利用した早期警戒網で防空戦闘機と高射砲を運用する仕組みのことであり、日本もまた例外ではなかった。

日本本土の防空は基本的に陸軍の担当だったが、陸軍が戦時中に導入した電波警戒システムは二種類あった。一つは「電波警戒機甲」と呼ばれるもので、送信局と受信局の間を通過する敵機を探知できる。機構がシンプルなために信頼性は高かったが、前方探知能力のない受動的な装置だった。

もう一つは「電波警戒機乙」と呼ばれる一般的な陸上設置型のレーダーで、海軍の艦上用や機上用に比べて大型で、探知能力距離は200~250㎞あり、方向だけでなく高度、速度の識別もある程度可能なものだった。この「電波警戒機乙」が日本の防空システムの最前線を担うこととなる。

しかし「電波警戒機乙」を設置したレーダーサイトだけでは防空網は築けない。最前線で察知した情報を確認し、その後の侵入経路を追跡する目視による防空監視哨もまた重要な存在で、敵味方の識別もここで行われた。

そして、これらの情報を集約する司令部設備が防空システムの中枢となる。

日本の電波兵器の開発は欧米各国に比べて2年から4年程度の遅れがあったものの、昭和18年度中には電波警戒機甲の設置が進み、B-29による本土空襲が開始される昭和19年夏までには、本格的レーダーである電波警戒機乙の本土周辺の要所への設置が進んでいた。機上レーダーのような小型軽量化は遅れたが、寸法と重量に制限の少ない陸上設置型では、レーダーとして必要な機能を備えたものをとりあえずは準備できたのである。

また、目視による監視哨については、軍だけではなく民間防空活動の貢献もまた大きなものがあった。

そしてそれら各監視哨からの情報を無線電信、無線電話、有線電話などの各通信手段で受け取り、素早く分析して防空戦闘を指揮する拠点として、東日本地区の東部軍、中京・阪神地区の中部軍、中国・九州地区の西部軍にはそれぞれ防空司令部が置かれた。

この防空司令部は各軍管区ともにほぼ同じような設備を持っていたが、東京都心の竹橋に建設された東部軍の防空司令部を例に挙げれば、建物は空襲による被害を極限するために半地下式で建設され、壁面には作戦空域に散在する各監視哨からの情報を地図と赤ランプで表示する監視哨情報盤と、磨りガラスに敵機情報を投影する標示盤が設けられた。地下階には防空担当地域を碁盤目に区切って磨りガラスに投影される電光式の電波警戒機乙標示盤が設置されていた。

　電波警戒機乙標示盤の何番空域にどんな機種が、どの程度の兵力と高度で、どちらの方向に飛行しているかがこの二つの装置によって標示される。ここに示される情報は、各監視哨からの通信連絡を受ける女子通信隊員が情報盤操作室から次々更新する機構になっていた。

　それらを一望できる一段高い作戦室フロアには、防空にあたる飛行師団長と高射師団長、幕僚と司令部要員が詰め、更に段を設けて司令官席が設けられていた。

　映画『空軍大戦略 Battle of Britain』に登場した英空軍戦闘機コマンド司令部と同じような雰囲気だが、電光式の標示盤を用いている点でより進んだシステムのようにも見える。

　テレビドラマや映画の中でラジオ放送が伝える各軍管区からの空襲警報、警戒警報はこうした司令部から発信されるものだった。

　各地区の防空戦闘機隊、高射砲部隊への攻撃命令もこの司令部から発せられ、防空戦隊が配置された基地への指揮連絡のほか、必要とあれば無線電話により飛行中の戦闘機隊への直接指揮も可能になっている。日本陸海軍の機上無線電話には悪評がつきまとうが、空

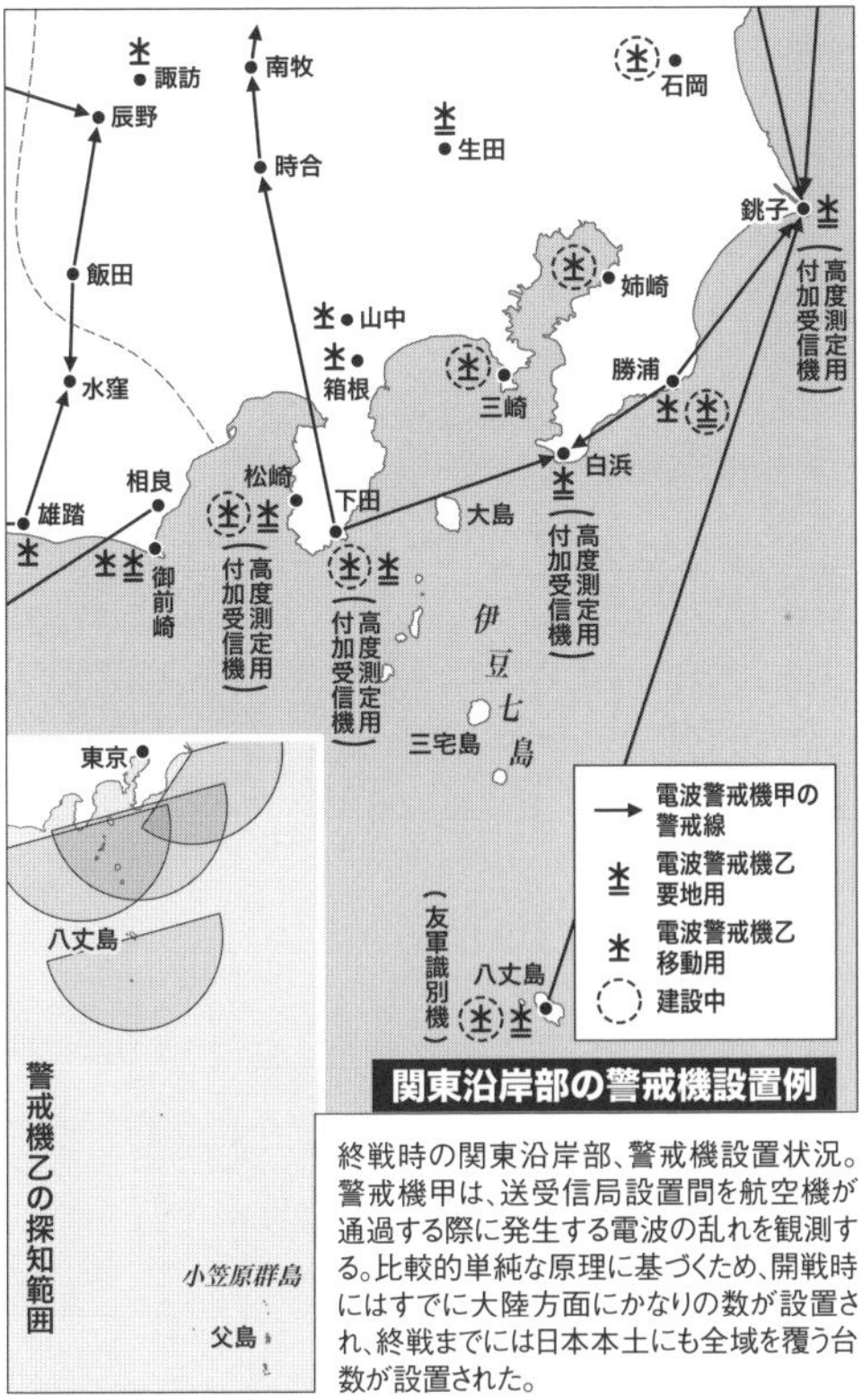

関東沿岸部の警戒機設置例

終戦時の関東沿岸部、警戒機設置状況。警戒機甲は、送受信局設置間を航空機が通過する際に発生する電波の乱れを観測する。比較的単純な原理に基づくため、開戦時にはすでに大陸方面にかなりの数が設置され、終戦までには日本本土にも全域を覆う台数が設置された。

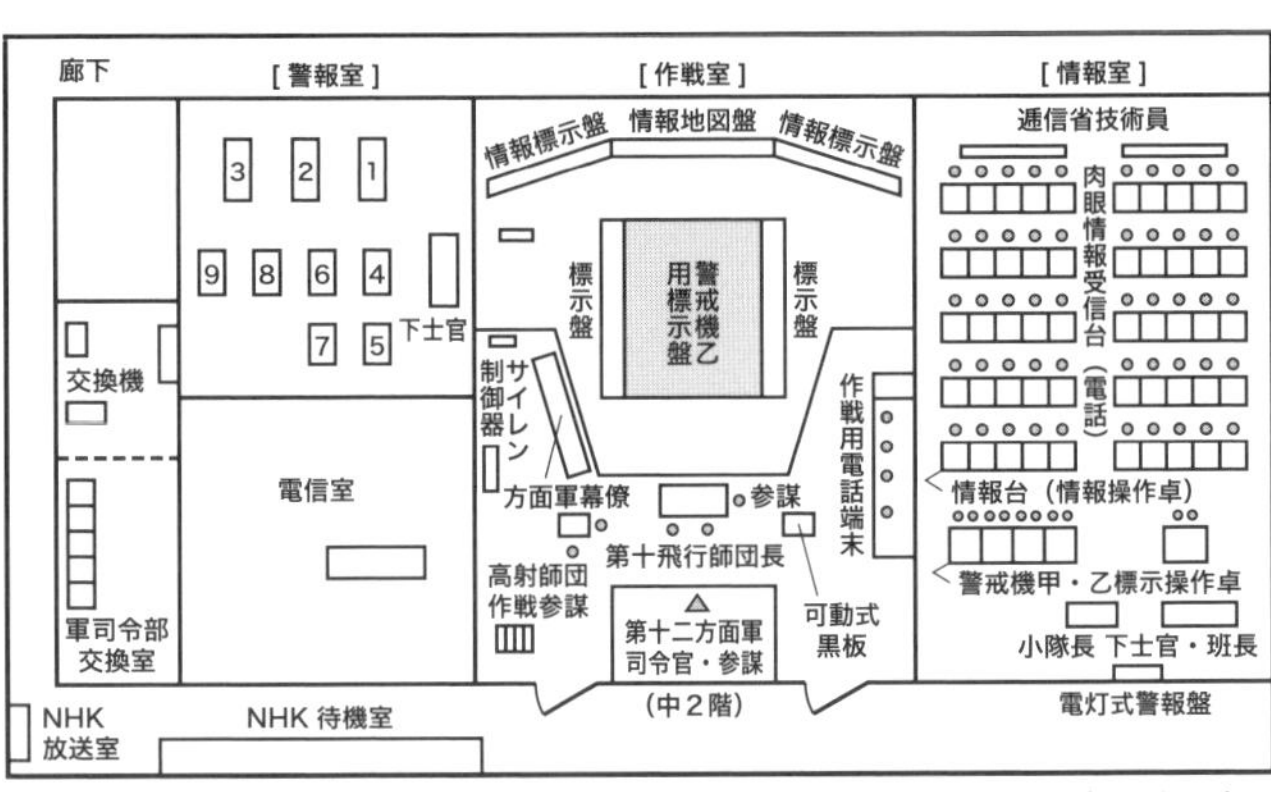

上図は、関東地区防空の中枢である第十二方面軍警報室・作戦室・情報室の概略。▲印は左ページのイラスト視点を示す。このイラストは防衛司令部の「作戦室」を描いたもので、指揮を執る高級幹部と要員だけを描いてあるが、空襲時、特に右隣の「情報室」は、各監視哨からの電話や電波警戒機からの情報処理で喧騒の渦中にあったと思われる。また左隣の「警報室」では、発令された警報を次々と各部隊、関係省庁に伝達することに忙しく、放送協会職員やアナウンサーは、同じ階の一角にある放送室からラジオで発する警戒警報や空襲警報のために待機していた。

「作戦室」イラスト中央の人物は第十飛行師団長、右側の2人は同参謀、左側の2人は高射師団作戦参謀である。また左奥の机に詰めるのは第十二方面軍幕僚で、方面軍司令官と参謀は、ここより一段高い中二階から全体状況を見回している。右の柱には上下可動式の黒板があり、優先度の高い情報や命令が記入されると適宜掲揚され、それを読んだ対空無線通信員や戦隊直通電話手が一斉に現地部隊へと連絡を始めることになる。この直通電話端末や通信端末は、小さな房内に隔離されていたと取れる資料もあり、「作戦室」は通信音や通話音からある程度遮断されていたと推測される。

対空の通話はともかく地上対空中の通話は実用範囲にあり、予め定めた符丁によって高度、方向を示して誘導することも可能だった。日本本土の防空作戦はこうした作戦室から指揮されていたのである。

相応に成功した九州防空戦

■B-29登場

B-29による日本本土への空襲は昭和19年6月15日に初めて実施された。中国大陸奥地に進出した第20爆撃コマンドに所属するB-29部隊は、初の実戦として小手調べ的に6月5日、バンコクの操車場攻撃を行った後、本格的出撃として日本本土の夜間空襲を試みた。

しかし、B-29日本本土初空襲の戦果は乏しいものだった。68機の出撃機のうち目標とした八幡製鉄所上空に達したB-29は19機に過ぎず、第二目標または臨機目標も含めて爆弾を投下した機は47機、残る21機は目標を捉えられずに終わるか故障で

防衛司令部の作戦室（想像図） イラスト:樋口隆晴

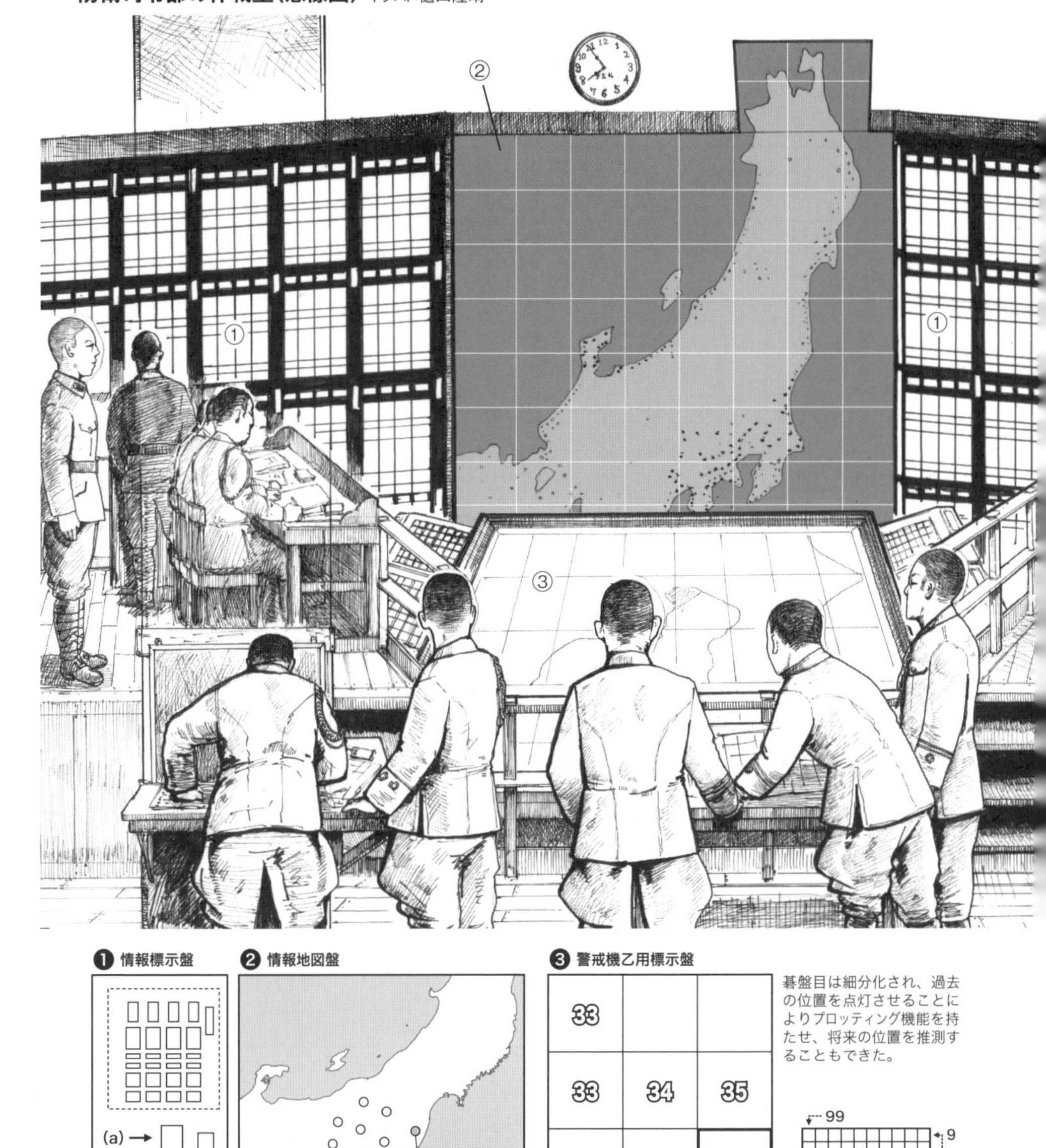

上段イラストの①は情報標示盤で、ここには(a)監視哨名、(b)時刻、(c)敵味方識別、(d)機種・機数、(e)高度、(f)進行方向と爆音の程度など、目視と聴覚による目標情報を標示する。その情報を発した監視哨の位置は、壁面中央に掛かる情報地図盤②に点灯される。また、一段下の階で平面に置かれた③は電波警戒機乙用標示盤で、担当空域を碁盤目状に細分し、警戒機情報を受けた女子通信員の端子操作により目標位置を点灯させた。

引き返すという有り様だった。
この夜間空襲に対しての日本側の邀撃も小規模なもので、有効な出撃を行ったのは夜間戦闘用に準備されていた飛行第四戦隊の二式複座戦闘機「屠龍」夜戦型８機程度で、攻める側も守る側も思い通りには行かない結果となった。

この戦いで第四戦隊の二式複戦は意外な活躍を示し、日本側は墜落地点を確認できた確実撃墜３機を記録し、アメリカ側の記録では出撃したB-29 68機のうち７機損失、乗員の戦死または行方不明は55人に上った。出撃機数の10％以上という損害は何度もの反復攻撃を必要とする戦略爆撃作戦では、作戦の継続の是非を問われるレベルである。しかも損害を避けるための夜間爆撃であってこの損害だった。

次の九州空襲は７月７日に行われたが、出撃数は18機と少数で爆撃を実施したのは14機。B-29の損失はなかったが、八幡製鉄所や佐世保軍港の被害はきわめて軽微だった。

８月10日にも少数機の爆撃がありB-29 1機が失われたが、次の大規模空襲は８月20日となった。昼間空襲となったこの８月20日の空襲は80機が出撃して、そのうち71機が第一目標である八幡製鉄所または第二目標に投弾している。

この時点で日本側の稼働兵力は飛行第四戦隊の二式複戦×28機、九七式戦闘機×３機、飛行第五十九戦隊の三式戦闘機×21機、飛行第五十一戦隊の四式戦闘機及び二式戦闘機×17機、飛行第五十二戦隊の四式戦及び二式戦×12機、第十六飛行団司令部の四式戦または二式戦×２機、独立飛行第十七中隊の一〇〇式司令部偵察機×５機の総計87機で、このほぼ全力での出撃となった。

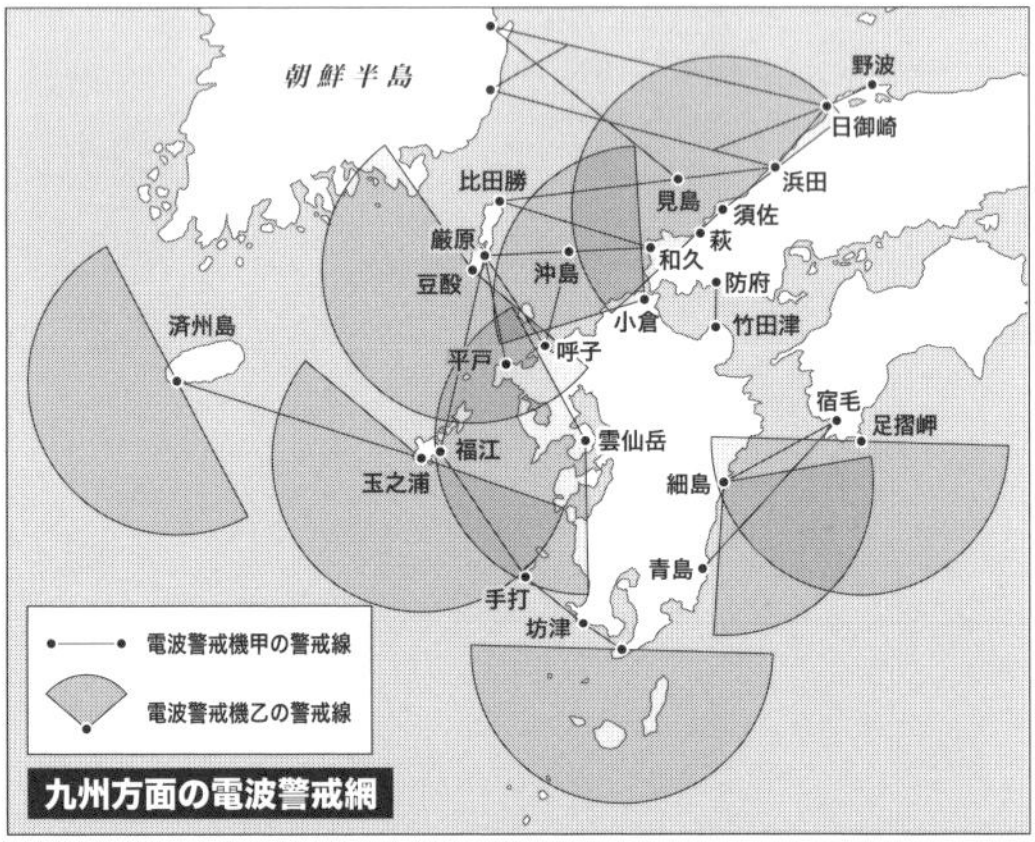

九州方面の電波警戒網

九州方面は警戒機甲と乙の探知範囲が重複しあい、隙間のない警戒網を形成していた。加えて中国大陸と朝鮮半島からの監視情報により、邀撃態勢を整える時間的余裕があった

邀撃戦の戦果は撃墜確実12機、不確実11機、損傷を与えしもの25機という戦果報告が行われているが、アメリカ側の第20爆撃コマンドの作戦記録ではＢ－29損失数は14機となっている。

この戦果を挙げた功労者は何といっても飛行第四戦隊の二式複戦で、撃墜確実12機のうちの９機までが二式複戦の戦果だった。複座戦闘機の重武装がＢ－29邀撃に極めて有効だったことがわかる。

８月20日の空襲の後、昭和20年１月５日の大村空襲まで、中国奥地からの九州地区空襲（二度の岡山空襲を含む）は11回にわたり実施され、第20爆撃コマンドはＢ－29合計18機を失った。大村基地に隣接する第二十一航空廠が大損害を受けるなど日本側も痛手を蒙ることとなったが、八幡製鉄所の操業は止まることなく続けられ、全体として眺めれば中国奥地の基地から行われたＢ－29による日本本土爆撃作戦は、損害ばかりが嵩み戦果の上がらない作戦として終了した。７ヶ月にわたって実施した超重爆Ｂ－29による戦略爆撃がこのような中途半端な結果に終わった理由は何だろうか。

■日本防空陣はなぜ活躍できたのか

８月20日の邀撃戦での日本側稼働機数からもわかる通り、第十二飛行師団の戦力は編制定数を大きく割っていた。戦闘機戦隊の定数である56機にはまったく足りず、飛行第五十九戦隊の三式戦は南方で受けた損害を回復中で、飛行第五十一戦隊、五十二戦隊からなる第十六飛行団は新編の四式戦部隊として編成途上にある、という極めて弱体なものだった。

しかし、兵力は弱体であってもこの日の消費弾薬の報告には興味深い点がある。それは消耗した弾種に12・７mm機関砲用の「マ一〇二」「マ一〇三」、ドイツ製のＭＧ１５１／20用の20mm「モーゼル（マウザー）弾」などが多数含まれていることだ。

南方戦線では供給不足にあえいだ「マ一〇二」「マ一〇三」という特殊弾が豊富に供給されたほか、出撃した三式戦の多くは「マウザー砲」（ＭＧ１５１／20）を装備した三式戦一型丙だった。使用された燃料も戦時規格の航空九一揮発油ではなく航空九二揮発油で、四式戦が装備した気難しい「ハ四五」発動機（海軍呼称『誉』）

もこの燃料でなら不具合の発生は少なかった。

機材面のコンディションが南方戦線よりも若干恵まれていたことは戦力発揮の面で無視できないが、それだけではない。

山口県小月基地に展開した飛行第四戦隊の二式複座戦闘機「屠龍」。同戦隊は八幡空襲に対する邀撃で活躍し、樫出勇大尉(最終階級)や木村定光少尉(同)など、B-29を多数撃墜破したエースを輩出した

機材以上に九州防空戦で防空陣の健闘を支えたのは早期警戒情報だった。

重慶、成都といった中国大陸奥地から出撃するB‐29は大陸の日本側支配地域上空を飛行しながら日本本土を目指すことになる。そうすると、大陸の友軍地上監視哨からの敵編隊上空通過を知らせる情報が、福岡にあった西部軍司令部へと連続して入電し、その編隊規模と飛行方向を伝えてくるため、日本側にはB‐29の侵入に対して早い段階で警戒態勢を発する余裕があったのだ。大陸からの警報に続き、済州島の電波警戒機乙からの情報が敵のさらなる接近を伝え、対馬海峡に張り巡らされた電波警戒機甲の警戒線もそれを補った。

このような早期警戒態勢に恵まれたことが、九州防空戦で日本側の兵力不足を補う切り札となったのは疑いない。防御側に十分な縦深があることは、防空戦で勝利するために極めて重要な要因であり、劣勢な兵力を全力発揮するためには必須の要件だった。九州防空戦にはそうした幸運が存在したのである。

無敵ではなかったB‐29

B‐29といえば高射砲も届かず、日本の防空戦闘機が自由に邀撃できない1万mの高高度を悠然と飛ぶ重防御の無敵爆撃機という印象が強い。だがその実態はどうだろうか。

九州への空襲は爆撃高度6000mから7000mで実施されている。いわゆる「1万mからの爆撃」は行われていない。

もともとB‐29は正規状態での実用上昇限度は1万2040mで、経済巡航(※1)は高度7620mにおいて3

※1 時間あたりの燃料消費を抑えて連続飛行できる速度。戦闘飛行では任務に必要な速度と勘案して決められることが多い。

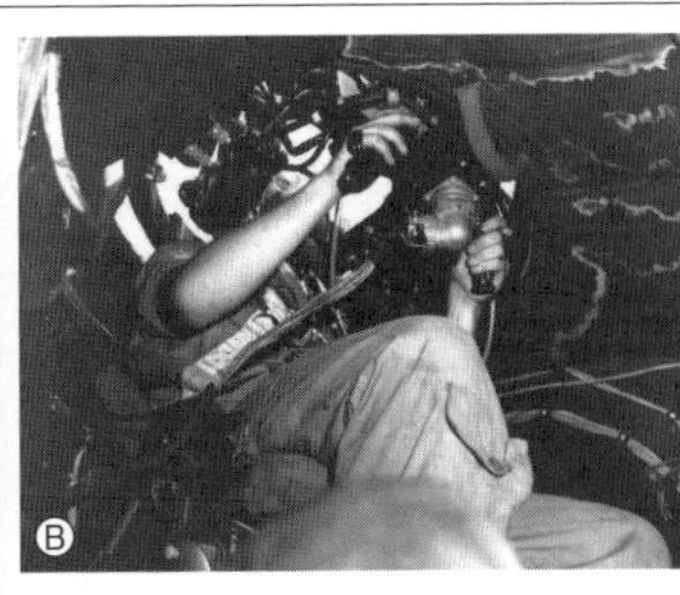

B-29の遠隔照準が持つ欠点

B-29は遠隔照準装置を採用したことで、B-17のような銃座（ターレット）の外部への突出を抑えて、空気抵抗を減少させている（下右図）。写真左Aと右Bはそれぞれ機体側面と機体上部にある観測窓で、ここから複数の銃座を照準・操作することができた。しかし、遠隔照準は視差（パララックス）が生じる。視差は距離が近いほど大きくなるため、真上から体当たりしたり、内懐まで迫ってくる日本機に対しては視差の修正も追いつかない場面があったと思われる。

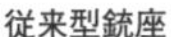
従来型銃座

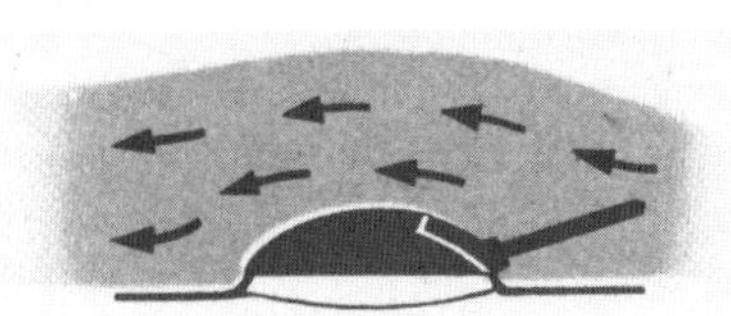
B-29の銃座

54km／時といった飛行性能である。当時の重爆撃機としては極めて優秀ではあったが、超越的な高性能機というほどではなかった。そして大航続力を誇るとはいえ、限界一杯の長距離出撃では経済巡航を重視しなければならない。

だからこそ二式複戦のような旧式化した双発戦闘機が活躍できたのだが、B-29の側にしても1万mの高高度から精密爆撃を行う能力はなかった。しかも出撃規模は最大で80機程度であり、目標を無数の着弾で包み込むには機数が不足しており、小規模の爆撃機で戦果を上げるにはより高度を落とさざるを得ないという事情もあった。

日本戦闘機の邀撃を容易に許す高度での爆撃に加えて、ヨーロッパ戦線の対ドイツ戦略爆撃で活躍するB-17よりも格段に進歩したはずだった防御火器にも問題があった。

B-29は胴体上部前後と胴体下部に動力銃座を持っており、B-17に比べて効率的かつ強力な防御砲火を敵戦闘機に浴びせられるはずだったが、実戦では期待に反して命中率が悪く、8月20日空襲の日本側戦訓報告では「ソノ精度良好トハ言ヒ難シ　我方　受弾機一二機ニシテ各機一、二発ナリ」と述べられている。B-29編隊の防御砲火は脅威にならないと評しているのである。

このような結果となったのは、銃手が動力銃塔内に配置されず、視界の良好な展望窓から銃座を遠隔操作するために生じた視差が影響しているともいわれる。残された写真からは、ヨーロッパ戦線のB-17と同等以上の密集編隊を組んで編隊火力の発揮を狙っていることがわかるが、その火力の精度が悪いために防御装備の貧弱な日本戦闘機の接近を許してしまったようだ。

問題はそれだけではなく、中国奥地から日本本土を目指す遠距離爆撃に伴う航法上の問題も無視できない。レーダーにより地形を確認できる能力を持つとはいえ、B-29の航法精度は重慶、成都から北九州地区までの超遠距離飛行には十分とはいえず、天候によっては往路でさえ目標を捕捉できない機があり、帰路ではハバロフスクなどのソ連領に不時着する機も現れた。航法問題はかなり深刻で、日本側の邀撃の有無にかかわらず、実際に爆弾を投下した機のうち、第一目標を爆撃できる機数は概ね6割前後でしかなかった。「第二目標への投弾」または「臨機目標攻撃」という建前の爆弾投棄を行った機が非常に多いのもこの作戦の特徴だった。

それに加えて、新鋭機であるB-29はその心臓ともいえるR-3350発動機の信頼性がまだ乏しく、発動機故障により引返す機の割合も高かった。

■大陸の戦線状況と燃料

そして、中国奥地からの九州空襲を困難にした最大の要因は燃料事情だった。

B-29は1機あたり1回の出撃で2560ガロン(9690リットル)の燃料と85ガロン(321リットル)の潤滑油を消費する。これは零戦の機内燃料の約20機分に相当する。毎回の出撃で1機あたりこれだけの燃料類を使い果してしまうので、連続出撃すればその補給量は膨大なものとなる。

ところが、中国大陸のアメリカ軍と中国国民党軍の戦線の補給環境はそれを許さなかった。なぜなら昭和17年5月にビルマ経由の援蒋ルートが日本軍のビルマ侵攻によって遮断されてから、中国の戦線は陸上補給路が途絶えてほぼ孤立状態にあったからだ。

そのため、中国に展開するアメリカ航空部隊への補給一切は空輸に依存していた。機体、発動機、落下タンク、補用部品、燃料、弾薬、人員のすべてがカラチに陸揚げされた後、貧弱な狭軌鉄道でアッサム地方に設けられた補給基地まで運ばれ、そこからヒマラヤ越えの空輸ルートで重慶に運ばれていたのである。

その空輸量は初期には月間100トンという絶望的なものだったが、1944年初頭でも大幅に改善されたとはいえ月間3000トン程度でしかなかった。月間3000トン、一日当たり100トンという補給量は、スターリングラードでソ連軍に包囲されたドイツ第6軍が、包囲陣の防衛だけのために必要とした一日あたり500トンの2割でしかない。ヒマラヤ越えの長距離空輸作戦の困難さが窺われる数字でもある。

こうした補給事情であっても、B-29を100機出撃させるには700トン程度の燃料類が必要で、爆弾類も併せて一回の出撃で約1000トンの輸送量が消えてしまう。理論的には100機で月3回の出撃ができる計算だが、大陸に展開しているのはB-29部隊だけではなく、シェンノートの指揮する第14空軍などの戦術航空部隊も活動しており、これらの部隊も大量の補給を必要としていた。

このためにB-29の出撃は、細々と空輸されて来る補給品の蓄積を待って、間延びしたペースのまばらな空襲しか実施できなかった。せっかく爆撃の効果が上がっても、これでは日本側に復旧のための時間的余裕を与えてしまうことになった。

結局のところ中国奥地からの日本本土爆撃作戦は、最初から無理を押し通した作戦だったといえる。B-29は確かに良好な性能の重爆撃機ではあったが、無敵の存在ではなく、しかも初期の不具合を克服し切れていない新鋭機だった。この大食いで気難しい機材を乏しい補給環境下で中国奥地からはるばる日本本土へと送り出さねばならなかったのだから、十分な戦果が上がらなかったのも当然だろう。

中国大陸に展開した第20爆撃コマンドのB-29部隊は、マリアナ諸島に日本本土空襲用の基地が設けられてからも、昭和20年3月28日まで作戦を継続した。作戦は49回に及び、出撃の大半は日本本土ではなく満州、台湾、シンガポール、蘭印、タイ、ビルマの目標に対しての補助的な爆撃作戦だった。同部隊はこの後、テニアン島へと移動を開始した。

関東地区の防空陣

■心許ない機材状況

昭和19年7月にサイパン島が陥落し、日本本土を太平洋側から爆撃圏内に収める最初の基地が建設された。サイパン島といえども日本本土は2400㎞の彼方にあり、相変わらずの超長距離爆撃作戦ではあったが、中国大陸と大きく異なるのはその補給事情だった。乏しい空輸に依存し切った中国大陸とは違い、サイパン島は洋上の孤島ではあっても船舶を用いる効率的な補給ができるため、基地設備と物資の集積が完成すれば濃密な反復攻撃を実施して、日本側に復旧作業の隙を与えない作戦が可能となった。

日本本土防空戦はここから本格的かつ熾烈なものとなる。

マリアナ諸島からのB-29空襲が開始される直前の昭和19年10月頃、関東地区防空にあたる東部軍指揮下の第十飛行師団の陣容は、第一復員省作成「本土防空作戦記録（関東地区）」によれば【表1】の通りだった。

九州防空戦を戦った西部軍、第十二飛行師団と同じく、帝都東京の防衛を任務とする第十飛行師団も十分な兵力を持っていなかったことがわかる。定数一杯を完備した飛行戦隊は一つも無く、組織的な戦闘能力を持っていたのは第二百四十四戦隊の三式戦と第四十七戦隊の二式戦程度でしかない。第七十戦隊の二式戦がそれに続く程度で、主力となるのはこの3個戦隊合計100機ほどだった。

残る部隊のうち第十八戦隊は新設戦隊で実力に乏しく、第二十三戦隊に至っては装備機が弱武装かつ旧式の一式戦二型である上に、編成途上で戦力が1個中隊のみという状況だった。

第五十三戦隊は、新設戦隊でありながらも第十飛行師団の中で夜間戦闘専門の飛行戦隊として育成された特別な存在で、操縦者の技量に応じて、技量甲（夜間戦闘可能）の者で編成された夜間専門飛行隊、教官、助教の技量甲の者3名と技量乙（技量甲の者で任務を離れていた者）で編成された夜間錬成飛行隊、教官、助教たる技量甲の者2名と技量丙（昼間のみ戦闘可能）の者で編成された昼間錬成飛行隊、そして空中体当たり特別攻撃隊である第三震天隊（番号は戦隊ごとに振られた）で編成された貴重な夜間戦闘戦力だった。

　このように書類上は300機弱の戦闘機兵力が第十飛行師団の指揮下にあったが、その構成はあまりに雑多で統制のとれないものだったといえる。

　しかも防空戦闘機隊の中には当時最新鋭の四式戦部隊は一つも含まれていない。防空戦隊は最新の機材を供給される第一線の部隊としての性格よりも、内地に常駐する飛行部隊として前線に送り出す操縦員の錬成部隊的な性格の部隊だったのである。

　これは単なる印象ではなく、当時の第十飛行師団長だった吉田喜八郎少将が強く求めた新機材の内容が、一式戦闘機三型であったことからもわかる。師団長ですら防空戦隊への四式戦配備が後回しになっていることを自覚しており、旧型を装備して戦力に数えられない第二十三戦隊を戦力化するために、高高度性能の優れる一式戦三型を熱望したのである。だが師団長のこの控えめな要望さえ聞き届けられることはなく、第二十三戦隊の機種更新は終戦まで完結せず、一式戦二型が使われ続けた。

　防空戦隊が二線級装備の錬成部隊的性格であるという事情は陸軍だけでなく、厚木基地に展開した第三〇二海

【表1】第十飛行師団の陣容（昭和19年10月頃）

独立飛行第十七中隊	一〇〇式司偵にして実働機数十数機、半数は戦闘飛行班としてタ弾を装備し、素質中程度なり
飛行第二百四十四戦隊	三式戦にして実働機数約四〇機 夜間戦闘可能のもの其の半数なり本戦隊は師団創設以前よりの伝統を有し名実共に師団戦力の骨幹なり
飛行第十八戦隊	三式戦にして実働機数約三〇機 夜間戦闘可能のもの其の約三分の一なり新設戦隊にして奇数(著者注:未知数のこと)はあるも実力未だし
飛行第四十七戦隊	二式戦にして実働機数約四〇機 素質良好、優秀なる操縦者多し
飛行第五十三戦隊	二式複戦にして実働機数約二五機 夜間実働一五機(夜間専門に訓練しあり)新設戦隊にして素質未完、訓練中なり
飛行第七十戦隊	二式戦にして実働機数約三〇機 素質は第四十七戦隊に次ぐ
飛行第二十三戦隊	一式戦にして実働機数約一二機 夜間戦闘可能なるもの数機なり新設日が浅く戦力として殆ど期待し得ず

(以下は)警報発令時、
臨機師団長の指揮下に入らしむる如く定められたり

東二号部隊(※筆者注 関東地区空襲に対する臨時部隊)	
常陸飛行隊(明野陸軍飛行学校分校)〔水戸(東)〕	戦闘機専門の学校なるを以て戦力あり
鉾田飛行隊(鉾田陸軍飛行学校)〔鉾田〕	軽爆専門の学校にして戦闘戦力数機に過ぎず
福生飛行隊(陸軍航空審査部)〔福生〕	テストパイロットの集まりにして技量優秀なるも機数少なし
第一練成飛行隊〔相模〕	(※筆者注 四式戦を持つ実用機教育隊)
臨時防空部隊	宇都宮陸軍飛行学校〔宇都宮〕 下志津陸軍飛行学校(一〇〇式司偵)〔下志津〕 仙台陸軍飛行学校〔増田〕 熊谷飛行学校〔熊谷〕 陸軍航空士官学校〔修武台〕 陸軍航空通信学校〔水戸南〕 以上、それぞれ戦力数機宛てに過ぎず
海軍三〇二航空隊	
	右合計戦闘戦力約九〇機なり

軍航空隊でもあまり変わらない。日本陸海軍にとっては、本土防空よりも南方の前線での航空決戦遂行が何よりも切実な問題であり、この時点では目前に迫った最大の課題だったのである。

■苦戦が運命づけられていた本州防空戦

大陸からの早期警戒情報に恵まれた九州防空戦に比べて関東、中部、関西地区の防空戦は初めから不利な要素を抱えていた。それは目標となる大都市、航空機工場のほとんどが太平洋岸にあるという地理的条件に根ざしたものだった。

陸軍の早期警戒用レーダーである電波警戒機乙は八丈島に設置され、これが日本側防空陣にとって最前線の眼として機能していた。操作員が機器の操作に熟達してきた昭和19年11月頃には敵機の高度、飛行方向、機種などを電波警戒機乙のブラウン管に映る波形から読み取れるまでになっていたが、問題は八丈島から本土までの縦深の浅さにあった。

レーダーによる探知から戦闘に至るまでの手順は次のようなものだった。

八丈島の電波警戒機乙は距離２５０km程度で敵機の接近を察知することができ、敵味方識別を行って防空司令部と防空戦隊各隊に向けて「警戒戦備甲」(戦闘機に搭乗し発動機を始動して待機、司令部作戦室では戦闘勤務者全員配置、対空射撃部隊戦闘員全力配置)が発せられる。

この後、八丈島の監視哨が敵機を視認して確認するまでに3分から5分が経過する。この段階で詳細報告を飛行師団に報告し、出動命令が下令されるまで7分、防空戦隊の先頭の機が離陸するまで15分、防空戦隊が離陸集合し、配備位置まで機動するのに50分から60分(高度1万mの場合)必要だった。八丈島上空での敵機確認から邀撃態勢に入るまでに、合計75分から１１０分かかることになる。

しかし八丈島から東京までの距離約３００kmを、B-29編隊は60分程度で飛び、目標上空に達して爆撃進路に入ることになる。これでは邀撃が明らかに間に合わない。日本のレーダー基地は陸軍の八丈島電波警戒機乙だけでなく、海軍はさらに南方の小笠原諸島、父島に電探基地を持っていた。この父島から発せられる海軍電探情報も貴重なものだったが、父島の位置はサイパンに近過ぎた。

八丈島と距離が大きく開くため、父島で探知した後、敵編隊が電波警戒機乙の探知範囲に入るまでの間に一旦は失探する。この間隙の確実な情報が得られないという問題があったのだ。

こうした問題を解決するため、陸軍は八丈島の電波警戒機乙の機能を補完強化する手段として、洋上に展開する電波警戒機乙を搭載したレーダーピケット船部隊である第一船舶警戒隊の編成を決断したが、資材不足のために建造が進まず、1隻目は完成したものの故障して就役できず、残りも昭和20年3月の空襲で焼失して遂に戦力化できなかった。

このため日本側の邀撃作戦は八丈島の電波警戒機乙の探知と同時に出動を判断する必要に迫られることとなり、本州の防空戦は推測に頼る空振りしやすい、不確実な作戦となる傾向があった。

このようにマリアナ諸島からのB-29空襲の邀撃は防御側の縦深が浅く、有効な早期警戒情報が得られないという大きな問題を抱えていたのだ。

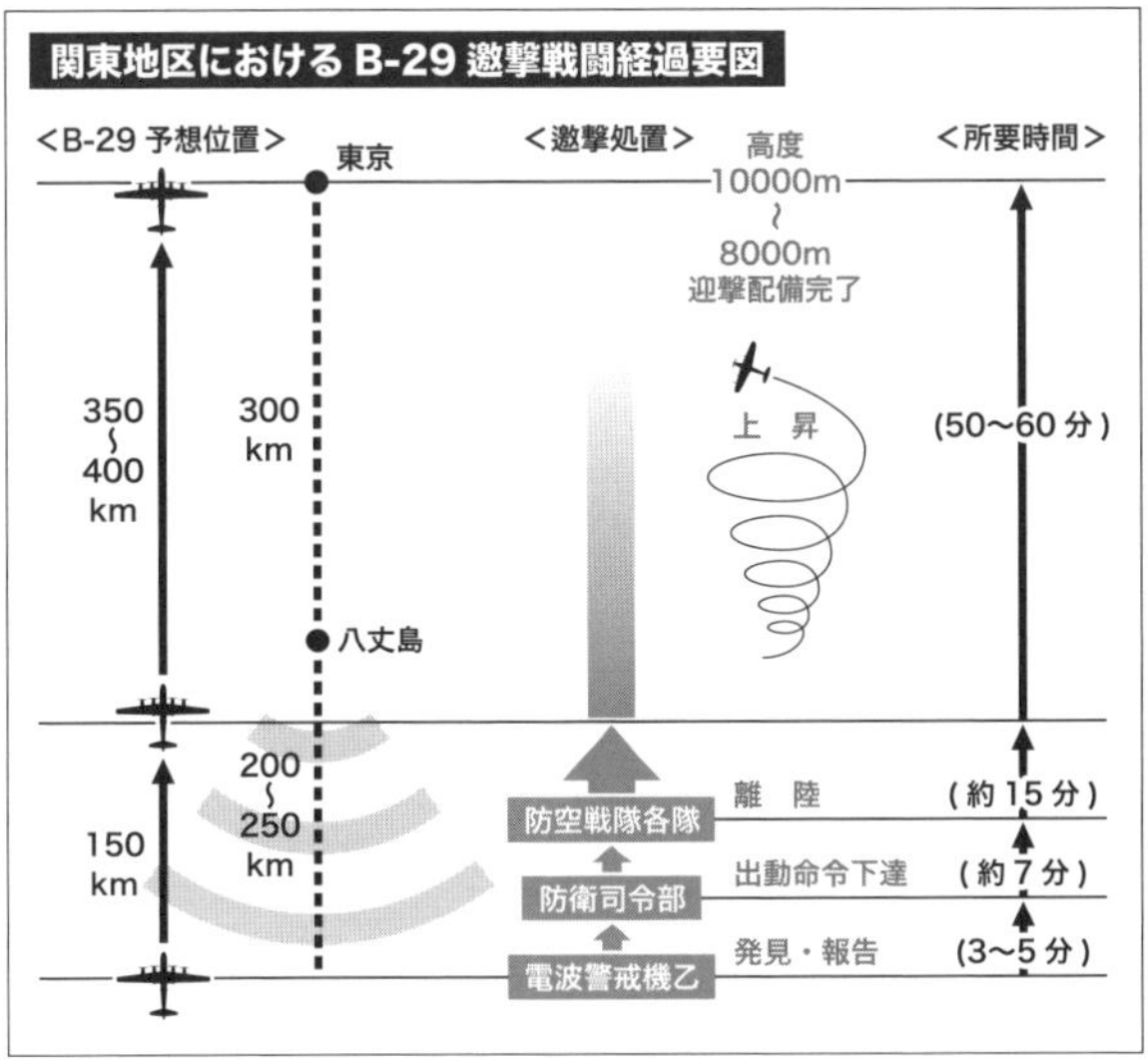

関東地区における B-29 邀撃戦闘経過要図

当時の防空システムでは、電波警戒機乙がB-29を探知して、邀撃機が離陸するまでに25分以上、離陸から邀撃開始高度、例えば8,000〜1万mまで上昇するために50〜60分を要した。たとえB-29を八丈島前方で探知しても、日本の邀撃機は配置高度に達したらすぐに戦闘開始という苦しい状況にあった。機材も燃料も、邀撃機を常に上空待機させておく余裕は無かった。

初期防空戦の勇戦激闘

マリアナ諸島からのB-29初空襲は昭和19年11月24日に開始された。

第一目標は東京西部にある中島飛行機武蔵製作所（以降「中島武蔵」と略記）で、陸海軍の航空発動機を生産する最重要施設の一つだった。マリアナ諸島からの本土空襲は製鉄所という産業の根幹を破壊する正統派の目標選定ではなく、フィリピン航空戦、そして来るべき沖縄侵攻、本土侵攻に備えて日本の航空機生産工場を直接攻撃して、早期に効果を挙げようとするものだった。

　だが11月24日の空襲はB-29合計111機が出撃したにもかかわらず、87機は第一目標を捕捉できず東京市街に投弾し、5機が故障で投弾できず17機が故障のため引き返すという惨憺たる成績だった。

　作戦前のB-29乗員らへの説明では、機上レーダーで房総半島という大きな目標が容易に探知できるため問題なしとされていた航法と、爆撃目標の捕捉が意外にも困難で、さらに雲に視界を阻まれて爆撃は失敗した。B-29の損失は、四十七戦隊の体当たりによるもの1機と、その他詳細不明の被弾によるもの1機の計2機だった。天候のためこの爆撃は、8000から1万mというかなりの高高度から行われた。

　中島武蔵への爆撃は11月27日にも繰り返されたが、この空襲も81機が出撃しながら雲に阻まれて、目標を爆撃できたB-29は1機もなく、目標を傷つけられないまま2機を失っている。

　さらに中島武蔵への爆撃は12月3日にも実施された。86機が出撃したが、今度は天候に恵まれたため73機が第一目標への投弾に成功し、中島武蔵への始めての本格的な爆撃に成功したが、爆弾の命中率は2・5%と判定され、結果は不十分と認識されている。これは関東上空のジェット気流の影響を受けて正確な照準が妨げられた結果だった。関東上空を吹き荒れる強い西風はB-29の照準を妨げると同時に防空戦闘機の活動も阻害したが、前2回の邀撃戦が散発的に終わった点を考慮して、第十飛行師団長吉田喜八郎少将は指揮下の防空戦隊に目標の前方でB-29と戦闘に入れるよう推進邀撃高高度配置(※2)を命じたため、戦闘機は前2回よりも粘り強い戦闘が可能となった。

　この空襲では、体当り攻撃の戦果も含めて日本側の戦

日本機の邀撃を受けるB-29群。写真上部中央のB-29の下方には、最も有効な攻撃位置とされた前上方から一撃をかけ、列機の下に飛び出した二式複座戦闘機の姿が確認できる

※2　敵編隊の出現が予想される進路上の高高度に戦闘機を配置する戦術。予想が外れれば敵を取り逃がすリスクもあった。

果報告は撃墜21機、米軍側の記録では13機損失という大量の損害が発生している。

　13機の損失とは、出撃総数86機の15％に及ぶ。Ｂ-29の乗員は1機あたり通常11人であり、人的損害も馬鹿にならない深刻なものだった。

　中島武蔵の次に狙われたのは、日本最大の航空発動機工場である愛知県の三菱重工名古屋発動機製作所大幸工場（以降「三菱名発」と略記）だった。12月13日に90機が出撃して71機が目標に投弾したが、この攻撃の被害は甚大で、三菱名発の機能は停止し、量産が開始されたばかりの新鋭発動機「ハ四三」は生産ラインと共に焼失した。Ｂ-29の損害は3機だった。

　三菱名発は大損害を受けて壊滅したが、この大規模工場が復旧されないよう、その後も反復した空襲が行われている。

　昭和19年11月、12月の防空戦は、三菱名発を壊滅させたことでアメリカ側の優勢が確定したといえるだろう。日本の航空発動機生産の半分を担う工場が操業停止したのだから大損害といえる。この影響は、翌年昭和20年の2月頃からの飛行機減産となって現れることになる。戦略爆撃は、戦時下の工業生産工程では最も川下にあたる航空機製作工場を直撃しても、これだけのタイムラグがある作戦だった。

　しかし、Ｂ-29の損害は11月に20機、12月には48機を数え、全Ｂ-29部隊の延出撃機数に対する損害比率は11月で3・27％、12月は5・25％と5％を越える。年が明けて1月を迎えても損害は36機、3・57％という高い損害比率だった。

　これは早期警戒情報に欠け、しかも乏しい兵力と新鋭機とはいえない機材で、震天隊の体当り攻撃も含めて戦われた防空戦の結果としては上々の出来だった。なぜなら日本側の兵力は最前線への兵力抽出によって10月よりも更に低下していたからである。もし十分な数の防空戦闘機が配備されていれば戦果はさらに加わったことだろう。

修羅場を迎える本土空襲

■2月の機動部隊空襲がもたらした変化

本土防空戦の第一ラウンドともいえる昭和19年11月か

ら昭和20年1月にかけての邀撃戦は満足できる戦果とは言い難かったものの、B-29に一定の損害を与えることができた。

しかし初期の3ヶ月間に奮戦した第十飛行師団の戦闘機隊は、2月に入ると一大打撃を受けることになる。それは昭和20年2月16日から3日間にわたって行われた、アメリカ海軍の空母機動部隊による関東地区空襲によるものだった。

硫黄島上陸作戦の前哨戦として、アメリカ空母機動部隊は関東地区に接近し、関東地区の航空基地を襲い日本側の航空戦力を事前に粉砕する航空撃滅戦を実施したのである。

今までB-29とだけ戦って来た防空戦闘機隊は、ここで始めてアメリカ海軍の単座戦闘機と戦うことになった。全力出撃した第十飛行師団の主力部隊は、その士気こそ旺盛だったが、各飛行戦隊は慣れない対戦闘機戦で大損害を蒙る。撃墜報告は2月16日に65機、2月17日に30機と大戦果を報じているが、当時でもその実態は疑わしいものと判断されていた。

戦果の真偽はどうであれ、この戦いで第十飛行師団の各飛行戦隊は2月16日に37機、2月17日に14機の戦闘機を失ってしまった。先に掲げた第十飛行師団の戦力から見れば、50機を超える損害は防空戦闘機隊にとって壊滅的だった。この戦いが防空戦闘機隊員らにとって敗北と意識されたのは確実で、対戦闘機戦についての自信喪失、士気の低下につながった。

戦闘機隊の思わぬ大損害により、第十飛行師団の主力である第二百四十四戦隊の三式戦と飛行第四十七戦隊の二式戦は、これ以上の損害を避けるため2月19日を以て第六航空軍の直轄指揮下に編入された。本土決戦用に温存を図ったのである。師団は最も優秀な2個戦隊を取り上げられることとなった。関東地区の陸軍防空戦力は、この2個戦隊を失って大幅に低下し、終戦までこの状態が続くことになる。

主力の2個戦隊を失った影響は3月24日の防空戦闘機隊の配置からも読み取れる。第十飛行師団作戦命令第十九号による各隊の配置は【表2】のようなものだった。

配置機数が2機、4機となっているのは、この頃の陸軍戦闘機がドイツ流のロッテ戦法(※3)を採用していたためだが、その配置はともかく機数の少なさがあまりに

※3 戦闘機の2機編隊(ロッテ)を最小単位として、ロッテ2個の4機編隊(シュヴァルム)を基本とする空戦術。従来の3機編隊(ケッテ)よりも相互の掩護が容易だった。

も目立つ。

しかしこれが第十飛行師団の限界であり、あとは海軍戦闘機隊の兵力を頼る以外に道はなかった。

関東地区には要地防空任務を帯びた第三〇二海軍航空隊が「零戦」、「月光」、「銀河」夜戦、「彗星」夜戦を装備して厚木基地に展開していた。この部隊は第十飛行師団に不足していた夜間戦闘機能力を補う上で貴重な存在だった。また少数ながら横須賀航空隊にも防空戦闘機隊があり、三〇二空と共に陸軍戦闘機隊と協同して防空戦に当たっていた。その中で、母艦零戦隊の伝統を持つ第六〇一海軍航空隊所属の零戦隊が2月に香取基地へと移動したことは、大きな戦力の補強となっていた。途中、沖縄航空戦に抽出されたものの、5月から7月にかけて30機から70機に及ぶ大兵力で防空戦に参加して、陸軍戦闘機隊の減勢を補う役割を果たしている。

【表2】第十飛行師団の防空戦闘機配置
（昭和20年3月24日）

飛行第四戦隊 （著者注:3月の東京空襲により一時的に増援） 二式複戦4機　横浜北側　高度5,000
飛行第五戦隊 （著者注:3月の東京空襲により一時的に増援） 二式複戦4機　横浜南側　高度5,000
飛行第十八戦隊　三式戦2機 川口上空 高高度
飛行第二十三戦隊　一式戦2機 松戸上空 高度5,000
飛行第五十三戦隊　二式複戦4機　丸子上空 高度5,000　二式複戦4機　調布東側　高度3,000
飛行第七十戦隊　二式戦4機　荻窪上空　高度5,000 二式戦4機　成増上空　高度3,000
常陸飛行隊　四式戦2機　江戸川河口　高高度
福生飛行隊　三式戦2機　多摩川河口　高高度

B-29の戦術変更と夜間邀撃戦闘

昭和20年3月10日の東京空襲は、B-29による爆撃戦術の転換点となった。

それまで主に航空機工場を目標とした高高度精密爆撃を主体としていた空襲の矛先が、市街地への焼夷弾による夜間無差別爆撃へと転換したからである。機上レーダーを持たない日本の夜間戦闘機隊の実力を見切り、武装を減じて大量の焼夷弾を搭載した低高度夜間爆撃が東京、横浜、名古屋、大阪といった大都市に向けて行われ、各都市は文字通り灰燼（かいじん）に帰してしまった。

2月の機動部隊

海軍の夜間戦闘機「月光」と三〇二空の搭乗員たち。海軍はすでに南方で夜間戦闘機の実績を重ねており、専用機種や実戦運用で陸軍の先を行っていた。三〇二空のほか、三三二空、三五二空といった防空任務の航空隊は夜間戦闘機飛行隊を持ち、陸軍の夜間戦闘能力を補った

空襲で大損害を受けた陸軍防空戦隊はこの攻撃に成す術もなかったが、大都市が軒並み大損害を蒙った背景にはB-29の延べ出撃数が1月の1009機に対して3月には3013機と3倍に膨れ上がっていることも見逃せない。空襲の規模と頻度が大幅に拡大している。

4月には沖縄航空戦を支援するため、B-29の空襲は主に九州地区の飛行場攻撃へと向けられて、都市爆撃はひと呼吸置くことになるが、5月中旬以降、再び活発化する。それと同時に月間の延べ出撃機数は5月には4562機、6月には5581機、7月には6464機と急速に増加している。B-29の本土空襲はほぼ連日にわたり繰り返され、一日に複数個所の空襲も実施されるようになると、ただでさえ兵力の乏しい防空戦闘機隊はいよいよ手が廻らなくなって来る。そして4月以降、硫黄島から発進してくるようになったP-51Dも、対戦闘機戦闘を苦手とする防空戦闘機隊にとって大きな脅威になっていた。

しかしB-29の損害自体は2月の31機、3月の36機と米機動部隊空襲の影響もあって低迷したものの、4月には九州地区に集中した陸海軍戦闘機隊の果敢な防空戦を反映して、B-29の損失は70機に達し、5月には90機を記録する。B-29に対する本土防空戦全期間を通じて、最大の損害を与えたことになる。これはB-29の出撃機数と出撃回数が大幅に増えたことを反映したもので、夜間低高度の焼夷弾攻撃は、日本軍戦闘機にとっても高射砲部隊にとっても戦い易い状況といえた。

日本海軍では夜間戦闘機といえば複座の「月光」のような機体が主体だったが、陸軍では夜間出撃可能な技量甲の操縦者にさえ恵まれれば、単座戦闘機でも夜間戦闘に積極的に投入された。

このため邀撃戦が夜間低高度に移行してから、それまであまり高い評価を得られなかった二式戦闘機二型乙が

二式複戦「屠龍」は「月光」と異なり、当初から敵戦闘機との単機空戦を意識して設計されたため、より小型かつ軽快な機体となっている。これが本機が昼夜を問わず邀撃戦に活躍できた要因でもあった。写真は米軍鹵獲機

注目されるという椿事（ちんじ）も起きている。第十飛行師団では第四十七戦隊が去った後、第七十戦隊のみが二式戦を装備していた。その中に含まれていた二型乙は威力の大きいホ三〇一機関砲（40㎜）を装備した特別型だったが、この機関砲は弾道特性が悪く有効射程が短かった。そのため、ただでさえ不十分な高高度性能に悩む二式戦は、B-29に対して必中の射撃位置につくことができず戦果も挙がっていなかった。

　ところが夜間とはいえ低高度の空中戦が行われるようになったことで、二式戦は本来の高速と上昇力を生かしてB-29に対して接近戦を挑むことができるようになり、40㎜機関砲の威力を発揮できた。

　旧式化し、四式戦の代用機材程度にしか見られなくなっていた二式戦の中で、更に変わり種の二型乙が意外な活躍をすると認めた第十飛行師団は、ただちに二式戦二型乙の増加配備を要請したが、すでに生産終了した機体であるため追加補充は得られなかった。夜間低高度の戦闘という環境の変化が兵器の評価を変えた事例ではあるが、表現を変えれば防空戦闘機部隊は乏しい戦力の中で旧型機の有効活用法を必死に考えて戦っていたともいえる。

二式戦乙型の主翼に装備された40mm機関砲「ホ三〇一」。この機関砲の砲弾は一種のロケット弾で、自動噴進砲とも呼ばれる。夜間低高度での邀撃戦が実施されるに至って、その真価が認められた

■多勢に無勢と化す

一方、戦闘機隊に比べて地味な存在である高射砲部隊も奮闘した。

日本の高射砲は一般にB-29の飛行高度まで射高が及ばず無力な存在との印象があるが、戦争初期の主力である八八式七糎野戦高射砲（口径75㎜）の能力は限られていたものの、B-29の空襲が開始された昭和19年には関東地区の高射砲は九九式八糎高射砲（ドイツ式の88㎜口径）が主力となっており、最大射高も威力も増大して高高度のB-29を射程に捉えることができるようになっていた。関東地区に展開した高射第一師団の昭和20年7月時点での高射砲戦力は【表3】のような構成だった。防空戦を通じての報告によると撃墜したB-29は17

9機（※4）で、その詳細は明らかにならないが、実際のB-29撃墜戦果の何割かは高射砲によると考えられる。日本側の実戦力は低下していたが、戦闘機が邀撃しやすく高射砲も捉えやすい低高度での爆撃が開始されたことで、B-29の損害は昭和20年4月、5月にピークに達した。その中でも5月25日の東京・山の手地区空襲では、高射砲による損傷機は91機に及び、各種要因を含めて合計30機ものB-29が一度に失われた。

しかしB-29の損害の絶対数は増えているものの、延べ出撃数に対する損害比率は2％前後に低下してしまっている。それだけ空襲規模が大規模かつ頻繁なものとなっているためで、この撃墜数も6月以降、本土決戦を見込んでの温存策が採られてからは実数も減少し、延べ出撃機数に対する損害比率も1％を切った。迎撃する側としては、手も足も出ない状態となったのだ。

高射砲弾の直撃を受けて墜落するB-29。低空焼夷弾攻撃への戦術変更は、それまで射高の限界から苦戦を強いられていた高射砲の命中率を大いに向上させたとみられる

6月からはB-29の空襲は地方都市の無差別爆撃へと拡大し、人口の小さい地方都市には大都市に対して行った500機程度の爆撃ではなく、100機程度の中規模集団に兵力を分散して同日に複数の目標を爆撃する作戦を採用し始めた。マリアナ諸島に展開するB-29部隊の規模が大きくなり、兵力を分派する余裕が出てきたことの現れである。しかし、日本の防空戦闘機隊にとっては、温存策を採ろうが採るまいが、どちらにしても多数目標に同時に来襲するB-29編隊に対応するだけの兵力はなかった。

空の戦いではもはや何をしても押し返すことができない事態が訪れていたのである。

さらに日本を苦しめたのは、3月27日から終戦まで46

【表3】高射第一師団の高射砲戦力（昭和20年7月）

八八式七糎野戦高射砲（口径75mm、初速720m/秒、最大射高9,100m）	307門
四式七・五糎野戦高射砲（新七高）（口径75mm、初速850m/秒、最大射高11,000m）	20門
九九式八糎高射砲（口径88mm、初速800m/秒、最大射高10,000m）	318門
三式一二糎高射砲（口径120mm、初速853m/秒、最大射高14,000m）	84門
五式十五糎高射砲（口径149.1mm、初速930m/秒、最大射高20,000m）	2門
	計731門

※4　179機の日本側報告は明らかに過大。米軍側報告は未帰還機の損失理由の多くを「不明」としているが、高射砲によると明記された被撃墜例から、全戦闘損失の1/3程度は高射砲によるものと推定される。

回にわたって実施された機雷投下作戦だった。B‐29による機雷投下は瀬戸内海を初めとして日本海側にも及び、投下された機雷は7月3日までに3848発に達した。さらに終戦まで投下作戦は継続され、触雷した日本船舶の総トン数はアメリカ側の推算で100万トンを超えるとされる。日本の物流は最後の頼みだった沿海航路を機雷で遮断され、いよいよ危機に瀕することとなった。

6月以降、本土決戦に備えた温存策によって日本側の防空戦闘機の活動が鈍化すると、本来はB‐29の護衛任務に当たるはずだった硫黄島のP‐51D部隊は戦闘機単独で臨機目標への地上銃撃を実施するようになり、B‐29の爆撃と共に大きな脅威となった。

本土防空戦において、日本の高射砲部隊の主力装備であった九九式八糎高射砲。ドイツ製8.8cm高射砲SKC/13を原型としており、製造も比較的容易かつ実用性に優れることから、昭和17年から終戦まで多数配備された

マリアナ諸島と日本本土とのほぼ中間点にある硫黄島は、B‐29の不時着場としても有効に機能する貴重な基地ではあったが、P‐51Dのような単座戦闘機にはここから片道1000km以上の長距離出撃は大きな負担となっていた。それでも列車、船舶、自動車といった小目標にまで銃撃を行うP‐51Dの活動は、都市を焼き払う戦略爆撃とはまた違った恐怖を日本国民に与えることとなった。このP‐51D部隊の独立行動は8月6日の広島原爆投下まで続けられ、8月7日以降、原爆投下後の反応として予想された日本軍戦闘機による全力反撃に備えて再び護衛任務に戻されて終戦を迎える。

護衛戦闘機の有無にかかわらず、月間延出撃機数7000機のペースでB‐29が日本本土を覆い尽くす事態を迎えては、もはや打つ手はなかった。

本土防空戦の最大の敗因は何か

■高度1万mの真実

本土防空戦はこのように、完膚なきまでに叩かれた大敗戦だった。あまりの負け戦に、その要因を探る必要す

らないようにさえ思われるだろう。圧倒的な敗北の結果、敵は手の届き難い超越的な存在だったように感じられるのだ。

まず、主に本土空襲初期に行われたB‐29の高高度爆撃についてだが、高度1万mからの高高度爆撃は事実上不可能だった。なぜなら本土上空1万mには、戦時中も現在も変わらない自然現象としてジェット気流が存在する。羽田空港を利用する旅客機に搭乗すると、しばしば機長のアナウンスで紹介されるように、強い西風であるジェット気流の吹く場合は、ジェット旅客機といえども飛行時間が余計にかかる。

B‐29もジェット気流を意識して主に富士山側から関東地区に侵入するのを常としていたが、高度1万mまで吹き上げられた機の対地速度は700km/時を超えてしまう。この速度ではB‐29の爆撃照準器は機能しない。当然、投下した爆弾は目標に命中しない。この事実は実際に空襲を行った第21爆撃コマンドの戦闘記録にも明確に述べられている。高度1万mでの空中戦は日本戦闘機にとって容易ではなかったが、B‐29にとってもこの高度で爆撃するメリットは何もなかったのである。

1万mからの爆撃が現実的でなかった以上、「日本戦闘機には排気タービンが装備されていないために敗北した」といった、時折目にする安易な結論は適切ではない。

防空戦闘機がB‐29の侵入高度までの上昇に苦労したというのは、先に述べた通り八丈島からの警報発信時からB‐29の関東上空到達までの時間的余裕がないことの反映だった。空襲を迎え撃つ側の防空縦深が浅く、邀撃準備の時間的余裕がないために、戦闘機隊を適切な位置、高度に配置することができなかったことこそが大きな敗因だった。

もし関東の防空陣に十分な縦深が確保されていれば、九州防空戦のように余裕のある戦いが可能だったかもしれないが、それは地理的に無理な相談である。荒唐無稽な話ではあるが、日本の首都と主要工業地帯が日本海に面した新潟から北陸にかけて存在したならば、戦いの様相は確実に変わっていたことだろう。早期警戒情報をもたらす防御縦深の確保はそれほど重要だったのだ。

儘ならぬ国力と地勢

そして、もう一つの敗因は兵力だった。

本土防空にあたる戦闘機隊はもともと兵力に乏しく、前線の部隊に比べて機材、技量ともに劣る傾向にあった。いわば前線部隊の予備兵力的な扱いを受けていたのが本土防空部隊だったといえる。そのため、戦局によってなけなしの兵力が随時、抽出される事態が生じている。

帝都防空という最重要任務を帯びた第十飛行師団でさえ、昭和19年10月以降、第十八戦隊がフィリピン航空戦のために引き抜かれ、満州防空のために第七十戦隊も抽出されている。そして第二十三戦隊に至っては昭和19年12月と昭和20年1月の二度にわたり、輸送作戦の護衛任務で硫黄島への進出が命じられるという状態だった。

そして昭和20年2月の機動部隊関東空襲で大損害を蒙って第十飛行師団から取り上げられた第二百四十四戦隊は、三式戦から対戦闘機戦能力が格段に向上したキ一○○へと機種改変し、第四十七戦隊も二式戦から四式戦へと改変が進められたが、装備したばかりの期待の新鋭機材の到着と共に沖縄航空戦参加を命じられ、関東を離れて九州地区へと進出し、終戦まで師団に戻ることはなかった。

こうした防空戦闘機隊の前線抽出は本土防空戦力を骨抜きにしたが、それぞれの時点で本土防空と前線での航空決戦の重要度が比較され、背に腹を変えられない決断によって貴重な防空戦力が前線に引き抜かれていったのもまた事実だった。その時その時の決断には理由があり、例えばフィリピンが陥落すれば南方からの資源還送ルートが遮断されて戦争継続が絶望的となることは明らかで、本土防空の優先度を下げることは当然の措置ともいえる。そして沖縄決戦で敗北すれば、次は九州侵攻が迫り本土防空どころではない。防空戦闘機隊の

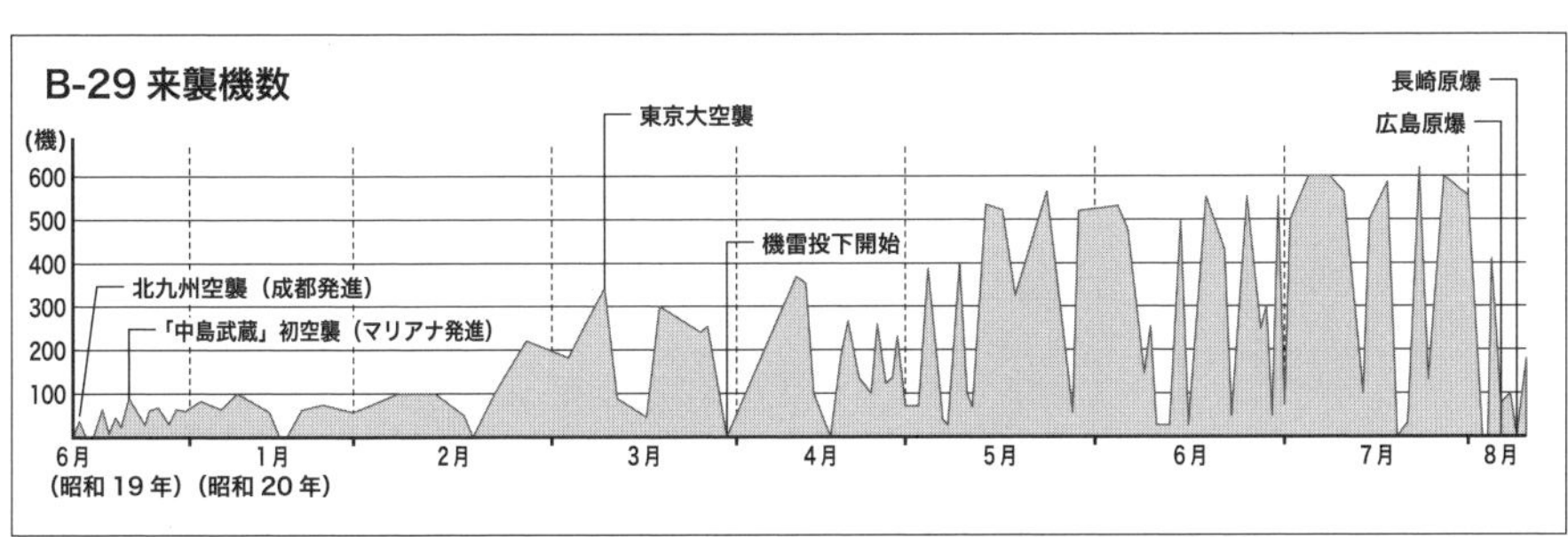

B-29の来襲機数を表したグラフ。昭和20年5月中旬以降は、大都市に加えて地方中小都市への空襲が激化し、機雷投下も本格化した。またマリアナ基地の増強・整備も進み、B-29は圧倒的な物量で押し寄せるようになった。

引き抜きはこうした判断から実行されていた。

だが、もし兵力抽出が行われず、逆にフィリピン航空戦に投入されて、あっという間に磨り潰されてしまったいくつもの戦闘機戦隊が本土防空任務に増強された場合、戦いの行方がある程度変わっていたことも確実だろう。

そうなれば、極めて貧弱な戦力で成し遂げられた史実の戦果より、数倍の結果が期待できたはずである。初期防空戦の戦果は史実の数倍に及び、B-29部隊の損害回復が追いつかず、本土空襲は一旦中断に追い込まれたかもしれない。

しかし、防空戦への兵力集中は一度も考慮されなかった。本土防空戦は一度も十分な兵力で戦われることの無いまま終わった、後ろ向きかつ優先度の低い作戦だったのだ。

その敗因が、排気タービンを装備した高高度戦闘機の有無といった瑣末な問題などであるはずもなく、そして作戦指揮の問題ですらない。太平洋岸に重要目標が並ぶ日本本土という、どうにもならない地理的要因と、単純な兵力の不足で勝負がついた戦いだったのである。

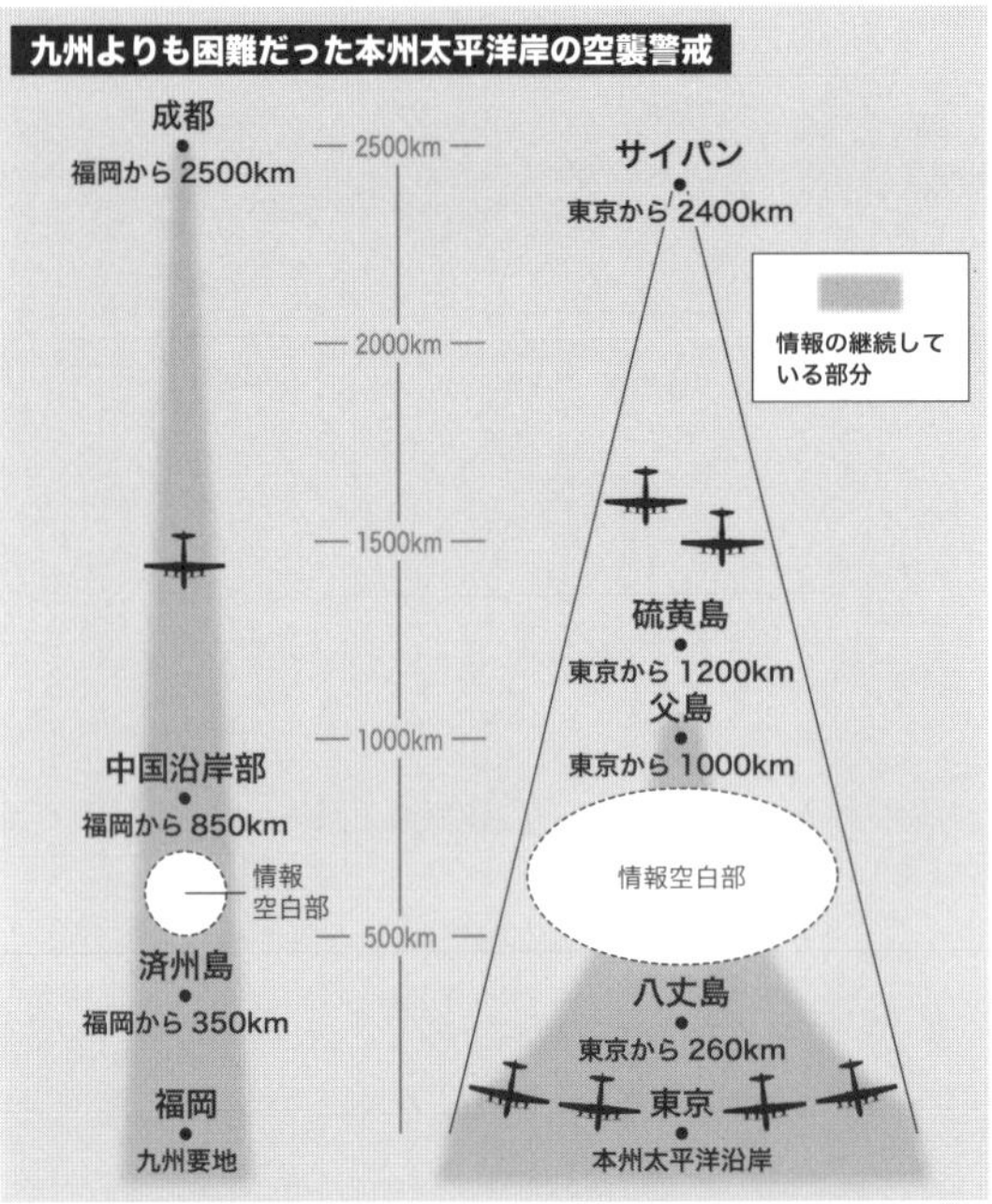

九州よりも困難だった本州太平洋岸の空襲警戒

成都〜九州間と、マリアナ諸島〜関東地区間の距離はほぼ同じである。九州方面は中国沿岸を過ぎて済州島で探知されるまでの間に若干の情報空白はあるものの、比較的狭い空路を通ってくるので容易に察知できた。一方、本州は父島で探知された後、八丈島、あるいは潮岬や銚子で探知されるまでの間に大きな情報空白があり、これが邀撃機をどこに待機させるかの判断に大きな障害となった。

■参考文献

防衛庁防衛研修所戦史室『戦史叢書　本土防空作戦』／防衛研究所所蔵史料『本土防空作戦記録』ほか／Robert A.Mann "The B-29 Superfortress Chronology 1934-1960"／Adrian Rainier Byers "Air Supply Operation in The China-Burma-India Theater Between 1942 and 1945"

新鋭機・紫電改を擁する最強戦闘機隊の実像

海軍最後の戦闘機隊「三四三空」

最新鋭の局地戦闘機 紫電改の集中配備を受け、太平洋戦争末期に登場した第三四三海軍航空隊。数々の伝説とともにその名を知られる航空隊は、いかなる経緯で編成されて、どんな戦いに投入されたのか──。

三四三空の中でも最も著名なエースパイロットの一人、戦闘三〇一隊長菅野直大尉が搭乗した紫電改。長機標識の黄色帯2本、国籍標識の中に記入された呼称番号が目を引く。昭和20年4月、松山基地から鹿屋基地へ発進する直前の撮影

「剣部隊」の伝説

戦争末期に登場した新鋭戦闘機紫電改を装備した第三四三海軍航空隊は緒戦で活躍した台南航空隊などの零戦航空隊と並ぶ有名部隊の一つだ。米海軍の新鋭機グラマンF6F、ヴォートF4Uに対して互角以上の戦いを挑める紫電改を大量に装備して戦った唯一の航空隊であり、昭和20年3月19日の呉方面への米機動部隊空襲を邀撃した際に報告された大戦果もよく知られている。

近年、ヘンリー境田／高木晃治『源田の剣』を初めとする新たな検証で現実の撃墜戦果が明らかになってはいるものの、この日の空中戦が作り上げた伝説は今も根強く残り、精鋭「剣部隊」のイメージは揺るいでいない。

また三四三空に集められた各飛行隊長への評価も高く、仲でも派手な撃墜マークを描いた戦闘第三〇一飛行隊長、菅野直（なおし）大尉は戦争末期の代表的エースの一人として知られている。そして航空隊司令として戦闘全般を指揮した源田実大佐の存在も三四三空に特別な印象を加えているといえるだろう。

海軍戦闘機隊と共に育った戦闘機搭乗員であり、航空参謀として各作戦に関与した知将が指揮する最後の精鋭部隊というロマンチックなイメージは源田実大佐自身の回想でも語られ、映画でも紹介されたほか、昭和40年代の戦記マンガブームでは、ちばてつや『紫電改のタカ』の題材となり中高年層には同作品のファンも多いことと思う。

さらに軍令部参謀から最前線の航空隊司令に転じた源田実大佐の姿は、同じ時期にドイツ空軍で戦闘機総監の地位を解かれ、新鋭ジェット戦闘機装備の特別飛行隊JV44（※1）の指揮官となったアドルフ・ガーランド（※2）にも重ねられて来た。

絶望的な戦局の下で最後のエースパイロット達が招集され、または志願して結集して最後の反撃を期したJV44と、日本海軍最後の精鋭戦闘機隊三四三空のイメージはよく重なる。

最新装備を供給された最後の精鋭部隊の戦いとして日独の二つの部隊の物語は同じような印象を持っている。

だがあくまでも少数の特別部隊だったJV44と三四三空は同列に語るべき存在なのだろうか。

※1　JV44（第44戦闘団）は、ドイツ降伏直前の1945年3月に編成されたドイツ空軍の精鋭防空戦闘機部隊。世界初の実用ジェット戦闘機Me262を装備したが、同年2月の準備段階で戦闘機隊はわずか16機と規模は小さかった。

※2　スペイン内戦から第二次大戦序盤にかけて活躍したエースパイロットで、1941年11月には戦闘機総監に就任。しかしMe262の運用などを巡り空軍首脳部と対立し、45年1月に戦闘機総監を罷免されると各部隊からエースを引き抜き司令官としてJV44を編成した。

三四三空にはどんな特徴があるか

三四三空は昭和20年当時の他の航空隊と何が異なっていたのだろうか。

まず挙げられるべきは装備した機材だろう。旧式化の著しい零戦に代わり、大量生産が計画された新鋭機「紫電改」を集中的に配備された航空隊は三四三空のみであり、川西航空機（後に民有国営化され第二軍需工廠）が終戦までに生産した紫電改のほぼ全てが三四三空に送られている。これは多くの陸軍飛行戦隊に少数ずつ供給されたキ一〇〇（「五式戦」）と対照的な配備方針だ。

初期不良の収まらない新鋭機を特定の部隊に集中的に配備して技術的支援を受けやすくするという手法は一般的だが、終戦まで完成した500機に及ばない紫電改はほぼ全て三四三空に注ぎ込まれたのである。

紫電改は試作機が時速600㎞／hを超える速度を発揮し、海軍はこれを局地戦闘機としてだけでなく、試製烈風に代わる次期艦上戦闘機としても採用した。そして零戦に倍する20㎜機銃4挺の火力は対爆撃機邀撃にも期待された。さらに零戦にはついに装備されなかった防弾タンクも装備され、火力と防御の面で世界水準に近づいていた。

肝心の発動機は混合気の均等分配不良によって全力運転が制限され、紫電改が装備した誉二一型は離昇2000馬力を謳いながらも、離昇1800馬力の誉一一型／一二型相当の回転数とブーストに抑える運転制限が課せられている状態だった。だが、このような制限下でも600

三四三空司令 源田実大佐

戦闘三〇一隊長 菅野直大尉

戦闘七〇一隊長 鴛淵孝大尉

km／h前後の性能を発揮できたことで、混合気分配問題を解決する待望の低圧燃料噴射装置による６６０km／h程度の性能向上が目前に見込まれていた。ＪＶ44が装備した画期的なジェット戦闘機Me２６２とは比較にならないが、当時の日本海軍にとってはまさに期待の星だったのである。

次に挙げられるのは部隊の規模だ。

三四三空は戦闘第七〇一飛行隊、戦闘第三〇一飛行隊、戦闘第四〇七飛行隊の3個飛行隊と後方支援に当たる練成隊として戦闘第四〇一飛行隊の4個飛行隊（短期間だけ戦闘第四〇二飛行隊も指揮下にあった）の戦闘機隊と彩雲を装備する偵察第四飛行隊と最大6個飛行隊を擁した大所帯だった。主力となった戦闘七〇一、戦闘三〇一、戦闘四〇七の3個飛行隊だけで紫電改の定数は各隊48機、合計１４４機、偵察四の彩雲の定数24機を加えれば１６８機プラス予備機という大部隊で、戦争前半の零戦航空隊の3倍以上の定数を持つ大部隊であり、ドイツ空軍でいえば戦闘航空団に匹敵する。

もちろん戦争末期の部隊であり、紫電改の生産事情も相まって定数と予備機が全て満たされることはついに無かったが、昭和20年春の日本海軍においては例外的に大規模な戦闘機隊であり「少数精鋭」のＪＶ44とは性格がまったく異なる「大部隊」であることが編制上からもわかる。

そして集められた搭乗員についても言及しなければならない。三四三空の搭乗員はＪＶ44のような歴戦のスーパーエースの集団（※3）ではなかった。海軍の搭乗員の技量は主に部隊配備後の年数によってＡクラスからＣクラスまでの分類が行われていたが、昭和18年から19年にかけての大量消耗によって分類基準が下げられ、昭和20年になると同じＡクラスでも以前とはその質が異なっていた。

各航空隊はＡＢＣの3クラスの搭乗員で構成され、実施部隊配備間もないＣクラス搭乗員が錬成の末に隊内で昇格して行くシステムだったが、三四三空でも事情は同じで、多数のＣクラス搭乗員が含まれていた。定数１４４機の戦闘機隊であるため、全員をＡクラスの熟練者で揃えるなど開戦時ですら不可能だったことが実現できるは

三四三航空隊の最大時編制

- 三四三航空隊
  - 戦闘第三〇一飛行隊
  - 戦闘第四〇七飛行隊
  - 戦闘第七〇一飛行隊
  - 戦闘第四〇一飛行隊
  - 戦闘第四〇二飛行隊
  - 偵察第四飛行隊

※3　JV44は司令官のアドルフ・ガーランドからして撃墜数100機余で、他にも撃墜数300機超のゲルハルト・バルクホルン、同200機超のハインツ・ベーア、ヴァルター・クルピンスキー、ヨハネス・シュタインホフなどのスーパーエースがいた。

ずもなかった。三四三空は当時として精一杯の適格者を配置する努力がなされた主力戦闘機隊ではあったが、エース揃いの精鋭部隊といった現実離れした組織ではない。

しかし各飛行隊の隊長の人選に関しては相当の配慮が行われた形跡がある。それまで主に紫電装備の飛行隊を率いていた大尉クラスの指揮官を集めており、戦闘七〇一の鴛淵（おしぶち）大尉、戦闘四〇二の林喜重（よししげ）大尉、戦闘三〇一の菅野大尉の他にも飛行隊長が務まる力量を持った幹部搭乗員が揃っていた。

戦争後期の海軍航空隊で最も不足していたのはこのクラスの兵学校出身幹部搭乗員だった。長期にわたる消耗でもともと不足気味だった幹部搭乗員は払底していたところを、文字通り掻き集めるようにして三四三空に送り込まれたという点は見逃せない。指揮官層がある程度揃っていたことで、三四三空の継戦能力は飛躍的に高まったといえるだろう。

三四三空の編成目的は何か

三四三空の古い伝説の一つに、錬成地に選ばれた松山基地に由来する「呉軍港の防衛」というものがある。この説は昭和20年3月19日の米機動部隊による空襲を邀撃したことから来たものだが、松山基地の選定は呉軍港よりも川西航空機鳴尾（なるお）工場、姫路工場との距離にある。横須賀航空隊で編成開始された三四三空は紫電改の空輸を受けながら錬成を進める必要があり、工場完成機を直接空輸しやすく、技術支援も受けやすい松山基地が選ばれたと考えられる。

戦後編纂された三四三空の隊誌には松山基地への移動が横須賀基地の狭さと松山基地に余裕があったことから隊員の発案によって決定したように記されているが、三四三空の移動当時の松山基地には当時再編成中の母艦航空隊である六〇一空があり、横須賀と同じく手狭であって、全隊の移

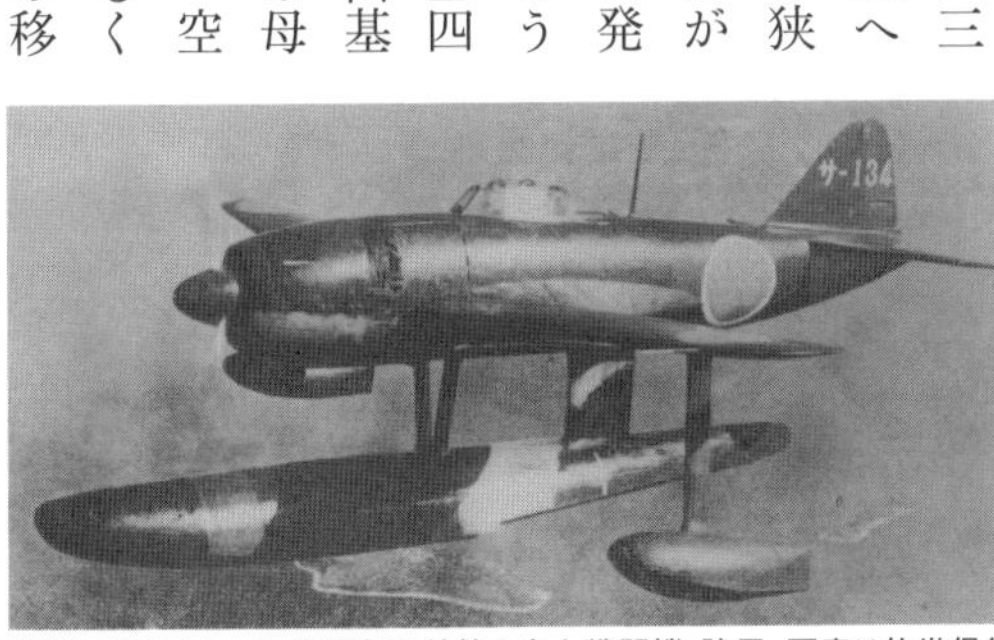

紫電の母体となった、海軍初の純粋な水上戦闘機 強風。写真は佐世保航空隊の所属機で、排気管が集合式から推力式単排気管となるなど、機首周りが改設計された一一型の後期型

動ができない状況にあり戦闘四〇七はしばらく松山基地へ移動できなかった。

そして三四三空が利用した基地は松山だけでなく戦闘四〇一は徳島基地も使用していたが、徳島には紫電一一型装備の二一〇空徳島派遣隊も錬成を行っていた。川西航空機から瀬戸内海を挟んだ四国の北岸に紫電と紫電改の部隊が集中していたのである。昭和20年2月から3月にかけて三四三空の装備機材は川西航空機から隊員自らの手で続々と直接空輸されていた。

そして「三四三空隊誌」には部隊が編成されて間もない昭和19年12月末に初期の隊員が自分たちは人間爆弾桜花の直掩隊となるとの話を聞かされたとある。

これには根拠と考えられるものがある。それは三四三空の基幹となった戦闘飛行隊の一つである戦闘七〇一は、マリアナ沖海戦後に次期決戦部隊として源田実大佐の発案で編成された「T攻撃部隊」の直掩戦闘機隊に指定されていたからだ。

そして「T攻撃部隊」はタイフーンの頭文字「T」と冠して命名されたものだったが、荒天下の雷爆撃に次いで、空技廠が突貫工事で生産した最初の桜花群を配備する部隊として予定されていた。初期計画では桜花は神雷部隊七二一空ではなく「T攻撃部隊」七六二空が運用する予定だったことから「桜花の直掩隊」説が囁かれたのではないだろうか。

どちらにしても三四三空の隊員たちも連合艦隊司令部も、この部隊を投入する戦場としてフィリピンを見据えていたのは間違いない。昭和19年12月は比島航空戦が継続しており、陸軍の四式戦「疾風」と共に新鋭「紫電改」を送り込む先はこの戦場しかなかった。

そして比島の前線には紫電一一型を装備する三四一空が苦しい戦いを続けていた。

三四一空は昭和18年11月15日に松山基地で開隊した最初の紫電一一型装備の航空隊だ。最初の紫電隊が松山基地で編成されたことは三四三空の松山基地使用に絡めて興味深いが、開隊後しばらく経過した昭和19年2月1日には装備定数を局地戦闘機36機から72機へと倍増している。局戦72機（うち常用54機、補用18機）の定数は当時としてはかなり大きい。

そして昭和19年7月1日に紫電隊は戦闘四〇一と戦闘四〇二の二つの飛行隊に分かれることになる。各隊とも定数は48機（常用36機 補用12機）で三四一空は定数96機となる。

この三四一空に続いて編成された紫電装備の航空隊は初代の三四三空で、次いで三四五空、三六一空が予定されていたが、いずれも紫電の不足から零戦装備のまま実戦に投入されたため、三四一空に続く紫電隊はなかなか実現しなかった。

やがて昭和19年7月には横須賀航空隊内で戦闘七〇一飛行隊が新編成され、ここに紫電が配備され三四一空以外に初めて紫電隊が誕生する。先に触れた「T攻撃部隊」の制空任務を与えられた飛行隊で、横須賀航空隊の熟練者を中心に編成されていた。

三四一空は8月末から次期決戦に備えて台湾に進出を開始したが、9月1日、現在の内地残留隊を含めた保有機は定数96機を上回る119機で、この当時、三四一空は海軍最大の戦闘機隊となっていた。

台湾沖航空戦に続き捷一号作戦が開始されて三四一空の紫電隊は比島での戦闘に投入され、出撃を繰り返す中で11月には「T攻撃部隊」から除かれた精鋭の戦闘七〇一が三四一空に加わる。比島の戦場で戦闘四〇一、戦闘四〇二、戦闘七〇一と三四三空に関係する隊名が三四三空の先輩格にあたる三四一空に集中することになった。

このように飛行隊が柔軟に航空隊の指揮下を移動するのは昭和19年3月1日に実施された特設飛行隊制度による空地分離の結果だ。

母艦航空隊の洋上航空戦と異なり、決戦時に大規模な基地間の機動集中を必要とし、同時に長期の消耗戦が避けられない陸上基地航空戦では、従来の小規模な編制による航空隊では集中した部隊の統一指揮が難しく、しかも短期間に戦力を消耗して作戦能力を失う傾向があった。戦力を失った航空隊は指揮組織のみが残り遊休化してしまう。

これを避けるため、必要な状況で必要な兵力を臨機に集中使用できるよう、地上の指揮組織と戦闘部隊を分離する改正が特設飛行隊制度だった。この改正により一つの航空隊が配属される飛行隊によって兵力を調整し、あるいは飛行隊を入れ替えることによって長期にわたり戦闘を継続できる利点が生まれた。三四一空が複数の戦闘飛行隊を指揮下に置いて比島航空戦を最後まで戦い抜いたのは特設航空隊制度があってのことだった。

同じように陸軍航空隊も昭和18年後半から戦闘機隊の投入を100機単位とする方針を打ち出し、戦闘機隊は従来の飛行戦隊単位から飛行団単位での運用が主流となり、比島戦ではさらに戦闘機の機種別集中運用まで開始される。

比島(フィリピン)ルソン島クラーク基地で米軍に接収された第二〇一海軍航空隊の紫電一一甲型。比島戦に大量投入された紫電は、飛行特性や地上滑走性能の問題が表面化し、事故による損失が相次ぐ。その根本的な対策として送り出されたのが紫電改だった

混合気分配問題から運転制限を課せられていた「誉」発動機の全力運転を可能とすべく、発動機を低圧燃料噴射装備の「誉」二三型に換装したのが紫電三二型で、写真はその試作機の川西鳴尾工場製の517号機。これにより敵新鋭機に伍する性能を発揮するはずだったが、量産には至らなかった

長い消耗戦の中で陸海軍航空隊の編成も大きく変化していた。

初代三四三空はついに紫電を装備することなく壊滅してしまったが、三四一空に続く第二の紫電航空隊として三四三の番号を受け継ぐ三四三空が新編成されるのはこうした流れに沿った動きといえるだろう。

昭和19年12月25日に横須賀基地において第三航空艦隊、第二五航空戦隊、第七基地航空部隊西部第一空襲部隊の一隊として三四三空(二代)が開隊した。

三四三空は源田実大佐の発案による特殊な精鋭戦闘機隊といったものではなく、特設航空隊制度の下で複数の飛行隊を持ち、その大兵力で攻撃部隊の制空任務にあたる三四一空に次ぐ紫電航空隊なのである。比島で戦力を消耗して紙上の戦力と化した戦闘七〇一、戦闘四〇一、戦闘四〇二といった紫電飛行隊が再編成され、わずかな生き残り搭乗員と共に三四三空に配属されたのはこうした経緯だった。

しかも装備機材は三四一空が装備した紫電一一型ではなく、性能も一新した紫電二一型すなわち紫電改だった。

事故続出の松山基地

12月末に開隊してしばらくの間、三四三空の各飛行隊には紫電改が届かず、暫定的に紫電一一型を使用して訓練が開始された。戦闘三〇一の戦時日誌によれば昭和20年1月1日の戦闘三〇一の保有機は紫電一一型12機、紫電二一型（紫電改）1機、零式練戦1機、中間練習機1機、機上作業練習機1機となっている。

横須賀航空隊から戦闘七〇一に転勤した零戦のエースである坂井三郎少尉はこの頃の状況を「残骸の山」と回想している。負傷の影響で戦闘七〇一の内地残留隊に残った坂井少尉は戦闘七〇一の教育に当たっていた当事者だったが、教官が誰であれ紫電という飛行機には大きな欠陥があった。

中翼型式の水上戦闘機強風を陸上機化した紫電は、高い位置にある主翼のため油圧伸縮式の長い主脚を持っていた。この伸縮式の主脚も初期には不具合が多発した問題箇所だったが、問題が改善された後も長い主脚ゆえに脚と脚の間隔が大きく、機体全長に比べて大きすぎる轍（てつ）間（かん）距離（※4）のために地上滑走が不安定で危険だった。

とくに着陸の際に機体が左右に回される傾向が強く、そのまま重大事故につながっている。三四三空の錬成も例外ではなかった。

昭和20年1月1日に最初の事故が発生した。戦闘三〇一の紫電1機が着陸の際に転覆大破して三四三空で初の殉職者を出してしまった。次の事故は翌日1月2日に発生し、同じく着陸時に大破したが搭乗員は無事だった。さらに1月4日には紫電1機が着陸時に左に回され大破した。1月8日にも紫電1機が今度は右に回され大破している。

このような事故は連日のように発生し、1月中だけでも三四三空所属の紫電15機、紫電改3機が事故で失われた。続く2月にも紫電10機、紫電改2機が事故で失われている。猛訓練の最中とはいえ、この数字は異常なものだ。

しかし同時期に徳島基地で訓練を続けていた二一〇空徳島派遣隊の紫電も惨憺たる記録を残している。二一〇空は1月に紫電13機を事故で失い、2月には5機、3月には10機、四月には16機の紫電を事故で失った。まるで最前線の激戦にあるかのような機材の消耗だ。

※4 左右の降着装置の間の距離。

「三四三空隊誌」によればその悪癖は地上だけでなく空中にも及び、高い失速速度に加えて背面錐揉みに入ると絶対に回復しないと注意されていたという。紫電という戦闘機は40機程度で4ヶ月も訓練しているだけで1個飛行隊が消えてしまう程に事故率の高い、操縦の難しい飛行機だったのである。三四三空は松山基地時代に11人の殉職者と4人の負傷者を出している。紫電で事故を起こせば生き残れる確率は低かった。

これに対して紫電改の事故は目立って少ない。低翼化され、脚が短縮されて輪間距離も縮小され、加えて胴体も延長された結果、地上滑走が安定したしたほか、空中での致命的な悪癖も緩和されたという。搭乗員間の紫電改についての評価は訓練時に乗った紫電との比較による好印象といった面も無視できないだろう。

早すぎた実戦投入、「剣部隊の初陣」

三四三空司令、源田実大佐の着任は1月19日になってからだった。前年の戦闘三〇一編成時にすでに着任していた菅野直大尉を除いて、飛行長、志賀淑雄中佐、戦闘七〇一飛行隊長、鴛淵孝大尉、戦闘四〇七飛行隊長、林喜重大尉といった主要幹部の顔ぶれが松山基地に揃うのにおよそ1月一杯を費やしている。源田司令は1月から訓練を開始して三四三空の実戦投入を5月頃と予定していたといわれる。

厳しい戦況下で異例ともいえる長期間の訓練を実施して錬度を高め、一気に戦果を挙げようという発想に見えるが、その実態は三四三空に加わった第二陣の飛行隊である戦闘四〇一、戦闘四〇二の錬成完了時期が最速で考えても5月であったからではないだろうか。

戦闘四〇一は結果的に徳島基地、松山基地で終戦まで三四三空の後方訓練飛行隊として機能したことから、最初からそのような意図があったように考えられているが、戦闘四〇一と戦闘四〇二は海軍最初の紫電飛行隊であり、三四三空の戦闘三〇一、戦闘七〇一、戦闘四〇七の3個飛行隊の後方支援に2個もの飛行隊は明らかに過剰だ。

戦闘四〇一と戦闘四〇二は三四三空の実戦部隊として4番目、5番目の飛行隊になる計画だったと推定するのが妥当だろう。しかし戦闘四〇一は2月1日の三四三空編入からまもなく3月1日付で六〇一空に編入されている。

この措置は2月16日から3日間続いた米機動部隊の関東空襲と、それに続く硫黄島上陸作戦によって生じた関東方面の脅威に対処したものと考えられる。六〇一空は2月の母艦航空隊解散(※5)後、2月16日の米機動部隊関東空襲の真っ最中に関東方面に移動、その後、沖縄航空戦に参加の後、5月以降、関東地区でラバウル航空戦末期を彷彿とさせる数十機から100機に届く規模で三四三空以上の邀撃戦を繰り広げた一大航空兵力だった。装備する戦闘機の主力は零戦だったが、ここに紫電を集結してやがて紫電改の量産が進んだ後は紫電改に機種改変し、西の三四三空と並ぶ東の紫電改部隊とする構想があったのかもしれない。

このように三四三空は史実よりもさらに大規模な戦闘機集団として構想されていたようだが、戦闘四〇二の転出以降、5番目以降の戦闘飛行隊が配備されることはなかった。海軍機を製造していた各社に紫電改の転換生産が命じられていたが、終戦までまとまった数の生産機を送り出した工場はなく、紫電改生産は海軍の思惑通りには進捗しなかったからである。川西航空機鳴尾工場から送り出される紫電改は三四三空の紫電を置き換えるのが精一杯だった。

三四三空の錬成は紫電改の供給ペースに足をとられつつも進み、2月1日現在で戦闘三〇一は紫電11機、紫電改5機、戦闘七〇一は紫電8機、紫電改2機、戦闘四〇七は紫電16機、紫電改6機と段々と紫電改の比率が上がって来ていた。

しかし三四三空の中で偵察機彩雲を装備する偵察第四飛行隊は2月1日に編入されたものの、彩雲の供給が間

三四三空概略史(1)

昭和19年	
12月25日	横須賀にて三四三空(二代)開隊
	第三航空艦隊─第二五航空戦隊─第七基地航空部隊─西部第一空襲部隊の一隊という指揮系統の位置づけとなる
昭和20年	
1月1日	戦闘三〇一訓練飛行にて最初の事故発生 以後事故多発
1月8日	戦闘七〇一訓練飛行開始 鴛淵大尉着任
1月14日	飛行長 志賀淑雄少佐着任
1月19日	司令 源田実大佐着任
1月26日	戦闘四〇七訓練飛行開始
2月1日	戦闘四〇一、三四三空に編入
2月10日	戦闘四〇二、三四三空に編入
2月12日	偵四隊長 橋本敏男少佐着任
2月14日	偵四 九三中練で訓練飛行開始
3月1日	戦闘四〇二、三四三空を外れ六〇一空に編入
3月1日	戦闘四〇一、徳島基地に移動(4月30日に松山復帰)
3月18日	敵機動部隊邀撃のため72機発進 会敵せず
3月19日	敵機動部隊邀撃 三四三空初の戦闘となる
4月1日	第五航空艦隊編入
4月10日	戦闘三〇一鹿屋進出完了

※5 昭和19年(1944年)10月のレイテ沖海戦後、第一航空戦隊は建造中の空母の完成を待ちつつ、母艦航空隊の再建を計画していたが、それらの空母も戦没するなど諸状況の悪化を受けて、2月に再建が断念された。

に合わず座学中心の教育が行われ、2月14日から開始された飛行訓練も九三中錬を使用した、搭乗員としての感覚の維持程度といった低調なものだった。

偵察四はミッドウェー海戦で偵察の重要さを痛感した源田実司令の発案により三四三空に組み込まれたとされてはいるが、偵察、索敵任務に加えて多数の戦闘飛行隊を擁する構想だった三四三空が洋上の制空作戦を実施する際に、航法能力に劣る単座の紫電改を目標地点に誘導し、戦闘終了後に基地へと連れ帰る誘導機としての任務があった様子である。だが3月後半になっても彩雲の数は4機に過ぎず、三四三空が独自に扇形に広がる何本もの索敵線を描いて十分な索敵を行うにはまったく足りない。敵編隊への触接や紫電改編隊の誘導任務が限界だった。

こうした長距離侵攻を実施する戦闘機隊に偵察機部隊が誘導目的で随伴することは、支那事変中に重慶への長距離侵攻を実施していた零戦隊にも見られた伝統的な手法であり、むしろ三四三空のような大規模戦闘機集団としては、戦闘機を誘導できる高速の偵察機隊を1隊（常用18機）程度持つことは当然ともいえるものだ。誘導隊が居ないことのほうが奇妙なのである。

しかし偵察第四の錬成は装備機材である彩雲の供給不足によって、戦闘機隊に比べて大きく遅れていた。機数も少なく訓練も不十分な偵察第四飛行隊にとって、実戦で十分に任務を果たすにはまだ時間が必要だった。

昭和20年3月後半の段階でも偵察第四の訓練不足は顕著だったが、紫電改飛行隊の訓練も万全というには程遠い状況だった。訓練が最も進んでいた戦闘三〇一以外はまだ実戦に投入すべき技量には足りない部分が多かったが、戦局は三四三空にこれ以上の訓練の余裕を与えなかった。

硫黄島の攻略をほぼ実現した米軍は次なる目標の沖縄上陸作戦に向けて、西日本の航空基地と残存空母部隊の出撃拠点となる呉軍港に対して、空母機動部隊による航空撃滅戦を計画した。大規模な上陸作戦の前に後方基地を叩く戦術は米軍お決まりの作戦である。

こうして錬成途上の三四三空は、はからずも予定より早い実戦を経験することになる。

3月17日、第五航空艦隊の彩雲と種子島電探が土佐沖で敵機動部隊を捕捉し、松山の三四三空にも通報された。敵の目標に呉が含まれるなら、その途上にある松山基地も当然攻撃目標に入ると考えられた。

三四三空最初の実戦

3月18日早朝、源田司令は紫電改全機の発進を命じ、3個飛行隊合計72機が松山基地を飛び立った。この時点で紫電改を完全に装備していたのは戦闘三〇一のみで、戦闘七〇一、戦闘四〇七にはまだ若干の紫電も含まれていた。

しかし18日の空襲は九州地区の基地に向けられ、四国南岸を哨戒していた三四三空は会敵することができず空しく帰還したが、松山基地は主力の留守中に少数のF6Fによる写真偵察と地上攻撃を受けるという緊張した状態で翌19日を迎えた。

午前5時40分、偵察第四の彩雲3機が敵編隊の発見と触接のために発進した。1機は発動機不調のため発進できず、戦闘機隊の後から誘導任務で再発進することになる。午前5時には紫電改の搭乗員が集合して待機に入り、一足先に基地上空直衛任務の紫電8機が発進、発動機不調で離陸中止した1機を除き、7機の紫電が増槽を抱いて松山基地上空を哨戒し始めた。

敵編隊を彩雲と足摺岬の電探が捉えると全機発進が命じられ、合計54機の紫電改が飛行隊ごとに編隊離陸で発進した。三四三空といえば堂々たる編隊での一斉離陸が語り継がれ、その技量の高さの象徴となっているが、編隊離陸は技量の誇示ではない。基地上空で編隊を組む15分から20分の時間を節約して迅速に進撃に移る為に採用されたもので、零戦に比べて航続距離の短い紫電改には適切な運用ともいえる。

また紫電改各隊は戦闘三〇一が「新撰組」、戦闘七〇一が「維新隊」、戦闘四〇七が「天誅組」、彩雲隊は「奇兵隊」と自称し、三四三空全体は松山の剣山から「剣部隊」を名乗った。これらの詳しい命名時期と由来には諸説あるが3月には各愛称が出揃っていたようだ。

しかし気になるのは前日18日の全力出撃には72機が参加したのに対して、19日の出撃機は上空直衛で先発した紫電8機と遅れて離陸した紫電改を加えて63機前後に減少している点だ。前日に会敵せずといえども全力出撃を行った影響が出て可動機が減少しているところに機材面での限界が垣間見える。

この日の空中戦の詳細を描く紙数は無いが、大規模な邀撃戦が行われた結果、三四三空は大戦果を挙げたと評価された。豊田副武連合艦隊司令長官からの感状は次のようにその功績を賞している。

「感状　昭和二十年三月十九日敵機動部隊艦上機ノ主力ヲ以テ内海西部ニ来襲スルヤ松山基地ニ邀撃シ機略ニ富ム戦闘指導ト尖鋭ナル戦闘実施トニ依リ忽（タチマチ）ニシテ敵機六十余機ヲ撃墜シ全軍ノ士気ヲ昂揚セルハ其ノ功績顕著ナリ　仍（ヨッ）テ茲（ココ）ニ感状ヲ授与ス」

最近の研究では実際の戦果は「六十余機」には程遠く、最大で十数機であることが判明しているが、全体として空襲による艦船、基地の損害は重大だったものの、三四三空の空中戦については「勝利」と自覚されていたことがわかる。

本来なら各隊常用36機、合計１０８機が飛び立つべきところをその6割程度の規模の出撃となったものの、この日の戦闘は紫電改の集中運用に十分な手ごたえを感じさせるものだったことは間違いない。海軍部内で三四三空の名は一気に高まった。

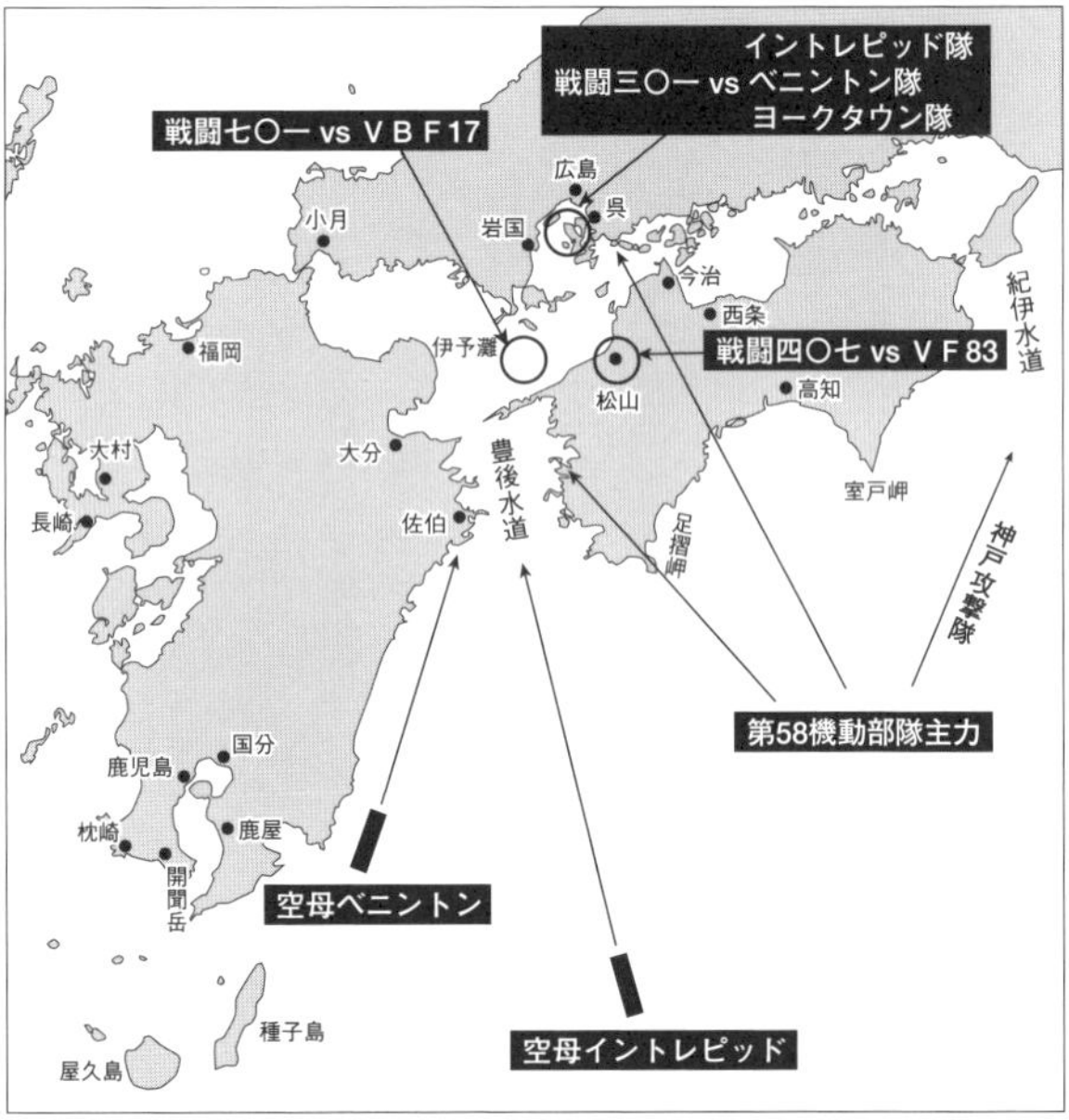

三四三空の初陣

3月19日に呉を空襲したのは、四国沖まで北上していた沖縄侵攻「アイスバーグ」作戦展開中の第58機動部隊だった。そのうち正規空母の内訳は、第1群「ホーネット（Ⅱ）」「ベニントン」「ワスプ（Ⅱ）」、第2群「フランクリン」「ハンコック」、第3群「エセックス」「バンカーヒル」、第4群「ヨークタウン（Ⅱ）」「イントレピッド」で、その他護衛空母を含む。主に第1～第3群の350機が呉方面、第4群が神戸を攻撃した。

しかし錬成半ばで実戦投入された三四三空も無傷ではなかった。

空中戦での損失は15機、紫電改搭乗員の戦死者は13人に及んだ。戦闘三〇一の菅野隊長機も撃墜され、菅野大尉は軽傷を負って落下傘降下している。加えて松山基地の在地機5機も空襲によって失われ、三四三空は機材22

機（彩雲１機を含む）の完全損失、多数の被弾機と撃墜された彩雲１機と地上戦死者１人を含む貴重な搭乗員17人を失うという無視できない痛手を負った。

機材22機の損失の他に、被弾損傷機の中には修理不能機や修理可能であっても再度の実戦使用には耐えない機体が加わるため、この戦いで三四三空の実働兵力は軽く見積もっても半減してしまったのではないだろうか。

この初陣以降、終戦まで60機以上の出撃は一度も実施できていないのだ。

損害回復に時間を取られた結果、三四三空は４月１日からの沖縄航空戦への参加が遅れ、４月１日にそれまでの第三航空艦隊から２月に新設された決戦部隊である第五航空艦隊に編入されたものの

中国大陸で零戦の初陣を飾った十二空には、零戦による長距離侵攻時の誘導機として九八式陸偵が随伴していた（7ページからの「第十二航空隊」も参照）。三四三空も同様に、高速の紫電改を誘導できる高速艦偵 彩雲を装備する偵察第四飛行隊が所属していたが、制空作戦時の最大進出空域が喜界島上空までであり、実戦での紫電改、彩雲の協同は3月19日の呉空襲時のみだった

九州進出は４月10日以降となり、最初の大規模航空攻撃となった菊水一号作戦に参加できなかった。

菊水二号作戦　喜界島上空の制空戦

第五航空艦隊に編入された三四三空は九州地区への進出が急がれた。

紫電改の九州進出は４月10日に戦闘三〇一、４月13日に戦闘四〇七、４月14日に戦闘七〇一がそれぞれ鹿屋基地に進出完了し、４月17日には主力が第一国分（こくぶ）基地へと移動した。

この九州進出の途中、４月12日に第二次の航空総攻撃である菊水二号作戦が実施された。

菊水二号作戦において三四三空に与えられた任務は沖縄への途上、喜界島付近まで進出して制空戦闘を行い、特攻機の進路を切り開くことだった。零戦に比べて行動半径の小さい紫電改は九州南端から沖縄までの往復が困難だったことと、米軍戦闘機の哨戒がこの近辺で行われることから、喜界島という進出地点が選ばれた。

攻撃隊の直掩隊としてではなく、進路啓開を目的とし

た単独での行動は制空部隊である三四三空にとって理想的な任務であると同時に、本来の用法であり、この喜界島上空の制空戦は菊水作戦の経過とともに繰り返されている。

4月12日の喜界島制空戦には3個飛行隊合計42機が午前10時45分に発進し、11時45分に喜界島での哨戒に入った。高度6000mで哨戒開始から1時間程で、高度3000m付近にF6F約20機の編隊とさらに下方にF4U約30機を発見して攻撃に移るが、途中からF6F約30機が戦闘に介入し、空中戦は25分程度で終了した。当初襲い掛かった編隊を混乱させたところで、第三の編隊が即座に増援に駆け付けて来たことで乱戦となった戦いといえる。無線電話の有効活用の結果だが、三四三空の紫電改も横須賀航空隊の協力を得て無線電話が実用レベルにあった。

しかし通話の混乱を避けるために個人間の通話は禁じられ、隊長機のみが発信し列機は受信のみで運用していた。これはこれで整然とした運用規則だったが、個人間の意思疎通は昔ながらの手信号で行うのでは、電話の活用法としてはこなれていない。技術的問題解決が行われても、実戦での運用経験が少なかったのだ。

そして敵味方の兵力差は機体の装備、性能や搭乗員の錬度といった問題を超えていた。

戦闘後、鹿屋基地に帰還したのは紫電改18機だった。

喜界島に向かった42機に対して帰還機18機となった内訳は次のようになる。

出撃機は44機、離陸取止めで鹿屋基地離陸は42機となり、途中で不調により鹿屋に引返した機が8機で、実際に戦闘を行ったのは34機に過ぎなかった。戦闘終了後の未帰還が11機、不時着5機となり、34機が日本側推定で合計80機程度の敵戦闘機と戦った結果、その1／3が撃墜されたのである。搭乗員の戦死は10人だった。

そして4月15日には鹿屋基地が空襲を受け、損害は2機だったが、邀撃が遅れた中で発進した下士官エースの杉田庄一上飛曹が戦死するという無視できない損失だった。

続いて4月16日、菊水三号作戦が実施され、三四三空は二度目の制空任務に就く。

菊水二号作戦の損傷修理と補充の結果、出撃機は40機となったが、発進取止め4機、途中引返し3機で戦闘に参加したのは33機（三四三空隊誌では33機、戦時日誌では32機となっている）で未帰還および自爆9機、不時着1機を出し、戦闘後に鹿屋に帰還したのは20機だった。

この戦いは前回の戦闘以上に思い通りに進まなかった。高度5500mで哨戒していたところ、更に上空からF6F編隊に襲われ、鴛淵大尉率いる第一中隊8機（戦闘七〇一で構成）は高度を取ろうとして林喜重大尉の第二中隊（戦闘四〇七）と菅野大尉の第三中隊（戦闘三〇一）と分離した上に敵を見失い、ついに戦闘に参加できなかった。

第二中隊、第三中隊の合計25機による、高度劣位からの不利な戦いは15分程度で終了した。損害は9機だったが、三十数機の中での9機ではなく第一中隊を除く戦闘参加25機のうち9機が失われた完敗だった。

この戦闘の後、三四三空の鹿屋基地での保有機は戦闘七〇一が保有11機、可動11機、戦闘四〇七が保有17機、可動11機、戦闘三〇一が保有19機、可動11機に落ち込んだ。

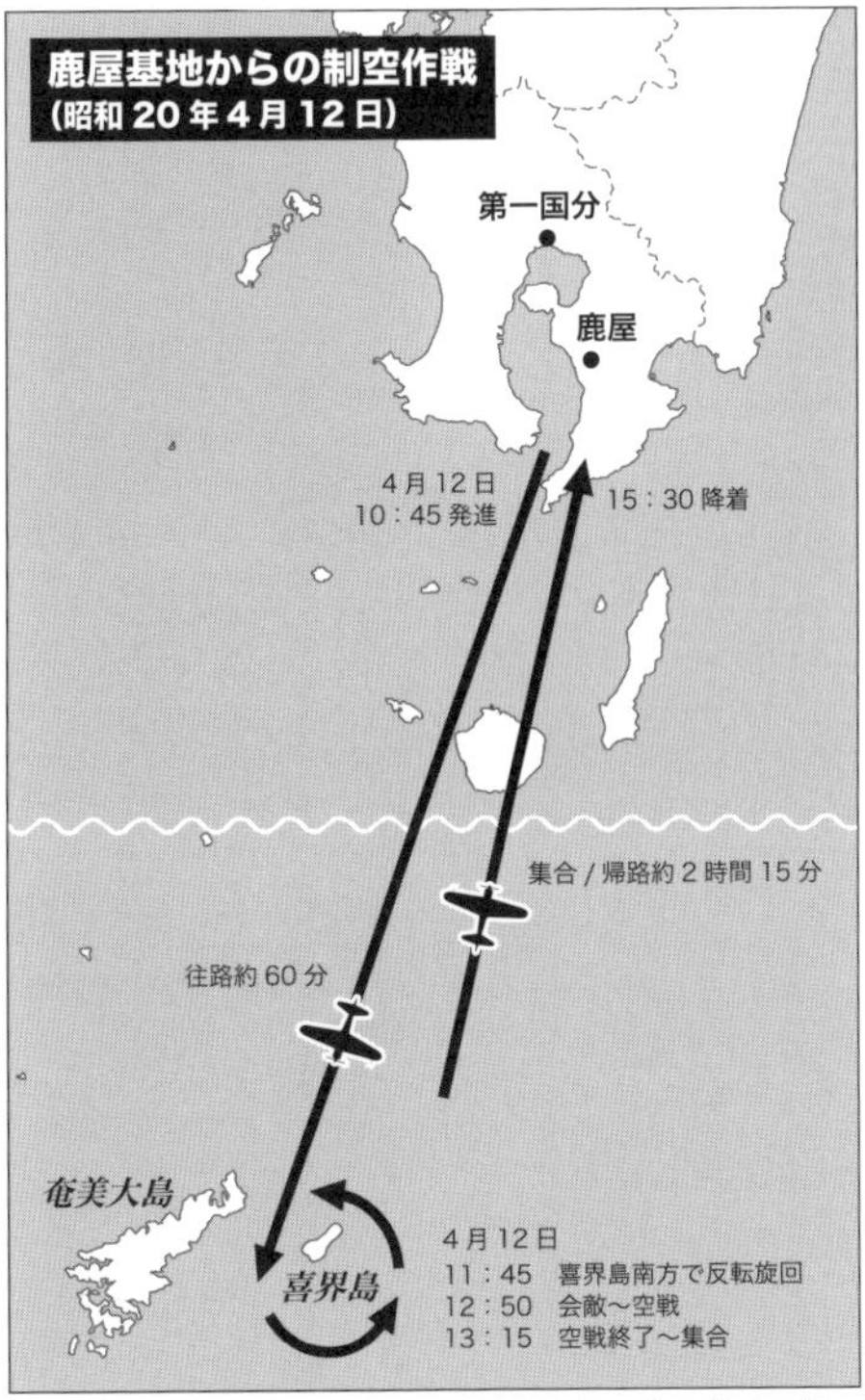

三四三空戦時日誌は戦訓所見の中でこの日の反省を込めてこのように記している。

「空戦開始時ニ於ケル各隊指揮官ノ連絡協同ハ特ニ密ニスル要アリ　優位ノ利用ヲ持続シ劣位ノ不利ヲ挽回シ得ルノ法ハ右ヲ措キテ他ニ無シ　之ガ為、隊形、電話ノ活用並ニ空戦思想ノ統一徹底研究ヲ実施シ劣位戦ニ関シテモ訓練ノ要アリ」

三四三空戦時日誌の戦訓所見は率直な自己批判を含んでいて見逃せない。菊水三号作戦では指揮官同士の連絡

4月12日、4月16日の喜界島上空の制空作戦は、菊水特攻作戦に出撃する特攻機の進路を切り開くための制空戦闘で、沖縄航空戦に投入された三四三空にとって、これが本来の任務だった。しかしB-29による航空基地攻撃の邀撃、哨戒機掃討、機動部隊空襲の邀撃と、多方面にわたる戦闘に忙殺され、喜界島上空の制空戦闘は通算4回しか発生していない。また鹿屋から喜界島上空まで往路約1時間の航程は、島伝いで地文航法で飛べる範囲にあり、長距離洋上作戦の経験に乏しい三四三空にも無理のない作戦だった。

協同を欠いて第一中隊が分離してしまったことを素直に認め、さらに高度劣位からの戦闘に臨むにあたり、慎重に高度を取って仕切り直そうとした鴛淵大尉とそのまま腹を据えて迎え撃とうとした林喜重大尉、菅野大尉との間に戦術的な不統一があったことをも示唆している。

また、編隊離陸を行うには鹿屋基地の滑走路は狭く、三四三空にとって少なくとも1個小隊（4機の区隊2個の計8機）単位での連続編隊離陸ができなければならないとしている。2本の舗装滑走路があったが滑走路外が離陸に使用できない鹿屋基地は、三四三空には不適で、30機程度の編隊を組む為に20分以上を費やし、貴重な燃料と時間を浪費したというのである。この不満が4月17日の第一国分基地への移動につながったようだ。

三四三空が撃墜を確信した米艦上機の多くが破損しながらも母艦に帰還している。この米海軍機の強靭さが、日米の戦果に齟齬が生じる一つの大きな要因となった。上の写真は昭和20年7月の呉軍港空襲中に友軍機と空中接触し、母艦に着艦すると同時に尾部が切断されたF4U。下も呉空襲時に被弾したF4Uで、胴体後部に大きな破孔があるほか、小口径弾のものとみられる被弾口が多数確認できる

紫電改とB-29邀撃戦

紫電改が戦った敵は戦闘機だけではない。B-29邀撃戦もまた主要な戦いの一つに数えられる。4月21日には三四三空が初めてB-29邀撃戦に参加した。

戦闘計画は次のようなものだった。

「九州南部ニ侵入シ来ル敵B-29編隊ノ一群ヲ捕捉殲滅シ逐次他群ニ及ボスナリ」

この計画はB-29の一部編隊を集中攻撃して戦果を挙げるというものだが、三四三空の現有兵力ではそれしか実施できないという事情の他に、米軍側の九州地区への爆撃戦術を反映している部分がある。

B-29による空襲といえば100機単位の大集団による大規模戦略爆撃が思い浮かぶが、昭和20年4月に集中的に実施された九州地区への

空襲は、都市や工場を目標としたそれまでの戦略爆撃とは様相が違った。

沖縄沖の艦艇に対する特攻攻撃の基地となる九州の飛行場群を爆撃し、特攻機を地上で撃滅することを目的とした空襲計画は、20機、30機といったB‐29にしては小規模の編隊で九州各地の陸海軍基地を連続かつ反復して攻撃するというものだった。

各基地への攻撃にはそれぞれコードネームが付与され、その後に作戦ごとの番号が振られた、目標が明確で、それぞれの基地への何度目の空襲かがひと目でわかる作戦名である。

この4月21日の空襲だけでもミッションナンバー83「Famish 3」(鹿屋)、84「Checkbook 4」(鹿屋のもう一つの目標名)、85「Blowzy 1」(宇佐)、86「Barraca 3」(国分)、87「Aeroscope 1」(串良)、88「Fearless 4」(太刀洗)、89「Bullish 3」(出水)、90「Bushing 3」(新田原)と8個の基地攻撃作戦が同時に実施され、しかも宇佐と串良を除けばどの基地も3回から4回目の空襲である。4月21日は九州上空の何処を飛んでもB‐29編隊と出会うような状況だった。


このような雷電(らいでん)の空襲を邀撃するために臨時の集成部隊である「竜巻部隊」が編成されているが、雷電よりも性能と火力に優る紫電改を装備する三四三空もその邀撃作戦に加わった。本来は制空部隊である三四三空の仕事がもう一つ増えたのである。

ここで三四三空にとってB‐29邀撃は想定外の任務だったことを象徴する出来事があった。喜界島制空戦では鴛淵大尉と他の2人の飛行隊長との間で戦術面での意見の違いが見られたが、今度は菅野大尉と林喜重大尉の間で対B‐29攻撃法について激しい論争が起こったのだ。南方でB‐24に対する前方からの背面降下攻撃に自信を持っていた菅野大尉はこの戦法を主張し、林喜重大尉は後上方向からの深い角度での降下攻撃を主張して譲らなかったといわれる。

4月21日、午前6時7分、敵大型機来襲の報に接し第一国分基地から戦闘七〇一の11機(うち1機引返す)が離陸し、高度8500mで哨戒を開始して間もなく、下方に宮崎方面から出水方面に向かうB‐29の9機編隊を4500mに発見して攻撃を開始した。しかし戦果は無く6機が第一国分に帰還し4機が不時着した。

戦闘七〇一の編隊には第三小隊として林喜重大尉率いる戦闘四〇七の5機が加わっていた。戦闘四〇七もB-29 11機編隊を捕捉して攻撃を加えたが戦果はなく、林喜重隊長機は編隊から分離してしまう。その後林機は単機で出水上空においてB-29 19機と交戦するが1機撃墜（戦時日誌による）した後、自爆戦死してしまう。第一国分に帰還したのは3機だった。

この日、三四三空の3人の飛行隊長のうち、最初の1人が倒れたのである。

戦闘三〇一は午前6時20分に9機で発進し、霧島山上空高度4000mでB-29 8機編隊を捕捉、攻撃を開始して宮崎東方海上で1機を撃墜（戦時日誌による）、帰還機は5機、3機が不時着した。戦闘三〇一の三番機である清水俊信一飛曹は編隊から分離してしまったが、同じく分離して単機となった戦闘四〇七の林隊長機を発見合流し、協同攻撃を行ったが被弾自爆した。

隊長の自爆戦死した戦闘四〇七にはこの日もう一つの編隊が存在した。それは戦時日誌に戦闘四〇七別働隊として記録されている、市村吾郎大尉が率いる7機の紫電改だった。この編隊は市村機の呼称番号（尾翼に描かれる番号）が343 B51であるのに続く機はA48、B

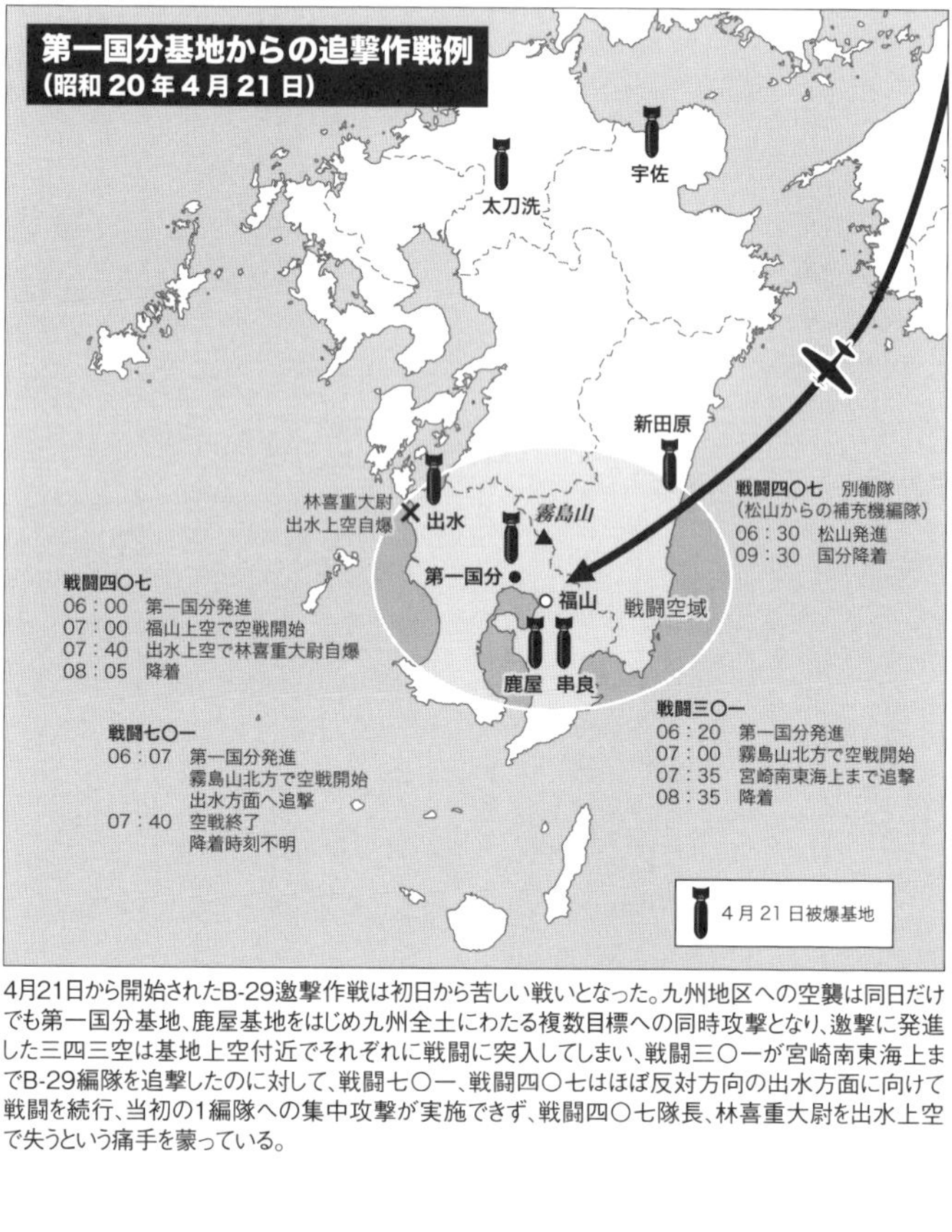

4月21日から開始されたB-29邀撃作戦は初日から苦しい戦いとなった。九州地区への空襲は同日だけでも第一国分基地、鹿屋基地をはじめ九州全土にわたる複数目標への同時攻撃となり、邀撃に発進した三四三空は基地上空付近でそれぞれに戦闘に突入してしまい、戦闘三〇一が宮崎南東海上までB-29編隊を追撃したのに対して、戦闘七〇一、戦闘四〇七はほぼ反対方向の出水方面に向けて戦闘を続行、当初の1編隊への集中攻撃が実施できず、戦闘四〇七隊長、林喜重大尉を出水上空で失うという痛手を蒙っている。

18、C53、B07と所属飛行隊がバラバラだった。その理由は市村隊が松山基地を発進し、国分基地へ進出する補充機の編隊だったからである。

第一国分に向かい、宮崎基地上空通過後に高度6000mでB－29 7機編隊を発見して追撃したが追いつけず、第一区隊は第一国分に着陸、残る第二区隊は哨戒を続けたがB－29 1機に損傷を与えたのみだった。

米軍の記録では21日の全ての基地空襲作戦に於ける損失は1機も無かった。日本側は多数の目標に同時に殺到したB－29編隊に対して為す術もなかったのである。

4月のB－29邀撃戦は18日から25日まで続けられ、三四三空は未帰還2機、大破2機、地上での炎上大破15機の合計19機を失っている。

目立った戦果が無く飛行隊長1人が戦死したこの戦いについて、戦時日誌は次のように述べている。

「戦訓所見

（イ）攻撃ハ一群ニ集中徹底セシムルヲ要ス　之ガ為敵編隊本土侵入前及後ニ於テ逐一敵機ノ行動ヲ把握シ得ル如ク情報ノ正確速達ヲ要ス

（ロ）敵の面爆撃或ハ之ニ近キ飛行場攻撃ニ対シテハ更ニ徹底セル分散ヲ迅速ナラシムル為施設能力ヲ画期的ニ増大スル要アリ」

戦時日誌は各隊の戦闘記録にあるように、三つの飛行隊がそれぞれ別々に哨戒し別々の編隊に攻撃をかけて、当初意図した一編隊への攻撃集中と殲滅がまったく実施できなかったことを自己批判している。

また（ロ）は第一国分基地の被爆対策が不十分で地上機への掩体も不足しており、基地が被害を受けて帰還できない事例が発生したこと、情報伝達が遅く地上管制も不足していたことを指摘したものだ。

そしてB－29の邀撃戦闘には第一国分のような九州南端の基地は余裕が無く、また防御設備も不十分なために、より後退した大村基地への移動が検討され、4月25日、三四三空は国分基地から長崎県の大村基地へと移動した。

戦術の改善が見られた5月

最前線から一歩退いた大村基地へ後退してからも、

三四三空本来の任務である制空作戦は中止されなかった。5月4日に3度目の喜界島上空での制空戦が実施され、戦闘七〇一、戦闘三〇一、戦闘四〇七の3飛行隊から36機が出撃した（三四三空隊誌）。林喜重大尉が戦死した戦闘四〇七は分隊長を務める市村吾郎大尉が飛行隊長代理として指揮を執っている。このような隊長代行が務まる有力な分隊長を各隊持っていたことも、三四三空の強みの一つといえる。幹部層の厚みはそのまま継戦能力の強化につながっていた。

しかしこの戦いもその結果は精彩を欠き、敵戦闘機13機撃墜が報告されていたが、実際に撃墜された米軍戦闘機は無かった。一方、三四三空は未帰還機6機を出し、搭乗員6人を失っている。

また大村基地への移動の理由となったB-29邀撃戦でも5月に入ると六番二七号爆弾（空対空ロケット弾）が装備され、段々と戦果が挙がるようになっていた。六番二七号爆弾は時限信管を装着したロケット推進式の三号爆弾（対空焼夷爆弾）で炸裂のタイミングをとって発射する難しさがあったが、敵編隊を霍乱（かくらん）するには有効な兵器でもあった。推進薬の製造不良から実戦投入が遅れて

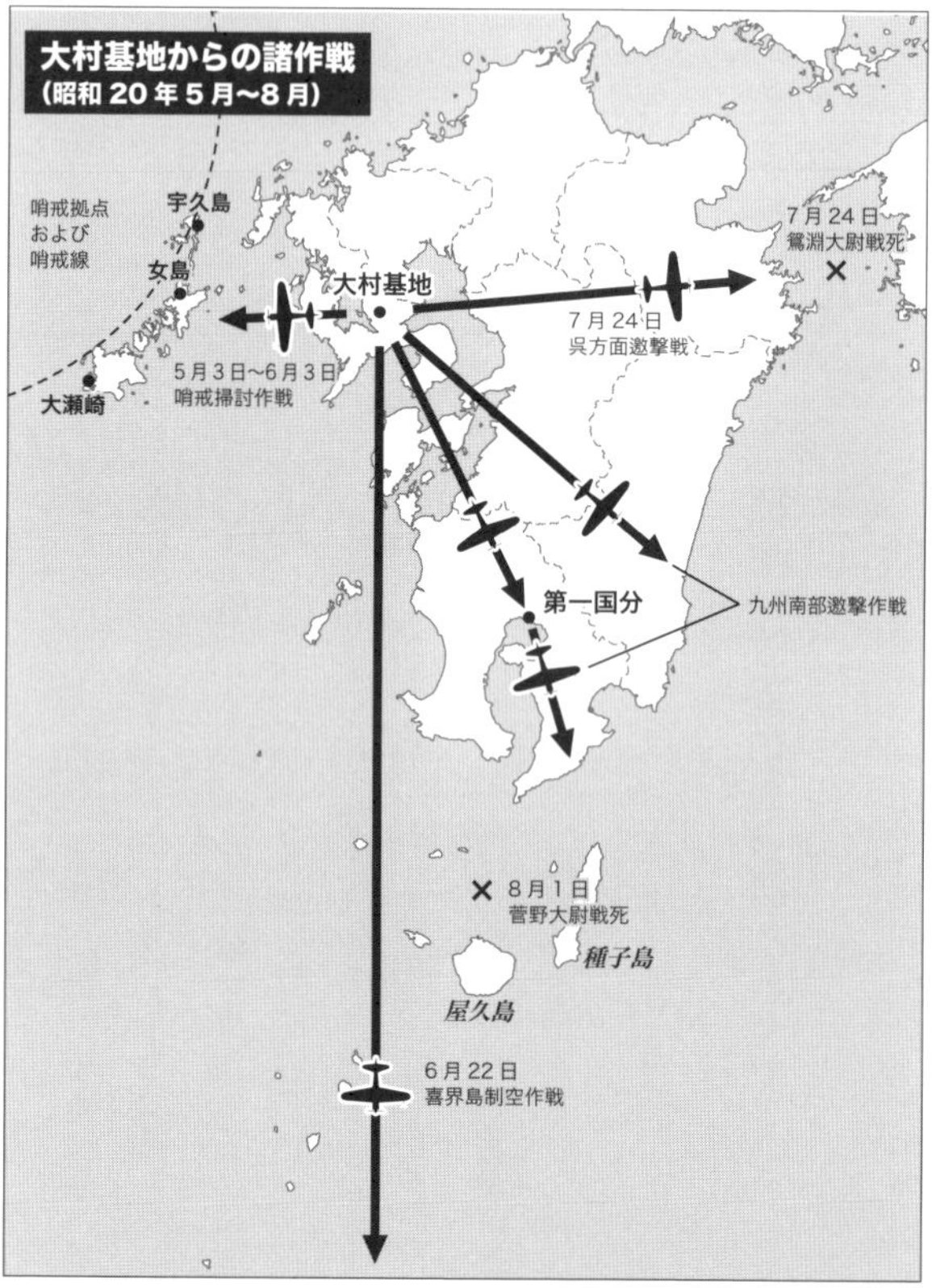

B-29をほぼ基地上空で邀撃するかたちになる上、防備も脆弱な第一国分基地から、間合いを取れる大村基地に後退して以降、喜界島上空制空戦、九州西方への哨戒機掃討、九州地区の邀撃戦、呉方面機動部隊空襲邀撃といった多彩な作戦を終戦まで続けることになる。大村基地への後退はこうした多方面への出撃を可能にしたといえるだろう。また大村基地には海軍機の製造、修理を行う第二一航空廠が存在したことも、問題の多い新鋭機材を運用する三四三空にとって好条件となった。

いたが、三四三空はこれを組織的に用いた最初の部隊となった。

5月の三四三空には新たな任務が与えられた。それは九州西方で行動が活発になった敵哨戒機への対応だった。PBM飛行艇やB-24の哨戒機バージョンであるPB4Y-2を撃墜するために、制空作戦や邀撃戦の合間を縫って哨戒機掃討隊が数度にわたり出撃している。

哨戒機の掃討には今までの戦闘とは違う難しさがあった。単機または少数機で活動する哨戒機の捕捉が困難だったからである。そのため三四三空は佐世保鎮守府指揮下の電探と監視哨からの情報と連動して、無線電話を利用した地上管制により邀撃にあたる紫電改編隊を精密に誘導しなければならない。

戦闘機編隊を小さな目標に向けて精密に誘導するという困難な課題を解決するために、佐世保鎮守府との綿密な連携が求められた。初期の数回の出撃は通報の遅れ、誘導の不備から敵を取り逃がしていたが、地上管制による戦闘は段々と改善され、ついにはPBM飛行艇の連続撃墜を達成し、米軍は脆弱なPBMに代えてB-24ベースのPB4Y-2を投入するようになった。

5月11日のPBM初撃墜に続き、5月15日に2機目のPBM、5月16日にPB4Y-2、5月17日に2機目のPB4Y-2が撃墜され、この方面での哨戒機の活動は縮小した。沖縄方面への制空作戦とB-29邀撃戦の合間を縫って行われた補助的で地味な作戦ではあったが、三四三空はここで地上管制による邀撃のノウハウを身につけた。

そして5月は三四三空が新たな体制へと移った時期でもある。戦死した戦闘四〇七飛行隊長の林喜重大尉の後

三四三空略史(2)

昭和20年	
4月12日	第一回喜界島上空制空戦
4月13日	戦闘四〇七鹿屋進出完了
4月14日	戦闘七〇一鹿屋進出完了
4月15日	鹿屋上空邀撃戦
4月16日	第二回喜界島上空制空戦
4月17日	主力が第一国分基地に移動
4月18日	この日より25日の間、第一国分からB-29邀撃戦が断続的に続く
4月21日	B-29邀撃戦 戦闘四〇七隊長 林喜重大尉戦死
4月30日	大村基地への移動完了
5月3日	この日より6月3日まで九州西方哨戒機掃討戦
5月4日	第三回喜界島上空制空戦
5月中頃	戦闘四〇七隊長 林啓次郎大尉着任
6月2日	南九州邀撃戦
6月22日	第四回喜界島上空制空戦 戦闘四〇七隊長 林啓次郎大尉戦死
7月5日	北九州邀撃戦
7月24日	豊後水道上空邀撃戦 戦闘七〇一隊長 鴛淵大尉戦死
8月1日	九州南部邀撃戦 戦闘三〇一隊長 菅野直大尉戦死
8月8日	九州北部邀撃戦 三四三空は戦闘四〇七隊長となった光本卓雄大尉以下、山田、松村、市村各分隊長を中心に兵力を再編
8月12日	長崎上空邀撃戦 三四三空最後の戦闘となる

任として林啓次郎大尉が着任したほか、新たに副長として相生中佐が着任し、4月中の大損害で生じた組織の再生が行われた。

編制上の変化もあった。三四三空の索敵および誘導隊であった偵察第四飛行隊が一七一空に編入されて三四三空を去っている。偵四は3月19日の三四三空の初陣で活躍したが、九州進出後は単独での索敵任務は無く、第五航空艦隊の索敵に協力していた。南西諸島への出撃は島伝いの地文航法が可能なため、誘導機の必要も薄かった。そして何よりも敵戦闘機との接触機会の多い彩雲は紫電改同様に消耗したからだ。

さらなる消耗の夏

沖縄守備隊が本島南端に追い詰められた6月にはこの方面の航空作戦も縮小していたが、敵の九州地区への圧迫はさらに激しさを増し、三四三空は6月2日に南九州上空で敵艦上機邀撃戦を戦った。

この戦闘は新任の林啓次郎大尉が戦闘四〇七を率いて飛ぶ最初の戦いとなったが、後方の大村基地から飛び立った余裕と敵編隊の一部に集中して攻撃を加えるという源田司令の方針が功を奏し、三四三空は有利に戦いを進めた。

出撃機は全隊合計26機で、引返し機5機が発生したため戦闘に突入したのは21機だった。高度6000mを飛ぶ三四三空編隊は、高度2000mにF4Uの編隊を発見した林啓次郎大尉が敵発見を全隊に伝え、直ちに降下攻撃を開始した。高度優位、兵力やや優位という三四三空が経験した戦いの中で珍しく有利な状況となり、三四三空は整然とした編隊攻撃を繰り返した結果、米軍はF4U 3機が撃墜され帰還後廃棄1機の計4機を喪失し、2機が被弾した。紫電改の損害は2機だった。林啓次郎大尉の指揮ぶりは十分なものといえた。

この小さな勝利は鹿児島上空で戦われたが、このように内陸部での戦闘が多くなり、加えて沖縄方面に建設された米軍基地から来襲する陸上戦闘機との戦いも始まっていた。厳しい戦局の中で、6月22日、菊水十号作戦に対応して三四三空最後の喜界島上空制空作戦が実施された。

6月22日は三四三空最後の進攻制空作戦となったが、

米軍戦闘機との戦闘で戦闘四〇七を率いた林啓次郎大尉の戦死という痛手も負うこととなった。三四三空で2人目の飛行隊長の戦死だった。

続いて7月24日には米機動部隊が呉軍港に再度来襲した。この時も三四三空は邀撃作戦を実施したが、この戦いでは戦闘七〇一の飛行隊長であり、各隊長の中で最先任だった鴛淵大尉が戦死する。

続いて8月1日には勇猛果敢で三四三空の顔ともいえる戦闘三〇一飛行隊長、菅野大尉がP-51との戦闘で戦死を遂げる。菅野大尉は20mm機銃の筒内爆発で機体を損傷したところを撃墜されたと言われるが、その最期は判明していない。

昭和20年7月24日、呉空襲で米艦上機の攻撃を受ける戦艦「榛名」。3月19日の初陣とは異なり、大村基地から邀撃に飛び立った三四三空の戦力は低下しており、全隊を束ねる立場にあった戦闘七〇一飛行隊長鴛淵孝大尉を失う手痛い打撃を受けた

6月後半から1ヶ月半ほどの期間で三四三空の3人の飛行隊長が全て戦死してしまったが、戦いはまだ終わらない。

三四三空は開隊当初の3人の飛行隊長全てと林啓次郎大尉の4人の飛行隊長を失い、機材の消耗も激しかったが、戦闘四〇七の分隊長、光本卓雄大尉が飛行隊長に昇格して全隊唯一の飛行隊長として指揮を執り、それを山田良市大尉（戦闘三〇一）、市村吾郎大尉（戦闘四〇七）、松村正二大尉（戦闘七〇一）の開隊以来の分隊長たちが支える形で、これが最後の再編成となった。三四三空はこの体制で終戦まで戦い続けることになる。最後の戦闘は8月12日の長崎上空邀撃戦だった。

昭和19年12月25日の開隊から終戦までの8ヶ月弱にわたる活動期間中、搭乗員戦死者は戦闘機搭乗員88人、彩雲搭乗員3人の計91人、戦闘によらない事故による殉職者23人、合計114人の搭乗員が三四三空で命を落とした。

三四三空の存在価値は何か

このように三四三空の戦闘を振り返ると、紫電改の戦果は日本側の記録よりはるかに小さく、個々の戦いは苦戦の連続であり、敗色濃厚な戦局の下で戦う精鋭戦闘機隊による最後の勝利、といった胸のすくような戦いは一つもない。

紫電改と米軍戦闘機との戦績を突き合わせれば、どう見ても紫電改の分が悪く、性能面での優位も確認できない。むしろ三四三空搭乗員が撃墜したと確信した機体が損傷しながらも母艦に帰り着いている場合が極めて多く、F6F、F4Uといった米海軍戦闘機の強靭さに圧倒される思いだ。

しかし三四三空は他の戦闘航空隊がそうであるように、2、3回の戦闘によって消耗消滅することなく、終戦まで戦闘機集団としての戦力を維持していた。これはきわめて重要だ。これは源田司令の全般指揮や各搭乗員の奮闘だけではなく、なんといっても大編制の部隊であり、戦闘消耗に耐えて組織を維持し、戦力を完全に失うことなく戦い続けることができたことによる。航空作戦全般からみれば個別の戦闘での大戦果よりも有力な戦闘機集団の存在そのものに価値があった。

3個飛行隊の常用定数を超える搭乗員を失い、被撃墜、空襲による地上損失も含めて百数十機を失っているが、戦闘による損失とほぼ同数程度発生することが常識である事故または飛行時間累積による自然消耗分を推定すれば300機以上の紫電改が三四三空で失われたと考えられる。

だが三四三空は膨大な戦死者と多数の機材損失を蒙りながらも、最後までまとまった戦力を残していた。これは人員、機材両面で当時の海軍航空隊が全力を傾けて補充、補強を続けた結果である。

三四三空の戦闘は特別に編成された少数精鋭の戦闘機隊が残した大活躍の記録ではなく、昭和20年の海軍航空隊が新鋭戦闘機紫電改を集中運用した結果出現した戦闘機の大集団が、消耗を繰り返しながらも補充を受けつつ全力で戦った、日本海軍戦闘機隊の足跡そのものだったといえるだろう。

■参考文献

『三四三空戦時日誌』(防衛省防衛研究所所蔵)/『三四一空戦時日誌』(防衛省防衛研究所所蔵)/『三四三空隊誌』(防衛庁防衛研究所所蔵)/『源田の剣』ヘンリー境田・高木晃治/戦史叢書『沖縄方面海軍作戦』/戦史叢書『本土方面海軍作戦』

その組織・運用は“空軍”たりえたか？

空軍としての陸軍航空隊

地上部隊の直協兵力として生まれ、支那事変やノモンハン事件、そして太平洋戦争を通じて大規模航空戦に対応した組織へと変貌を遂げていった日本陸軍航空隊。その「空軍」としての進化の過程を、創設から終焉まで辿っていく。

フィリピン・ルソン島クラークフィールド基地を離陸する四式戦。比島航空決戦の時期になると陸軍航空隊では、前線で消耗した部隊を後退、補充ののち再進出させるシステムが稼働し始め、空軍的な戦い方が見られるようになった。

誤解されている空軍の誕生

第一次世界大戦以降、戦争は「空の戦い」が勝敗を決する最も重要な要因となっている。

地上と地上で戦う軍隊にとって敵の支配領域は「丘の向こう側」と例えられる見えない場所だったが、飛行機という存在は見えない領域にいる敵の様子を直に観察できる画期的な能力を持っていた。

第一次世界大戦初期に、パリに迫るドイツ軍がパリ目前で主力を旋回させたことを逸早く伝えてフランス軍を勝利に導き、「マルヌの奇跡」を生むきっかけを創り出したのは偵察機の功績だった。そして東部戦線でドイツ軍がロシア軍を包囲殲滅した「タンネンベルク会戦」においても、敵情を詳しく報せ続けたのも航空偵察だった。

こうした軍用航空機の有用性は、19世紀の教育を受けて育った第一次世界大戦当時の高級指揮官たちにも容易に理解でき、航空機の活用を無視するような指揮官はその地位を維持できないほどに航空偵察は画期的な威力を発揮した。

こうした初期の偵察機万能時代に変化が訪れたのは1916年に始まったベルダン戦で、この攻勢にドイツ陸軍参謀本部は手持ちの航空部隊を直轄指揮の下でベルダン地区に集結させ、攻勢開始と共にそれらを一気に出撃させてフランス軍偵察機をベルダン上空から一掃してしまった。戦場の空は圧倒的な兵力を持つドイツ陸軍航空隊の武装偵察機が占有し、ドイツ側がフランス軍後方の動きを掌握する一方で、フランス側はドイツ側の状況を知ることができないという一方的な展開を見せている。

航空戦史上、初めて「制空権」が実現した瞬間だった。現代の軍事用語で表現される「航空優勢」といった中途半端な内容ではなく、敵偵察機を1機も飛ばさせることのない状況が生まれたのである。

こうしたドイツ側の空の優位を当時のフランス軍はなかなか挽回できなかった。

航空機の保有数ではフランス軍はドイツ軍に十分に対抗できたはずだったが、フランス軍航空隊は地上軍に隷属した存在で、広範囲に展開した兵力を一箇所に機動集中させる組織構造を持っていなかった為に空での反撃は大幅に遅れ、ベルダンの戦いを泥沼化させる大きな要因となっている。

この戦い以降、西部戦線で大規模な攻勢が繰り返されるたびに、連合軍とドイツ軍は航空兵力を全戦線からかき集めるようになり、ベルダンでドイツ軍が達成した完全制空権を再現しようと試みた。

野戦軍への隷属から脱した機動兵力として軍集団、方面軍の枠をも超えた規模で迅速に移動して重要な正面に戦略的に兵力を集中する戦い方が、偵察や爆撃には役に立たない敵航空機を狩る専門機種である単座戦闘機同士の大規模空中戦を生み出し、両軍の宣伝政策によって空のエースたちが持て囃（はや）され、その活躍が華々しく伝えられた。

第一次世界大戦後半の空の戦いが「空中の騎士たち」によるロマンあふれる英雄譚として描かれることはあっても、現実には空の戦いからは戦争初期に見られたような冒険物語は消え去り、ベルダンの再現を狙う攻撃側の大兵力と、それを阻止すべく負けずに集中して来る防御側の大兵力との間で繰り広げられる、血塗られた消耗戦がその実相だった。

こうした航空戦の様相に対応して、独英仏三国の航空兵力は極めて広い範囲に展開する航空部隊を一括して戦略的に使用するための組織作りを開始し、戦いそのものの様相も戦場上空からの敵偵察機駆逐から敵航空兵力への直接攻撃へと拡がって行くことになる。

だからといって今まで日ごと週ごとに敵の後方を偵察して写真地図を作り上げ、友軍砲兵にとって欠くべからざる存在となっていた地上部隊直協の飛行隊は縮小した訳ではなく、むしろ大幅に拡充されていた。

第一次世界大戦末期の航空戦は機動集中する戦略的兵力と地上部隊直協兵力の二本立てになっていた。

このような動きが生まれ、野戦軍の枠組みを超えて広域にわたる機動集中を行う航空兵力を誰が指揮するのか、という問題が出現した。総司令部直轄と言えば聞こえは良かったが、軍集団、方面軍の枠を超えて動くそれなりの大兵力の指揮統制が各国陸軍にとって大きな課題となるのは当然ともいえた。

こうした環境下で生まれたのが「空軍」という組織なのである。

隷属、直協すべき野戦軍が存在しないイギリス本土防空部隊を抱え、大陸の戦線ではイギリス軍担当戦線の北半分を海軍航空隊が統轄する複雑な状態から脱却し、世界で最も速い時期に空軍を独立させたのはイギリスだった。

ドイツ、フランスも組織としての空軍独立は1930年代となってはいたものの、空軍独立に対する陸軍側からの反発は皆無に等しく、独立空軍はむしろ陸軍の支持を後ろ盾にして生まれた組織であることがわかる。

一般的な印象として「旧弊な思想による無理解に苦しむ新しい思想集団」のように理解されがちな「独立空軍」は、むしろ陸軍にとって大規模な航空兵力の運用に適する存在として有益だったのだ。

このように空軍を誕生させた要因は、戦略爆撃でもなければ新しい思想を持つ新しい世代による軍事上の革命などでもなかった。

独立空軍とは広域の機動集中ができる組織を持った、陸軍航空隊の別名なのである。

フランス陸軍の影響下にあった日本陸軍航空隊

それでは第一次世界大戦の戦勝国の一つでもあった日本の陸軍航空隊はどのように成長していったのか。地上軍に隷属した地上部隊直協を中心とした航空兵力だったのか。それとも、各国の空軍と同じく、航空兵力独立の道を歩んで第二次世界大戦を経験するに至ったのか。

日本陸軍航空隊の誕生は第一次世界大戦前の徳川大尉の飛行展示(※)から始まるものの、組織としての航空部隊が形になったのはシベリア出兵以降だった。そして第一次世界大戦で大きく進展した航空戦に対応できるような組織を模索し始めたのは、大戦の戦訓と情報が具体的にもたらされた大戦終結後のことだった。

1919年にフランスからジャック・ポール・フォール大佐率いる通称「フォール航空団」が来日し、第一次大戦に於ける航空戦術と個々の機種についての運用を日本に伝えた。フォール大佐の任務は日本陸軍への航空教育と同時に、フランスで余剰となった軍用機の日本への売却を意図したもので、日本は第一次大戦中の欧州戦線で得られた知見をフォール大佐から学び、フランス陸軍航空隊の航空機運用に従って戦闘機から爆撃機までの各機種を購入するに至った。日本陸軍航空隊が大量に手にした最初の制式戦闘機はスパッドXIIIの中古機で、丙式一

※明治43年(1910年)12月19日、徳川好敏大尉操縦のアンリ・ファルマン複葉機(ファルマンIII)による飛行が、日本における初の動力飛行とされている。

型戦闘機（輸入機のため準制式として制定された）として使用され、その後継機として昭和10年頃まで使用され続けた甲式四型戦闘機はニューポール・ドラージュ29戦闘機の輸入機とライセンス生産機だったように、フォール航空団来日の影響はきわめて大きかった。

　フォール大佐は正確には砲兵大佐であるように、フォール航空団の伝えたフランス陸軍の航空機運用術は第一次世界大戦時の主流ともいえる偵察機の活動に重点を置き、その活動を保証する戦闘機隊がそれに次ぎ、爆撃機隊の優先順位は戦、偵、爆の三機種のうちで最も低く、爆撃機隊による独自の作戦といった思想は明確に伝わらなかった。日本陸軍航空隊の編制も偵察機隊と戦闘機隊が優先して充実され、爆撃機隊の整備は大きく遅れていた。

大正8年（1919年）に来日したフォール航空団の団員とスパッドXIII。これ以降、日本陸軍航空隊にはフランスの影響が色濃く残った

　そして、第一次世界大戦後の軍縮時代を迎えた日本陸軍航空隊は航空機の運用だけでなく、航空機製造技術の習得と国産航空機の開発と生産に対しても、乏しい予算の中で取り組まねばならなかった。

　アメリカに次ぐ自動車大国だったフランスとは異なり、自動車産業が存在しなかった日本での航空機製造はまず、動力となる内燃機関の製造から習得しなければならない厳しい状況だったが、輸入機と共に招聘した外国人技術者から学びつつ徐々に航空機の国産に向かって動き出した。それでも、フォール航空団以降の１９２０年代を通じて、航空技術習得は悪戦苦闘の歴史となってしまった。

技術的な遅れが阻んだ航空兵力運用

　輸入機とライセンス生産機でスタートした陸軍航空隊だったが、その運用思想はどのようなものだったのかについて述べた研究はきわめて少ない。

技術的工夫、部隊での運用の苦労話、陸軍部内の無理解と戦った優れた先達の勇気と見識といったものは多く語られても、実際に日本陸軍の航空機運用思想はどのような形で始まり、どのように発展していったのかを明らかにするものはほとんど無いと言って良い。

この分野の研究が低調な理由としては大正末期から昭和初期にかけて他の兵種のような操典、教範といった文書がほとんど編纂（へんさん）されていないことが挙げられる。

大正13年（1924年）の「飛行隊教練仮規定」、昭和3年（1928年）の「気球隊教練仮規定」、昭和6年の「飛行隊教練仮規定」といったいずれも「仮」の字を冠した暫定的なものでしかなく、各兵種の「操典」と並ぶ「航空兵操典」の編纂は満州事変から2年を経た昭和9年（1934年）まで待たなければならない。

一例として昭和9年4月に作成された陸軍教育総監部主幹の典範類をまとめた「現用典範訓令類一覧表」を挙げると、歩兵、騎兵、砲兵、工兵、輜重兵、航空兵の各分野にはそれぞれの操典と共に歩兵では教範1種、訓令その他が7種あり、騎兵では教範1種、訓令その他2種、砲兵では教範7種、訓令その他が15種、工兵では教範9種、訓令その他4種、輜重兵にも教範2種、訓令1種が存在した。

しかし航空兵には編纂されたばかりの「航空兵操典」が1種あるばかりで他に教範、訓令類は何も存在していない。航空兵の典範類は日本では発達が順調ではなかった騎兵よりも少なく、軽視されがちだったと言われる補給関係にあたる輜重兵より乏しい。

加えてその内容には、現用機種の性能が不足しているため、今後の新鋭機が配備されるまで暫定的に定めるといった文言が註釈につけられ、航空兵の分野は技術的発達の遅れから典範類の編纂も困難だったことが窺える。

その内容も第一次世界大戦でフランス陸軍

陸軍がまとまった数で使用した最初の戦闘機であるスパッドXIIIは、丙式一型として準制式兵器となった

が実践した地上部隊直協作戦用の航空機運用が主体で、偵察（既知の敵部隊、敵要地の観察）と捜索（未知の敵部隊、敵陣地の探索）と砲兵射撃観測による砲兵支援を中心とした保守的なものだった。

　フランス陸軍航空隊が行ったような戦略的な機動集中による制空権確保といった思想は日本陸軍へはほとんど伝わっていない。フォール大佐も東洋の新興国でほぼゼロからスタートする日本陸軍航空隊に対して、最新の航空兵力運用について教育する意義を見出さなかったとも言えるだろう。

　だが「航空兵操典」編纂理由について述べた「（航空兵操典編纂）理由の概要」には、第一次世界大戦で各国空軍が新たに手にした航空兵力の運用である「航空撃滅戦」についてほんの僅かではあるものの触れた部分もある。

「航空兵ハ各分科ノ特性ニ応ジ地上軍隊及其作戦ニ緊密ニ協力スベキコト及我ガ空中威力ノ発揚ヲ容易ニシ地上ノ作戦ヲ有利ナラシメンガ為ニハ好機ヲ求メ進ンデ敵航空兵力ノ撃滅ヲ企図スベキコトヲ強調ス」

　この文言は日本陸軍航空隊が敵地上軍を目標とするだけでなく、敵航空兵力への直接攻撃である「航空撃滅戦」の概念を学んでいたことを示すと共に、昭和9年時点での限界をも同時に示している。

　昭和9年（1934年）、フランス空軍が独立を果たし、ドイツ空軍が再軍備直前の準備段階にあり、イギリス空軍が近代的な戦略爆撃機の開発に着手しようとしていたこの時期に、日本陸軍航空隊はあくまでも地上軍協力を優先する航空兵力なのである。

　これは昭和9年までに日本陸軍が開発し、装備できた機材の限界でもあった。八八式偵察機、九二式偵察機に九一式戦闘機、九二式戦闘機といった機材で実現できる航空戦とはこの辺りまででしかなく、超大型機である九二式重爆は技術研究の範囲を出ることはなく、九三式重爆、九三式軽爆も満足な性能を持っていなかった。

満州事変が変えた戦略的環境と陸軍航空隊の変容

　日本陸軍航空隊の発展は、創設直後に第一次世界大戦が勃発して技術導入の道が絶たれたため、その終戦までモーリス・ファルマン機を使用し続けることとなり、世

現用典範訓令類（教育総監部主管ノ分）一覧表

昭和九年四月教育総監部

兵種／区分	操典	発布年月	教範	発布年月	訓令其他	発布年月
各兵共通	戦闘綱要	昭、四、二	爆破教範	大、七、九	牽引自動車操縦假規定	大、一三、四
			交通教範	大、七、一一	空地連絡法（参考書）	昭、五、一二
			自動車操縦教範草案	大、九、一一	視號通信規定	昭、六、五
			野戦築城教範	昭、二、五	赤軍戦法研究ノ参考（参考書）	昭、七、六
			馬術教範	昭、二、一二	通信隊無線電信通信教育規定	昭、八、一
			爆破教範中改正ノ部	昭、二、一二	通信學理（参考書）	昭、八、四
			體操教範	昭、三、一二	歩砲協同ノ教育ニ関スル参考（参考書）	昭、八、四
			小銃、軽機関銃、拳銃射撃教範	昭、四、三	●瓦斯防護法（参考書）	昭、八、六
			機関銃、歩兵砲射撃教範	昭、五、四	某軍戦法研究ノ参考補遺（参考書）	昭、九、三
			劍術教範	昭、九、二	●對機甲部隊戦闘法（参考書）	昭、九、三
			築営教範	昭、九、三	喇叭教程（参考書）	昭、九、四
歩兵	歩兵操典	昭、三、一	歩兵通信教範草案	大、二、四	戦車使用法案	大、一四、一〇
					戦車隊軽戦車教練ニ関スル訓令	昭、五、五
					歩兵無線電信通信教育規定	昭、七、八
					●對ソ軍歩兵戦闘第一巻（参考書）	昭、七、一二
					九二式歩兵砲教練假規定	昭、八、六
					三一式山砲教育規定案	昭、八、六
					●歩兵戦闘第二巻（参考書）	昭、八、一〇
騎兵	騎兵操典	昭、六、一二	騎兵通信教範草案	大、一二、五	騎兵無線電信通信教育規定	昭、七、九
					騎兵旅團装甲自動車隊教練假規定案	昭、八、七

	砲兵	工兵	輜重兵	航空兵
操典	砲兵操典	工兵操典	輜重兵操典	航空兵操典
年月	昭、四、二	昭、八、四	昭、四、一二	昭、九、四
教範	野戦砲兵輓駄馬調教教範 重砲兵力作教範草案 砲兵観測通信教範草案（総則及観測） 砲兵観測通信教範草案（観測小隊及観測班） 砲兵観測通信教範草案（通信） 砲兵馭法教範	坑道教範草案 架橋教範 軽便鐵道教範草案 電信教範草案（有線ノ部）上、下巻 電信教範草案（有線ノ部）中巻 鐵道教範草案 鐵道教範草案 工兵上陸作業教範草案（作業法） ●工兵上陸作業教範草案（総則及作業ノ原則）	梱包積載教範 輜重兵馭法教範草案	
年月	明、三四、五 昭、二、五 昭、四、一二 昭、六、六 昭、六、六 昭、七、二 昭、九、四	明、四一、四 大、七、一一 大、一三、一一 大、一五、一 昭、三、九 昭、七、六 昭、七、一二 昭、九、二 昭、九、二	大、八、一一 大、一三、八	
訓令・規定等	臨時高射砲射撃假規定案 砲兵隊新馬調教ニ関スル訓令 重砲兵用特種火砲操法規定 高射砲隊教練ニ関スル訓令 高射砲隊射撃教育ニ関スル訓令 改造三八式野砲（短）ノ制式一部改正ニ伴フ野砲兵隊ノ教育ニ関スル訓令 砲兵無線電信通信教育規定 空中観測ニ依ル砲兵射撃及空地連絡教育規定 射表及射撃修正計算板ノ改正ニ伴フ砲兵隊射撃教育規定 八八式海岸射撃具ニ依ル観測教育規定 九一式十糎榴弾砲ヲ装備スル野砲兵隊教育規定 編制装備一部ノ改變ニ伴フ高射砲隊教練假規定案 ●砲兵戦闘（参考書）	鐵道、電信ニ関スル諸教範及教科書等ニ関スル訓令 車載式架橋器材使用法 電信隊無線電信通信教育規定（甲中隊ノ部） 九二式爆破管使用法	輜重兵自動車教練假規定	
年月	大、七、一二 大、八、七 大、一四、一二 昭、五、七 昭、五、一二 昭、六、六 昭、六、一〇 昭、六、一一 昭、七、七 昭、七、七 昭、七、一〇 昭、七、一二 昭、八、一 昭、八、七 昭、九、三	大、八、一二 大、一五、一 昭、六、九 昭、八、九	大、一五、四	

日本陸軍の士官にとって必読といえる教育総監部主管の操典、教範は各分野でその数が大きく異なった。新しい時代の火力戦を戦う砲兵が最も多くの教範を必要としたことも読み取れる一方で、機材の未熟、独自の戦術思想の不在から航空分野での教範類は皆無に等しかった。新たな典範類の編纂は航空戦術の進歩に追いつかず、最終的に航空兵教範は航空基盤を支える地上部隊を意識した形態へと向かうことになる。

界各国から技術的にも戦術思想の面からも大きく取り残されてしまった。戦争終結を迎えてからはフランス製機材に頼って遅れを取り戻すべく努力したものの、軍縮時代の予算緊縮で航空軍備は技術的にも量的にも満足できる水準に達することが無かった。

航空分野の先人たちの努力の積み重ねで一歩一歩堅実に前進したような印象は伝記と物語の中にしかなく、現実に存在したのは先の見えないどんよりとした停滞だったのである。

しかし日本陸軍航空隊を取り巻く環境は突如として大きく変貌した。

それは昭和6年（1931年）の満州事変の結果、翌年に満州国が誕生し、中国東北部全体が一挙に日本の実質的な支配領域となったことによる。

地理的に見て満州はソビエト連邦に三方を囲まれるため、日本陸軍の戦争計画はこの状況からの対ソ戦を意識することとなった。

そして対ソ戦を具体的に意識し始めた日本陸軍にとって、それまでの対ソ戦計画には見られなかった新たな脅威が出現していた。

日本海を挟んだ沿海州に存在する航空基地群がそれだった。

当時、ソ連は四発大型爆撃機ツポレフTB－3を実用化しつつあり、日ソ開戦時には沿海州の基地から飛び立ったソ連爆撃機が日本本土を空襲する脅威が想定され始めたからである。

写真の九三式重爆撃機は昭和8年制式ながら、実用上の問題も多く部隊での評価は低かった。最大速度220km/h、航続距離1,100km、7.7mm機関銃×3、爆弾搭載量1,500kg（最大）

九三式軽爆は単発と双発の2機種が制式化されたが、写真は双発の九三式双軽爆撃機。最大速度255km/h、航続距離900km、7.7mm機関銃×2、爆弾搭載量300kg（正規）

現実のツポレフTB－3が持つ飛行性能では東京往復はおろか、新潟などの日本海沿岸都市への空襲にも不足したものの、その能力の詳細は判明せず、将来の性能向上についても確かな情報は無かった。

しかし内地を空襲されることは戦争継続に最も重要な国民士気の崩壊につながる重大な事態である。第一次世界大戦後にイギリス空軍のトレンチャード、イタリア空軍のドゥーエ、アメリカ陸軍のミッチエルなどの戦略爆撃論で開戦劈頭の都市無差別爆撃による敵国民の士気崩壊と戦争経済の破綻が提唱された影響もあり、ソ連空軍による本土空襲の脅威は現実以上に大きく評価されていた。

昭和10年代前半に民間への防空教育が開始され、防空演習が実施されるのもすべてこのソ連空軍による本土爆撃の脅威に対抗したもので、当時の防空意識啓蒙ポスターに描かれた敵機の翼に鮮やかな赤い星があるのもこうした理由だった。

日本陸軍は対ソ戦計画の再検討にあたり、開戦劈頭に沿海州の航空基地を全力で空襲し敵爆撃機兵力を壊滅させることを最重要課題とし、続いて行われる沿海州方面への突進と上陸作戦によっての早期占領が、本土空襲の脅威を長期的に取り除くものと考え始めた。

新たな戦争計画は昭和10年（1935年）の年度作戦計画に反映され、やがて国防所要兵力の再検討として明確化されたが、実際にはこうした戦略方針は満州国建国の翌年、昭和8年頃から研究が開始されたといわれ、その研究は昭和9年の「航空兵操典」編纂時にも若干の影響を与えていたが、昭和10年にはそれまでの陸軍の航空機開発とは一線を画する大きな変化が現れた。

陸軍の航空兵器開発を機種と用途で規定する「陸軍航空器材研究方針」は昭和10年に大きく改正されている。

それは爆撃機全機種の第一の任務が航空撃滅戦に絞り込まれた点にあった。

昭和10年12月23日に通達された改正による爆撃機各

ツポレフTB-3(写真はフィンランド軍に鹵獲された機体)。1930年代初頭の四発重爆としては完成度の高い機体だったが、性能は最大速度が197km/h、実用的な航続距離が1,350km、爆弾搭載量は最大5,000kgとされる

機種の研究方針は次のようなものだった。

其一　重爆撃機

一．主トシテ敵飛行場ニ在ル飛行機並諸施設ノ破壊ニ用フ

二．爆撃能力大ニシテ相当ノ自衛火力ヲ有シ特ニ速度ヲ大ナラシム

三．行動半径ハ標準爆弾量ヲ搭載セルトキ少クモ六〇〇粁(キロメートル)トシ尚行動ノ為一時間ノ余裕ヲ存シ爆弾ヲ携行セザルトキ約一〇〇〇粁トス

四．爆弾搭載量　七五〇瓩(キログラム)ヲ以テ標準トシ五〇〇瓩以下ノ弾種ニアリテモ為シ得ル限リ搭載効率ヲ大ナラシム
但シ行動半径五〇〇粁以下ナルトキハ所要ニ応ジ弾量ヲ一〇〇〇瓩ニ増加シ得シム

五．常用高度　二千米(メートル)乃至四千米トス　但自衛上更ニ一層高空ニ於テ行動シ得シム

六．主要装備　1．旋回機関銃三　但内一ハ旋回機関砲ニ装備シ得ル如ク努ムルモノトス　2．無線装備一式　3．写真装備一式　但爆弾ノ一部ト交換装備ス

其二　軽爆撃機

一．主トシテ敵飛行場ニ在ル飛行機並大ナル威力ヲ要セザル諸施設ノ破壊ニ用フ

二．単発発動機型飛行機ニシテ速度甚大水平及急降下爆撃ニ適セシム

三．行動半径ハ標準爆弾量ヲ搭載セルトキ少クモ五〇〇粁トシ爆弾量ヲ減ジタル場合六〇〇粁に延長シ且ツ何レノ場合ニ於テモ行動ノ為一時間ノ余裕ヲ有セシム

四．爆弾搭載量　弾種一〇〇瓩爆弾以下搭載量三〇〇瓩ヲ以テ標準トス　但シ行動半径四〇〇粁以下ナル場合ニハ弾量ヲ四五〇瓩ニ増加シ得シム

五．常用高度　二千米乃至四千米トス　但シ自衛上更ニ一層高空ニ於テ行動シ得シム

六．主要装備　1．射撃装備　固定機関銃一　旋回機関銃一　2．無線装備一式　3．写真装備一式　但シ爆弾ノ一部ト交換装備トス

このように昭和10年の「陸軍航空器材研究方針」改正によって陸軍の重爆撃機、軽爆撃機はともに敵飛行場の

攻撃を主任務とする航空撃滅戦用の機種に生まれ変わっている。

戦後、日本陸軍の爆撃機が爆弾搭載量の少なさから低い評価に甘んじている理由はここにあり、開戦劈頭に沿海州のソ連航空基地を奇襲して、そこに展開する敵重爆撃機を地上で撃滅することを至上の任務としていたからだった。

そのため欧米の爆撃機のような近距離出撃での爆弾搭載量増大は重視されず、爆撃機の持つ搭載能力は爆弾よりも燃料搭載により多く割かれることとなり、爆弾の最大搭載量は小さくとも、長距離出撃では欧米の同級爆撃機に対して日本陸軍重爆は爆弾搭載量で逆に優位に立ち、しかも若干高速だった。加えて後年の研究方針改正では襲撃機を含めた爆撃機全機種に毒ガス雨下装置の装備が規定され、飛行場攻撃任務がさらに徹底されている。陸戦用途であれば砲兵によってガス砲弾を敵陣に撃ち込めばよかったが、爆撃機のガス雨下装置には残留性の高い糜爛（びらん）性ガスによって地上の敵機と飛行場設備を毒ガスの中和洗浄作業が完了するまで使用させない効果が期待されていた。状況によっては条約で禁じられている毒ガスを航空撃滅戦に使用する選択肢を準備するほどに、沿海州の航空基地制圧による本土空襲阻止は重要な課題だったのである。

想定する用途が明確かつ単純であることは兵器開発を成功に導く重要な要因となることが多く、太平洋戦争期の日本陸軍爆撃機に試作失敗が少ないのは、1機種に万能を求めない開発目的の明確さが貢献している部分がある。

昭和10年の「陸軍航空器材研究方針」改正によって爆撃機の用途と要求性能が明確なものとなったことと、国産航空エンジンの開発がようやく世界水準に追いつきつつあったことが相まって、日本陸軍の爆撃機は九三式重爆、九三式軽爆の時代から一転して九七式重爆、九七式軽爆、九九式双軽爆といった航空撃滅戦を主眼とした優秀な機体を次々に生み出すことになる。

空軍化への道を拓いた航空兵団の創設

満州国成立によって仮想敵を明確にソ連に置き、開戦劈頭の沿海州航空基地群への先制空襲という具体的で切迫した任務を帯びたことで軍用機開発は大いに進捗したが、それらを運用する組織にも改革が迫られていた。

スターリン体制下で軍備拡張を続けるソ連空軍に対して、日本陸軍航空隊は兵力的な劣勢にあることは明らかだった。

満州に配備され、平時からソ連空軍と対峙する陸軍航空兵力は限られたもので、陸軍航空隊が守らねばならない地域は台湾、朝鮮半島、内地ときわめて広範囲にわたり、それぞれに航空兵力を配置する必要があり、直接対ソ戦に備える兵力は限定されていた。

いざ開戦となった際に満州に展開した兵力だけでは少な過ぎることは明らかならば、開戦直前に南は台湾、北は北海道から航空部隊を集結しなければならない。しかし方面軍規模で分散している兵力を一挙に機動集中させるに足る組織が存在せず、このままでは各方面の司令官との調整を行いつつ徐々に部隊を移動させるしかなかったが、それではソ連空軍を先制し奇襲撃滅することはおぼつかない。

こうした問題を解決するために昭和11年（1936年）に創設されたのが航空兵団だった。

航空兵団は単に航空兵力の充実と戦術思想の発達によって航空部隊が独自の組織を持ち始めたというものではなく、対ソ航空戦構想に従って満州以外の多方面に展開する兵力を統轄する組織を設けて、必要となる時に重要正面に一気に機動集中する具体的な目的を以て編成さ

昭和10年の「陸軍航空器材研究方針」に基づき、航空撃滅戦用の重爆として開発された九七式重爆撃機は同世代の他国重爆に比べて高速で、爆弾の最大搭載量には劣るものの、長距離出撃における爆弾搭載量では優っていた

九三式双軽爆の後継として開発された写真の九九式双軽爆も、対ソ戦における航空撃滅戦を主眼に置いて開発されている

れていた。

航空兵団の性格とその目的については昭和11年11月の創設時に徳川好敏航空兵団長からの訓示と、それを補完する参謀長口演に防諜上の配慮から直接的な言葉を避けて暗示的ではあるものの、部内の士官たちが聴けばはっきりと解る内容で語られている。

徳川航空兵団長は訓示の中で航空兵団の設立目的について「予想敵国ノ航空現勢ニ応ジ本職ノ要望スル無敵空軍ヲ建設シ明日ノ戦争ニ備フル為」と延べ「空軍」という言葉を使っている。

これは航空兵力の一般的な別称として「空軍」を使っただけではない。続いて行われた参謀長口演で各機種の用法について説明した中で、従来は地上部隊直協任務が多岐にわたり主任務が曖昧になりがちだった偵察隊について「今次ハ主トシテ空軍的偵察ヲ訓練」と述べているように、地上部隊に掣肘されない航空部隊の独立的行動を明確に意識した上での「空軍」なのである。こうした偵察隊に対する新しい空軍的発想はやがて航空戦用の長距離高速偵察機である司令部偵察機を生むことになる。

さらに徳川航空兵団長は航空兵団の主戦場として「高緯度地方」と述べてシベリアを暗示し、航空兵団が訓練すべき重要行動として長距離の移動、集中について語り「一部ノ部隊ニ於テハ遠ク数千粁ノ集中ノ後、気候風土ノ全ク相異ナル地方ニ作戦スルコトアルベキヲ以テ」と台湾などの遠隔地からも満州に向けての機動集中が想定されていることを暗示した。

仮想敵ソ連の政治経済産業の中枢への爆撃が地理的に現実的ではない日本にとって、戦略爆撃部隊の創設は航空兵力独立の指標にはならない。むしろ空軍独立へと導いた戦略的な必要による、地上軍の枠組みを超えた広範囲にわたる機動集中の実現はきわめて重要だった。

昭和11年に創設された航空兵団とはそうした機動集中のための組織であり、日本陸軍航空隊が空軍的な方向へと踏み出した一歩にほかならない。

しかも陸軍参謀本部の戦略方針として対ソ戦に於ける航空兵力の運用は、何を置いても沿海州での航空撃滅戦、すなわちソ連空軍爆撃機の本土空襲＝戦略爆撃の阻止に置かれ、そのためには地上部隊への航空支援は最小限とすることが許されていた。この「最小限」という言葉の解釈については航空部隊と地上部隊との間でかなりの相違があったものの、地上部隊支援を抑えてまで航空撃滅戦を優先するという発想ほど空軍的なものは無い。

まだ九七式重爆も配備される前の旧式機揃いの状態でありながら、日本陸軍航空隊は空軍的性格を帯びた存在へと変貌し始めたのである。

支那事変で表に出た「戦略爆撃」概念

昭和12年（1937年）7月に始まった支那事変は短期終息の見通しが外れ、中国全土に及ぶ長期戦へと進んだ。予想外に規模を拡大した航空戦に航空兵団の投入が行われ、昭和13年、漢口攻略作戦への参加が決定した際に徳川航空兵団長が述べた訓示にも興味深い内容がある。

それは対ソ戦計画では表に出ることのなかった戦略爆撃についての発言だ。

航空兵団に空軍的性格があるならば、戦略的機動集中ができる組織と航空撃滅戦志向に加えて、戦略爆撃に対する何らかの姿勢が見られるはずだ。

そうした文言に注意を払いつつ昭和13年8月24日付の航空兵団長訓示を読み進めて行くと、航空兵団創立時とは少し違った内容に出会うことになる。

政治と産業経済中枢が遥かに遠いソ連と異なり、中国の場合は既に占領済みの首都南京のほかの都市にも航空の手が届き、残る主要都市への空襲、そして最終的な占領には蒋介石政権屈服につながる政治的効果が十分に見込まれていた。

中国の戦場は対ソ戦の想定とはかなり状況が異なり、航空兵力は敵に対して優勢にあり、地上戦は楽勝とは言い難かったものの敵に圧倒されるような戦況にはなく、漢口の攻略は支那事変の解決の糸口となるとの期待が存在していた。

作戦を控えて徳川航空兵団長は

「抑々(そもそも)航空作戦ノ遂行ニ方リテハ敵航空戦力ノ撃摧ヲ第一義トスベキハ固ヨリナリト雖(いえど)も幸ニ敵航空戦力ハ頻時ノ我攻撃ニ依リ漸減萎縮シアル」

と述べ、航空戦は有利に進展しており、中国空軍の活動は低下していると言い、

「今次作戦ニ臨ムニ方リ兵団ハ機ニ投ジテ航空撃滅戦ヲ遂行シ且、政略爆撃ヲ敢行スルト共ニ専ラ戦力使用ノ重

点ヲ空陸一体ノ理想実現ニ置キ、以テ作戦軍戦果ノ拡大ニ遺憾ナキヲ期セントス」

大雑把に言えば、「今回の作戦は有利に進展しそうなので航空部隊は作戦上で満点を取るつもりで行け。地上支援から航空撃滅戦、戦略爆撃まで航空戦の全メニューをこなすぞ。」と徳川好敏男爵が檄を飛ばしているのである。

やはり地理的条件に左右された対ソ戦計画とは異なり、中国大陸での航空戦では今まで表に出なかった戦略爆撃の概念が「政略爆撃」という日本陸軍独自の用語をまとって顔を出しているのだ。

航空兵団とそれを支える陸軍航空関係者の思想はごく一般的な意味で「空軍的発想」に基いていた。

ノモンハン事件の衝撃

戦略的機動集中、航空撃滅戦、そして「政略爆撃」と戦術思想面では意外にも欧州空軍的な性格を持っていた航空兵団だったが、初めて欧州の一流空軍との対決を迫られたのが昭和14年（1939年）夏のノモンハン事件だった。航空兵団は日本側が圧倒的に優勢だった前半戦を経て、ソ連空軍の動員が進み、日本側が予想しなかった大兵力を投入してきた後半戦から投入された。

航空兵団の進出はノモンハン事件が本格的戦争に近い事態へと深刻化したことを示している。しかしこの航空戦では紛争の拡大を懸念する参謀本部からの指導により肝心の航空撃滅戦に制限が加えられ、タムスクなどへの大規模空襲を繰り返すことができなかったこともあり、戦いは重苦しい消耗戦へと変貌していった（37ページからの「ノモンハン航空戦」を参照）。

しかしこの戦いは航空兵団のみならず、陸軍航空そのものの見直しを迫る厳しい課題を突きつけた。

陸軍航空はソ連空軍と本格的に衝突した場合、機材、人員ともに予備が薄く、たとえ戦闘自体が優位に展開したとしても急速に消耗してしまうことが実戦で思い知らされた点だった。

操縦者の平均的技量は優れ、空中での戦いでは優位に立てはしたものの、乗員の疲労と消耗を補う術はなく、ノモンハン事件末期には機材の補給も尽き果てつつあり、旧式な九五戦を装備した飛行戦隊をも投入せざるを得ない苦境に陥ったのである。

くわえて敵からの航空撃滅戦に対してきわめて不十分な飛行場の設備、滑走路、誘導路、掩体の不備なども認識されるに至った。

本格的な航空戦を戦うと1ヶ月程度の戦闘で息が上がってしまう陸軍航空隊の脆弱さに対して、航空部隊の定数増加、乗員養成の拡大などただちに対策が講じられたが、ノモンハン事件は陸軍航空隊に貴重な戦訓を与えた一方で、その痛手も大きく、ここで失われた損害の補充は容易なことではなかった。

そして何よりもノモンハン事件がもたらした衝撃は機材と人員、中でも幹部クラスの消耗によって従来の対ソ戦計画が事件後しばらくの間、実施不可能な状態となったことだった。

こうした状況はノモンハン事件後の満州方面航空作戦方針に、従来の積極的な全力先制攻勢計画である「戦策甲」に加えて、ソ連側からの攻撃を想定した持久戦を軸として採用された「戦策乙」にも反映されている。


【戦策甲】

■使用兵力
日本陸軍航空兵力の殆ど全力とし内地支那などの転用兵力を含む一二〇〇機乃至一八〇〇機
■作戦方針
極東蘇空軍を開戦劈頭撃滅し次いで敵の台頭を制しつつ随時地上作戦に密に強力す　一部を以てシベリア鉄道を遮断す
■作戦開始の様相
1．概ね作戦開始時期を自主的に定め得る
2．部隊は展開配置にある
地上作戦との関係
地上作戦に緊密に連携する

【戦策乙】
■使用兵力
在満現有航空兵力約六〇〇機乃至九〇〇機
■作戦方針
沿海州、ハバロフスク方面の極東蘇空軍を開戦初頭に撃滅する
■作戦開始の様相

1．敵の来襲を知ってから作戦を開始する
2．部隊は常駐地にある場合が予期される
地上作戦との関係
地上軍は当初持久の場合がある

これは航空兵団が満州常駐となった後の昭和17年（1942年）の計画ではあるものの、「戦策乙」では対ソ航空戦の要点である沿海州の航空基地撃滅作戦のみが維持され、しかもそれは開戦「劈頭」ではなく「初頭」と言い換えられている防御的な作戦計画で、終戦直前、昭和20年8月のソ連軍満州侵攻にあたり実際に行われた作戦もこの「戦策乙」を基本としたものだった。ノモンハン事件で厳しい現実を突きつけられて以降、陸軍航空隊にとって対ソ積極作戦は成功の見込みの小さい夢想的存在へとしぼんでしまったともいえるだろう。

航空戦の常識を覚える陸軍航空隊

昭和16年（1941年）12月7日深夜に開始されたマレー半島への上陸作戦で陸軍の太平洋戦争は開始された。南方軍の快進撃はマレー、ビルマ、蘭印方面の連合軍航空兵力を圧倒した陸軍航空隊の活躍に依る部分が大きかったが、進撃が一段落した昭和17年4月の段階で南方軍は開戦時に配備された全航空兵力を消耗し切っていた。昭和16年12月から翌昭和17年3月までの航空戦での損耗率は戦闘による損失と事故、消耗による損失を加えて開戦時の兵力のほぼ100％に及んだのである。

もちろん必死の補給機材前送が行われてはいたものの、ノモンハン事件での苦しい経験と同じく、本格的な航空戦が戦われた場合、年間の機材損耗率は300％を超えることがあらためて実感されることとなった。

こうした高い損耗率は異常なものではなく、既にスペイン内戦を通じてソ連空軍はそれを学び、イギリス空軍、ドイツ空軍もそれに対応すべく航空機生産の拡大に力を注いでいた。

そして陸軍航空隊が学んだ航空戦の要点はもう一つあった。

航空戦の範囲が余りにも広大で、従来の満州でソ連軍と対峙する関東軍と内地その他に分散した航空兵力を統轄指揮する航空兵団といった組織構造ではもはや対応できないことだった。航空兵団は対ソ防備の一環に組み入れられて満州に縛り付けられており、旧体制は既に有名無実だったものの、陸戦では考えられない航空戦のテンポの速さと、戦いの要点が一瞬にして1000km も離れた地点に出現する距離感に日本陸軍は戸惑っていた。

海軍の艦艇は一晩で数百kmを移動し、海軍航空隊の陸攻や零戦も今日出撃した基地から翌日には姿を消して1000km も離れた地点で作戦するという機動作戦に、陸戦中心に培われた陸軍の戦術思想と組織は十分に対応できなかったのである。

こうした新しい状況に対応すべく、昭和17年6月から戦域ごとの航空軍が創設され始める。航空軍は飛行師団(従来の飛行集団を拡充し改称したもの)2個程度で構成され、内地には第一航空軍、満州には第二航空軍、南方には第三航空軍と大規模航空作戦に対応する組織が生まれている。緒戦の南方侵攻作戦のように第三飛行集団が東奔西走するのではなく、航空軍の指揮下にある飛行師団に兵力が機動集中し、現地に確立されている飛行師団司令部がその指揮にあたるシステムは、航空兵団が兵団長以下総出で移動した時代よりも確かに合理的だった。

航空軍の編成はこのように緒戦の進撃が一段落した段階で実施に踏み切られたもので、ソロモン諸島やニューギニアでの航空戦が泥沼化した結果生まれたものではなく、新たな機動航空戦を戦うことを目的に創設された、あくまでも攻勢を意識した組織だった。

ネグロス島「航空要塞」

昭和18年(1943年)春からニューギニア方面に投入された陸軍航空隊が経験した航空戦はこれまでで最も厳しいものとなった。ニューギニア各地に設定された飛行場設備の劣悪さもさることながら、兵力的にも機材の性能でも優る連合軍航空兵力との消耗戦は陸軍航空隊の戦力を徐々に削って行く戦いでもあった。

優勢な敵爆撃機部隊に常に基地を空襲される危険のあるニューギニア戦線では徐々にではあったが、ニューギニア航空戦後半には西部ニューギニアを中心に滑走路の増設が進められ、各拠点には○○東、○○西といった増設飛行場が生まれて基地の抗堪性が高められ、一度の空襲では全滑走路を破壊できないような態勢が生まれ、湾曲した誘導路沿いに掩体が多数設けられるようになって来ている。

　こうした複数の滑走路群からなる航空基地をさらに複数まとめた航空基地群によって構成される、航空戦の基盤を陸軍部内では非公式に「航空要塞」と呼んだ。

　しかし南方の島嶼では航空基地を築ける地形に恵まれず、理想的な基地群はなかなか実現しなかった。

　陸軍の飛行場設定隊も初期の人力集中型から部分的に機械化が進み、ニューギニア戦では最も手間のかかる滑走路面の転圧に大型の転圧車（ローラー車）複数が導入されるなど進歩はあったものの、地理的条件の悪さがそれを上回っていた。

　しかし太平洋の戦場でこうした条件に恵まれた地域も存在した。

　それはフィリピン（比島）だった。もともとフィリピンにはアメリカ軍の建設した飛行場群が多数存在していたほか、比較的大きな島々には飛行場設定に適した地形も多く見られた。

　来るべき決戦の地としてフィリピンを想定した陸軍は最大の島であるルソン島を中心に飛行場の造成を急ぎ、地上軍は陸戦用の築城よりも飛行場の増設拡張に協力することとなった。平地に恵まれたフィリピンでは、敵の空襲では潰し切れない多数の航空基地を利用して持続的な作戦を実施できると期待され、こうしたフィリピンの基地群についてはは侵攻するアメリカ軍も十分に意識しており、無敵を誇る機動部隊といえども迂闊にフィリピン沿岸には近づけなかった。

　そしてニューギニアから後退して来た陸軍第四航空軍が比島航空決戦の要として選んだのはフィリピン中部に浮かぶネグロス島だった。このネグロス島北部、ビサヤ地区一帯に多数の基地を設けて来襲するアメリカ軍に対する反撃の拠点が構築

陸軍飛行場設定隊が標準装備していた転圧車

された。これらの基地は単に一つの部隊の基地としてだけでなく、一式戦なら一式戦、四式戦なら四式戦で編成された各飛行戦隊を機種ごとにまとめて配置して補給、整備、修理の合理化をはかり、たとえある飛行戦隊が大損害を蒙り、幹部クラスを失って戦闘不能となってもその残余を他の戦隊が指揮下に入れて戦い続けられるような工夫がなされていた。こうしてさすがのアメリカ軍でも一回や二回の空襲では機能を破壊しきれない、ネグロス島「航空要塞」がほぼ稼働できる状態となっていた昭和19年10月20日、レイテ島の攻防戦が開始された。

「空軍の戦い」として眺める比島航空決戦

台湾沖航空戦、レイテ沖海戦といった海軍の戦いに隠れて目立たない陸軍の比島航空決戦は陸軍航空の総決算ともいえる一大航空戦だった。

何よりもその期間が昭和19年10月から昭和20年1月の長期にわたることと、そこに投入された膨大な兵力は陸軍航空始まって以来のものだった。

もともと比島航空決戦は陸海軍協同の邀撃戦として敵空母に対しては海軍が主体となって攻撃し、敵輸送船団に対しては陸軍が対処する協同と分業が打ち合わせされていたが、昭和19年9月に早くも始まったフィリピン各地の航空基地への空襲で現地に展開していた陸軍航空隊が大損害を受け、翌月にはレイテ島上陸を前にしたアメリカ空母部隊による航空撃滅戦を逆手にとって海軍航空隊が全力で反撃にあたった台湾沖航空戦が発生し、海軍航空隊はこの戦いで比島航空決戦用に温存していた予備兵力をすっかり失ってしまっていた。

10月20日のアメリカ軍によるレイテ島上陸は日本陸海軍航空兵力が当初の戦力をほぼ失った状態で実施されている。

それまでの太平洋の戦いではアメリカ側の航空撃滅戦で日本側の航空兵力が制圧されてしまえばその後に続くのは頑強で執拗ではあっても先の無い日本軍守備隊の戦いだけだったが、レイテ島の場合はそれまでとは違った展開が待っていた。

日本艦隊は連続する空襲と潜水艦による雷撃で大型艦を次々に失いながらもレイテ湾への突入を試み、スリガオ海峡では戦艦「扶桑」「山城」がアメリカ戦艦部隊に突撃して戦艦同士の砲戦まで発生するなどの必死の反撃を敢行したほか、上陸部隊を支援していた米護衛空母部隊が日本艦隊に捕捉され砲撃により空母を撃沈されるなどの激戦が展開された。

さらに日本艦隊の砲撃を逃れた護衛空母部隊には爆装零戦による体当り攻撃が行われ、傷ついた護衛空母部隊にさらに空母の損失が続くなど異様な雰囲気の中で戦いは進展していった。

日本軍によるレイテ島への逆上陸作戦が実施されたのはこうした戦いの流れの中だった。

一般に台湾沖航空戦の誇大な戦果報告により、ルソン島防衛を主とするはずだった陸戦計画が、レイテ島奪回へと転換したことへの批判が大きい。しかしレイテ島への兵力転用が無く陸戦によるルソン島防衛が史実よりいくらか効果的に実施されたとしても、それは勝利ではなく玉砕の前奏でしかない。比島決戦は陸海軍協同の作戦計画にあるようにあくまでも空の戦いであり、そこでわずかなチャンスに全力を投入して万が一にでも勝利の可能性を求めなければならない戦いである。

しかも航空戦の実相はもう少し複雑だった。

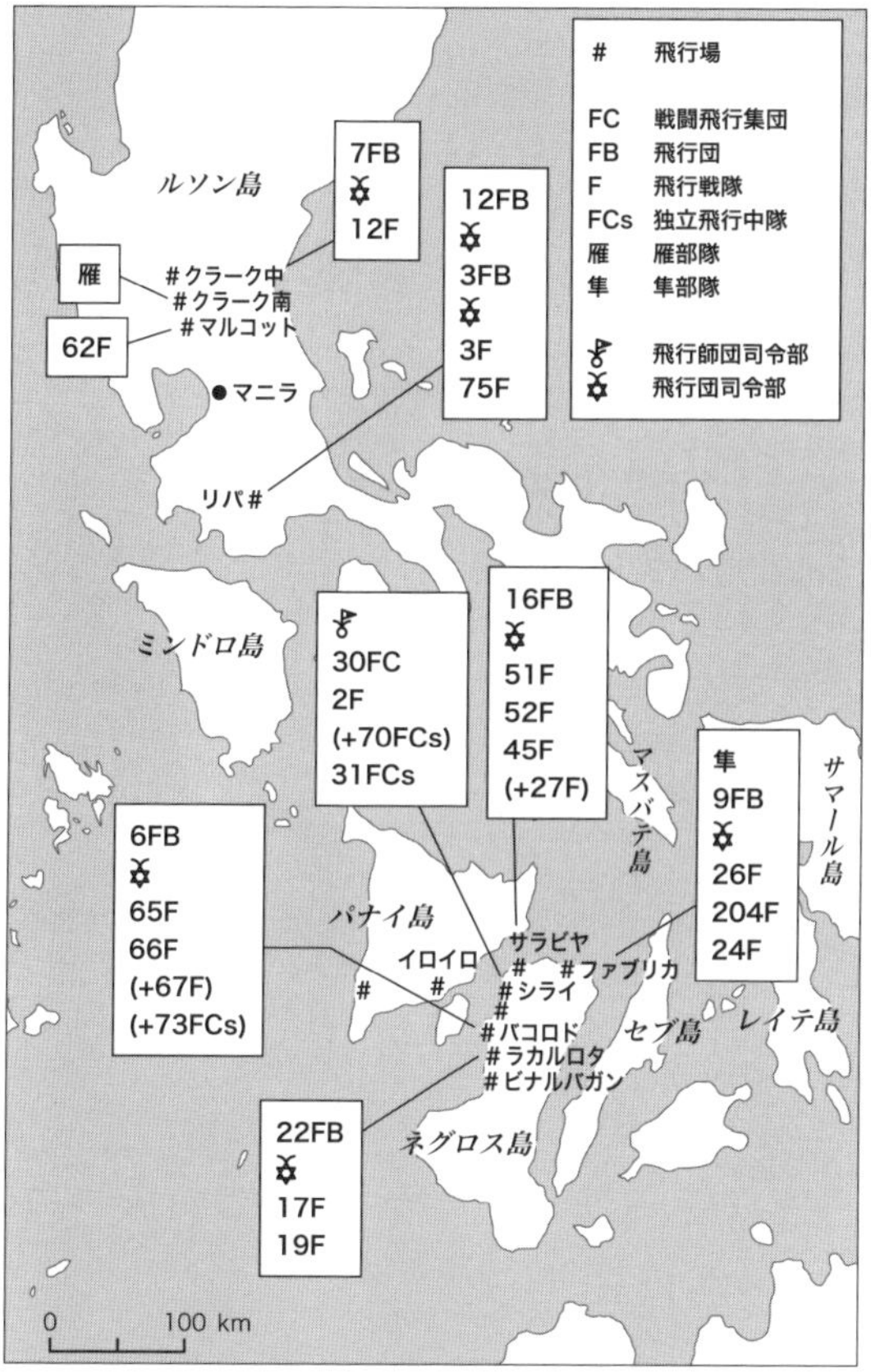

比島航空決戦における陸軍航空基地配置図

比島航空決戦に際して比島の陸軍兵力は陣地構築よりも飛行場整備に全力を注ぎ、全軍が航空決戦に対応すべく敢闘した結果、フィリピン中部のネグロス島北部には多数の航空基地が築かれ、第四航空軍が同一機種を同一基地群から運用する合理的な戦いを可能にし、敵の航空撃滅戦にも耐え得る長期の航空戦用の基盤が出現しつつあった。ネグロス島北部の前進基地とその後方を支えるクラークフィールドの二大基地群が比島航空決戦を支え、12月半ばに行われたミンドロ島への上陸作戦がルソン島への航空支援基地獲得のほかにクラークフィールド、ネグロス島を結ぶ補給線を断ち切る性格を持っていたことが地図からも読み取れるだろう。

上陸部隊の支援を務める護衛空母部隊が日本艦隊の砲撃と神風特別攻撃隊によって消耗して一旦後退したことと、レイテ島上空の制空にあたるアメリカ陸軍航空軍がモロタイ島からの長距離出撃を強いられていたこと、そして上陸直後に日本軍から奪取したレイテ島タクロバンの飛行場の状態が劣悪でP‐38戦闘機の運用に適さなかったことなど、様々な要因が重なったことで、本来は圧倒的な兵力を持つアメリカ側の航空作戦は当初の計画通りには進展しなかった。10月末から11月初めにかけての戦況は、台湾沖航空戦の真の結果に気づきつつあった日本海軍にとってさえ手応えを感じさせるものだった。

そしてアメリカ側の航空作戦が予想外の停滞を見せたその隙を衝くようにして、陸軍第四航空軍に向けて内地からの増援部隊が機動集中を開始した。

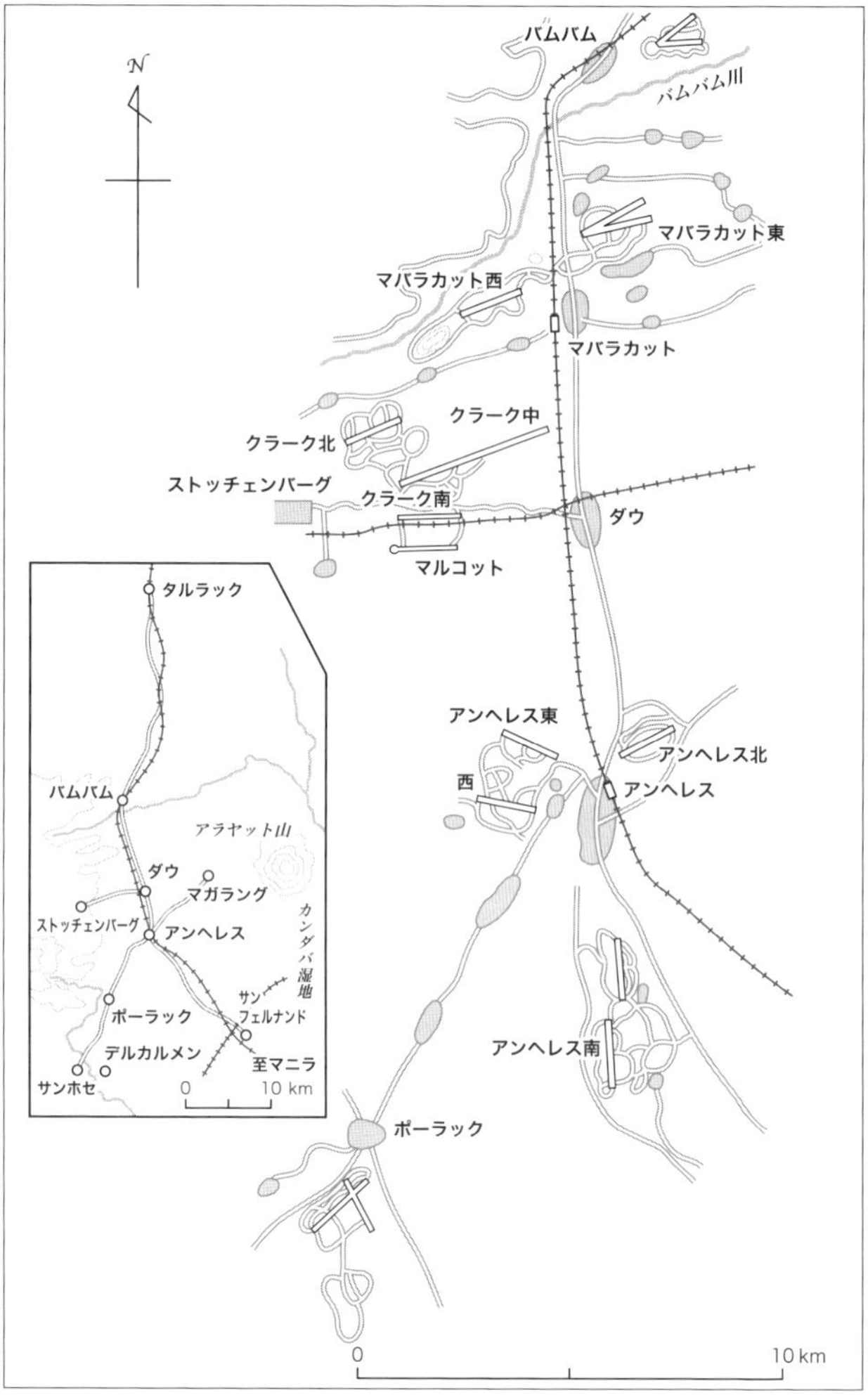

クラークフィールド基地群

戦争後期の日本陸海軍航空基地は初期の滑走路一本に頼らず、複数の滑走路を持つ飛行場群から構成されるようになっていた。戦史ではクラークフィールドと一言で呼ばれることも多いこの基地は、多数の飛行場からなる一大航空基地群がその本質だった。他の南方島嶼とは異なり、大兵力を誇るアメリカ軍の航空撃滅戦にもその機能を失うことなく頑強に抵抗できたのは、滑走路を何本破壊しても足りないこのような態勢にあった。

これ以降、大量の戦闘機がフィリピンの前線に送られ続け、12月後半までレイテ島上空から日本陸海軍機の姿が消えることは無かった。

空軍の戦い方を身につけた陸軍航空隊

比島航空決戦は大規模かつ長期にわたる航空戦だったにもかかわらず、その戦いの様相を伝える回想記がきわめて少ない。大量に前線に送られて活躍した四式戦闘機部隊の回想もほとんど残されておらず、自身の空戦技量を尽くして敵機と戦ったエースの物語も皆無に近い。それは生還者が非常に少なく、作戦の記録もルソン島の地上戦などで大半が失われた結果による。余りにも大規模な消耗戦であったため、戦いを通して語り継げる当事者が殆ど生き残っていない。わずかに内地へ帰還するチャンスを持った人々も、この作戦から大規模に開始された体当り攻撃に動員され、貴重な命を失っている。

こうした事情は海軍でも同様で、四式戦と同じく大量に投入された局地戦闘機「紫電」の戦いに関する記録もきわめて少ない。

だが、空のエースたちの激闘を描くのは本稿の主旨ではなく、比島航空決戦で注目したい点は陸軍第四航空軍が長期の激戦でどのようにして戦力を維持していたか、である。

大量の補給が行われていたのは事実ではあるけれども、単純に機材と人員が単調に送られ続けたのかといえばそれも違う。

先に紹介した通り、比島航空決戦において第四航空軍はネグロス島の「航空要塞」を拠点として機種別の配備を行っていた。例えば一式戦については飛行第三十一戦隊が主体となって他の飛行戦隊の一式戦に対して統一指揮を行い、レイテ島への爆撃作戦を執拗に継続した。この時期の一式戦は緒戦の頃の長距離制空戦闘機から戦闘爆撃機へとその運用が変わり、飛行第三十一戦隊、飛行第三十戦隊はもともと九九式襲撃機を装備した襲撃機戦隊だったものが、昭和18年後半に東條英機が自ら提唱した戦闘機超重点主義に従って一式戦に機種転換したものだった。飛行第三十一戦隊はその中核として整備、補給機能を増強して次々に増援として飛来する一式戦装備の飛行戦隊の補給と整備に務め、それらを集成した戦闘爆撃機部隊として昭和20年1月になってもその戦力を失わなかった。

そして大東亜決戦号と呼ばれ、その性能発揮が期待された新鋭戦闘機、四式戦は当初、飛行第五十一戦隊、飛行第五十二戦隊からなる第十六飛行団が進出し、続いて「皇(すめら)戦隊」と名付けられた明野飛行学校教官を中心に編成された大規模戦隊である飛行第二〇〇戦隊も進出、四式戦装備戦隊はフィリピンの前線に続々と送り込まれた。

そこで待っていたのは激しい空中戦と急速な消耗だったのだが、それだけではなかった。

比島航空決戦では進出した飛行戦隊は最前線の激闘によって全滅、解体されてしまうのではなく、戦力を消耗した段階で生き残りの基幹隊員が内地に送り返されて機材と人員の補給を受け、再装備された状態で再びフィリピンへ再進出するシステムが動き始めていた。

ニューギニア戦線のように最前線に送り込まれた飛行戦隊がそこで玉砕してしまうばかりではなく、戦力を消耗すると後退して補充を受けて復帰するという飛行戦隊の補給サイクルが生まれつつあった。

完全に消耗するまで戦うのではなく、生き残りの隊員をもとに新人を加えて訓練してより早く効率的に戦力回復を図るシステムは従来の陸軍航空隊には殆ど見られなかったもので、飛行戦隊は進出、消耗、後退、補充、再進出のサイクルで戦い始めた。

フィリピンにおける航空作戦が粘り強く戦われた要因は単純に補給機材、人員の投入が大量に行われただけでなく、長期にわたる航空消耗戦を戦い抜くためのシステ

空母「バンカーヒル」艦載機の攻撃を受けるネグロス島の日本軍飛行場。航空要塞と化したネグロス島の航空基地は、米軍の空襲を受けても容易く機能を失うことはなかった

ムが動き始めていた点にある。

　昭和19年になって久々に改正された「航空兵操典」もこうした新しいシステムに対応したもので、もはや飛行機操縦者向けの内容は薄れ、空中勤務者よりも遥かに多くの人員を抱え、航空作戦を維持継続するための基盤となる地上勤務者向けの内容となり、関係する各兵種操典からの抜粋によって構成されるようになっている。陸軍航空隊は飛行機を装備する特殊な兵科としてではなく、航空作戦を支える膨大な地上組織を持つ一つの軍隊、すなわち空軍的な存在への変貌を見せつつあり、この昭和19年「航空兵操典」からは「空の匂い」が驚くほどに薄れている。長期に渡る航空消耗戦を戦うための改正操典は地上勤務者に向けた操典だったのである。

　戦争後期に行われた陸軍航空隊における航空消耗戦への対応は、日本海軍が色濃く帯びていた決戦主義とは対極にあるもので、航空戦の本質について陸軍航空隊は海軍航空隊よりも深く理解していたといえるのかもしれない。

　こうした粘り強い戦いが続けられた結果、昭和19年12月という敗色濃厚な時期の最も重要な決戦場において「制空権奪取」との報告が行われている。単純に一回の空中戦で戦果を挙げた結果ではなく、比島航空決戦開始以来、地道に戦闘爆撃機隊として戦い続けてきた一式戦装備戦隊の中心的存在だった飛行第三十一戦隊がそう認識できる状況が生まれていた。戦局全般を見渡せば日本側がレイテ上空の制空権を奪取するといったことはあり得ないが、現実の戦況から前線の部隊はそのように判断できたことは注目に値する。

「敵を押し返しつつあるのではないか」との希望が無ければ、このような報告は絶対に上がって来ない。たとえ、その判断が間違っていたとしても、である。

　なぜならガダルカナル攻防戦以降、主要な戦場で「制空権奪取」といった報告は絶えて為されることが無かった。どんなに甘く判断しても敵航空兵力を圧倒しているとはとても考えられない苦しい戦いを繰り返して来た中で、巨大な敵を前にしてただ一度、勝利の希望がかすかに漂ったのがこの瞬間なのである。

　当然のことながらその希望は儚かった。

　レイテ島上空への出撃は繰り返されていたが、日本軍航空兵力の粘り強い抵抗を断ち切るべく、アメリカ軍はネグロス島の背後のミンドロ島に上陸を行い、ネグロス島「航空要塞」への補給基地となっていたクラークフィールド基地群のあるルソン島との連絡を断つことに成功したからである。

孤立したネグロス島からの航空戦継続は急速に困難となり、航空部隊はルソン島へと後退したが、昭和20年1月6日、リンガエン湾にアメリカ軍侵攻部隊が来襲し、9日に上陸を開始したアメリカ軍部隊がマニラに向けて進撃を開始したことで、ルソン島での航空作戦はもはや継続し難い情勢となっていた。残存する戦闘機隊は特攻隊を編成して最後の抵抗を試みたものの、もはや何の効果も期待できず、フィリピンを舞台として昭和19年10月から続いた長く激しい航空戦はここに終焉を迎える。機材を失った後の各飛行戦隊の操縦者と地上要員は航空戦よりも遥か

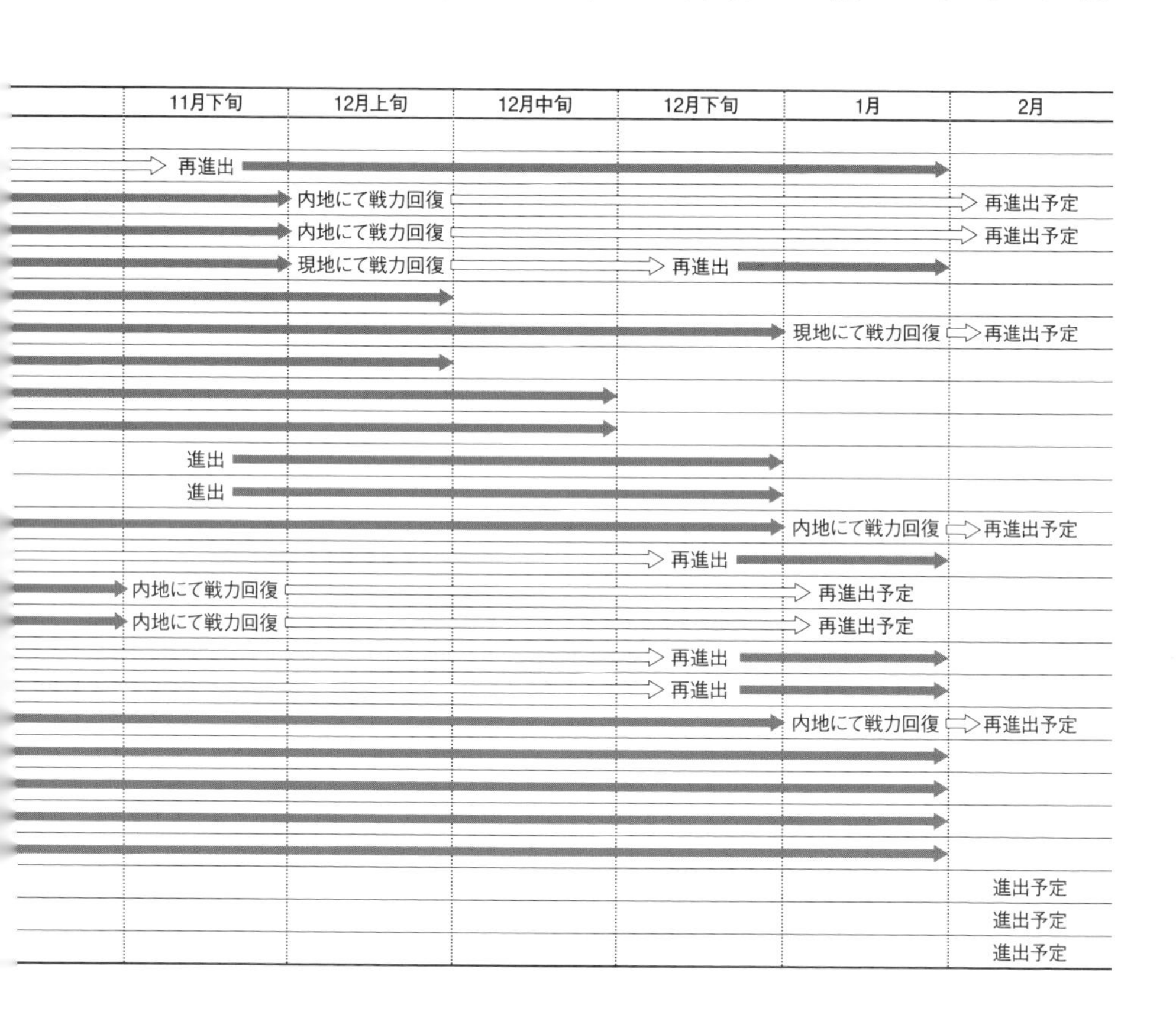

に過酷な地上戦に投入され、終戦までにその多くが倒れていった。

しかし比島航空決戦を支えた機材と人員の補充システムは昭和20年4月からの沖縄戦に受け継がれ、この戦いで四式戦を装備して戦った第一〇〇飛行団（飛行第一〇一戦隊、飛行第一〇二戦隊、飛行第一〇三戦隊）などは本来、比島航空決戦用の増援部隊として編成されたものだったように、航空部隊の補充システムとして見れば比島航空決戦と沖縄戦はひとつづきのものと見ることもできる。

悲惨きわまりない特攻作戦に目が行きがちな沖縄をめぐる航空戦は、比島航空決戦の終了で前線への進出が中止された各飛行戦隊によって戦われたともいえる。

前線は本土へ向けて大きく後退したものの、陸軍航空隊の持つ消耗、後退、

比島航空決戦時の飛行戦隊補充サイクル

戦隊名	機種	飛行団	10月下旬	11月上旬	11月中旬	
飛行第三十戦隊	一式戦	第十三飛行団	三十一戦隊に合同			
飛行第三十一戦隊	一式戦	第十三飛行団	作戦中	現地にて戦力回復		
飛行第二十六戦隊	一式戦	直轄	作戦中			
飛行第二〇四戦隊	一式戦	直轄	作戦中			
飛行第二十戦隊	一式戦	直轄	作戦中			
飛行第三十三戦隊	一式戦	直轄		進出		
飛行第二十四戦隊	一式戦	直轄	作戦中			
飛行第五十四戦隊	一式戦	直轄		進出		
飛行第二十九戦隊	二式戦	直轄			進出	
飛行第二四六戦隊	二式戦	直轄			進出	
飛行第十八戦隊	三式戦	直轄				
飛行第五十五戦隊	三式戦	直轄				
飛行第十七戦隊	三式戦	第二十二飛行団	作戦中			
飛行第十九戦隊	三式戦	第二十二飛行団	作戦中	内地にて戦力回復		
飛行第五十一戦隊	四式戦	第十六飛行団	作戦中			
飛行第五十二戦隊	四式戦	第十六飛行団	作戦中			
飛行第一戦隊	四式戦	第十二飛行団	作戦中	内地にて戦力回復		
飛行第十一戦隊	四式戦	第十二飛行団	作戦中	内地にて戦力回復		
飛行第二十二戦隊	四式戦	第十二飛行団	進出			
飛行第二〇〇戦隊	四式戦	直轄	進出			
飛行第七十一戦隊	四式戦	直轄			進出	
飛行第七十二戦隊	四式戦	第二十一飛行団			進出	
飛行第七十三戦隊	四式戦	第二十一飛行団			進出	
飛行第一〇一戦隊	四式戦	第一〇〇飛行団				
飛行第一〇二戦隊	四式戦	第一〇〇飛行団				
飛行第一〇三戦隊	四式戦	第一〇〇飛行団				

比島航空決戦には戦闘機隊だけでも一式戦から四式戦までの各機種を装備する多数の飛行戦隊が参加している。これらの飛行戦隊の前線進出と消耗による後退、そして補充後の前線復帰というサイクルが作戦期間中にほぼその形を成しつつあったことが読み取れる。フィリピンでの航空戦は機材の大量投入と急速消耗の単純な繰り返しではなかった。

補充、再進出といったサイクルは比島航空戦で生まれ沖縄戦へ継続していたのである。

広範囲に分散した兵力を戦略的に機動集中させる組織は、陸軍付属の航空隊が空軍という独立組織に生まれ変わる下地となっているが、それだけでは大規模な航空戦は戦えない。戦局の有利不利にかかわらず、機材と人員の激しい消耗を引き起こす長期間の航空戦に対応する補充システムの構築もまた空軍が実戦で学びながら身につけた特徴でもある。

日本陸軍航空隊は敗色濃厚な昭和19年後半にそうした体質へと変化を遂げつつあり、その成果を戦闘の経過と前線からの報告から読み取ることができる。客観的には絶望的な状況にありながらも、一瞬の夢としてレイテ島上空の制空権確保という実感が生じた背景には、長期の航空戦に対応する補充システムが存在していたのである。

しかし、こうした組織的、体質的な進歩もその後の総崩れ的な後退によって打ち消され、沖縄戦以降は空襲による機材不足と補充すべき操縦者の不足から急速に崩壊してゆく。本土決戦を前にして、戦力回復のために後退すべき内地そのものが戦場となる中で、本土決戦用の航空兵力温存策が採用されるに至ったが、それもまた崩壊に瀕しながらも終戦までかろうじて維持されていた補充システムの機能だったと解釈することもできるだろう。

■参考文献

『昭和九年航空兵操典』／『昭和十九年航空兵操典』／『昭和十一年航空兵団隊長会同実施ニ関スル件報告』／復員局作成『対蘇航空作戦記録』／『第三〇戦闘飛行集団司令部及び飛行第二〇〇戦隊概史』／『飛行第三十一戦隊行動概況』／戦史叢書『比島捷号陸軍航空作戦』

小さな部品の偉大な物語

沈頭鋲

航空技術の躍進著しい戦間期、新たな技術として「沈頭鋲」が日本とアメリカでほぼ同時期に導入され始める。この小さくも重大なパーツに対して、日米の取り組み方は大きく異なっていた。

三菱重工で振動試験中の十二試艦戦2号機。この試作2号機は昭和15年3月11日に空中分解事故を起こすが、その原因として疑われたのが、十二試艦戦の試作機から一一型初期まで使用された沈頭鋲「平山鋲」だった

零戦伝説を彩る「沈頭鋲」

アニメーション映画「風立ちぬ」で若き堀越二郎が定時後に勉強会を開き、次期戦闘機に全面的に採用する予定の新機軸として、その場で平山広次技師と「平山鋲」を紹介するシーンがある。

希望と野心に満ちた若手技術者の熱意が伝わる懐かしい光景ではあるものの、そこで紹介された「平山鋲」とは何なのか。そして同じ三菱重工名古屋製作所という狭い社内に働きながら、どうして平山技師は堀越二郎が紹介を必要とするまで若手設計技術者たちに名前と顔を知られていないのだろうか。

「平山鋲」とは平山技師がゼロから考案したオリジナルの技術ではなく、当時世界的な潮流として同時多発的に使われ始めた平頭型の鋲だった。

平山技師はその最先端の流れを敏感に察して、自社で用いる自社規格の平頭型の鋲として「平山鋲」を考案したのである。

そしてもう一つ、堀越二郎の直接の後輩たちが、堀越二郎に紹介されるまで平山技師の名前と顔を知らなかったように見えるのはなぜだろうか。

それは物語上の演出だけではなく、堀越二郎たち機体設計者の技師と、平山技師の働く職場は日常的な接触がなかったことによる。

平山技師は工作部の技師で、設計部門ではなく量産機の製造部門に勤める技師だった。

同じ技術者であっても機体を設計する設計課と、設計された機体を製造する機体工場側の工作部は、建前ではともかく、実際には対等の立場とは言い難かったのだ。

そして、三菱で「平山鋲」と呼ばれた航空機用の平頭型鋲、すなわち沈頭鋲とは、機体設計者が選択し、その詳細は工作部が詰める工作法の一つに過ぎず、極端に言えば名前の要らない技術だった。

しかし、沈頭鋲は零戦の高性能を支えた技術の一つに数え上げられることも多い。

沈頭鋲の登場

沈頭鋲とはいったいどのような技術だったのだろうか。

全金属製飛行機の外板を桁や肋材に鋲止めし、外板同士を重ねて鋲止めする際には、接合する部材に鋲の心棒が通る孔を空け、そこにキノコ型の鋲を差し込んでから工具を使ってキノコ型の鋲の軸を反対側から叩き潰して接合部を固く締め付ける。

この時、外板表面には半球形の鋲の頭が突出するので通常の鋲は丸頭鋲（がんとう）とも呼ばれる。工作が比較的簡単で耐久性に優れる特長を持っている。

だが丸頭鋲はその名の如く、機体表面に鋲の数だけの小さな半球形の突起を生み、この鋲頭によって機体表面の平滑性は大きく損なわれる。

胴体はまだしも、主翼などの、できる限り平滑な表面を得たい部分に丸頭鋲の鋲頭が列をなしているのは、物理的な根拠はともかくも、潔癖症の技術者たちにとっては「気分が悪かった」のである。

こうして丸頭鋲は、航空工業界で比較的早い時期からいずれ克服すべき課題として捉えられていた。

その回答である鋲の頭を突出させない鋲接法は、航空工業界の外側にすでに存在していた。

造船やボイラーなどの製造では、工作部位によって鋲頭の平らな鋲が使われており、それを航空機製造に応用することは発明でも何でもなかった。

もともと鋲には丸頭と平頭があり、平頭の鋲は接合する材料の側に軸を通す穴だけでなく、頭が平らな分だけ軸側に円錐形に飛び出している鋲頭部分を収める凹みを造らなければならない。

厚い部材では切削加工で円錐形の孔を削る必要があり、薄い板材ならば専用工具で叩いて凹み（ディンプル）を作らなければならないということだ。

すなわち、鋲には工作が比較的楽な丸頭鋲と、ひと手

無塗装のアルクラッド外板（純アルミによる腐食対策を施されたジュラルミン）に丸頭鋲の鋲頭が並ぶ米陸軍のB-18爆撃機。丸頭鋲の突起が空力的に悪影響を及ぼすことは、早い段階から理解されていた

間もふた手間も余計にかかり工作が面倒な平頭鋲の二つが、誰かが発明者として名乗りを上げることができないほど、当たり前に存在していたのである。

平頭の鋲が航空工業界でなかなか採用されなかったのはその技術に無知だったからではなく、平頭の鋲を航空機に用いれば工程が煩雑になり、同時にコストが嵩むためだった。

航空機の設計が木と布で造られた脆弱な機体から、耐久性に富む全金属製機体へと急速に移り変わっていく１９２０年代後半から１９３０年代前半にかけての航空工業界は、全金属製機の製造そのものの習得に苦労を重ねている最中である。工作の面倒な平頭鋲に余力を振り向けることなど、二の次の問題だったともいえる。

こうした事情があるため、〝沈頭鋲を最初に採用した航空機〟というタイトルは、戦闘機でもエアレーサーでもなく意外にも飛行艇が持っている。

野心的な航空技術者であるチャールズ・ホールが、１９２６年に特許出願した沈頭鋲をＰＨ‐１飛行艇に初めて使い、これが世界初の沈頭鋲採用航空機となった。

だが、その後が続かなかった。アメリカ陸軍航空隊も海軍航空隊も第二次大戦開戦後まで沈頭鋲に振り向かず、チャールズ・ホールもその特許によって膨大な富を築けた訳でもなかった。

沈頭鋲はチャールズ・ホールの特許に限らず、似たようなものが各国で出現していたからである。

そしてアメリカ陸軍はチャールズ・ホールの沈頭鋲特許を採用せず、航空機材料として規格化もしなかった。

その理由は、アメリカ陸軍の技術開発部門が、沈頭鋲に必須の鋲頭を収めるディンプルの加工によって、接合するジュラルミン板材が延ばされ、そこから疲労による亀裂を生じる可能性があると考えたことによる。沈頭鋲は堅実な構造を尊ぶ軍用機には不適当だと判定されたのだ。

陸海軍が沈頭鋲に冷淡な態度を示したため、この新技術は軍用機ではなく民間機から広まり始めるのである。

DC‐4が採用した「ダグラス・システム」

第一次大戦後から第二次大戦直前にかけて、アメリカ国内の航空機市場は民間航空輸送会社の旅客機が大半を占めていた。欧州や日本とは異なり、アメリカには長距離旅客輸送の需要が大きく、航空輸送に利益が見込める環境に恵まれていた。

　一方、軍用機市場は軍縮政策によって調達数が限られ、大量受注の見込めない小規模市場であり、軍用機専業メーカーは押しなべて規模が小さく新技術の投入も遅れる傾向にあった。

　それに対して民間の旅客機、輸送機は効率的な長距離輸送を実現するために大型機が中心となり、機体の大型化と共に性能競争も激しく、全金属製機体、引込脚などの新機軸の導入も軍用機の一歩先を行く状況にあった。

　そうした中で双発旅客機の傑作ダグラスDC-3を生み出したダグラス社は、さらに大型の四発旅客機DC-4の開発を決意した。

　金属製機体の鋲打ちは手間が掛かり、鋲打ち作業は機体製造コストの約4割を占めるといわれる。しかも大型機では20万本から40万本の鋲打ち作業が必要であり、鋲打ち作業の合理化は重要な課題となっていた。

　通常の丸頭鋲よりも工程が増え、製造コストも嵩む沈頭鋲の導入は、大型機メーカーにとって歓迎できないものだったが、民間機市場には民間ゆえの競争が存在した。

DC-3がどれだけ好評でも、次世代機が競合他社より高性能な機体とならなければ順調な受注は望めない。

　工程増加による製造コスト増と性能向上要求の板ばさみとなりながらも、ダグラス社はDC-4（再設計された機体と区別するためDC-4Eと呼ばれることが多

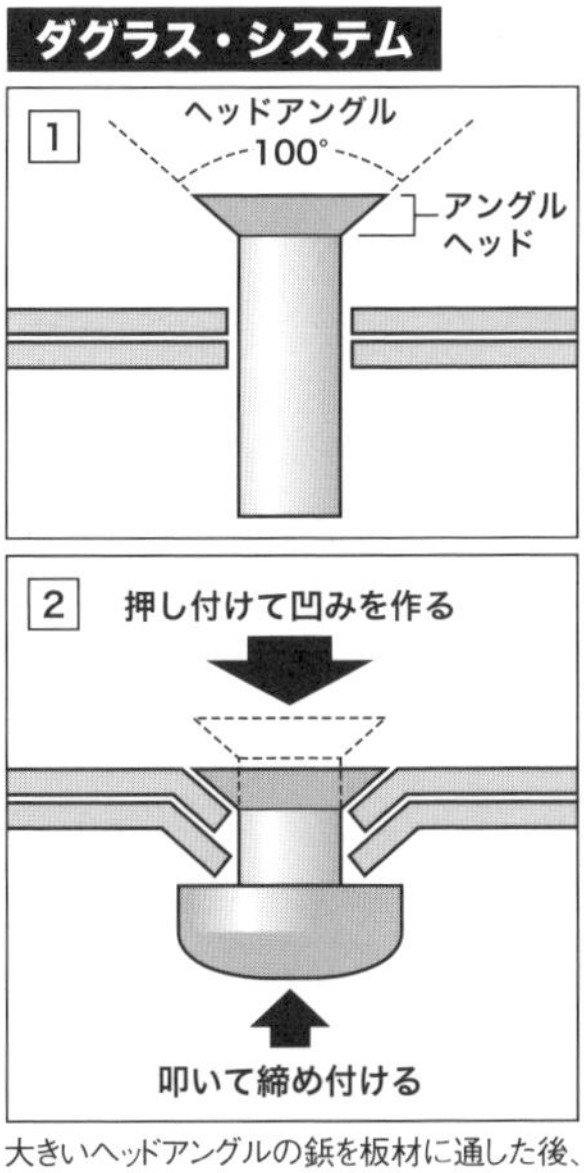

一般的な沈頭鋲

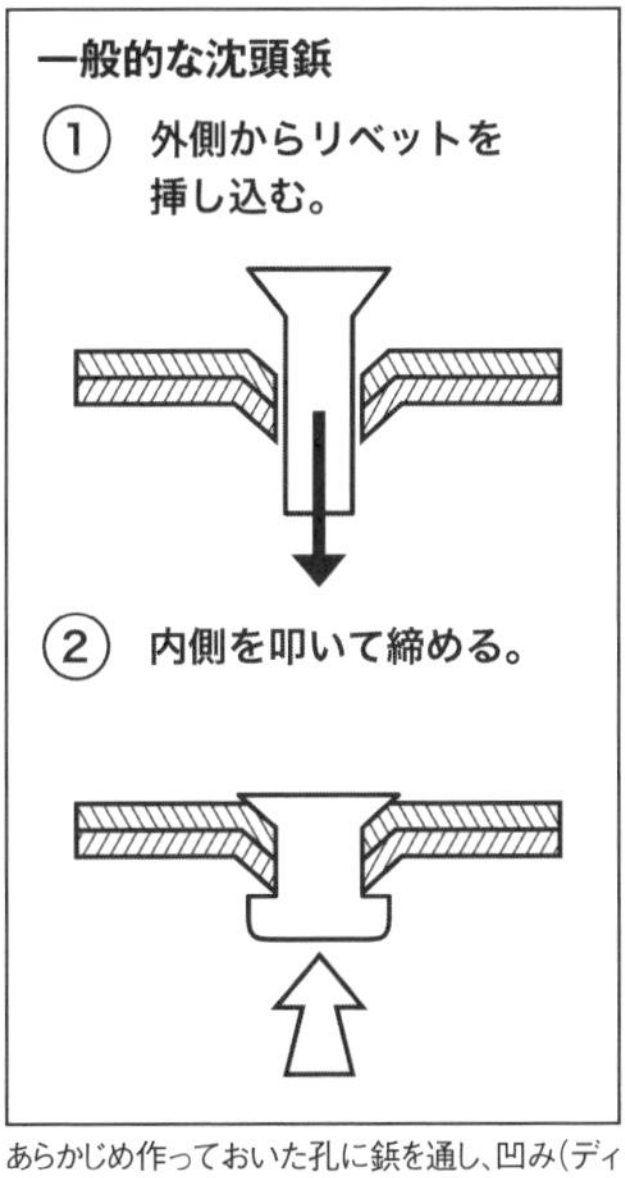

あらかじめ作っておいた孔に鋲を通し、凹み（ディンプル）に鋲頭を収めて裏（図では下側）から軸を叩いて締め付ける。

ダグラス・システム

大きいヘッドアングルの鋲を板材に通した後、押し付けて凹みを作ると同時に、裏から軸を叩いて締め付ける。

い）でついに沈頭鋲の導入に踏み切った。それは機体外板の接合用に考案された「ダグラス・システム」と呼ばれる新しい沈頭鋲だった。

通常の沈頭鋲は接合する板材に鋲の軸が通る孔を開け、専用の工具を使って表と裏から沈頭鋲の鋲頭が収まる凹み（ディンプル）を作り、表面から鋲を通して裏面から叩いて締め付ける。鋲頭がすべて収まり、機体表面と段差を生まない精度の高いディンプルを形成する作業の分だけ工程が多く、沈頭鋲は熟練を要した。

しかしダグラス社では従来の沈頭鋲にあった欠点を解決すべくウラジミール・パヴレカ技師によって独自の沈頭鋲が考案された。それが「ダグラス・システム」だった。

沈頭鋲の宿命であるディンプル加工の工程を専用工具で事前に行うのではなく、孔開け後に鋲を通す際にそのまま鋲頭自体を板材に押しつけてディンプルを作る点に特徴があり、膨大な本数を打つ大型機では工数の削減に大きな効果があった。鋲頭を工具代わりにしてディンプルを形成するこの加工法を「リベット・ディンプリング」と呼んだ。

そしてもう一つ、アメリカ陸海軍が疑念を持っていたディンプル加工による疲労亀裂の発生について、従来の沈頭鋲でスタンダードだった78度のヘッドアングル（沈頭鋲の鋲頭の角度）を１００度に広げて、ディンプルを浅くすることで対策していた。

鋲の打ち込みとディンプル形成を同時に行うことで工数は削減できるものの、作業に熟練が必要な点と、どうしてもディンプルの形成が甘くなり、鋲周辺の外板が歪みやすい短所があった。

それでも「ダグラス・システム」は大量の鋲打ち作業を必要とする大型機の製造に適し、軍用機に用いた場合には戦時の大量生産に向いた画期的な沈頭鋲だった。

しかし、肝心の四発旅客機ＤＣ‐４は大型過ぎる機体規模が祟ってビジネス的に失敗作となり、その試作機は

ダグラスDC-4の試作機。戦前のアメリカ航空工業は民間機市場によって支えられており、DC-4はその究極ともいえる最新鋭大型旅客機としてダグラス式の沈頭鋲を採用した

大日本航空の旅客機として運用する名目で日本に売却され、実際には十三試陸上攻撃機（「深山」）の原型となっている。

こうして戦時量産に適する生産性の良好な「ダグラス・システム」は、民間旅客機と共に日本に持ち込まれることになる。

各社バラバラだったアメリカの沈頭鋲

アメリカ陸海軍が沈頭鋲に対して懐疑的な姿勢を見せたことで、アメリカ軍用機への沈頭鋲導入は停滞したが、1930年代末にナチスドイツの脅威が増大した欧州からの発注によって、アメリカの航空工業界は輸出向け軍用機需要に活気づいた。

また軍艦建造以外の軍備拡張に極めて冷淡だったルーズヴェルト政権も、1937年のルーズヴェルト恐慌を経験して以降、陸戦兵器でも航空兵器でも構わずに調達を承認し始めたので、それまで細々と続いていた軍用機市場は、輸出も内需も含めて急速に膨張し始めた。

アメリカ陸海軍に評価されるだけでなく、欧州各国の目に留まる高性能機を造り上げるための技術競争も激しさを増した。

アメリカ陸軍初の全金属製単葉引込脚の戦闘機P‐35を受注し、アメリカの戦闘機市場を席巻したかの如く感じられたセヴァスキー社は、最初の発注を受けたあと、陸軍の追加発注はカーチスの新型機体に奪回されてしまうなど、目まぐるしい勢いで開発競争が始まった。

他社よりも少しでも高性能な機体を発表することは、他社の市場を奪い、自社の未来を切り拓くために必須の活動だった。

顧客に理解されやすく、強く印象に残る高性能とは、すなわち水平最大速度だった。

発動機で条件が同じなら水平最大速度は機体設計で決まるが、斬新な設計手法が常に使える訳ではなく、人間の考案できる機体に大きな違いはなかった。

ならば機体表面を平滑に仕上げて抵抗を減少させるのは必須の策で、軍用機製造各社は、陸海軍の軍事行政が関与しない独自の沈頭鋲を考案し始めたのである。

セヴァスキーP‐35に次いで陸軍に採用された全金属製単葉引込脚の単座戦闘機P‐36、P‐40を開発したカーチス・ライト社では、ヘッドアングルは標準的な78度のまま、アングルヘッドそのものを短くすることでディンプルの深さを減らし疲労亀裂対策とした。

また新興戦闘機メーカーのベル社では、ヘッドアングルをダグラス社よりも大きい１２０度として疲労亀裂対策を行った。

ここで興味深いことは、カーチス・ライト社、ベル社、グラマン社といった小型機メーカーはダグラス社のようなリベット・ディンプリングを採用せず、工数が嵩んでも従来通りの孔開け、専用工具によるディンプル形成、締め付けの三段階の工程を変えていない点だ。

飛行性能を激しく競う戦闘機メーカーでは、ダグラス流の生産性は良いが仕上げの粗いリベット・ディンプリングは嫌われたのである。

このようにアメリカ航空工業界は各社がそれぞれに独自の沈頭鋲を考案し、ヘッドアングルもカーチス・ライト社の78度、ダグラス社の１００度、マーチン社の１１５度、ベル社の１２０度と多種多様であり、規格化とは程遠い状態に陥っていた。

各社が独自の沈頭鋲をバラバラに採用するような混沌とした状況は、いかに物量に富むアメリカとはいえ補給上の問題を引き起こしたのだ。

ボーイング社の機体組み立てラインでB-17爆撃機の鋲打ち作業に当たる女性作業者。鋲打ちは戦前でも10%以上の打ち損ないが発生するほどの、熟練を要する作業だった。戦時大量生産に対応するには電動工具の採用や工作法の改善が必要だった

装甲の張られていない外板に鋲打ちによるうねりが見えるノースアメリカンB-25H。飛行性能を最優先とする戦闘機メーカーの沈頭鋲と、生産性に重点を置く大型機メーカーの沈頭鋲には当初、性格の違いがあった

「平山鋲」と「海空（かいくう）鋲」

日本海軍が沈頭鋲を初めて用いたのは七試艦上戦闘機の試作時だった。

ドイツのユンカース社から全金属製機体の製造技術を習得した三菱航

空機（当時）には、機体そのものと共に新しい鋲接技術である沈頭鋲の知見もドイツ経由でもたらされていた。

そして三菱社内で工作部の平山技師によって独自の工夫を加えたものが「平山鋲」と呼ばれる三菱製沈頭鋲だった。

平山技師は進取の気性に富むエンジニアで、この沈頭鋲の他に局地戦闘機「雷電」の製造では日本の航空工業界で初めてプラスネジを導入したことでも知られる。ちなみに、ねじ込み時にドライバーがずれにくいプラスネジも、アメリカで普及し始めたばかりの時期である。

平山鋲は九六式艦戦に全面的に採用され、続く零戦にも採用されたが、ここで事件が発生した。

昭和15年2月、十二試艦戦二号機（零戦の試作二号機）が横須賀航空基地で試験飛行中に空中分解し、操縦していた奥山益美職手（※1）は殉職（奥山職手は海軍操縦練習生出身の戦闘機搭乗員から航空技術廠のテストパイロットに転身、事故当日に航空技術廠の功績規定により即時、工手（※1）に昇進）する衝撃的な事故が発生した。

この事故は機体設計に原因するものだったが、海軍航空技術廠は空中分解の要因として平山鋲の接合強度不足を強く疑い、事故原因の調査究明が完了しないうちに零戦から平山鋲を廃して、海軍が新たに定めた規格である「海空鋲」（※2）への転換を命じた。

アメリカ陸軍と同じように、日本海軍も沈頭鋲による接合は強度等で劣るとの疑念を持っていたのである。

この決定に対して平山技師は大いに不満で反論を書き上げて海軍に抗議しているが、海空鋲への転換は覆らず、零戦の沈頭鋲は海空鋲に変更された。

零戦にまつわる伝説の一つに平山鋲の優れた特性が語られるが、このような事情で実際の零戦量産機では極初期を除いて「平山鋲」は使われていないのだ。

「海空鋲」への転換が平山技師の責任ではないことは後に明らかになったが、平山鋲からの転換にはもう一つの見逃せない意味がある。それは、海軍機に使用される沈頭鋲を規格化し、三菱でも中島でも川西でも同じ沈頭鋲を用いることで戦時の修理材料の点数を減らし、補給を円滑に実施できるとの見地から実施されている点である。

日本海軍は大日本航空を通じて十三試陸上攻撃機のベースとするためにダグラスDC－4を輸入しており、この機体に採用された新機軸である「ダグラス・システ

※1 職手とは専門技術を扱う空技廠の職員で軍籍は無い。奥山職手はテストパイロットとしての専門技能を持つ職手だった。工手はその一段上のランクで海軍下士官と同等以上の待遇だった。
※2 海軍航空部品規格に収載された沈頭鋲。

ム」の沈頭鋲も民間機の技術として同時に日本に入って来ていたのだ。

日本海軍は戦時量産に適する沈頭鋲として「ダグラス・システム」を採用し、海軍の制式航空部品としていたのである。

日本では従来の専用工具を使用してディンプルを形成する手法を「工具沈下法」と呼び、鋲の打ち込みとディンプル形成を一度に行う「ダグラス・システム」を「鋲沈下法」と呼んでいる。

工業分野での規格化でアメリカに大きく遅れている印象のある日本は、沈頭鋲の規格化に関していえばアメリカに数年先んじていたのだ。

アメリカ航空工業界の混沌

アメリカの航空工業界が欧州情勢の緊迫化によって輸出用軍用機の生産に傾斜し始め、アメリカ陸海軍の軍用機調達も急増した１９３９年秋、軍の指導によって航空機製造に携わる各社を集めた調整委員会が結成され、沈頭鋲の規格統一が検討され始める。

だが、各社とも自社の都合と独自の工夫の末に考案した自社用沈頭鋲の利点を強く主張した結果、沈頭鋲の規格統一は難航していた。

１９３０年代後半、航空機メーカー各社で沈頭鋲の採用が広まるその時期に、規格統一に関する技術行政が存在しなかったことが、機体製造に大きく影響する鋲打ち作業に混沌とした状況を生み出してしまったのである。

そして真珠湾攻撃によってアメリカが参戦して戦時体制に移行したとき、アメリカ陸海軍機は機体修理用の沈頭鋲を各サイズ、各社の規格ごとに、すべて大量に準備しておかねばならない事態となり、１９４２年初頭に沈頭鋲の統一化が民間各社の協議ではなく軍による強制として改めて始まった。

その結果、量産に適する最も生産性の良好な「ダグラス・システム」が参考にされ、各社バラバラだった鋲のヘッドアングルは１００度に定められ、その他工具の統一も図られた。しかし当初の混沌は終戦まであとを引いて完全な規格統一には至らず、アメリカの沈頭鋲の統一と改良作業が落ち着くのは１９５０年代を待たねばならなかった。

究極の沈頭鋲「NACAリベット」

機体表面の平滑化を実現し、空気抵抗を減少させることが沈頭鋲の効果だったが、1940年代の航空機設計で沈頭鋲をもっとも必要としていたのは主翼だった。

最大翼厚を通常より後方に置き、翼前縁を鋭くすることで高速域での抵抗を減少し、高性能をもたらすと信じられていた「層流翼型」が世界的に注目され始めたからだ。

アメリカではNACA（アメリカ航空諮問委員会）が「層流翼型」の実験と実用機への導入を推進し、実用機としてはP‐51マスタングが代表的な機体となった。

この「層流翼型」が従来の翼型よりもはるかに平滑な翼表面を必要としていたのである。

風洞実験を繰り返す中でNACAは、「層流翼型」が性能を発揮するためには、生産性に重点を置く「ダグラス・システム」で得られるやや粗い表面ではまったく不十分で、カーチスやベルが表面の平滑さにこだわって採用していた、専用工具によるディンプル加工を行う方式でも平滑さが足りないことが明確になった。

「層流翼型」とは翼表面の微妙な凹凸をも嫌うデリケートな性格を持っていたのだ。

このためNACAは自ら「層流翼型」に適する平滑な表面を得られる新しい鋲打ち法を考案し、それは「NACAリベット」と呼ばれた。

「NACAリベット」は鋲の軸が通る孔を開け、ディンプルを工具で形成して鋲を通して締め付けるという基本的な工程は変わらなかったが、従来とは大きく異なる点があった。

それは、孔を開け鋲頭が収まるディンプルを形成した後、外板の裏側か

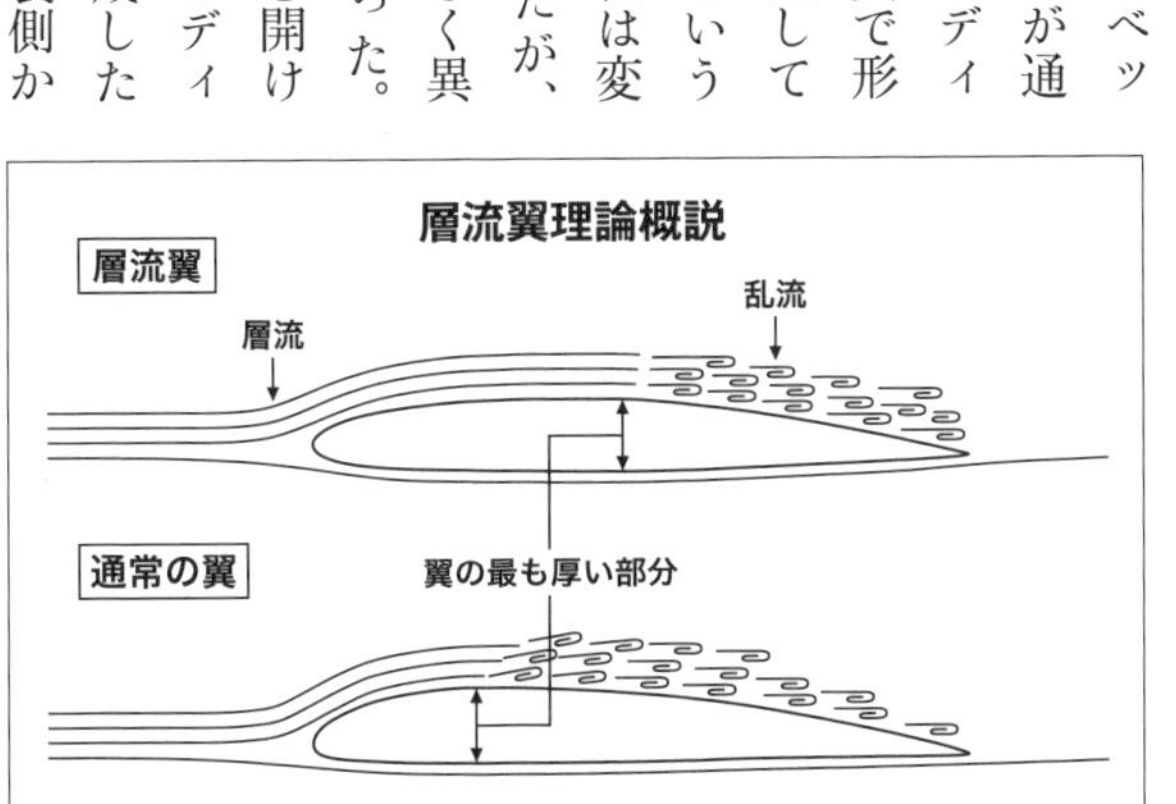

通常の翼型よりも最大厚部分を後方に置き、主翼前縁を鋭くしたものが層流翼型。従来型よりも気流の剥離を遅らせることで、抵抗の減少と揚力の増大を両立させる夢の翼型だった。

層流翼のテストベッドに使用された実験機P-38Eソードフィッシュ。試験のため特殊な翼平面形に改造されている

ら鋲を通して表側に軸を突出させ、その軸を叩いて締め付ける。

従来とは鋲の差込み方向が逆なのだ。

そして外板の表面でディンプルの中に突出した軸を叩いて締め付けると潰された軸は表面から浅い球状に盛り上がる。

その盛り上がった部分を切削工具で削り取って、外板表面と鋲との間の段差やディンプルによる歪みのない平滑な表面を得るのが「NACAリベット」の考え方だ。

従来の沈頭鋲は平らな鋲頭をディンプルに収めるだけだったが、こちらはリベットの軸自体をパテのようにしてディンプル内に充填し、ディンプルから溢れて盛り上がった部分を外板と同じ高さに削り取るのである。

このように翼面の平滑さの向上を第一に開発された「NACAリベット」は鋲1本ごとに鋲頭の切削加工が伴うので沈頭鋲の中では最も生産性が悪く、そのままではとても大量生産には向かない。

それでも「層流翼型」に期待された効果を発揮させるには極度に平滑な翼表面が必要であり、最低限でも主翼の前半部表面には「NACAリベット」を採用しなければならない。

将来出現するドイツの新鋭戦闘機も「層流翼型」を採用し、同馬力の発動機を搭載する連合軍戦闘機よりも高速を発揮すると予想される以上、何としても「NACA

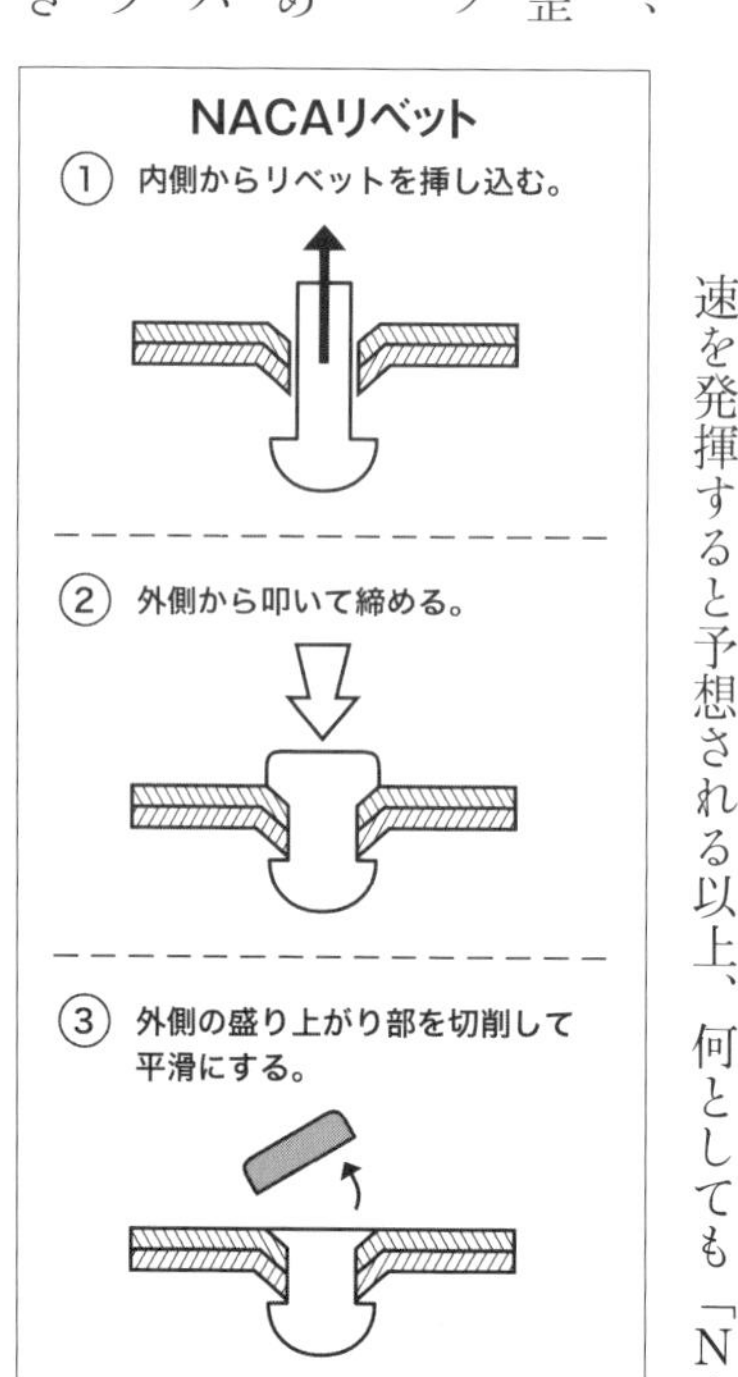

NACAリベットの工作過程。表面に突出した鋲頭を専用工具で切削するため、一般的な沈頭鋲に比べて工数の多い作業であることがわかる。

リベット」の生産性を上げ、量産に耐え得るものとしなければならない。

ＮＡＣＡはこの問題を解決するために、鋲頭の切削加工専用の小型化されたハンドミーリングツールを開発し、鋲打ち作業に携わる作業者は、このハンドミーリングツールで打ち終わった鋲に短時間で切削加工を行えるようにした。これを使用することで「ＮＡＣＡリベット」の生産性はかろうじて量産に耐える程度にまで改善された。

こうした電動工具の大量配備は日本やイギリスでは考えられないことだったが、アメリカの戦時航空工業はそれを何とか実現する環境に恵まれていると同時に、軍用機開発におけるＮＡＣＡの強力な指導力と権威がこのような無理を押し通させたともいえる。

もし通常の翼型を採用していたならば、Ｐ-51マスタングの生産数は余裕をもって史実の2倍以上に達していたことだろう。Ｐ-51マスタングの主翼は、ＮＡＣＡがほぼ直轄で指導した新しい沈頭鋲技術の実験場でもあったのだ。

NACAの風洞実験設備で実験に供されるノースアメリカンXP-51。日本には存在しなかった大型風洞での実機による実験の結果、層流翼がその性能を発揮するためには当時の常識を外れた平滑さを必要とすることが判明したことから、NACAに層流翼用の沈頭鋲の開発を促した

紫電改の「デコボコ」とマスタングの「ツルツル」

1930年代末、意外にも日本における「層流翼型」に関する理論的研究は世界水準を超えて進んでいた。東京帝大航空研究所の谷一郎所員は海軍航空廠（昭和15年に航空技術廠に改称）科学部の支援を得て独自の「層流翼型」である「ＬＢ翼」を考案し、海軍航空廠主催の大規模な研究会を通じてその理論と実験成果とを日本の航空工業界全体に紹介していた。

海軍主催の大規模な研究会は「風洞水槽研究会」と名付けられて、定期開催される航空技術分野全般を対象とした一種の学会的な性格を持っていた。

その場では海軍と東京帝大、九州帝大、陸軍航空本部、国内航空機メーカー各社が結集し、それぞれの研究成果が発表されたあと、当時最新最大の実験研究設備を持つ海軍航空廠の実験設備が公開される見学会が組み合わされていた。

東大航空研の一所員だった谷一郎氏が一躍航空技術界の権威へと駆け上がったのは、その実力もさることながら、発表の場と実験への支援を強力にバックアップした海軍航空廠の力あってこそのものだった。

こうした谷一郎所員の提唱した「層流翼型」は、戦時中に登場したほとんどの海軍新鋭機に採用されることになる。

「層流翼型」がP‐51マスタング程度に絞られる連合国の実用機に較べて、「層流翼型」を採用した日本軍用機は多数に及び、この分野での欧米に対する日本の理論的先行の痕跡を残している。

そして実用機として最初に「層流翼型」を採用したのは十五試水上戦闘機(後の「強風」)で、大きな浮舟を持つ水上戦闘機の不利を「層流翼型」の効果で補って陸上戦闘機とできる限り対等に戦える機体とするため、水上戦闘機という特殊な機種に最新技術が投入されたのである。

この十五試水上戦闘機を陸上機に転用したものが一号局地戦闘機(後の「紫電」)で、さらにこれを低翼化した改造型が「紫電改」となる。日本海軍最後の実用戦闘機となったこの戦闘機の主翼は、強風ゆずりの谷一郎考案のLB翼だった。

しかし同じ「層流翼型」の戦闘機としてP‐51マスタングと紫電改を比較するとどうも趣きが異なる。

表面からは鋲打ちの跡さえ見えづらいパテ盛り研磨仕上げのツルツルな主翼表面を持つP‐51マスタングに対して、我が紫電改の主翼は鋲打ちの跡もくっきりと見え、しかもディンプル加工による外板の歪みも目立ついかにも貧相なものだ。

この貧相な印象を与える粗い仕上がりは、しばしば日本の工業水準の低さ、戦時大量生産による作業者の技量低下による粗製濫造の結果として説明されるが、こうした印象に基づく批評はまったく間違っている。

紫電改が採用している沈頭鋲は日本がDC‐4で導入した生産性に優れる「ダグラス・システム」そのものだ

からである。

ＮＡＣＡの実大風洞実験により異常なまでに平滑な表面を求められたＰ-51マスタングの主翼は、「ＮＡＣＡリベット」とパテ研磨仕上げによって当時の軍用機として常識破りの平滑さを実現していたが、ＮＡＣＡでさらに積み重ねられた実験結果からは、それでも「層流翼型」の効果を発揮するには平滑度が不足していると結論されてしまった。

すなわち、当時の実用機における「層流翼型」には目立った効果はなかった。究極の沈頭鋲をめざした一大事業だった「ＮＡＣＡリベット」は壮大な空振りに終わったのだ。

「ダグラス・システム」を多用したため、外板に凹凸が目立つ紫電改（増加試作機）

製造途中で終戦を迎えた四式戦の胴体には、米大型機と同じく沈頭鋲によって生じた外板のうねりが確認できる

Ｐ-51マスタングの「層流翼型」による「高性能」とされるものの正体は、膨大な手間をかけてエアレーサー並みに仕上げられたツルツルの主翼表面の効果が大半だったのである。

日本は実大風洞による実験設備の充実に遅れをとったことから、幸か不幸か、ＮＡＣＡのような実験室内での空論に陥る過ちを犯さずに済み、単純に通常の沈頭鋲を用いて見た目の悪い、凸凹の目立つ粗末な外観の「層流翼型」を造り続けることになったが、結果的にはそれで十分だったのだ。

もし日本軍用機が「層流翼型」の効果発揮にアメリカと同じようなより精緻な研究を行っていたら、日本陸海軍機の生産実績は史実よりもはるかに小さなものになっていた可能性がある。

このように表面の平滑さで劣るものの生産性で優れる「ダグラス・システム」を選択した日本の軍用機生産は、結果的にとはいえ正しい選択をしていたといえるだろう。

航空技術史上の意義ある通過点

沈頭鋲は全金属製軍用機の性能向上を支える要素として引込脚、可変ピッチプロペラ、などに次ぐ若干地味な位置にあったが、「ダグラス・システム」によって生産性の向上が図られ、次いで当時の最新理論である「層流翼型」の効果発揮には必須の要素として改良が加えられた。

「層流翼型」白体は風洞模型での実験結果と異なり、第二次大戦当時の航空機にとって効果の薄いものだったが、沈頭鋲の工作法そのものは「層流翼型」理論によって大きく進歩したともいえる。

その進歩は戦後のジェット機時代を迎えてより厳しい空力的条件に対応する余力をもたらしたことも間違いない。

第二次大戦後の航空工業界では機体の外板に厚板を採用し、点溶接（※3）を多用することで沈頭鋲の価値は相対的に低下していった。

20世紀前半の航空技術躍進時代に導入された新技術の多くには、その発明者や推進者の名前と共に華々しい開発物語が添えられているものだ。

米軍による修復作業中の零戦。戦時中の日本とアメリカの軍用機には、どちらもダグラス・システムを参考に標準規格が定められていたが、沈頭鋲の統一規格を定めた点において、意外にも日本はアメリカより先行していた

だが、重要な役割を果たした新技術の中には、沈頭鋲のように発明者の名前すら明確でないものがある。

それはスターを生み出しやすかった機体設計側ではなく、製造現場で得られた無数の知見によって同時多発的に発達し、航空工業全体の水準を広く底上げする普遍的な技術だった。

■参考文献

Walter G. Vincenti"What Engineers Know and How They Know It : Analytical Studies from Aeronautical History (Johns Hopkins Studies in the History of Technology)"／小林喜通『飛行機の鋲打作業』航研書房／中島飛行機株式会社『航空機増産現場指導書』

※3 外板などを接合する際に鋲によらず、スポット的に電気溶接を行う工作法。戦時中の日本では局地戦「雷電」から一部に採用された。

撃墜王レッドバロンの"もうひとつの顔"

リヒトホーフェン

第一次大戦のトップエースにして、史上最も偉大な撃墜王の一人として有名な「レッドバロン」リヒトホーフェン。しかし、彼はパイロットだけでなく、航空戦黎明期に新たな編制・戦術を模索し続けた、組織の優秀な管理者でもあった。

1917年の撮影とされるリヒトホーフェン。胸にはプール・ル・メリット勲章を佩用している

レッドバロンの伝説

マンフレート・フォン・リヒトホーフェンは航空戦史上でもっとも有名な戦闘機パイロットではないだろうか。真紅に塗られた特徴ある三葉のフォッカーDr.Iを操り、80機の撃墜記録を持つ第一次世界大戦最高のエースパイロットは、男爵の称号を持つため「レッドバロン」としても知られる。

リヒトホーフェンは1892年に生まれ、1918年4月に戦死しているが、彼が戦闘機パイロットとして活躍したのは1916年9月からのわずか20ヶ月でしかない。飛行歴10年といったベテランパイロットでもなく、最初は騎兵士官として戦争に参加している。

軍歴も短く、戦後に回想録を残すこともできていない、若くして散ったエースの名が世界中に轟いたのはなぜだろうか。

実はリヒトホーフェンは戦時中においてドイツ国内だけでなく、イギリスでもフランスでも既に有名人だったのである。それは1917年に出版されたリヒトホーフェンの手記が、イギリスなどの交戦国においても翻訳出版されていたからだった。手記といっても口述か、または聞き書きの再構成によるものと考えられるものの、明るく冒険好きで公明正大、いたずら心もあれば誠実な一面も持つ魅力的なリヒトホーフェン像はここから生まれている。

そしてわが国でも第一次大戦後には翻訳出版され、撃墜王リヒトホーフェンの名は広く知られていた。

天才的な技量を持ち、不屈の闘志で次々と敵機を撃墜し続け、激戦につぐ激戦の中、負傷と疲労に耐えて戦いながら、やがて不運にも敵弾に倒れるスーパーエースの足跡は、ロマンに溢れる空の騎士道物語として受け容れられている。

だが、リヒトホーフェンは天才操縦士というだけでなく、彼が師と仰ぐ伝説的な初期のエース、オズヴァルト・ベルケと同じく、傑出した指揮官であり優れた組織人でもある別格的な存在であり、航空戦術家としての評価も高い。

このように「レッドバロン」には屈託のない笑顔を見せる勇敢な空の騎士としての顔と同じく、部隊指揮官、組織人、戦術家としての顔があり、むしろそちらの方が実像をよく伝えている。そして、こちらの姿の方が空の騎士の武勇伝よりも現代社会で生活する我々にとって理解しやすいかもしれない。

主役ではなかった戦闘機

第一次世界大戦前後に登場した新兵器は数多くある。戦車の誕生、ド級戦艦の建造、潜水艦の活躍、毒ガスなど世界大戦で初めて実戦に投入された兵器は数多い。その中でも投入の規模と実績で群を抜いているのが航空兵器だった。

飛行機の軍事利用は開戦前から始まっていたが、空を飛ぶ偵察隊としての有効性は開戦と共に広く認められ、マルヌ会戦、タンネンベルク会戦などで勝敗を決する決定的な敵情を伝えたのは飛行機だった。

開戦当初の機動戦が終息して戦線が膠着状態に陥り、両軍が砲兵による火力戦を主体に戦うようになると、飛行機の役割は更に重いものとなる。陣地戦となって後方から間接射撃を行う砲兵の観測任務が飛行機に委ねられたからだ。

砲兵の射撃目標を捜索するだけでなく、目標上空から射撃観測をより正確に実施できる飛行機は陸戦に欠かせない存在となり、軍用飛行機の活動はさらに活発なものとなっていった。

飛行機の兵器としての価値が揺ぎ無いものとなると、当然、敵の飛行機の活動を妨害する飛行機の可能性が探られるようになる。敵機撃墜用の飛行機という概念は開戦前から各国に存在したが、開戦翌年の１９１５年にはフランス軍が前方固定機関銃を装備したニューポール単葉機を投入し、それを追うようにドイツ軍はプロペラの回転と機関銃の発射を機械的に同調させる機構を開発し、フォッカー単葉機に装備して前線に投入する。

これが「戦闘機」の登場だった。敵味方の操縦士がお互いの勇気と技をぶつけ合う空の一騎討ちが行われ、華々しく伝えられる「空の騎士道」の時代が始まったのである。

曲技飛行技術として現代まで伝わるインメルマンターンで知られるマックス・インメルマンやオズヴァルト・ベルケによって新しい戦技が編み出され、プロペラ同調機関銃を搭載したフォッカー単葉機の脅威は「フォッカーの懲罰」として一般国民にまで知れ渡ったことになっている。

しかしこれで戦闘機が航空戦の主役となったかといえば、そんな事実は全くない。

フォッカーEシリーズの製造はフォッカー社一社で細々と続けられるばかりで部隊への配備数は戦局に影響を与えるには程遠く、登場時に「無敵」だったはずのフォッカー単葉機の配備数はそれから何ヶ月経ってもドイツ全軍で20機程度でしかなく、その戦果もわずかなものだった。1915年7月から1916年1月の期間で、イギリス軍航空隊が蒙ったフォッカー単葉機による損害はたったの9機でしかない。空中戦の大半は武装複座機同士の戦いだったのである。(下表参照)

その理由は、第一次世界大戦の航空戦で主役を務めたのが開戦時から休戦まで一貫して複座の多用途機だったからで、捜索、写真偵察、観測、爆撃に使用できる万能の複座機に対して、単座機は目視による簡易偵察任務を除けば敵機を攻撃するしか使い道が無かった。

その敵機への攻撃についても、複座機にも機関銃は装備できたので唯一無二の特長とは言えず、複座機でも十分に用が足りたのだ。新機軸である機関銃のプロペラ同調装置も、実際にはフォッカー単葉機より複座機の前方固定銃用に優先供給されていたのである。

インメルマンやベルケの勇気と努力の成果ではある小さな個人撃墜戦果(1916年6月、インメルマン戦死時の撃墜数は17機、同時期のベルケの撃墜数は18機)は新聞によって国民に華々しく伝えられたが、それは膠着戦の

「フォッカーの懲罰」の実態

フォッカーEシリーズ

イギリス機の損害(1915年7月1日～1916年1月31日)

イギリス軍出撃数	4,430ソーティ(のべ出撃機数)
空中戦発生件数(全体)	181件
フォッカーとの空中戦	40件
イギリス軍被撃墜数	19機
フォッカーによる被撃墜	9機

フォッカー単葉機出現以降も、出撃したイギリス軍機が空中戦に巻き込まれる確率は4.1%しかなく、そのうち22%がフォッカーによる襲撃で、フォッカーによる撃墜数はこれだけの期間で9機でしかない。フォッカーの脅威は宣伝による幻だった。(表・文／古峰文三)

行き詰まり感の中で行われたプロパガンダに過ぎない。

これら「空の英雄」の活躍は大きく誇張されたものだったが、その人気は国内でも前線でも絶大だった。そして泥にまみれた西部戦線の塹壕から上空を飛ぶ友軍機を見上げて、航空隊に志願する決意を固めた若き騎兵士官もいた。マンフレート・フォン・リヒトホーフェンである。

ヴェルダンで発見された「制空権」

1916年2月、ドイツ軍は膠着状況を打開すべくヴェルダンで一大攻勢を計画し、血まみれの激戦として知られるヴェルダン攻防戦が開始された。この戦いは多くの場合、地上戦闘中心に紹介されているが、航空戦史上の一大転機として見過ごせない戦闘でもある。野戦砲兵を集中して攻撃に出たドイツ軍は航空兵力も大規模に集中投入し、戦場上空からフランス軍機を一掃したからである。

作戦開始時の一方的な優位は地上兵力だけでなく、航空兵力の大量投入により戦場上空に敵偵察機の活動を許さず、友軍機のみが一方的に偵察と砲兵観測を実施できる状況を作り出したことが大きな要因となっている。このためフランス軍は戦線後方の敵情を知ることも、新たに出現した敵軍部隊に航空観測による間接射撃を浴びせることもできない苦境に陥った。

このような前代未聞の状況が後に「制空権」／「航空優勢」として認識される。ヴェルダン戦以来現代まで、航空戦は空中での友軍の一方的優位を得ること目指して戦われるようになったのである。

だが史上初の「制空権」を出現させたのは単座戦闘機ではなかった。フォッカー単葉機はこの戦いにも投入されたが、全戦線から掻き集めてもその数はたった21機でしかなく、敵機を戦場から駆逐したのは機関銃で武装した複座偵察機の大集団だった。操縦席後方にプロペラを持つために後方からの

初期の西部戦線で使用された、フランス軍の多用途複座機の一つ、モーリス・ファルマンMF11。プッシャー（推進）式と言われる、プロペラが胴体後部にあるタイプで、偵察・爆撃に活躍したが、後方からの攻撃には弱かった

攻撃できないフランス軍のファルマン機やヴォワザン機は、複座機の前方固定銃や後席の旋回銃で十分に追い散らすことができたのだ。

　こうしてドイツ軍の「制空権」は長く続いたが、フランス軍も黙って見ていた訳ではなく、それまで限定的に防空用として配備されていた複葉単座機のニューポール11をヴェルダン戦線に集中し始めた。こうして状況は再び流動的になり、ドイツ軍が握っていた空の優位は徐々に失われて行く。

　ヴェルダンの攻勢が尻すぼみになるに従って主戦場は北へと移り、１９１７年7月1日から始まったソンムでのイギリス軍攻勢では立場が変わって、ドイツ軍が窮地に立つことになる。ヴェルダンでドイツ軍が航空兵力の大量投入によって実現した「制空権」を、今度はイギリス軍が同じ手法で再現しようと試みたからである。

戦闘機隊の誕生

　ソンム上空で戦われた航空戦の様相はドイツ軍にとって衝撃的だった。イギリス軍やフランス軍が、敵機との空中戦以外に使い道の無い「役立たずの武装単座機」を、ヴェルダン戦以上の規模で大量投入してくるとは予想していなかったのだ。

　このような「単座戦闘機」の大量集中が始まったことで、それまで武装複座機の大量投入で結果的に成立するものと考えられていた「制空権」の値段は、一気に跳ね上がったともいえる。「制空権」を奪取するためには本来実施したい偵察、観測任務に向ける武装複座機とは別に、空中戦だけを目的とした専用の単座戦闘機を大量に準備しなければならなくなったからである。

　ソンム戦が開始され航空戦の様相が大きく変わったことを認識したドイツ軍は、ここで始めて自国の武装単座機を意識するようになる。ここでようやくドイツ陸軍参謀本部は飾り物に過ぎなかった「空のエース」ベルケが主張していた、「単座戦闘機」だけの飛行隊編成要求にも耳を傾けるようになる。

　それまで複座機の飛行隊に少数が同居する形で運用されていた単座機は原隊から引き上げられ、１９１６年8月から9月にかけて「単座戦闘機」のみの飛行隊の編成が命じられた。こうして戦闘飛行隊（Jagdstaffel（ヤークトシュタッフェル）＝

Jasta）が誕生した。

しかし新たにヤシュタ2の指揮官を命じられたオズヴァルト・ベルケは「空のエース」として有名でも、陸軍の中では一介の若手士官に過ぎなかったし、プール・ル・メリット勲章を受章したインメルマンもソンム戦の直前に不運にも戦死してしまっている。隊員候補者だけでなく指導者さえも足りなかったのである。

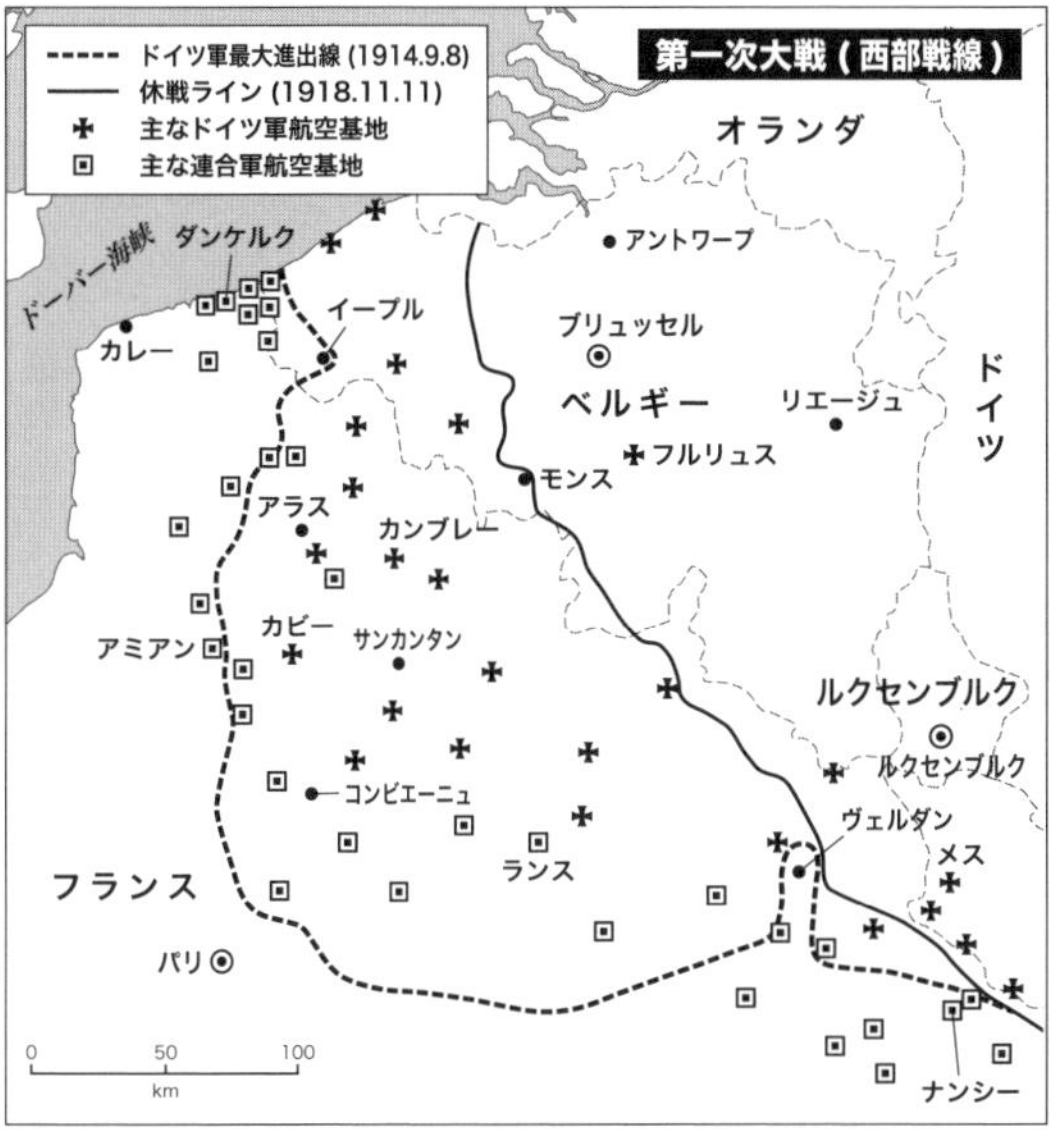

膠着した西部戦線では、ドイツ軍最大進出線と休戦ラインとの間が戦線移動の最大変化である。飛行場のいくつかは恒久的なものだったが、大半は野原に急造されたものだった。

専門教育課程が存在しないという事情から、戦闘機隊要員の選抜では操縦者仲間の個人的なつながりによる人選が許され、ベルケは目をつけた人材の一人として前年秋に訓練で出会って意気投合した騎兵中尉を呼び寄せた。

こうしてベルケの人選による有望株の操縦者で新編成されたヤシュタ2に、リヒトホーフェンが着任することになる。まだ初撃墜も飾っていない新人操縦者にベルケは何かを見出していたようだ。

師であり友であったベルケ

インメルマンが天才肌の戦闘機操縦者であったように、ベルケも非常に優れた技量の持ち主だったが、注目すべき部分は指導者、組織人としての有能さにある。

個人の戦技を磨くだけでなく戦闘飛行隊の新編成を意見具申する見識があり、勇猛であると同時に寛容で明るい性格のベルケは、彼自身が若者であるにもかかわらず「父さん」「親父」と呼ばれて親しまれる存在だったという。

ベルケは自分の戦闘経験と次第に連合軍航空部隊に兵

力で圧倒されつつある航空戦の様相から、個人の技量による空の一騎討ちには限界があり、将来の空中戦では飛行隊全機の戦力を余すところ無く発揮させる必要があると考えていた。ヤシュタの創設もこうした考えを基盤としたもので、ベルケは単機の戦闘よりも編隊による戦闘、単機の火力よりも編隊による火力集中を重視する方針で隊員たちを指導している。

このためヤシュタ2は編成時から編隊戦闘を重視する先駆的な飛行隊となっていた。リヒトホーフェンもベルケの指導の下で頭角を現して撃墜を重ねていった。

ところがこの編隊戦闘重視の方針がベルケの命を縮めてしまう。

第一次大戦前期のドイツ軍エース、オズヴァルト・ベルケ(1891～1916)。40機の戦果を誇る撃墜王ながら、優れた戦術指揮官であり、また空戦理論家のパイオニアとして、リヒトホーフェンも師と仰いだ

ヤシュタの編成から2ヵ月目の1916年10月28日、僚機としてボーメ、リヒトホーフェンの2機を引き連れてイギリス軍戦闘機との空戦中、ベルケの搭乗するアルバトロスDⅡはボーメ機と接触し、ベルケは墜落死する。

ヤシュタ2の隊員達はベルケの突然の死に意気消沈するが、隊全体の撃墜戦果はベルケの死後も減少しなかった。ベルケが単純な天才ではなく指導者、組織者として隊員の育成を重視していた成果がその死後に現れたともいえる。ベルケはこれから必要となる多数の戦闘飛行隊を率いる隊長候補たる人材の育成を心掛けていたのである。リヒトホーフェンもその一人だったが、そのままベルケの後継者となるにはまだ実績が足りなかった。

ヤシュタ11への異動と部隊の再建

1917年1月10日、リヒトホーフェンは古巣のヤシュタ2を離れ、ヤシュタ11の指揮官を命じられた。撃墜数は17機にまで伸び、マックス・インメルマンにちなんで「ブルーマックス」の名でも知られるプール・ル・

メリット勲章も受章した。この受賞とヤシュタ指揮官としての抜擢はベルケという国民的英雄の戦死後、その空席を埋める英雄候補として白羽の矢が立ったことを意味している。西部戦線の地上戦闘が陰鬱な防御戦闘に終始する中で、ドイツは国民の士気を鼓舞する空の英雄を必要としていたのだ。

だが、胸躍らせて着任したヤシュタ11はヤシュタ2とほぼ同時に編成された戦闘機隊ではあったが、輝かしい部隊撃墜数を誇るヤシュタ2とは対照的に、1916年9月の開隊以来、1917年1月10日のリヒトホーフェン着任までの部隊撃墜数はたったの1機に過ぎない不成績な部隊だった。新任指揮官に与えられた課題は「この成績不振の飛行隊を立て直すべし」というものだった。新たな英雄候補はひとまず成績不振部隊の梃入れ策として使われ、軍中枢から様子を見られたとも推測される。

リヒトホーフェンの部隊再建策はまったくベルケのやり方そのものだったが、個人の技量向上と共に集団戦闘の意義を説き、編隊戦術の重要性を認識させ、次世代の隊長候補を育てるというベルケ譲りの方針のほか、もうひとつ重要な配慮があった。

それは各野戦軍に置かれた野戦軍航空指揮官(Kommandeur der Flieger = Kofl)との関係改善だった。

第一次世界大戦時のドイツ航空部隊は基本的に軍団レベルの支援兵科として位置づけられていた。それらを纏め上げる野戦軍ごとの航空指揮官がコーフルで、リヒトホーフェンと彼の指揮するヤシュタ11が配備されたアラス付近は第4軍の戦区であったため、ヤシュタ11は第4軍のコーフルの指揮下に置かれる。

このコーフルという存在は戦闘機隊にとってなかなかに厄介だった。基本的に従来の騎兵に代わる敵後方への偵察、捜索任務と、砲兵のための写真地図作成、目標偵察、弾着観測といった地上支援任務が大半を占める当時の航空戦では、敵機との空中戦による航空優勢の確立を任務とする戦闘機集団は全体から見れば異質な存在であり、扱いに困る面もあった。なにしろ新しい兵科である航空部隊には経験ある老練な将校がいない上に、陸軍内での地位もまだまだ低く、軍の航空作戦を司るコーフルでさえ、大尉クラスの若手将校が務めていた。軍司令部での地位も参謀ではなく技術的アドバイザーに近いもので、発言権も無かった。どちらかと云えば飛行隊と軍司令部との調整役として地上軍指揮官に隷属する立場で、新しい戦術や運用構想の先頭に立てる役職ではなかったのである。

航空部隊の大半が地上部隊支援任務に就いている以上、軍の航空戦指揮官はそちらの都合を優先する傾向にあった。このためにヤシュタはただでさえ少ない機材（常用14機、補用4機の18機が定数）を地上支援飛行隊の護衛任務などに分割することを求められ、あるいは地上支援任務そのものを要求されることもあった。

たった18機の飛行隊でしかないヤシュタのひとつがいくら精強であっても、コーフルの指揮下を離れることはできない以上、ヤシュタ指揮官とコーフルの関係を良好に保つ以外に道はない。

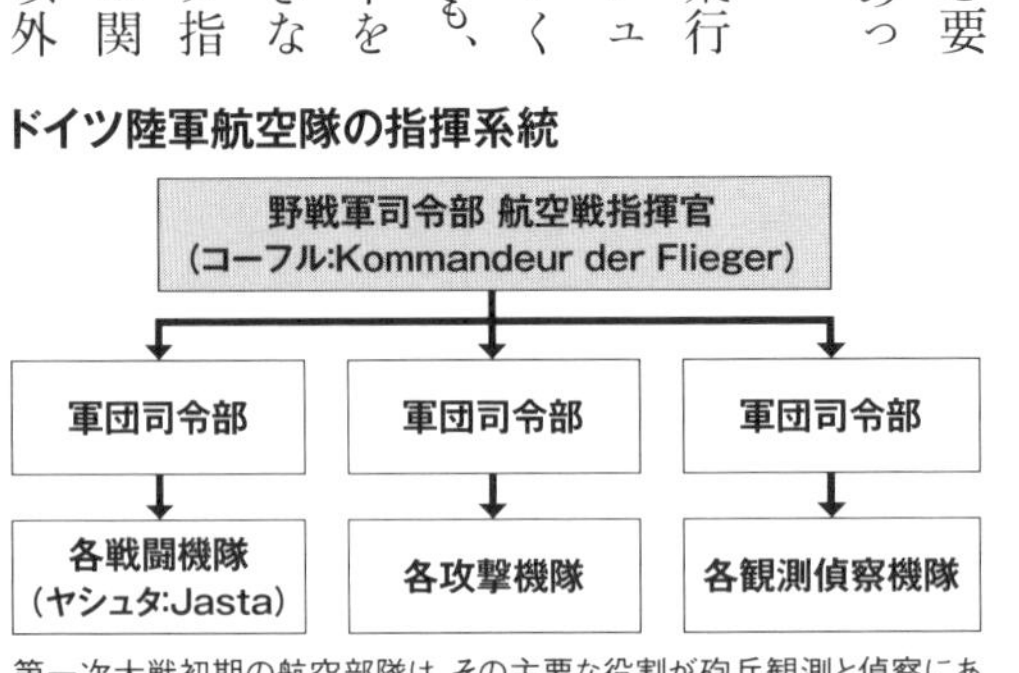

第一次大戦初期の航空部隊は、その主要な役割が砲兵観測と偵察にあるため、各野戦軍に所属し、地上部隊支援にあたる各飛行隊は各軍団の指揮下にあった。それらを取りまとめるのが野戦軍司令部の航空戦指揮官（コーフル）である。航空戦力を補助兵科として使うには都合が良かったが、集中投入するには向かない組織でもあった。（図・文／古峰文三）

ベルケが戦闘機だけの飛行隊を実現するために時間を費やしたように、リヒトホーフェンも戦闘機隊が航空優勢獲得を第一の目的として活動できる環境を整えることに知恵をめぐらせたのである。

アラス上空の「血まみれの四月」

ヤシュタ11の指揮官として戦いながら隊員の育成に努めていたリヒトホーフェンの撃墜数は1月、2月とややペースを落としている。この時期はどうやら手柄を僚機に譲って経験を積ませていた形跡もある。しかしアラス地区でのイギリス軍の攻勢が準備され始めると、前線を越えて活動する偵察機が増えて空の戦いは地上戦に先立って激しさを増して来た。イギリス軍は旧式化した機材の更新に手間取り、新鋭戦闘機の投入が遅れていたが、アラス地区の航空兵力は4月1日時点で442機に達し、全機種合わせて可動機42機を持つに過ぎない同地区のドイツ軍を数で圧倒していた。やがてドイツ軍側もアラスに兵力を増強したものの4月中に200機を超えるのがやっとの状況だった。

リヒトホーフェンの指揮下で訓練を積んだヤシュタ11はイギリス軍の大規模集中で失われた航空優勢を奪回すべく連続出撃を開始し、この戦いでその実力を証明することになる。イギリス側が「血まみれの四月」と呼んだ、1917年4月のアラス地区上空での空中戦はこうして始まった。

リヒトホーフェンの戦い方は、前線を越えて侵入する敵編隊をやり過ごし、敵編隊と前線との中間に割り込む形で退路を断って襲撃するもので、敵機の侵入警報、進撃方向などを速報する地上監視哨からの情報に支えられたものだった。

当時の戦闘機隊は戦場を飛び回って自由な狩りをしていたのではなく、地上からの管制で戦っていたのだ。少ない兵力で効率的に戦うためには対空監視哨からの情報は極めて重要で、監視哨に詰める士官には敵味方の機種識別やエンジン音を聞き分ける能力が求められた。しかし全ての監視哨士官がその能力に優れていた訳でもなく、また有線電話による情報伝達の優先順位も大きく影響した。このためにリヒトホーフェンはヤシュタ11が関係する監視哨士官との関係、場合によってはその人選にも気を配る必要があった。

そして敵味方識別に優秀な監視哨士官であっても、友軍の戦闘機はほとんどアルバトロスとなっていたために、友軍部隊同士の区別は難しく、各ヤシュタは識別のために迷彩効果を犠牲にして派手な部隊識別用のマーキングを施し始める。

リヒトホーフェンが後に「レッドバロン」(ドイツ国内では「赤い鷲」と呼ばれていたようだ)と呼ばれることになる機体の赤塗装もこのために始められたもので、最初は迷彩用の赤茶色で塗り上げたところ、思いのほか赤みが強かったという話もある。こうした派手な隊長機に率いられた編隊が上空を過ぎると、監視哨は「ヤシュタ11、戦場到着」と連絡できる。「空の騎士」たちの意気を示す装いとして有名な原色のエース塗装は本来、地上管制のために始まった識別塗装なのである。もっともエースたちはやがてその目的を逸脱し始めて様々なパーソナルマーキングが生まれ、それらもまた撃墜戦果確認に役立てられるようになる。

圧倒的優勢な兵力にもかかわらず、イギリス軍航空隊

1917年3〜4月頃、北フランスの野戦飛行場に駐機する、ヤシュタ11をはじめとするドイツ軍飛行中隊のアルバトロス（DⅢと推定）。手前から2機目が、ヤシュタ11指揮官リヒトホーフェンの「赤色」の乗機。こうした派手な塗装は、もともと地上監視哨からの識別を容易にするためのものであった。遠景に見えるのはテント式の簡易格納庫

は地上管制されたドイツ戦闘機隊の効果的な反撃で消耗を重ね、１９１７年4月から5月にかけて２５３機、戦死行方不明者１８３人の損害を蒙ることになる。

同時に事故その他による消耗も、戦闘損失を上回る２７０機という苦しい戦いとなっていた。またイギリス軍と共に戦ったフランス軍航空隊の損害は47機、戦死行方不明71人と対照的に軽かったが、この違いはイギリス軍の出撃回数の多さ（イギリス軍は１日2回、フランス軍は１日１回のペースだった）と、ドイツ軍支配地域内への攻撃的作戦が重視されたことが影響している。

そして連合軍の戦闘損失合計３００機のうち89機はたった十数機の戦闘機編隊でしかないヤシュタ11によるもので、リヒトホーフェン個人の撃墜戦果も４月中だけで21機にも達している。またドイツ軍全体の損害は72機だった。

こうした撃墜戦果には誤認や誇大報告が含まれるのが常識だが、高速な機体で広範囲に戦われた第二次大戦中の空中戦と異なり、この頃の撃墜戦果は限られた範囲で地上からの監視の中で確認され、残骸発見も容易だったために撃墜した敵機の機種、機体番号まで明らかにされている場合が多く、古い時代でありながら意外なほどに正確である。

この「血まみれの四月」の活躍はリヒトホーフェンの勇名を轟かせ、その人気は絶頂に達し、有望な若きエースから国家的英雄としての存在へと変貌した。写真に残されたカイザーの閲兵を受けるリヒトホーフェン以下隊員たちの誇らしい表情は演技ではなかっただろう。

だがリヒトホーフェンの撃墜機種に偵察機が多く含まれることから「弱い旧式機を狙い撃ちしていた」との非

難もある。確かに敵戦闘機の撃墜戦果は少なく、複座機の撃墜が多いのは事実だったが、その中には後に複座戦闘機として不動の地位を占めるブリストルF2も含まれる上、そもそもドイツ戦闘機隊の任務は敵の偵察機と砲兵観測機の撃墜にあったことを忘れてはならない。もし「空の騎士」たちが敵戦闘機との一騎討ちにのみ明け暮れていたら、地上部隊の頭上からイギリス軍の砲弾が航空観測によって正確に降り注ぎ、何千何万という死傷者が発生するのだから当然の優先順位といえる。そしてこの「何千何万」という表現が単なる喩えで済まないところが第一次大戦の怖しさでもある。

1917年8月、フランスとの国境に近いベルギーのクールトレーを訪れた皇帝ヴィルヘルム2世の前に整列し、その閲兵を受ける絶頂期のリヒトホーフェン(手前)と、JG1所属の操縦者

撃墜戦果に偵察機や観測機が多く含まれるという事実はリヒトホーフェンの撃墜数稼ぎではなく、ヤシュタ11が敵戦闘機の防御をすり抜けて目標に到達していたことを示している。

このように空中戦という側面からは、ドイツ戦闘機隊は輝かしい勝利を得てはいたが、航空戦全般を見渡すとイギリス軍は大損害にもかかわらずその活動を緩めず、前線を越えて作戦し続け、出撃数はまったく減少していない。総兵力と補充能力で優るイギリス軍の強みはそこにあった。しかもイギリス軍待望の新鋭戦闘機であるソッピースキャメルやSE5がまとまった数で投入され始めた5月からは損害も減少傾向となり、航空優勢はどちらのものともつかない混沌とした状態を迎えることになる。

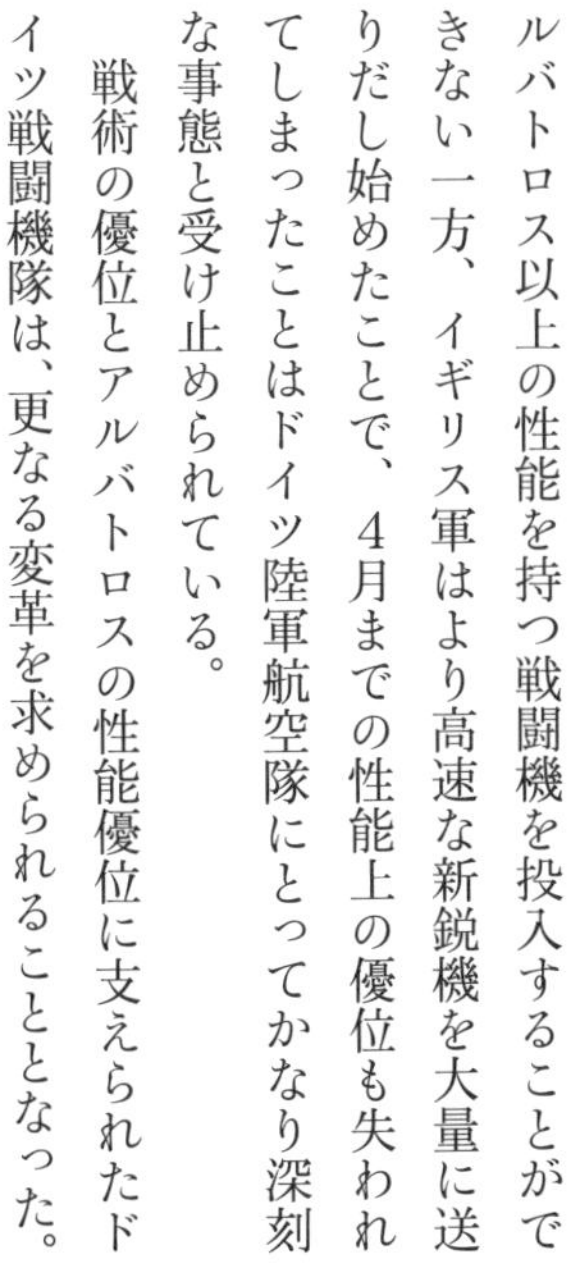

また、大馬力エンジンの開発で遅れをとるドイツはアルバトロス以上の性能を持つ戦闘機を投入することができない一方、イギリス軍はより高速な新鋭機を大量に送りだし始めたことで、4月までの性能上の優位も失われてしまったことはドイツ陸軍航空隊にとってかなり深刻な事態と受け止められている。

戦術の優位とアルバトロスの性能優位に支えられたドイツ戦闘機隊は、更なる変革を求められることとなった。

「戦闘航空団」ＪＧ１の誕生

個々の空中戦では優勢だったものの、ドイツ戦闘機隊の目には兵力で上回るイギリス戦闘機は警戒すべき深刻な脅威と映っていた。戦闘が長引けば付近のイギリス軍戦闘機が察知して増援に駆けつける場合もあり、ヤシュタ程度の戦術単位では最初から劣勢の場合すら多く現れていた。それに加えてアルバトロス戦闘機よりも20km／hから40km／hも高速な新鋭戦闘機が出現したことで、ドイツ戦闘機隊は新たな戦術を採用する。

それがJagdgeschwarder（ヤークトゲシュヴァーダー）＝ＪＧ（戦闘航空団）だった。ＪＧは従来のヤシュタを４つ束ねてＪＧ本部の指揮下に置いた、より大きな戦術単位で、独立した戦略予備として用いられる制空専門部隊である。

戦術が未熟でお互いの連携はとれていなくとも、兵力では優るイギリス戦闘機隊を圧倒するために、ドイツ戦闘機隊は従来の４倍の規模の集団で決定的な打撃を与えることを狙っていた。

だがＪＧの編成は単純な大規模集中志向とは少し違っていた。すでに４月末の段階でアラス地区の各ヤシュタの指揮を統一し、大集団として用いる戦術は、アラス地区に展開するドイツ陸軍第４軍のコーフルであるソルグ大尉から提案されていたが、リヒトホーフェンはこの提案に反対していた。ソルグ大尉とリヒトホーフェンはヤシュタ11への着任から良好な関係を保っていたが、この件に限っては２人の意見は真っ向から対立していた。

ソルグの見解は、４月の空中戦での戦果はヤシュタ11を含む一部の隊に集中しており、兵力劣勢を挽回するために集中した16個ものヤシュタの大半は目立った戦果を挙げていないことから、戦闘機隊の指揮を一本化して、前線に切れ間の無い定時パトロールを実施するというものだった。しかし、リヒトホーフェンにとってこの戦術は非効率極まりないもので、有利な目標を選択する自由を失う上に、平均した兵力を連続して出撃させてしまえば、局所での圧倒的優勢を実現することすら困難になるとの考え方だった。

この時の論争は収まったものの、その後、ＪＧ１の編成が開始されると第４軍のコーフルに新たに着任したブーフェ大尉との間で再び対立が生まれた。定時パトロール戦術の信奉者であるブーフェは、リヒトホーフェンに対してこう語った。

「自分は撃墜戦果については関心が無い。ただ戦闘機隊には自分が指定する時間に指定する地点、指定する高度に正確に出動することを求める。」

空中戦の戦果よりも地上軍支援にあたる偵察機、観測機、爆撃機の掩護を継続的に実施して、その活動の自由を確保することを、ブーフェは第4軍の航空戦指揮官としての立場から厳格に要求したのである。

これに対してリヒトホーフェンは「ブーフェの戦術は1年前のヴェルダン戦で無効なことが確認されている。」として反論する。

しかしコーフルの指揮下にある通常のヤシュタはブーフェの命令に従わざるを得なかった。その中で独立部隊として活動することを許されていたJG1指揮下の4つのヤシュタはリヒトホーフェンに従い、この作戦には遂に加わらなかった。

JGにはそれだけの権限が与えられていたということだが、コーフルの指揮権限を越えて活動できる戦闘機集団の指揮官であるリヒトホーフェンと、各野戦軍のコーフルたちとの関係は極めて微妙なものとなった。

この対立にはそれぞれの立場が反映されていたともいえる。第4軍のコーフルであるブーフェにとって、地上部隊支援機の蒙る損害は無視できないものだったし、その活動を確保することが第4軍のコーフルの責務でもあった。一方、リヒトホーフェンが実践する邀撃戦は敵地上部隊支援機を数多く撃墜、撃退して、多くの友軍地上部隊を敵の砲火から救っているという見事な実績もあった。

どちらにも言い分はあったのだが、ドイツ陸軍航空隊司令官が新編のJG1に下した命令はきわめて簡潔だった。

「敵観測機を撃墜せよ」

「敵爆撃機を撃墜せよ」

「敵戦闘機を撃墜せよ」

それだけがJG1に要求されていたのである。

指揮官適任者がいないJG

第二次世界大戦時のドイツ空軍はシュタッフェル3～

4個でグルッペ、グルッペ3〜4個でゲシュヴァーダーという3段階の組織構成になっている。これらの組織単位は第一次世界大戦に起源があるが、ここで紹介した通りヤークトシュタッフェル（ヤシュタ）を4つ束ねたものがヤークトゲシュヴァーダー（JG）となるため、グルッペが無いように思えるが、第一次世界大戦時のドイツ陸軍航空隊にグルッペが存在しない訳ではない。

第一次世界大戦中でもヤークトシュタッフェルが4つ集まったものは、通常ならヤークトグルッペと呼ばれる。兵力と編制はゲシュヴァーダーもグルッペも変わりはなく、2つの単位は規模的には同格だった。

では見た目の規模は殆ど変わらないJGとグルッペは何が違っていたのか。

どちらも航空優勢獲得のため戦闘機を重要な戦線に集中する方策だったが、その範囲が異なっていた。グルッペは軍団レベルに拘束されていたヤシュタを軍レベルでの集中運用に対応できるように臨時の集団にまとめ上げたものだった。その野戦軍が担当する戦線の重要地点に戦闘機隊を迅速に集中させるために戦闘機グルッペは生まれたのである。それゆえにグルッペは野戦軍の航空戦指揮官であるコーフルの指揮下に置かれていた。

これに対してJGは敵の大攻勢があればそれが第何軍の戦区であれ、その地点に急派される戦闘機集団であり、決戦用の総司令部予備戦闘機隊がその本質である。

またグルッペの活動は兵力集中が完了すれば、その後の戦闘に関して基本的に個々のヤシュタの活動と変わらなかったが、JGは戦い方そのものが従来と異なっていた。

それはヤシュタ4個からなる大編隊による殲滅航空戦を主戦術としていた点だ。

リヒトホーフェンを中心に前方に2つのヤシュタ編隊

ヤークトグルッペとヤークトゲシュヴァーダーの相違点

	ヤークトグルッペ(Jgr)	ヤークトゲシュヴァーダー(JG)
規模	ヤシュタ4個程度	ヤシュタ4個
管轄	野戦軍司令部	陸軍航空隊総司令部
任務	各戦区の地上支援機掩護	重要戦区の航空優勢奪取
出撃規模	ヤシュタ単位が基本	全隊出撃が基本
編制	臨時(1917年10月以降固定化)	固定編制
活動範囲	各野戦軍戦区内(軍団間)での機動兵力	全戦線にわたる(野戦軍間での)機動兵力

JgrとJGは規模はほぼ同じである。どちらも機動集中のために設けられた組織だったが、Jgrは各野戦軍の戦区内で軍団の枠を超えて地上支援機掩護用の戦闘機を集中運用するための臨時部隊であり、JGは全戦線にわたり機動集中を行う制空専任部隊として編成された。(表・文／古峰文三)

を置き、後方掩護と上空警戒のために残り2つのヤシュタ編隊を配置するJGの大編隊戦術は、英軍の1個飛行隊をまるまる包囲撃滅することを目指していた。

だがこのような戦い方の実践は容易ではない。戦闘機に搭載される無線電話の無かった時代に数十機の大編隊が連携して戦うためには、各編隊との間で基本的な戦術や動作が共有されているのみならず、編隊間の信頼関係、意思の疎通といった形にならない連携も重要だった。

そして何よりも、戦況全体を常に見渡して大編隊に攻撃を命じると同時に、戦闘の終了を見極めて手早く編隊を集結させるだけの経験と見識のある指揮官が不可欠だった。

だが1916年8月にドイツ陸軍で戦闘機のみの飛行隊が誕生してからまだ1年も経っていない1917年6月に、このような大編隊を指揮できる力量のある候補者はリヒトホーフェン以外に見当たらなかったのである。

JG1に続くJG2、JG3の編成が1918年までずれ込む理由は機材や要員の不足よりも、このような指揮官適任者の不在にあったのだ。

JGは最終的に4個まで編成されたが、最後のJGは休戦直前の1918年10月にバイエルン軍に属するヤシュタを結集したJG4で、本格的な活動にまでは至らなかった。大規模編隊戦闘を戦うJGの編成は、機材よりも人材確保の面で極めて難しかったのである。

英雄としての絶頂

「血まみれの四月」でのヤシュタ11の大活躍と指揮官個人の撃墜戦果はドイツ国内に華々しく宣伝され、リヒトホーフェンはドイツ国民の英雄としてその人気は絶頂に達していた。JGの編成作業が完結した1917年7月1日、空中戦で敵機の放った銃弾が頭をかすめ、リヒトホーフェンは重傷を負ってしまう。伝説的なエースに相応しい荒々しさから病院を抜け出して早々に部隊に復帰し、出血も止まらないまま新たな撃墜を記録しているが、頭部の負傷はその後数ヶ月にわたる頭痛、眩暈(めまい)などの後遺症を伴ったともいわれる。

このような強引な前線復帰は燃え上がる闘志の産物と解釈されるのが普通だが、その後のリヒトホーフェンは個人的な撃墜戦果から遠のいてしまうので、個人的な闘志とは少し異なるものが感じられる。自分の肉体に対して蛮勇を奮う態度はおそらく、編成間もないＪＧに所属する各ヤシュタとその隊員たちの士気を考慮しての行動のようだ。

そしてＪＧ編成後の時期、リヒトホーフェンの名を世界に知らしめた手記が出版され、現在でもその翻訳を読むことができる。この時期に空の英雄としてのレッドバロンの地位は伝説的な域にまで高められた。

またＪＧ１は「リヒトホーフェンの旅するサーカス」との異名を持っていたが、赤い塗装の指揮官機以下、原色を用いた識別塗装を施した機体は見た目も華々しかっただけでなく、戦略的な重要地区へ移動するためにＪＧ１専用の特別編成の列車が仕立てられたことも「旅するサーカス」と呼ばれる理由のひとつとなっていた。

当時の飛行隊の移動はＪＧに限らず鉄道による機材と人員の輸送で行われていたが、ＪＧ１は食事用のサロンカーを連結し、パイロット達の乗る客車はコンパートメント付きという豪華編成で移動していた。ＪＧ１はそれに値するだけの国民的な人気と選び抜かれたエリートパイロットを集めた特別集団だったのである。その一方で、優秀な人材をＪＧ編成のために引き抜かれた通常のヤシュタの戦闘能力は大きく低下したことも事実だった。戦略的な制空部隊であるＪＧと、地上支援機の護衛などに用いられる通常のヤシュタとの質的格差はきわめて大きかった。

運用環境に配慮するリヒトホーフェン

１９１７年初頭から、地上監視哨からの管制によって戦い始めていたドイツ戦闘機隊ではあったが、４つのヤシュタを同時に大編隊で活動させるには様々な困難がつきまとった。

最初に通信連絡の問題が持ち上がった。地上監視哨からの警報をＪＧの本部に伝えるだけでなく、４つのヤシュタに同時に情報を伝えるために、リヒトホーフェンはＪＧ専用の電話線で結ばれた連絡網を作り上げた。警報を受けたリヒトホーフェンが４つのヤシュタに同時に出撃を命じられるように特別に工夫された連絡網で、ＪＧ１指揮下の各ヤシュタの電話が同時に鳴り響き、その肉声による出撃命令を伝えられるようになっていた。

また師であるベルケの教えに従い、各ヤシュタ指揮官たちとのミーティングは頻繁に行われ、そのチームワークの維持が心掛けられた。

このように特別に優遇され、特別に権限委譲されていたＪＧ１ではあったが、それでも派遣された各地区ではそこを管轄するコーフルとの軋轢が生まれていた。

基本的に地上支援用の航空作戦を重視するコーフルにとって、制空任務のみに特化した自らの指揮下に完全に収まらないＪＧは、戦力としては無視できないものの、どうにも扱いづらい存在だったのだ。

このためＪＧに対して、地上支援機の護衛任務に戦闘機の分派が要求されるような事例も多く、集中運用を基本とするリヒトホーフェンを常に悩ませることとなった。

こうしたＪＧの運用環境の整備期間ともいえる１９１７年後半から１９１８年２月にかけて、リヒトホーフェンの撃墜リストは殆ど伸びていない。大部隊指揮官としての地上での職務に追われる一方で、自ら考案した大編隊戦術を実行するにあたり、ヤシュタ２でのベルケ僚機時代やヤシュタ11指揮官時代のような、戦いの先頭に立って敵機に飛び掛る振る舞いを自制していたのも大きな理由だった。そこには大規模空中戦は個人の天才的力量ではなく、組織の力で勝つ以外に無いとの明確な認識がみられる。

そしてリヒトホーフェンは新機材の評価についても強力な発言力を持ち始めていた。１９１７年当時のドイツ戦闘機はアルバトロス社の独占市場と化していたが、この状況が戦闘機の改良を妨げる要素となっているとの認識を持ち、新機材を提供する他社に対して積極的な支援を惜しまなかった。アルバトロスＤⅢ、ＤⅤに代わる新鋭機材として期待されたのは、機体の強度不足というアルバトロスの欠点を補ったファルツＤⅢだったが、速度、操縦性ともに大きな進歩が

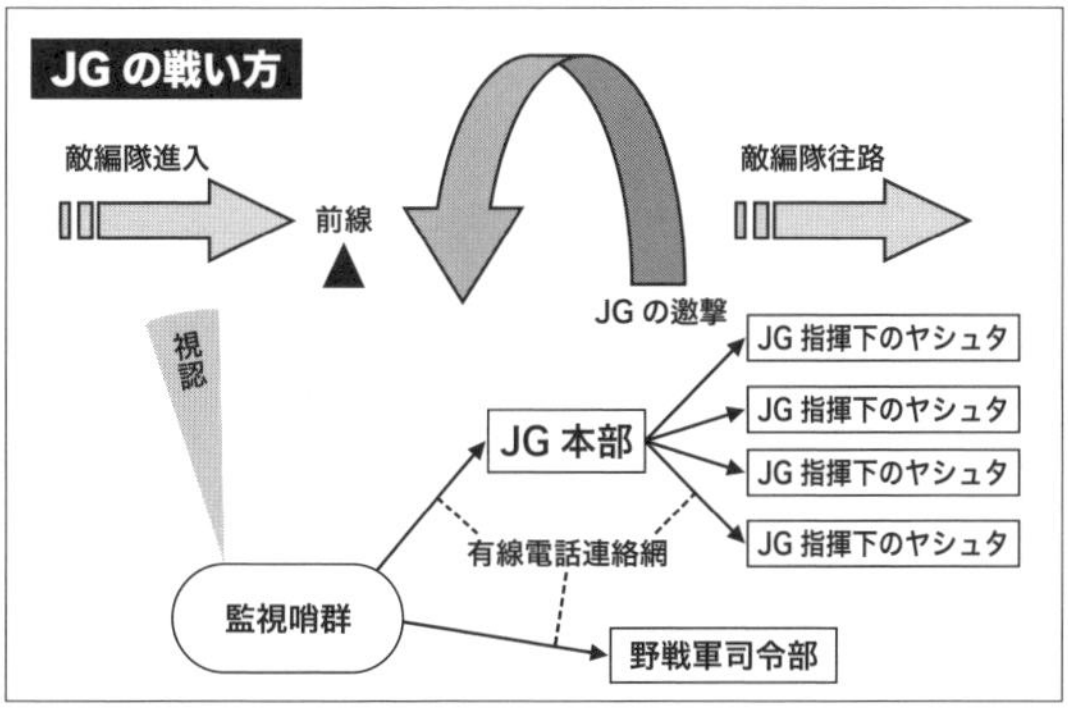

JGの戦い方

前線の監視哨から敵編隊の前線通過がJG本部に通報されると、指揮下の各ヤシュタに出撃命令が下る。4個のヤシュタからなる大編隊（実際には50～60機）が、後方に侵入した敵編隊と前線との中間点に占位して、退路を断つ形で包囲攻撃する戦術が多用された。（図・文／古峰文三）

無く、リヒトホーフェンの期待は裏切られることとなった。しかしこの機体はJG1指揮下のヤシュタの一部の機材として、かなり後期まで使用され続けている。もともとはバイエルン軍部隊に供給するために開発された機体ではあったが、リヒトホーフェンはアルバトロス以外の機材に対して不満を持ちながらも排除しなかった。

ファルツの次に現れたのがフォッカーの三葉機、Dr.Iだった。この機体はアルバトロスDVよりも低速ではあったが、軽量のため運動性に優れ、連合軍の新鋭戦闘機に対して旋回戦闘で優位に立つことができた。そして軽量ゆえに上昇力にも優れ、高度6000mに上昇できるドイツ軍唯一の戦闘機でもあった。

この上昇力の良さは大編隊で戦闘するJG指揮官にとっては有難く、戦闘終了後にすばやく上昇して高度を取って旋回しながら編隊を再びまとめ上げる指揮官用の機体として都合が良かったこともあり、試作段階で供給された機体（試作時はフォッカーF.Iと呼ばれた）はただちにリヒトホーフェンの愛機となった。

だが斬新な三葉戦闘機は主翼の工作不良による強度問題を抱えており、その補強対策が完了するまで本格的な配備が行えず、まとまった数が配備されてJGの主力機種となるのは1918年2月以降まで待たねばならなかった。

結局、戦闘機の性能面での劣勢はリヒトホーフェンが熱望した更なる新鋭機、フォッカーDⅦの配備まで続くことになるが、ついにその新鋭機に乗ってJGの指揮を執ることはなかった。

1918年3月のドイツ軍大攻勢

1917年4月にアメリカが参戦したことで、西部戦線の戦略的見通しは大きく変化した。膨大な資源とマンパワーに恵まれたアメリカには幸いにも即座に戦線に投入できる兵員も機材も無かったが、少なくとも1年後にはドイツ軍に匹敵する大兵力がヨーロッパ戦線に投入されることは確実と考えられた。

1917年6月にはアメリカ軍部隊の到着前に西部戦線に決着をつけるための航空機大増産計画である「アメリカ計画」が開始された。航空機の月産を2000機、航空エンジンの月産を2500基に引き上げる大計画であり、第二次世界大戦中の日本陸海軍が昭和19年に記録した生産数をも上回るものだった。

戦闘機隊もこの計画によって初めて大規模な拡張が実施に移され、新たに80個のヤシュタが新編成される予定となっていた。そして新編成部隊の操縦者は従来の複座機の経験を積んだ成績優秀者からの転科ではなく、単座戦闘機専門に速成教育された新しい世代で充当されることとなっていた。こうして1917年秋から1918年春にかけて、ドイツ戦闘機隊の大幅な拡張が行われ、これらの新規編成部隊が1918年3月から7月までの連続する大攻勢を支える兵力となる。

1918年3月にドイツ軍が攻勢に出ることは連合軍にとっても自明のことだった。1917年11月に東部戦線でロシア軍との休戦協定が結ばれ、余剰となった大兵力が西部戦線に転用可能となるとその警戒態勢は緊張を増し、ドイツ軍の大攻勢が開始される具体的な日付とその攻勢正面を探る情報収集活動が活発化した。情報収集は諜報部門によるものだけでなく、航空偵察によるドイツ軍戦線後方の物資集積や輸送網の拡張状況の監視が徹底された。

一般に1918年3月のドイツ軍攻勢は攻勢の準備が巧みに秘匿され、準備砲撃さえ従来行われていたような数日にわたる連続砲撃を避け、大規模な砲兵の集中による短時間の激烈な射撃によって事前察知を困難にしたことで、見事な奇襲効果を発揮したとも言われている。

しかし実態は異なっていた。イギリス軍が航空写真偵察と捕虜の供述から、ドイツ軍の攻勢正面をアラス南方からサンカンタンにかけてのイギリス第3軍、第5軍の戦区であり、攻勢開始が3月21日未明であると最終的に判断したのは、攻勢に2週間も先立つ3月5日のことだったのである。

ドイツ軍の攻勢開始日が把握された結果、その準備を妨害粉砕するためにイギリス軍機の出撃数は1月から2月の平均出撃数から4倍に跳

1917年夏以降、敵新鋭戦闘機の登場で性能的劣勢に立たされた独軍戦闘機の中で、Dr.Iは上昇力と格闘戦性能に優れ、レッドバロン最後の愛機となる。だが現行の独軍戦闘機よりも低速で、理想の戦闘機とは言えなかった(文／古峰文三)

ね上がり、ドイツ軍の後方地帯は絶え間ない攻撃に曝されることとなった。イギリス軍戦闘機は大規模に集中され、空の戦いは最初から容易ではなかったのだ。

「レッドバロン」最後の作戦

イギリス軍の活動激化によりＪＧ１の出撃も増加し、地上戦に先んじて空の決戦は実質的に始まっていた。ＪＧ１の指揮官として１９１７年の初夏以降、地上での職務と空中での指揮に傾注したことで止まっていたリヒトホーフェンの撃墜ペースは３月になって急速に復活する。

これは個人的な闘志の復活といった内面的な要因ではなく、ドイツ軍の攻勢を察知したイギリス軍機が今までに無い規模で空襲を開始した結果であり、前線を超えて侵入するイギリス軍偵察機、爆撃機の数が激増し、その護衛にあたる戦闘機も大幅に増加したことから、ＪＧの指揮官自らも空中戦の先頭に立たざるを得ない状況となったことを示している。

今度の戦いが容易なものではないことをリヒトホーフェンは肌で感じていたに違いない。

「ミハエル」と名づけられた地上軍の第一次作戦が開始された3月21日の午前中は濃霧のため敵味方の航空機の活動は低調なものだったが、午前11時頃から両軍の出撃が開始された。

毒ガス弾を巧みに利用し、イギリス軍の連絡中枢の寸断をめざしたドイツ軍の5時間にわたる激烈かつ組織的

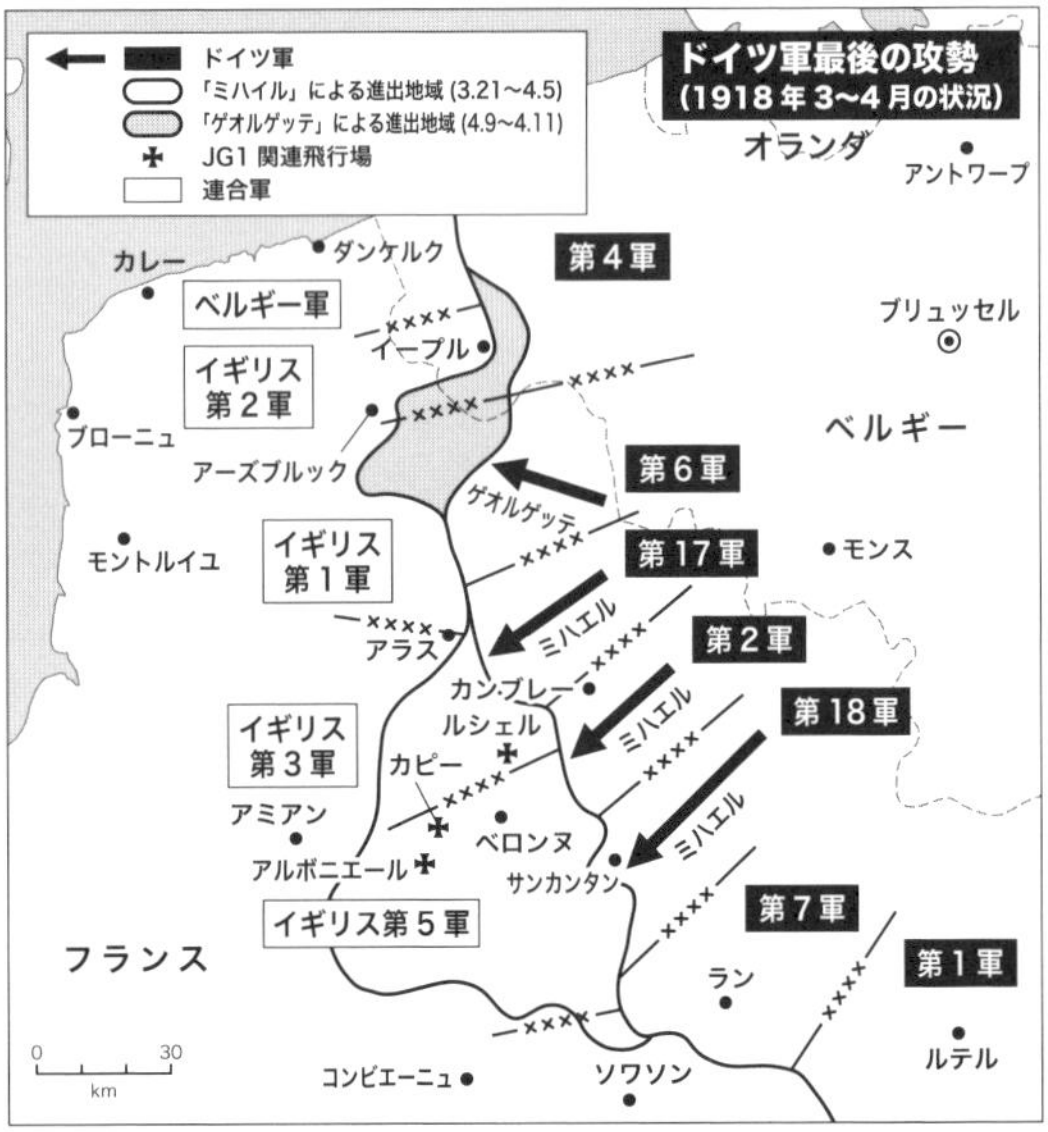

「ミハエル」作戦に始まるドイツ軍最後の攻勢で、リヒトホーフェンのJG1は第2軍戦区に配置され、地上軍の前進に伴い飛行場を前進させながら、英航空戦力の主力と対決した。

な準備砲撃は功を奏し、攻勢を正確に予測していたにもかかわらず、イギリス軍戦線は混乱に陥った。

攻勢を担うのは北部でアラス周辺のイギリス軍を牽制しつつ北へ旋回して海峡へ突破をめざす第17軍、中央部を突破する第2軍、南部で側面を固めつつフランス軍による増援を阻止する第18軍の3つの野戦軍で、JG1は中央部の第2軍の戦区に配置されイギリス軍航空部隊の主力と真っ向から対決することとなった。

ドイツ軍はそれまで後方に控置していた航空兵力を一気に投入したことで、イギリス軍の予想以上の集中に成功した。北方の第17軍の前進は阻まれたものの、南部の第18軍は塹壕戦開始以来の画期的な突破に成功し、中央部の第2軍もそれに引き摺られるような形で前進を開始した。

地上軍の進撃は第一日目でイギリス軍後方の砲兵陣地線にまで達し、前線から20km程度にあったイギリス軍飛行場は砲撃に曝されるか、ドイツ軍部隊の接近により撤退を迫られる大混乱が発生していた。地上の防衛線がこうも容易く突破されるとはイギリス遠征軍司令部も予想していなかったのである。

こうして緒戦の航空優勢は確保され、前進するドイツ軍部隊は友軍の地上攻撃機からの誤射を避けるため敵味方識別用の布標識を展開しつつ進撃を続けた。

しかし前線飛行場の放棄によって混乱に陥ったイギリス軍航空隊の立ち直りは大損害にもかかわらず早かった。攻勢3日目の3月23日にはイギリス軍機の地上攻撃が激しさを増し、今まで友軍の誤射を避けるために掲げていた識別標識は敵機の目標となるために撤収され、戦線上空は敵味方入り乱れる混沌とした戦況となっていた。

その中でJG1は1日に数回の出撃を繰り返して撃墜戦果を重ねていったが、攻勢開始時の飛行場は地上軍の進撃に次第に取り残され、3月26日にはそれまでイギリス軍が使用していたルシェル飛行場へと進出する。だが期待していた鹵獲物資はイギリス軍撤退時に徹底して焼き払われた後で、ドイツ軍が渇望していた航空燃料の鹵獲はわずか1500リットルでしかなかった。

しかしドイツ軍の突破は最深部で60kmにも達したため、JG1が進出したルシェル飛行場も間もなく前線から取り残されてしまった。だが、前線近くの飛行場への補給品輸送が間に合わず、本格的な進出ができないため、

ＪＧ１は応急的に最前線にから10km以内にあるアルボニエール飛行場を確保して昼間のみ進出し、夕方にルシェルへ後退して補給を受けるという戦いが続いた。朝夕の基地移動は疲労の一因となったが、ここで夜間に全機が駐機すれば、その間に敵の砲撃を受ける危険も無視できなかったからである。

そして地上軍の進撃が停止した4月5日を過ぎ4月8日になってようやく前線から20kmのカピー飛行場へとＪＧ全体が進出し、第2軍に配備された一般の戦闘機グルッペを臨時に指揮下に置きながら戦い続けた。

3月からの4月にかけての戦闘はリヒトホーフェンに64機目から80機目までの撃墜記録をもたらし、1年前の「血まみれの四月」以降、再びの撃墜ピークとなっていたが、今度の戦いはその内容が異なっていた。

この期間の17機の撃墜記録のうち12機までもが単座戦闘機で占められているからである。「血まみれの四月」ではその撃墜戦果21機のうち単座戦闘機は4機に過ぎなかったが、この戦いでは9機のソッピース・キャメル、ソッピース・ドルフィンとＳＥ５ａ、スパッド各1機を撃墜し、残る5機のうちの2機は手ごわい敵である複座戦闘機のブリストルＦ２Ｂである。偵察機、爆撃機の撃墜はたった3機なのである。

飛行性能に優る連合軍戦闘機の連続撃墜は華々しい戦果であることに変わりはないが、リヒトホーフェンの理想とはかけ離れていたはずである。最後の空戦相手でもあり「レッドバロン」の好敵手のようなイメージがあるソッピース・キャメルはその配備からほぼ1年が経過する、もはや馴染みの敵といえたが、その撃墜は１９１８年3月13日が初体験だったことからもそれが窺える。

ＪＧ１にとって敵戦闘機は主たる目標ではなく、これらの妨害をすり抜けて敵観測機、偵察機、爆撃機の行動を阻止することが重要だった。撃墜戦果が戦闘機に集中していることは、イギリス軍戦闘機隊の分厚い防御スクリーンを、精強なＪＧ１といえども突破できなかったことを示している。ＪＧ１の戦闘力は遺憾なく発揮されてはいたが、戦いの様相は大きく変わっていたのだ。

そして4月20日、ソンム川上空でソッピース・キャメル2機の撃墜を記録したリヒトホーフェンは低空飛行中、胸部に被弾して墜落、唐突な戦死を遂げてしまう。

伝説的なエース「レッドバロン」を仕留めたのは当初、

ソッピース・キャメルを操縦していたロイ・ブラウン大尉であるとされたが、その後に遺体の被弾状況から地上銃火によるものであると判定されている。このため地上部隊の機関銃弾による戦死との説が有力ではあるが、近年では被弾が一弾のみであることから歩兵が打ち上げた小銃弾によるとの説も生まれ、結論はまだ出ていない。

はからずもドイツ軍最強のエースを討ち取ったことにイギリス軍は当初半信半疑だったが、遺体を確認した結果、リヒトホーフェンの死を確認し、丁重な葬列を用意して礼を尽くし遺体はオーストラリア軍部隊の手によって埋葬された。

この丁寧な「葬儀」は騎士道精神の発露のように語られることもあるが、実態は少し違う。

4月20日の戦況はイギリス軍にとっても楽観を許さないものがあったからだ。

「ミハエル」作戦が停滞した後、4月9日にドイツ軍は北部の戦線でイギリス軍の兵站拠点アーズブルックを目標とした「ゲオルゲッテ」作戦を開始し、目標に向けて進撃中だったのだ。もし地上軍が崩れればたちまち海峡へと追い詰められると判断したイギリス軍航空部隊司令官はこの状況を憂慮し、全航空部隊と貴重な予備エンジンのイギリス本土への引上げ準備を命じていた程に戦況は予断を許さなかった。

こうした状況下でドイツの国民的英雄の戦死を明確に伝え、願望的な噂として広まる生存説をただちに打ち砕く必要があった。敵軍による礼を尽くした埋葬儀式にはこうした意味もあったのである。ドイツが英雄として大宣伝した「レッドバロン」の死は、敵軍によっても有効な宣伝材料として利用されたともいえる。

リヒトホーフェンの戦死後も空の戦いはまだ6ヶ月以上も激しく続くが、ドイツ軍航空部隊は伝説的な空の英雄の死によって敗北への道を走り始めた。彼に続く撃墜数を誇るエースは数多く生き残ってはいたが、「レッド

リヒトホーフェンの遺体は盛大な儀礼と共に丁重に埋葬された。写真は埋葬に際し弔銃を撃つオーストラリア軍部隊。騎士道精神の発露とも伝わる葬儀だったが「レッドバロンの死」を印象付ける宣伝としての意図も濃く、付近の住民の見物まで許されている。遺体は戦後帰国。改めて葬儀が行われた（文／古峰文三）

バロン」の後継者たる国民的英雄に仕立て上げられることはなかった。これ以降、休戦まで続く地上戦の流動的な戦局はそれだけで国民を一喜一憂させるもので、もはや膠着した塹壕戦による厭戦気分の解消策であった「空飛ぶ騎士」の伝説を必要としなかったのだ。

■参考文献

MANFRED VON RICHTHOFEN "THE RED BARON"／ALEX IMRIE "GERMAN FIGHTER UNITS JUN1917-1818"／GREG VAN WYNGARDEN "RICHRHOFEN'S CIRCUS Jagdgeschwader Nr1"／LEON BENNETT "FALL OF THE RED BARON"／E.R.HOOTON "WAR OVER THE TRENCHES"／A.E.HOUSMAN "AIRFIELDS&AIRMEN"／I.M.PHILPOTT "THE BIRTH OF ROYAL AIR FORCE"

リヒトホーフェン全80機の撃墜記録と状況（作成:古峰文三）

日付		機種	任務	乗機	主な出来事
■1916年					
9月17日	1	FE2b	爆撃	アルバトロスDⅡ	7月 ソンムでの英軍攻勢に伴う航空戦。ヤシュタ2指揮官オズヴァルト・ベルケの僚機として初撃墜
9月23日	2	G100	制空	同上	
9月30日	3	FE2b	護衛	同上	
10月7日	4	BE12	偵察	同上	
10月16日	5	BE12	爆撃	同上	
10月25日	6	BE12	偵察	同上	
11月3日	7	FE2b	偵察	同上	10月28日 ヤシュタ2指揮官ベルケ、戦闘中に事故死
11月9日	8	BE2C	爆撃	同上	
11月20日	9	BE2C	砲戦観測	同上	
11月20日	10	FE2b	制空	同上	
11月23日	11	DH2	制空	同上	
12月11日	12	DH2	護衛	同上	
12月20日	13	DH2	制空	同上	
12月20日	14	FE2b	偵察	同上	
12月27日	15	FE2b	偵察	同上	
■1917年					
1月4日	16	ソッピース パップ	制空	同上	1月12日 プール・ル・メリット勲章受章
1月23日	17	FE8	護衛	同上	
1月24日	18	FE2b	写真偵察	アルバトロスDⅢ	1月14日 ヤシュタ11の指揮官に任命。成績不振の部隊再建開始
2月1日	19	BE2d	写真偵察	ハルバーシュタットDⅡ	
2月14日	20	BE2d	砲戦観測	同上	
2月14日	21	BE2d	砲戦観測	同上	
3月4日	22	ソッピース1 1/2ストラッター	偵察	同上	
3月4日	23	BE2C	砲戦観測	同上	
3月6日	24	BE2e	偵察	同上	
3月9日	25	DH2	護衛	アルバトロスDⅢ	
3月11日	26	BE2d	写真偵察	ハルバーシュタットDⅡ	
3月17日	27	FE2b	写真偵察	同上	
3月17日	28	BE2C	砲戦観測	同上	
3月21日	29	BE2f	砲戦観測	同上	
3月24日	30	スパッドⅦ	制空	同上	
3月25日	31	ニューポール17	護衛	同上	
4月2日	32	BE2d	写真偵察	アルバトロスDⅢ	アラス地区での英軍大攻勢に伴う航空戦。英軍は大損害を蒙り「血まみれの四月」と呼ぶ
4月2日	33	ソッピース1 1/2ストラッター	写真偵察	同上	
4月3日	34	FE2b	偵察	同上	
4月5日	35	ブリストルF2A	偵察	同上	

↖左ページに続く

リヒトホーフェン全80機の撃墜記録と状況

日付	機種		任務	乗機	主な出来事
4月5日	36	ブリストルF2A	偵察	同上	
4月7日	37	ニューポール17	制空	同上	
4月8日	38	ソッピース1 1/2ストラッター	偵察	同上	
4月8日	39	BE2g	写真偵察	同上	
4月11日	40	BE2g	砲戦観測	同上	
4月13日	41	RE8	写真偵察	同上	
4月13日	42	FE2b	偵察	同上	
4月13日	43	FE2b	爆撃	同上	
4月14日	44	ニューポール17	制空	同上	その後ヤシュタ11はベルギーに後退し、JG1編成開始
4月16日	45	BE2C	偵察	同上	
4月22日	46	FE2b	写真偵察	同上	
4月23日	47	BE2e	写真偵察	同上	
4月28日	48	BE2C	砲戦観測	同上	
4月29日	49	スパッドVII	制空	同上	
4月29日	50	FE2b	護衛	同上	
4月29日	51	BE2e	砲戦観測	同上	
4月29日	52	ニューポール17	制空	同上	6月初め JG1指揮官を拝命
6月18日	53	RE8	写真偵察	同上	
6月23日	54	スパッドVII	制空	アルバトロスDV	6月24日 初の戦闘航空団JG1編成完結
6月24日	55	DH4	写真偵察	同上	
6月25日	56	RE8	砲戦観測	同上	7月1日 頭部に負傷
7月2日	57	RE8	写真偵察	同上	
8月16日	58	ニューポール23	制空	同上	
8月26日	59	スパッドVII	護衛	同上	
9月2日	60	RE8	砲戦観測	フォッカーFI(Dr.I)	
9月3日	61	ソッピース パップ	制空	同上	
11月23日	62	DH5	地上攻撃	同上	11月 カンブレー地区で英軍大攻勢
11月30日	63	SE5a	制空	アルバトロスDVa	
■1918年					
3月12日	64	ブリストルF2B	制空	同上	3月5日 ドイツ軍の大攻勢を察知した英軍航空部隊の活動が急速に活発化
3月13日	65	ソッピース キャメル	制空	フォッカーDr.I	
3月18日	66	ソッピース キャメル	制空	同上	3月21日 ドイツ軍ソンム地区で「ミハエル」作戦開始
3月24日	67	SE5a	制空	同上	
3月25日	68	ソッピース キャメル	地上攻撃	同上	3月26日 地上部隊の進撃に伴いJG1はルシェルへ基地を推進
3月26日	69	ソッピース キャメル	制空	同上	
3月26日	70	RE8	爆撃	同上	昼間のみの最前線基地としてアルボニエール基地の使用開始
3月27日	71	ソッピース キャメル	地上攻撃	同上	
3月27日	72	ブリストルF2B	地上攻撃	同上	航空部隊総司令部へ新鋭機フォッカーDVIIの配備を熱望
3月27日	73	ソッピース ドルフィン	制空	同上	
3月28日	74	AWFK8	偵察	同上	4月5日「ミハエル」作戦中止
4月2日	75	RE8	爆撃	同上	4月8日 JG1、前線近くのカピーへ基地推進
4月6日	76	ソッピース キャメル	地上攻撃	同上	4月9日 北部で「ゲオルゲッテ」攻勢開始
4月7日	77	ソッピース キャメル	制空	同上	4月20日 英軍航空部隊司令官は航空部隊と予備機材の本土撤退準備を命令
4月7日	78	スパッドXIII(機種未確認)	不明	同上	
4月20日	79	ソッピース キャメル	制空	同上	4月21日 ソンム地区上空で戦死
4月20日	80	ソッピース キャメル	制空	同上	

1916年、ヤシュタ2で戦いを始めたリヒトホーフェンは、翌年、ヤシュタ11指揮官として部隊を再建。4月のアラス戦では部隊ともども記録的な戦果を挙げる。17年後半から18年2月にかけてはJG1指揮官として運用環境の整備に専念、戦果は伸びていない。そして3月、独軍最後の攻勢に際し英軍機の大兵力と対決。翌4月、最後の戦果を挙げつつ散っていった。

イギリス空軍の真の勝因は何だったのか？

バトル・オブ・ブリテンの虚像と実像

英本土上陸作戦の前哨戦として、英独空軍が激しい戦いを繰り広げた「バトル・オブ・ブリテン」。数々の逸話・伝説を生んだ戦いだが、チャーチルの演説で「かくも少数」と謳われたイギリス戦闘機隊の実態や、ヒトラーの衝動的な采配が戦況を変えたとされるロンドン爆撃への経緯などを、様々なデータから再検証していくと、通説とは異なるバトル・オブ・ブリテンの様相が明らかになってくる。

バトル・オブ・ブリテンの最中、出撃のため愛機に向かって駆け寄るイギリス空軍戦闘機パイロットたち

映画『空軍大戦略』に描かれた「バトル・オブ・ブリテン」

　１９４０年夏にイギリス本土上空で繰り広げられた大規模な航空戦は「バトル・オブ・ブリテン」として知られている。１９６９年に公開された映画『Battle of Britain（邦題「空軍大戦略」）』は、保存されていたスピットファイア、ハリケーンなどが登場するほか、当時スペイン空軍が保有していたマーリン・エンジン装備のメッサーシュミットBf１０９やハインケルHe１１１が編隊で飛び回る、現在ではとうてい実現できそうにない戦争映画の大作として知られている。

　１９４０年6月のフランス降伏によって孤立したイギリスに対し、ドイツは侵攻のための陸戦兵力を整え、さらに上陸作戦に向けてイギリス空軍壊滅を狙って強大な爆撃機部隊と精鋭戦闘機隊を投入。それに果敢に立ち向かう、若く少数のイギリス戦闘機パイロットたちの勇気と苦闘を描いたこの映画が「バトル・オブ・ブリテン」の一般的なイメージを完成させたと言っても過言ではない。

　強力な航空撃滅戦を展開するドイツ空軍によってイギリス戦闘機隊はその基地を破壊され、設備不十分な疎開基地へと分散して戦わなければならないまでに追い詰められる。ところが偶然にドイツ爆撃機がロンドンに爆弾を投下してしまった事から、イギリス空軍によるベルリン報復爆撃を招いてしまう。

戦闘機コマンドの司令官として、英本土防空戦を指揮したヒュー・ダウディング空軍大将

　首都ベルリンの被害に激怒したヒトラーにより、それまで航空基地と航空兵力の撃破を目的に進められていた作戦が、イギリスの首都ロンドンの破壊へと変更を強いられ、イギリス戦闘機隊は束の間の休息によって息を吹き返し、ロンドン上空での大反撃を試みる。

　激しい空中戦の翌日、疲れ切ったパイロット達は昨日と同じように出撃命令を待っていたが、いつまで経ってもドイツ空軍の空襲が無く、警報が鳴らない。まるで拍子抜けしたようなこの午前中の待機時間こそが、長く犠牲の大きかった「バトル・オブ・ブリテン」の勝利を示していたというエンディングも、秀逸な演出である。

ＲＤＦ（ラジオ・ディレクション・ファインディング＝レーダー装置のイギリス呼称）情報に基づいて戦闘機隊を敵編隊に導く地上管制官と戦闘機との緊迫したやり取り、そしてＲＤＦサイトや司令部にも行われるドイツ軍の爆撃といったリアリティ溢れるシーンも盛り込まれている。

またドイツ爆撃機乗員の奮闘や、ゲーリングによる爆撃機への直掩命令により制空戦闘の自由を奪われたドイツ戦闘機パイロットの不満、空中戦で累積する損害により空席が増えて行く不吉な晩餐シーンなど、イギリスとドイツの両側から比較的平等に描いている点にも好感が持てる。「バトル・オブ・ブリテン」はこの大作が描き切ったといえるほどである。

だが、現実に戦われた「バトル・オブ・ブリテン」は、本当にそのようなドラマチックな戦いだったのだろうか。ロンドン爆撃への作戦変更は、本当にヒトラーの強引な介入だったのか。イギリスは本当に追い詰められていたのか。そもそも「バトル・オブ・ブリテン」とはいつからいつまでのどんな戦いを指すのか。映画では描かれなかった戦いの実相を見て行きたい。

勝利を確信していた1940年夏のイギリス

１９４０年6月にフランスが崩壊し、イギリスの大陸遠征軍は重装備の大半を大陸に置き去りにしたまま本国に撤退した。フランスのあまりにも早い崩壊は、イギリスにとってまったく予想外のことで、確かに同国は窮地に立たされた。しかし本国に追い詰められたイギリス政府の戦争見通しは、意外にも楽観的なものだった。

１９４０年前半のイギリスは自動車生産、戦車生産、飛行機生産など全ての面でドイツを凌ぎ、ダンケルクでの損害は急速に補充されつつあった。ダンケルクでは歩兵戦車１００両と巡航戦車２５０両が失われていたが、歩兵戦車の中にはアラス（※1）での反撃でドイツ軍の肝を冷やしたマチルダ戦車は25両しか含まれておらず、残りは機関銃装備の歩兵戦車Mk.Ⅰが占めていた。一方、失われた巡航戦車も旧式車両が大半で、イギリスの戦車生産が重装備を失った戦車部隊を再装備させるのには、そ

※1 フランスでの戦いにおいて、5月21日にイギリス遠征軍歩兵部隊と1個機甲旅団、フランス軍戦車約60両が進撃中のドイツ軍部隊にアラス近郊で反撃した戦い。

れほど時間を要さなかったのである。
また本格的な陸戦軍備の拡張が開始された１９３７年以降、最重点で量産されていた高射砲は、その多くがロンドンからドーバーにかけての地域に配置されていた。この地域には簡易武装のＬＤＶ(※2)(郷土防衛志願兵)しかいなかったように思われがちだが、首相就任以来、巧みな演説で悲壮な抗戦決意を表明していたチャーチルの言葉とは裏腹に、イギリス本土の防衛体制はかなり充実したものだった。

ドイツ軍の本土上陸作戦である「ゼーレーヴェ」が実施される危険が迫っていた１９４０年８月、イギリスはエジプト防衛のために数百両の戦車を載せた船団を送り出した。チャーチル自身の言葉では「危険な賭け」と表現されてはいるが、逆に言えば、それが可能なほど余裕があったともいえる。

そして戦局を左右する航空戦力においても、当時のイギリスの戦闘機生産はドイツの２倍に達しており、沿岸地区に配置されたＲＤＦ網および防空監視哨からなる充実した防空警戒システムと、強力な高射砲群は、ドイツ空軍の進入を阻む実力を備えていた。

一方でイギリス政府は、強大な海軍力による海上封鎖と、産業中枢への戦略爆撃により、ドイツの戦争経済を遠からず破壊できると確信していた。海軍の本国艦隊は健在であり、戦闘機とともに増産が進められた爆撃機によって編成されたイギリス空軍爆撃機コマンドは、ドイツ空軍の爆撃機部隊を凌ぐ戦略爆撃集団へと成長しつつあった。

これらのことからイギリス政府は、１９４０年９月の

英独両国の戦車生産数の推移

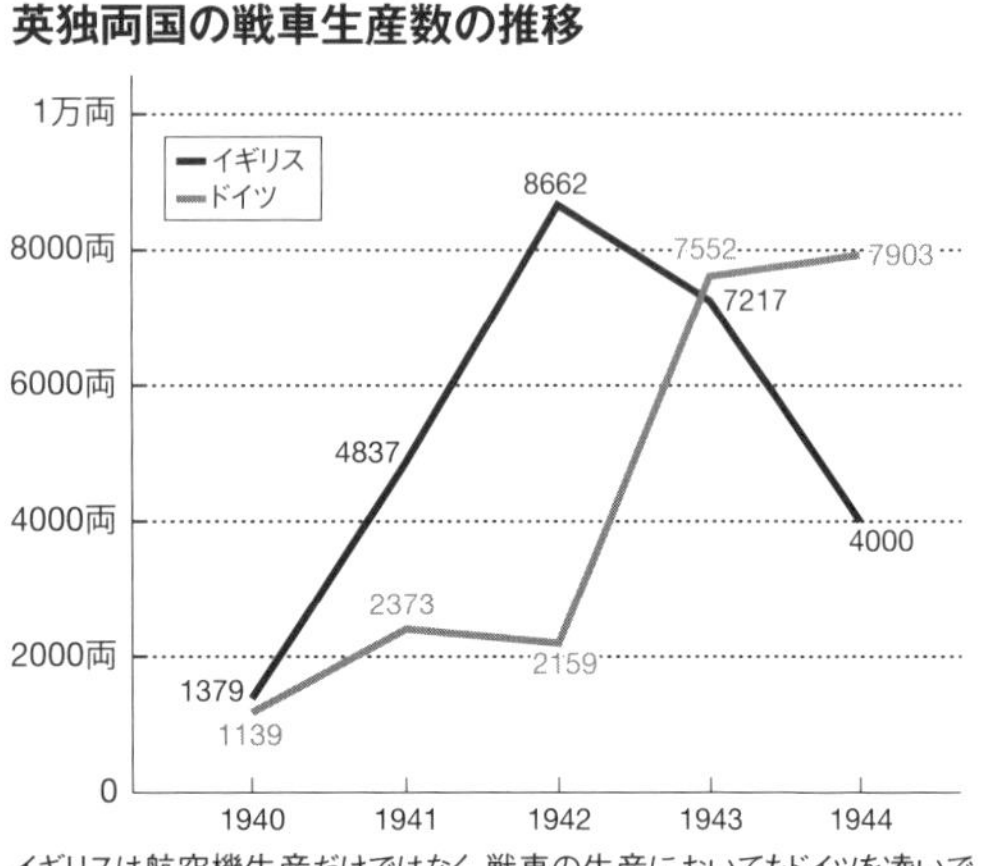

イギリスは航空機生産だけではなく、戦車の生産においてもドイツを凌いでいた。フランス戦の損害は急速に補充され、1940年夏の兵器補給状況はさほど深刻ではなかった。大戦後半に戦車生産数が低下しているのは、アメリカからの膨大な支援があったためである。(文・データ:古峰文三)

※2 Local Defence Volunteersの略。

時点で「1942年中にドイツ戦争経済が破綻する」との予測を持っていた。海軍力と戦略爆撃部隊へのいささか強すぎる信頼が、イギリスに不敗の確信を与えていたのである。

フランス崩壊のショックによる講和成立を期待したヒトラーが無為に過ごした時間で、ドイツを凌ぐ兵器生産能力によってイギリス陸軍と空軍はダンケルクでの痛手から急速に回復しつつあり、中でもイギリス空軍の戦闘態勢はフランス戦時以上の水準に達していた。対フランス戦で蒙った900機もの損害回復が十分に進まないまま、イギリス本土侵攻の成否を担うことになったドイツ空軍にとって、状況は相当厳しいものとなっていたのである。

戦闘機コマンド司令官ダウディングの微妙な立場

イギリス本土への進攻は、当然ながらドーバー海峡を越えた上陸作戦を伴う。海軍力で圧倒的に劣るドイツにとって、勝利の鍵を握るのはドイツ空軍による航空優勢の獲得、すなわちイギリス空軍の撃滅にあった。

本土への進攻がドイツ空軍による大規模な空襲から開始されることが明らかである以上、それを阻むのは防空戦力であり、その中核たるイギリス空軍戦闘機隊の指揮を執るのが戦闘機コマンド司令官ヒュー・ダウディング大将だった。

イギリス本土を空から守り抜いた英雄として知られるダウディングは早くから電波兵器の実力に着目し、RDF網の建設を促進した慧眼の持ち主であり、イギリス戦闘機隊の戦力拡充にも尽力したに留まらず、実際の戦いにおいても不動の決意で指揮を執り続けた名将として知られる。だが彼は、空軍の中枢から見た場合、微妙な立場にある人物でもあった。

「イギリス空軍独立の父」といえるヒュー・トレンチャードの部下として第一次世界大戦に従軍したダウディングは、戦後も各方面の職務を経験したとびきりの古顔だった。1940年当時で58歳という、参謀本部に名を連ねるのが相応しい年齢だったが、彼は現場から離れることなく戦闘機コマンド司令官として前線の指揮を執る職務に留まっていた。第二次大戦直前の時期、10歳前後は若いダウディングの後輩たちは彼を飛び越えて空軍の中枢を占めており、ヨーロッパ情勢がもう少し平穏を保っていたならば、戦闘機コマンド育ての親としてわずかに記憶されながら引退していたはずだった。

だが、イタリアのドゥーエやアメリカのミッチェルと肩を並べる戦略爆撃思想の提唱者であるトレンチャードが育て上げたイギリス空軍では、爆撃機部隊が第一の存在であり、戦闘機部隊はどちらかといえば日陰の存在だった。非社交的で気難しい性格も災いしたと言われるが、ダウディングの立場の弱さは戦闘機分野のエキスパートであること自体に起因していたともいえる。

上層部から見れば早々に勇退を勧めて代わりを立てたいところだったが、爆撃機分野が出世コースだったイギリス空軍には、ダウディングに代わる戦闘機の専門家がほかに見当たらないという事情がそれを妨げていた。

空軍中枢において、強引に命令し難い先輩格の戦闘機専門家であり、第一次大戦からの人脈に支えられたきわめて煙たい存在のダウディングを取り除こうとする動きは常に存在していたが、1938年のチェコ危機、1939年の開戦、そして1940年のフランス崩壊といった国際情勢の緊張がその都度、空軍の中枢すなわち航空省によるダウディング更迭の機会を奪い続けていた。

ダウディングは、戦闘機コマンド司令官の立場からフランスへの戦闘機派遣に猛反対したほか、新鋭機スピットファイアの偵察機転用を拒否するなど、さまざまな点でイギリス航空省の方針と対立し続ける頭の痛い存在ではあった。しかし「バトル・オブ・ブリテン」前夜のイギリスでチャーチル首相をはじめとして、航空機生産大臣ビーバーブルック卿などの航空省以外からの信頼を支えに、ドイツ空軍による航空攻勢の矢面に立つ「防空戦の総司令官」となっていた。

「バトル・オブ・ブリテン」は良きにつけ悪しきにつけ、ダウディングというひとつの強烈な個性にも左右された大規模航空戦だったのである。

予想外の苦戦を強いられる第11戦闘機集団

1940年7月以降、初期段階でのドイツ空軍の攻撃は海峡地区の通商破壊に重点が置かれていた。比較的小規模な空中戦が続くうちは、イギリス空軍戦闘機コマンドの戦いはドイツ空軍に対して互角以上の成績を残していた。ところが8月に入って、ドイツ空軍の目標がイギリス南部の産業中枢や航空基地群に移行し本格的な航空撃滅戦が開始されると、戦況が急激に悪化していった。

　優れた早期警戒網と防空管制システムを持ち、総兵力でドイツ空軍に優るはずのイギリス空軍が意外にも押され始めたのである。ドイツ戦闘機隊の猛攻、高い技量、Bf109戦闘機の高い性能など、さまざまな理由が指摘されるが、予想外の苦戦に陥った大きな要因は兵力不足にあった。

　イギリス本土の戦闘機コマンドは4つの集団によって構成されていた。ロンドンを含む南東部担当の第11戦闘機集団(以下、〝戦闘機集団〟を〝集団〟と呼称)、南西部担当の第10集団、中部を担当する

イギリスのRDFアンテナ群。写真は高高度用のもので、低高度用RDFとともに本土防空の"眼"となった

イギリス防空体制と情報の流れ

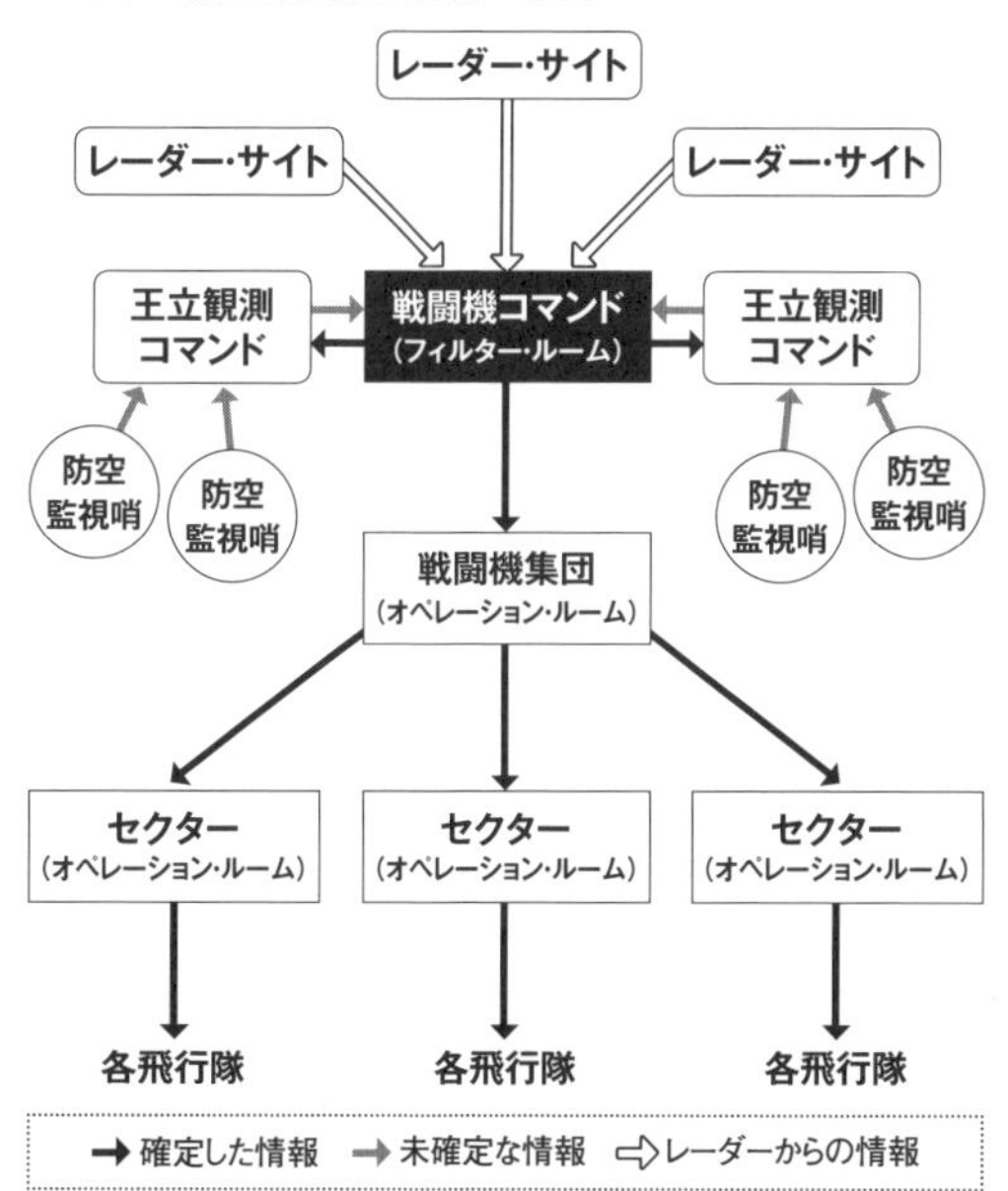

レーダー(RDF)サイトや、沿岸の監視哨からの報告は、戦闘機コマンドのフィルター・ルームに集約される。ここで検討が加えられ、確定された情報は、各戦闘機集団に送られる。

観測コマンドの指揮所。監視哨からの報告を集める

第12集団、北部を担当する第13集団で、これらの担当戦区は厳格に分けられており、それぞれの集団指揮官は独立した権限を持っていた。航空戦の主戦場が第11集団の担当するロンドンを含む南東部であることは誰の眼にも明らかだったので、第11集団は最も大きな兵力を有しており、1940年7月14日時点における第11集団にはドイツ空軍のBf109に対抗できるスピットファイア装備の飛行隊が7個配備されていた。

しかし戦闘機コマンドのスピットファイア飛行隊は全部で19個あり、主正面であるにもかかわらず第11集団へ

イギリス本土の防空体制

図のように、担当戦区内に首都ロンドンを擁し、大陸に近いためドイツ軍の攻撃を受けるイギリス南東部担当の第11戦闘機集団には、多くの基地とレーダー・サイトが展開していた。表のように、飛行隊の数も多く、本土防空の要と位置付けられていた(左ページ表のデファイアントとブレニムの飛行隊数は推定)。一方のドイツ空軍は、沿岸部に戦闘機基地が、内陸部に爆撃機・攻撃機基地が展開している。下図は第11戦闘機集団の担当戦区を表しており、A〜Fまでの6つのセクターに分かれていた。

第11戦闘機集団のセクター区分

の集中率は36・8％で、40％に満たない。一方、このとき対爆撃機用と見做されていたハリケーン装備の飛行隊は12個配備されていたが、総数25個の半数にも足りない。

このような各集団への兵力分散は、「バトル・オブ・ブリテン」の全戦闘期間を通じて基本的に大きな変化はなく、戦闘機コマンドはその兵力の大半を激戦区に集中することはなかった。戦闘機コマンドは、ドイツ空軍の全力攻撃に対して常に「片手で戦っていた」といえる。多くの戦闘機隊は敵単座戦闘機が滅多に、あるいは完全に飛んで来ない戦区に貼り付けられたまま終始したのである。こんな常識を外れた事態はなぜ生まれたのだろうか。

イギリス戦闘機集団の戦力（1940年7月14日）

戦闘機集団	飛行隊数	機種×飛行隊数
第10戦闘機集団	4個	スピットファイア×2個 ハリケーン×2個
第11戦闘機集団	23個	スピットファイア×7個 ハリケーン×12個 ブレニム×4個
第12戦闘機集団	14個	スピットファイア×5個 ハリケーン×6個 ブレニム×2個 デファイアント×1個
第13戦闘機集団	12個	スピットファイア×5個 ハリケーン×5個 ブレニム×1個 デファイアント×1個

※ブレニムは本来の爆撃機タイプではなく、重戦闘機または夜間戦闘機に改造された機体。

権限委譲の功罪
増援はなぜ行われなかったのか？

第11集団が予想外に苦戦した理由は二つ存在した。

一つはイギリス防空網の成立過程にあった。沿岸に配置されたRDFサイト、ロンドンを守る高射砲陣地帯、そして防空基地に配備された戦闘機隊からなる防空システムは、本来イギリス本土の東側、すなわちドイツ本土から北海を越えて来襲する爆撃機を邀撃するために構築されたものだった。つまりRDFが開発される以前から、イギリスの防空はロンドンに向けて東から飛来する敵爆撃機を幾重にも重なる戦闘機の哨戒ゾーンと高射砲ゾーンで撃退するよう計画されていたのである。

ところが低地諸国とフランスがあまりにも簡単に蹂躙された結果、ドイツ爆撃機は予想もしなかった南からドーバー海峡を越えて来襲し、しかも戦闘機隊を伴っていた。

海峡の対岸にある本土に極めて近い基地群から飛び立った敵機が、ほんの30分ほどで本土南東部の防空基地上空に達してしまうのである。この防御縦深の浅さと敵単座戦闘機の襲来は、予想外の事態であった。

二つ目の理由は、ダウディングが情勢判断を誤った結果、兵力を分散配置したうえに各集団指揮官に惜しげもなく権限移譲をしたことだった。

イギリス空軍の情報収集と分析はドイツ空軍の爆撃機部隊を過大評価しており、1日当たり最大4000トンの爆弾を投下する能力があると見積っていた。このためイギリス本土各地の要地防空に精鋭戦闘機隊を割かざるを得ないと判断され、主正面である第11集団への兵力集中が妨げられたという事情があった。これはダウディングの判断ミスではあったが、初期に与えられた情報が更新されなかったことが最大の要因である。

当時すでにドイツ軍のエニグマ暗号の解読が行われ、その成果は「ウルトラ」情報として利用され始めていたが、戦闘機コマンド司令官には「ウルトラ」情報へのアクセス権限が与えられていなかった。ダウディングが「ウルトラ」情報にアクセスできるようになったのは、「バトル・オブ・ブリテン」の戦いが終わった11月からだと言われている。

しかし問題はそれだけではなかった。分散配置と各集団指揮官に委譲した各権限は、戦闘機コマンド司令部の戦略的判断によっていつでも回収できると考えられていたが、実際に戦闘が開始されると各集団指揮官は手持ちの飛行隊を他集団に抽出されることを頑強に拒み、戦闘機コマンド司令部がそれを押さえ込むことができなかった。

スタンモアに置かれた戦闘機コマンド司令部は、防空司令部として実戦の指揮を執るよりも、各集団の管理・監督業務を主体に活動しており、南東部における具体的な戦闘指揮はアクスブリッジに置かれた第11集団司令部が行っていた。他の集団が管轄する比較的静かな戦区でも同様で、戦闘機コマンド司令部は飛行隊の配置換えを自由かつ即座に行う力を持っていなかったのである。これはダウディングにとって痛恨の誤算といえた。

8月10日以降、第11集団は累積する損害で兵力が減少し始めていた。さらに悪いことには連続出撃による乗員たちの疲労も極限に達しつつあり、映画に描かれたような危機的状況が現実となっていたのである。

英独空軍の主な航空機

■ドイツ空軍

メッサーシュミットBf109E-3戦闘機。E型になって20mm機関砲を装備したが、スイスのエリコン社製FFS機関砲が翼内に収まらず、問題のある国産MG FF機関砲が採用されるなど、行動距離の短さとともに、武装でも悩まされた

ハインケルHe111双発爆撃機。航続距離2,800km、爆弾搭載量2トン。防御力が比較的低く、爆弾搭載量を最大にすると速度も大幅に低下するため、バトル・オブ・ブリテンでは大きな損害を被っている

ユンカースJu88双発爆撃機。航続距離2,400km、爆弾搭載量3トン。「戦闘機より速い爆撃機」というコンセプトのもと開発された機体だが、第二次大戦開戦時には時代遅れの考え方となっていた。とはいえHe111よりも優れた防御力を備えるなど、爆撃部隊の主力となった

■イギリス空軍

「救国の戦闘機」とも呼ばれるスピットファイア戦闘機(写真はMk.I)。高出力のマーリンエンジンと楕円翼の採用で高性能を発揮した機体で、バトル・オブ・ブリテンでは対戦闘機戦闘の主力となった

ハリケーン戦闘機。胴体後部が鋼管骨組みに羽布張りというやや旧式の設計だが、バトル・オブ・ブリテン開始時には数の上でイギリス戦闘機コマンドの主力であり、特に対爆撃機迎撃に活躍している

デファイアント戦闘機。武装はコクピット後方の7.7mm4連装機関銃塔1基のみで、前方固定武装はない。これは操縦者が操縦に専念できるようにすることを目的としていたが、そのような考え方は第二次大戦では時代遅れとなっていた。のちに夜間戦闘機として活躍する

「かくも少数」ではなかったイギリス空軍

「バトル・オブ・ブリテン」はイギリス空軍にとって誤算の連続だったが、ドイツ空軍もまた大きな誤算を犯している。

ドイツ空軍情報部は、戦闘機生産と戦闘機乗員のプールを過少に見積もるなど、イギリス空軍の戦力見積もりを完全に間違え、戦略的判断を致命的に誤らせていた。英本土南部への航空撃滅戦はその成果を上げていると判断し、戦闘機コマンドの硬直した部隊配置による第11集団の苦戦がその認識を助長していた。南西部や中部、北部に相当数の兵力が残されていることは把握していたが、これらの部隊は前線に投入できる状態に無いと都合よく判断された結果、航空撃滅戦は目的を達しつつあるとの誤解が生じていたのである。

ドイツ空軍の総攻撃「アドラーアングリフ」(後述)の直後にあたる8月20日、チャーチルが下院で行った演説のなかの「Never was so much owed so many to so few (かくも多数の人々が、かくも少数の人々に多くを託したことはない)」との名台詞は有名だが、この言葉は戦時中の宣伝に用いられて広まったもので、戦闘機コマンドの現実を反映してはいない。

飛行隊が比較的分散していたことは先述したが、戦闘機コマンドの乗員数に関しては、戦いの始まりから終わりまでドイツ空軍の戦闘機乗員数を大幅に上回り、戦闘末期にはドイツ戦闘機隊に倍する数となっている。逆にドイツ戦闘機乗員は敵地上空への侵攻作戦によって未帰還者が増え続けた結果、次第に減少していた。

ドイツ空軍の誤算は、それだけではなかった。それまで性能面で優位にあると信じられていたBf109は、スピットファイアに対して劣勢だったからである。1940年にはイギリス空軍の航空燃料はアメリカ製のオクタン価100の高性能燃料に切り替わり、スピットファイアの飛行性能がそれに従って向上していたことも大きな要因だったが、イギリス本土に向かうドイツ空軍のBf109Eの約3分の1を占める機体が、20㎜機関砲を装備しない7・92㎜機関砲4挺のみを装備したE-1で、火力面で大幅に劣勢だったことも問題だった。

これは、プロペラ軸内発射の20㎜機関砲の開発の遅れが原因で後日装備となった結果で、イギリス本土に不時着した機体の残骸には、20㎜機関砲未装備のBf109E-1と確認できるものが多数含まれている。

そして20㎜軸内機関砲装備の代用として主翼内に低初速の短砲身20㎜機関砲「MG FF」を装備したBf109E-3は、主翼下に装備したドラム弾倉が大きなスペースを取るため機体性能を若干低下させ、高性能燃料で飛ぶスピットファイアとの戦いはおのずと厳しいものになっていた。ドイツ戦闘機隊にとってわずかな救いといえば、強敵であるスピットファイアの大半が、どういうわけかBf109が侵攻することのない中部、北部に配置されていることだった。

8月中旬の「アドラーアングリフ(鷲攻撃)」と呼ばれた一連の航空総攻撃では、8月13日にドイツ空軍の攻撃が1485ソーティに及び、15日には1786ソーティにもなるという激戦となり、第11集団はこの大兵力にほぼ独力で立ち向かうこととなった。

そしてドイツ空軍情報部の分析では、8月17日までにイギリス空軍戦闘機の総数約900機のうち574機を戦闘機によって撃墜し、その他の手段による破壊が196機。イギリス空軍の機体補充は約300機と見積られたので、当初の900機の戦力は470機程度に減少していると判断されていた。残る430機のうち稼働機数は300機前後と見られ、うち200機が本土南部に配置され、70機が中部、30機がイングランド北部とスコットランドに配置されていると予測している。

こうした分析は大幅に甘いものだった。同期間のイギリス戦闘機隊の損害は確かに少なくなかったが、損害以上のペースで補充を受け続けた結果、8月前半におけるイギリス軍戦闘機の総数は、増加こそすれ減少の傾向は全く見られない。戦闘機コマンド司令部がドイツ爆撃機部隊の実力を過大評価して分散配置に縛られていたが、

イギリス軍戦闘コマンド操縦者数の推移

月日	実戦力
6月30日	1,200
7月27日	1,377
8月17日	1,379
8月31日	1,422
9月14日	1,492
9月28日	1,581
10月19日	1,752
11月2日	1,796

ドイツ空軍戦闘機操縦者数の推移

月日	実戦力
6月1日	906
8月1日	869
9月1日	735
11月1日	673

時期は1940年。ドイツ空軍の数値はバトル・オブ・ブリテン参加部隊のもの。チャーチルに「かくも少数の人々」と表現された戦闘機パイロットたちは、戦いの全期間にわたってドイツ空軍戦闘機隊を数的に圧倒していた。初期の定員割れ状態も10月には回復しているのに対して、ドイツ戦闘機隊は累積する消耗を回復できず。大幅な戦力低下が見られる。(文・表:古峰文三)

ドイツ空軍の情勢判断は希望的観測に傾いていたのである。

だが、8月24日から開始された航空基地への連続爆撃は第11集団の各飛行隊に大きな損害を与え、第11集団の損害は補給を上回るレベルに達している。一方で第10集団、第12集団の損害は無視できるほど軽かった。

8月後半から9月初旬にかけて続く危機的状況は、ダウディングが犯した兵力の分散配置による、主戦場での兵力不足が生み出したものであることは否定できない。

ロンドンへの目標変更と戦闘機コマンドの戦力回復

第11集団の思いのほかの苦戦と情報分析の大幅な甘さから、戦いが「航空撃滅戦」から「国民士気の崩壊」を目的とする戦略爆撃のフェイズへ移行したと判断したドイツ空軍は、ロンドン爆撃を開始する。ドイツ空軍が育んできた航空戦理論に基づいた作戦がロンドン爆撃だった。

離陸するハリケーン

スピットファイアの銃撃を受けるドイツ空軍He111双発爆撃機

ロンドン空襲は、映画にあったようなヒトラーのエキセントリックな報復命令による目標変更ではなく、ドイツ空軍にとって作戦上で当然の展開だったのである。

ロンドン爆撃のヒトラー命令説は、ドイツ爆撃機のロンドン市街への誤爆に対してチャーチルが命じたベルリンへの報復爆撃に対する演説が根拠となっている。しかし、1944年に作成されたドイツ空軍の内部文書では、ロンドン爆撃へ転換した目的を国民士気の崩壊と残存戦闘機兵力の撃滅に置いたものと説明されている。

戦後、戦争指導上の過ちの多くをヒトラー個人に負わせる傾向が見られたが、ヒトラーが報復的意図をもって命じたのは、のちのロンドン夜間空襲であって、この時の作戦ではなかった。

ドイツ空軍は敵首都を爆撃することで戦闘機コマンドの「残存兵力」を空中戦に誘引して残らず撃滅することをロンドン爆撃の作戦目的の一つとして重要視し、いわば「バトル・オブ・ブリテン」の最終仕上げといえる戦いへと兵力の全てを注ぎ込んでいくことになる。

一方、ダウディングも第11集団の戦力回復に悩んだ末、ひとつの解決策を見出していた。それは、飛行隊の配置換えは困難だったが、各飛行隊の乗員個人の転属・異動は戦闘機コマンド司令部の権限によって実行可能だったことに基づくものだった。

ドイツ空軍の攻撃がロンドン爆撃に転換した9月7日にダウディングが提示したのは、全飛行隊の「クラス分類」だった。定員全てと予備を熟練乗員で固め、第11集団に所属するAクラス飛行隊が指定された。また主戦場である第11集団戦区に隣り合う第10集団と第12集団に所属するAクラス指定の飛行隊は、それに準ずる水準とし、次いでBクラス飛行隊は熟練乗員と未熟練乗員の混合、Cクラス飛行隊は編隊長のみが熟練乗員といったもので、第11集団所属飛行隊は全てAクラスの扱いとされた。

このクラス分類は単なる制度上の改革ではなく、うち続く激戦で疲労消耗した第11集団に中部、北部、南西部から熟練乗員を優先的に補強し、その戦力を急速回復させるという明確な目的があった。

単純に他の集団から飛行隊を引き抜けば済むように思えるが、今まで何度か壊滅的打撃を受けた飛行隊を後方に下げ、代わりに前線に進出し

戦闘機に駆け寄るイギリス空軍パイロットたち。戦闘機コマンドが戦闘機集団所属の飛行隊を自由に移動できないという問題を解決するため、ダウディングはクラス分類による乗員の異動で対処した

た実戦経験の乏しい飛行隊が大損害を出す傾向が認められていた。ダウディングのクラス分類は未経験の飛行隊で大損害を出すか、経験のある疲労消耗した飛行隊で戦い続けるか、という苦しい課題を解決する策でもあったのだ。

このクラス分類を適用したことで、経験のある編隊長クラスを置き換えることなく熟練乗員を補充することができるようになり、第11集団の戦力は急速に復活する。一般にはロンドン空襲が開始されたことで戦闘機基地への攻撃が途絶え、戦闘機コマンドの疲労回復が実現したと解説されるが、戦力復活の原動力だったのは、束の間の休息ではなく、このクラス分類によって新たに送り込まれた大量の熟練乗員たちだったのである。

だがそれでも、精鋭機スピットファイアを持つ飛行隊そのものの配置は変わらなかった。あまり出撃機会の無い第12集団の中にも5つものAクラス飛行隊と130人もの乗員が残されており、クラス分類による第11集団への戦力集中は徹底を欠いていたのだ。

そして集中の不徹底により、第12集団に残されたAクラス飛行隊による大きな戦力は、「バトル・オブ・ブリテン」後期に、後述するような大論争を巻き起こし、ダウディング更迭の一因ともなってゆく。

ロンドン防空で発生した指揮官たちの衝突

戦闘機コマンドの各集団はそれぞれ独立した権限を持ち、各集団の境界は厳格に守られていたが、互いの集団の境界近くでの戦闘では支援し合うことが認められていた。たとえば第11集団の戦区内で西の端にあるポーツマスへの空襲では、南西部を担当する第10集団の飛行隊が支援に駆けつけるといった形で、境界近くでの協同戦闘が行われている。

このようにダウディングは戦闘機コマンドの戦略的指導の下で柔軟な兵力運用ができるような体制を作り上げてはいたのだが、実際に戦闘に臨んだ際の指揮権については明確な取り決めは存在しなかった。どちらの飛行隊がどちらの集団の指揮下に入るか、あるいは別々に戦うのか、何も決められていなかったのである。

そして問題はロンドンだった。

ロンドンは明らかに第11集団の担当戦区で、その各基地はロンドン防空のために存在していたが、中部を担当する第12集団の戦区で最も南に位置するダクスフォード基地はロンドン地区へ出撃できる位置にあり、ここを拠点とすることで第12集団はロンドン周辺の戦闘に参加することができた。

しかし8月中のロンドン周辺で発生した防空戦で、第11集団を指揮するキース・パーク少将は第11集団の各飛行隊が出撃したあとの基地上空の防空を、第12集団の指揮官であるトラフォード・リー＝マロリー少将に要望したが、その連携は上手く行かず、第12集団が基地上空に現れなかったことからパークは不満を募らせていた。

しかしマロリーは、ロンドン地区であっても第12集団が出撃する以上、その指揮権は第12集団司令部にあると主張。両者の対立はダウディングでも仲裁することができなかった。ダウディングが各集団指揮官に許した戦術レベルの大幅な権限委譲が仇になり、まさに戦闘の渦中にある実戦部隊同士の対立を収め切れなかったのである。どちらが勝とうが、この争いの責任を問われるのはダウディング自身だった。

さらに、ドイツ空軍の攻撃がロンドン市街への昼夜を問わない爆撃に移行すると、戦区の最南端から発進する第12集団の飛行隊群の戦闘参加は不可欠のものとなり、パークとマロリーの指揮権対立は極めて深刻になってゆく。

不毛な争い「ビッグ・ウィング論争」

第11集団を指揮するパークと、第12集団を指揮するマロリーの対立は指揮権についてだけではなかった。２つの集団の間には、戦術面においても極端な対立があったのだ。

それは第12集団最南端の基地であるダクスフォードに置かれた飛行隊群の中で、中心的存在だった第２４２飛行隊長ダグラス・バーダー少佐が唱える「ビッグ・ウィング」戦術を巡っての論争だった。

もともと本土防空を主任務としていたイギリス空軍戦闘機隊では、対戦闘機戦術はそれほど重要視されていなかった。基本戦術は第一次世界大戦以来、ほとんど変わらなかったと言えるほどで、戦闘機の役割はイギリス本土に来襲する爆撃機の邀撃にあり、敵戦闘機との戦いは第二の任務として軽んじられる傾向にあった。

そして1930年代後半の航空技術の躍進時代に戦闘機の性能が急速に向上したことで、従来の戦闘機対戦闘機のドッグファイトは、もはや人間の生理的限界を超えると考えられたことも対戦闘機戦術停滞の一因となっていた。時速500㎞を超える速度で飛行する戦闘機同士がまともな戦いを行えるのかという、現在からすれば考えられないような問題が、真面目に議論されていたのである。

新たな課題に答えが見つからないまま、イギリス戦闘機隊は第一次大戦中に考案された3機の密集編隊を空中戦闘の基本とし、それを4個組み合わせた飛行隊が戦術単位となっていた。

だがこの戦術単位は、ドイツ陸軍航空隊の編み出した大編隊戦術によって第一次大戦中に一度は打ち破られたものだった。「レッドバロン」ことリヒトホーフェンが率いたヤークトゲシュヴァーダー（略称JG。第二次大戦のドイツ空軍組織では〝グルッペ〟に相当する）と呼ばれた数十機の大編隊戦術によって、出撃規模の小さいイギリス空軍戦闘機は窮地に立たされた経験があったのだが、この貴重な経験は戦後に省みられることが無かった。戦術単位の拡大は長く忘れられた課題となっていたのである。

フランス戦で活躍し、その功績で第242飛行隊長となったバーダーは日本でも「義足の撃墜王」として知られているが、障害を乗り越えた英雄というだけでなく、熱心な戦術研究家でもあった。

バーダーは第12集団の飛行隊群（〝ダクスフォード・ウィング〟と呼ばれた）を、第11集団のように飛行隊単位で運用するではなく、複数の飛行隊を組み合わせた大編隊で出撃させる「ビッグ・ウィング」と呼ぶ戦術で運用することを主張した。

戦術単位を大きくすることで常にドイツ戦闘機より多数で有利な戦いを挑むことが「ビッグ・ウィング」戦術の目的だったが、第11集団のパーク、そして戦闘機コマンド司令官であるダウディングでさえも「ビッグ・ウィング」戦術にはきわめて冷淡な反応しか示さなかった。一介の飛行隊長でしかないバーダーは、相手にされなかったのである。

そこでバーダーの意見を汲んだのが第12集団指揮官の

マロリーだった。
「第11集団は不適切な戦術を採用することで貴重な戦闘機兵力を無駄に消耗させている」との激しい批判を開始したマロリーは、パークとの対立を戦術面での論争へと置き換えることを試みたともいえる。

バーダーの主張に「改革派VS保守派」の構図を見てバーダーの先見性を賞賛し、頑迷なダウディングとパークを批判することは簡単だが、こうした理解は間違っている。
なぜなら、5月末から6月初めにかけてダンケルク上空で戦われた防空戦で実質的な「ビッグ・ウィング」戦

「ビッグ・ウィング」論争それぞれの立場

トラフォード・リー=マロリー
（1892〜1944）

1916年に王立飛行隊に入隊。バトル・オブ・ブリテン時には第12戦闘機集団指揮官。「ビッグ・ウィング」論争では、部下のバーダーの主張を強力に後押しし、ダウディングとパークに対抗した。

キース・パーク
（1892〜1975）

バトル・オブ・ブリテンでは第11戦闘機集団指揮官として、本土防衛の重責を担う。ダンケルクでの戦いの経験から、飛行隊単位ではなく大編隊で迎撃する「ビッグ・ウィング」戦術の有効性も理解していたが、バトル・オブ・ブリテンでは大編隊を組む時間的余裕の無さなどから反対した。

ダグラス・ロバート・スチュアート・バーダー
（1910〜1981）

第12戦闘機集団第242飛行隊長。純粋な戦術として、大規模な迎撃を行う「ビッグ・ウィング」を提唱したが、結果的にマロリー、パーク、ダウディングら指揮官たちの政治的な対立に巻き込まれることとなった。

術を主張し実行に移したのは、パーク自身だったからである。

当時パークは、イギリス遠征軍の批判を退けて飛行隊1個のみを常時戦場上空に哨戒させることを止め、哨戒の空白時間を作ることを忍んで複数の飛行隊による大編隊出撃を実行してドイツ空軍に損害を与え、遠征軍の撤退を掩護した実績があった。パークはイギリス軍戦闘機戦術の欠点をよく理解していたのである。ではなぜパークは「バトル・オブ・ブリテン」で「ビッグ・ウィング」戦術を否定したのだろう。

それは第11集団の置かれた地理的条件にあった。

ダウディングの作り上げたＲＤＦサイトは、フランス北部のドイツ空軍基地上空での敵編隊形成の動きを探知することはできた。だが、離陸した爆撃機が編隊を組み終わるのに20～25分を要したものの、そこから目標となるイギリス本土南部の爆撃目標には15～20分で到達してしまうのだ。しかも進路を察知されないよう迂回飛行をされると、真の爆撃目標が判明するのは地上の防空監視哨からの連絡を受けたあとになってしまう。

これが戦闘機ともなると、ドイツ空軍の戦術単位である「グルッペ」の離陸から編隊形成までは15～20分、時速５００km前後で巡航する高速のBf１０９なら目標上空まで10～15分で到達してしまう。

イギリス本土南東部の戦闘機基地は、邀撃戦を戦うにはあまりにも防御縦深に欠ける余裕の無い位置に置かれていたのである。警報とともに即時離陸、編隊を組んで高度を取り、地上管制に誘導されながら敵編隊に向かっても時間的余裕はほとんど無かった。この余裕の無さは「バトル・オブ・ブリテン」での邀撃戦の特徴であり、パークとダウディングを悩ませた難題でもあった。

パーク自身がのちに回想しているように、彼は「ビッグ・ウィング」戦術の有効性は重々承知してはいたが、イギリス本土南東部という敵地に接した地域の防空戦では、時間を掛けて大編隊を整える余裕は無く、一分一秒でも早く離陸して敵編隊に向けて進撃を開始しなければならなかったのである。

これに対し、ロンドンよりも北方にあるダクスフォード基地から発進する第12集団は事情が違っていた。第12集団は本土奥地にある発進基地を襲われる危険が少ない上に、出撃はロンドン地区の邀撃に限られていた。警報

イギリス空軍戦闘機の消耗と補充

[ハリケーン戦闘機]

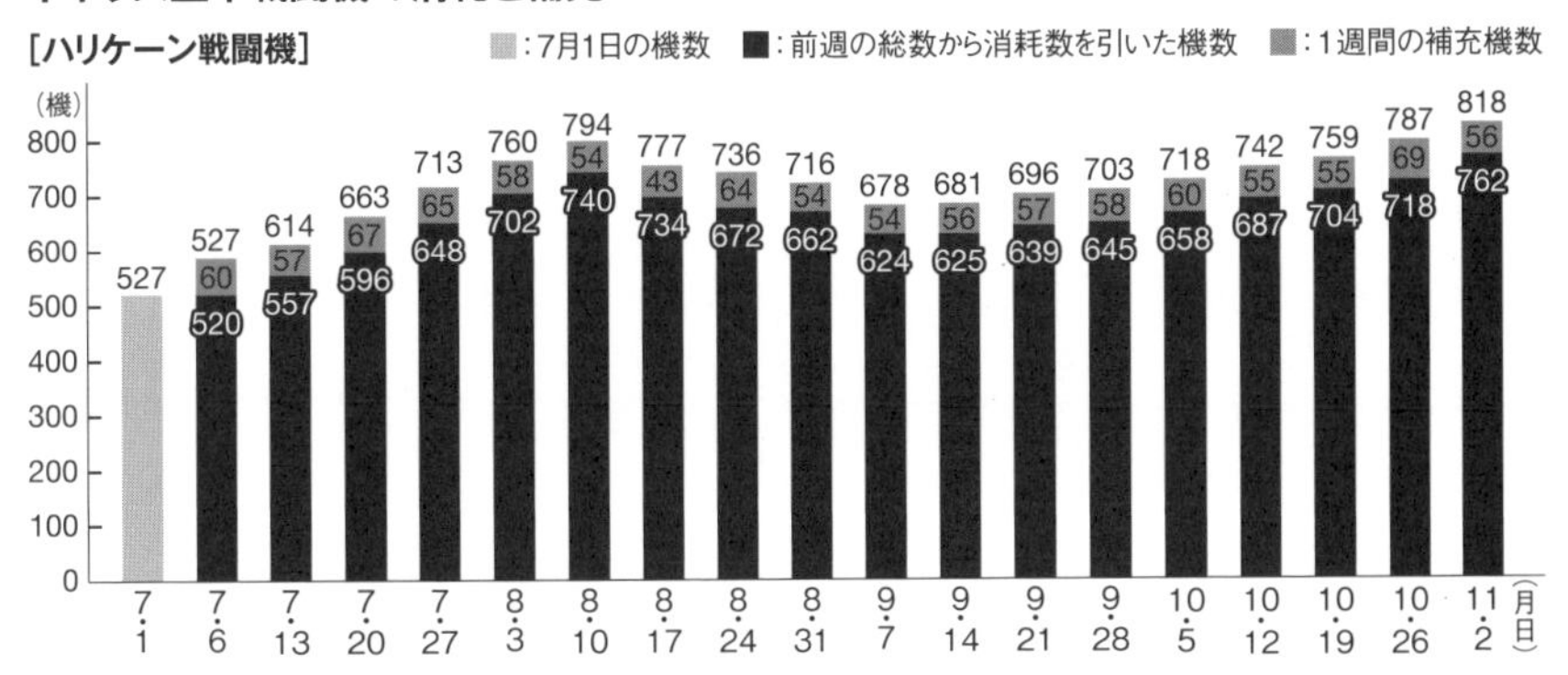

[スピットファイア戦闘機]

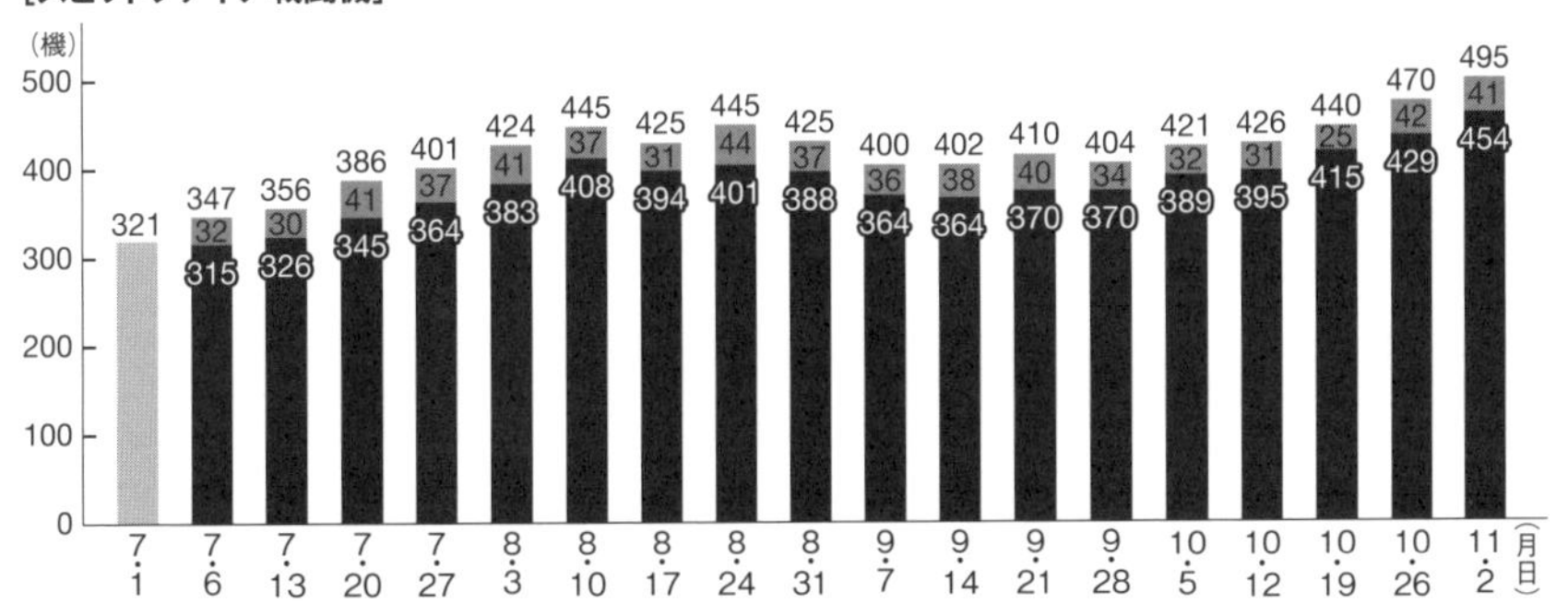

ハリケーンの消耗の推移(単位=機)

	第二種損害	第三種損害
7月6日	3	4
7月13日	6	22
7月20日	5	13
7月27日	3	12
8月3日	4	7
8月10日	4	16
8月17日	21	82
8月24日	9	53
8月31日	4	70
9月7日	8	84
9月14日	6	47
9月21日	8	34
9月28日	11	40
10月5日	16	29
10月12日	3	28
10月19日	10	28
10月26日	7	34
11月2日	9	16
	137	619

スピットファイアの消耗の推移(単位=機)

	第二種損害	第三種損害
7月6日	1	5
7月13日	6	15
7月20日	5	6
7月27日	8	14
8月3日	7	11
8月10日	4	12
8月17日	11	40
8月24日	3	21
8月31日	7	50
9月7日	8	53
9月14日	10	26
9月21日	11	21
9月28日	5	35
10月5日	5	10
10月12日	4	22
10月19日	2	9
10月26日	2	9
11月2日	2	14
	101	373

表にある「第二種損害」は大規模修理が可能、または部品取りに利用可能な状態。「第三種損害」は機体が完全に破壊されるか未回収の状態を指す。ちなみに「第一種損害」は基地での軽い修理で修復可能な状態。イギリス空軍は消耗を上回る補充を達成していたが、8月中旬からの航空撃滅戦で発生した損害により機数が減少している。また、ドイツ空軍がロンドン爆撃に転じた9月中は一定しているが、10月から増加傾向に転じる。

(文・データ:古峰文三)

を受けて発進して20分かけて大編隊を構成してもロンドンへなら間に合う。そして敵の目標がロンドン以南であればもはや責任が無い。

このように「ビッグ・ウィング」戦術を巡るマロリーとパークの対立は、戦術思想の違いではなく、第11集団と第12集団の置かれた地理的・制度的状況の違いに根ざしていたのである。

もともとパークに深い尊敬の念を抱いていたにもかかわらず、論争の矢面に立たされたバーダーにとってはとんだ悲喜劇だったが、「ビッグ・ウィング」論争とは防空戦の主導権に絡んだきわめて政治的な動きだったのである。

ロンドン上空の死闘と昼間爆撃の中止

1940年9月7日から開始されたロンドン爆撃で、最重要の防衛対象である首都ロンドンを空襲したことで、ドイツ空軍はイギリス戦闘機コマンドの「残存兵力」を引き摺り出すことになった。

だがその「残存兵力」が問題だった。第11集団は機材の補充と乗員の異動によって戦いながらも戦力を回復しつつあり、ロンドン上空には新たな敵である第12集団が採用した「ビッグ・ウィング」が待ち構えていた。一方ドイツ空軍戦闘機隊は、8月24日からの航空撃滅戦で大きな戦果を挙げると同時に自らも傷ついており、その実戦力は定数の6割程度に落ち込んでいた。大きな痛手から徐々に回復しつつある戦闘機コマンドと、次第に衰えて行くドイツ空軍戦闘機隊との最後の死闘がロンドンを巡って展開されたのである。

そしてロンドン爆撃は全世界、なかでもアメリカの注目を集めることとなった。世界最大級の都市であるロンドンが空襲で炎上するという事態は衝撃的であり、それまでのイギリス本土南部の野原の上空で戦われていた、あまり人目につかない航空戦とは違い、ロンドン市民が見上げる中で戦闘が行われたことも重要だった。

イギリス国民が「バトル・オブ・ブリテン」を本当に身近に感じたのは、この空襲からである。

そして9月の市民の死傷者は8月の2336人に対して1万7569人へと激増した。そして7月から11月までの間にロンドンに投下された爆弾は合計295万10

00発で、「バトル・オブ・ブリテン」における全投下弾数の7割を占めた。ロンドン爆撃こそが本物の「バトル・オブ・ブリテン」だったのである。

9月7日から2週間のロンドン周辺の空中戦はイギリス軍優位とはいえ、空中での損害がハリケーン95機、スピットファイア68機に及ぶ大きなもので、とても楽な戦いとは言えなかった。

しかもこの時期には、度重なる爆撃機の損害に業を煮やしたヘルマン・ゲーリング元帥の厳命により、ドイツ戦闘機隊は爆撃機編隊への直掩強化を命じられ、従来の自由な制空戦闘ができなくなっていたが、アドルフ・ガーランド等の撃墜王たちには評判がきわめて悪かったこの爆撃機直掩は、イギリス戦闘機コマンドにとって実に頭の痛い問題となっていた。

それまでドイツ戦闘機にはスピットファイア飛行隊が立ち向かい、その隙を突いてハリケーン飛行隊が爆撃機編隊へと突撃する戦術が採られていたが、ドイツ戦闘機の直掩によって爆撃機編隊に向かった飛行隊は必ずBf109との空中戦に巻き込まれるようになったからである。Bf109が航続距離の不足からロンドン上空に10分程度しか留まれないというハンディキャップに苦しむ一方で、戦闘機コマンドは爆撃機編隊に向かえば必ず発生する対戦闘機空中戦に苦しめられていたのである。

しかしドイツ空軍が全力をもって実施したロンドン爆撃は、結果的にはドイツ爆撃機の大量損失を招き、航空優勢獲得は絶望的となった。9月21日には「ゼーレーヴェ」作戦の無期延期が決定。昼間爆撃作戦も9月30日に中止される。

昼間爆撃を中止することはイギリス空軍に対する航空撃滅戦の終了であり、イギリス本土への上陸侵攻作戦の最終的撤回を意味していた。ドイツ

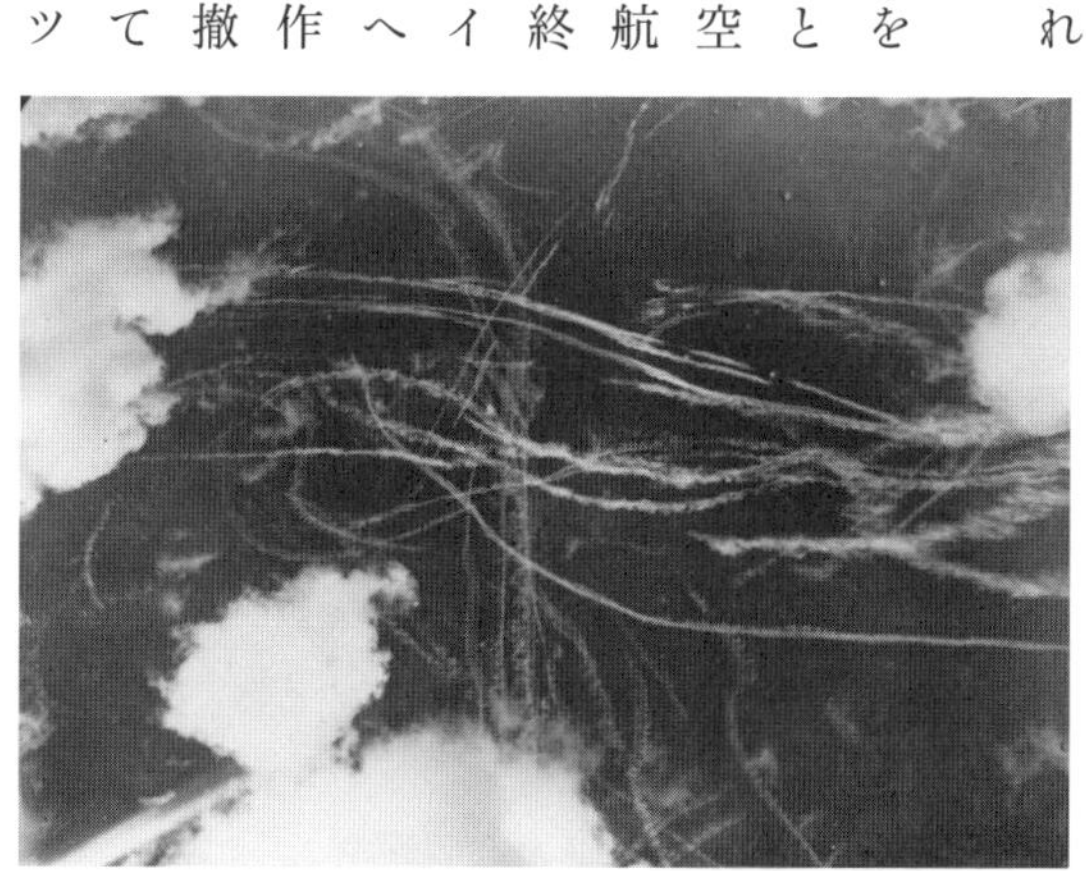

ロンドン上空でドッグファイトを行うイギリス空軍とドイツ空軍の戦闘機。ロンドン上空での戦いは、イギリス国民に「バトル・オブ・ブリテン」を身近な戦いとして認識させることとなった

軍による本土侵攻の危機は去り、映画『空軍大戦略』ではここで物語が終わる。

イギリス本土への上陸作戦の前提となる、航空優勢確立を目的とした昼間爆撃作戦が挫折した時点を「バトル・オブ・ブリテン」の終わり、と捉えることはある程度正しい。ダウディングが心血を注いで築き上げた防空システムと戦闘機隊はその目的を達し、それまで連戦連勝だったドイツの軍事行動を初めて阻止した功績はまさにダウディングにある。

だが今まで見てきたように、一時的とはいえ第11集団を危機に曝し、ドイツ空軍が勝利を確信するほどの苦戦を強いた責任もダウディングにあった。

そしてもうひとつ、ダウディングへの厳しい責任追及を招く事態が発生していた。

手も足も出なかった夜間爆撃

9月7日からのロンドン爆撃は、昼間だけでなく夜間にも実施されていた。昼間爆撃の損害復旧を妨害するために夜間爆撃が組み合わされるのは爆撃戦術の常道である。

ロンドン爆撃の初日となった1940年9月7日、ロンドン上空を飛行するHe111。ロンドン爆撃はヒトラーによる気まぐれではなく、ドイツ空軍にとって予定の計画に基づくものだったといえる

この昼間爆撃はダウディングが悩みぬいた末に考案した、飛行隊のクラス分類による乗員異動で戦力を回復した第11集団の飛行隊が支え抜いたのだが、夜間爆撃については戦闘機コマンドはまったく為す術が無かった。

当時最新の電波兵器であるRDFサイトを中心とした

ダウディング・システムが、実は夜間に機能しないという話は意外に響くかもしれない。だがＲＤＦサイトは、敵の本土接近を探知することはできても、海岸線を越えて内陸に向かう爆撃機群の行く先を知ることはできない。目標の割り出しは地上監視哨からの目視情報によって行われていたからだ。そして肉眼による監視は、夜間だけではなく曇天でさえ機能しなかった。

さらに昼間爆撃は密集大編隊によって行われるため、ドイツ爆撃機が基地上空で行う編隊形成を捉えることができたが、離陸とともに単機ないしは少数でばらばらに目標に侵入する夜間爆撃ではそうした余裕も無かった。

頼みは機上型のＲＤＦを装備した夜間戦闘機の配備だったが、期待された専用の夜間戦闘機ボーファイターはようやく試作機が実験的に戦闘に投入されたばかりで、本格的な就役はまだ先のことだった。このため、とりあえず従来の低性能なブレニム爆撃機改造の夜間戦闘機と、昼間戦闘では用済みとなった銃塔装備のデファイアント戦闘機の夜戦転用、そして離着陸が容易なハリケーンの投入程度の応急策で対応する以外に無いのが実情だった。

しかしダウディングにしてみれば、夜間防空は充実の過程にあり、特に問題を感じていなかった。イギリスにとって最大の脅威は本土への敵の上陸侵攻であり、その前提となるドイツ空軍の航空撃滅戦を粉砕することだったからである。夜間爆撃は市民の犠牲を強いるものの、イギリス本土そのものを直ちに敵軍に渡すことにならないので、まずは昼間邀撃戦に完勝することが優先すると判断したダウディングは、実際にそれに成功し戦局の推移に満足していた。

こうした情勢判断は軍事的には適切だったが、首都ロンドンで大量に市民の犠牲者を出している夜間爆撃に対してほぼ無策、無関心に見えるダウディングの作戦指導は、空軍の中枢のみならず、イギリス政府全体に大きな不満を抱かせていたのである。ダウディングはそれに気づかなかった。

ダウディングとパークの更迭

ドイツ空軍のロンドン昼間爆撃が中止されたことで、ダウディングは「バトル・オブ・ブリテン」に勝利したと判断していた。たしかに戦局は有利に展開しつつあったが、本人にとって意外なことに、10月17日に航空省で行われたミーティングではダウディングとパークに対し激しい批判が集中した。

その批判の先鋒となったのが、義足の撃墜王にして「ダクスフォード・ウィング」のリーダーであるダグラス・バーダーだった。彼は第12集団指揮官マロリーとともに「ビッグ・ウィング」戦術提案を無視して戦闘を続けた第11集団指揮官のパークと、それを支持したダウディングを強烈に批判。兵力を小出しにしたために貴重な戦力が無駄に失われたと主張した。

さらに航空省内部からは、夜間防空についてダウディングが一向に対抗策を採らないことを批判し、夜間防空不振の要因はダウディングの指揮能力にあるとの責任追及が始まったのである。

この動きは航空省に強い人脈を持つマロリーによって加速されていた。

イギリス本土上陸の危機が去り、昼間航空戦が一段落しつつあったことは戦闘を勝利に導いたダウディングにとって、かえって不利に働いたともいえる。危機が去ったことで、何かと扱いの難しい古株の「戦闘機の専門家」に頼る必要が薄れたからだ。

先に紹介したように、イギリスの戦争見通しはきわめて楽観的で、この時点で海上封鎖と戦略爆撃によってドイツの戦争経済を１９４２年中に破綻に追い込めるとの判断が大勢を占めており、こうした見地から、ダウディングがもたらした航空戦の勝利も半ば当然の結果として扱う空気があったのも見逃せない。

しかも１８８２年生まれのダウディングは間もなく退役を迎えるため、重要な職務から外すことも人事上では自然な扱いだった。チャーチルやビーバーブルック卿の救援も今回は見られなかった。

こうして翌11月25日、ダウディングに対して戦闘機コマンド司令官解任の通知が下され、救国の英雄であるはずのダウディングは戦闘機コマンド司令部を離れ、イギリス空軍向け兵器援助の交渉役としてアメリカに渡ることとなる。そしてダウディングの解任から間もなく、パークも第11集団の指揮官の任を解かれ、航空省へと異動したが、そこで与えられた職務は本人の期待に反した訓練部隊の統轄という地味な任務でしかなかった。

戦闘機コマンドにダウディングの後任として着任したのはダウディング批判派のショルト・ダグラスで、これからの反撃局面でドイツ空軍と対決することになる最前線の第11集団の指揮官となったのは第12集団指揮官のリー＝マロリーだった。その下で公式に編成された戦闘機ウィングのウィング・リーダーとなったのは「ビッグ・ウィング」戦術の実践者であるダグラス・バーダーである。当然のことながら、戦闘機コマンドと第11集団からはダウディングやパークと親しい部下たちも取り除かれていた。

これは、組織のトップが対立の果てに交代するときに生ずる報復人事そのものだった。航空戦に勝利したにもかかわらず、戦闘機コマンドの主なポストは総入れ替えされたのである。

1968年の再会

1940年夏の戦いから1年後、イギリス航空省は50ページからなる宣伝パンフレットを作成した。「Battle of Britain」と題されたそのパンフレットには、1940年8月から10月までの航空戦の展開と勝利の様相が記されており、イギリス国内だけで100万部のベストセラーとなった。だが、航空省が編纂したこのパンフレットにはダウディングの功績は触れられておらず、のちにチャーチルが「ダウディングはなぜ出てこない」と不満を表したとも言われる。ダウディングは元帥に昇進することもなく、やがて静かに退役を迎えた。

戦後に無数の出版物によって語られ続けた「バトル・オブ・ブリテン」の物語は、このパンフレットで原型が作られたと言われる。

今まで述べてきたように問題はあったものの、「バトル・オブ・ブリテン」の実質的な総司令官であり、ネルソンに匹敵する救国の英雄に喩えることもできるはずのダウディングへの評価が、多くの戦記物語で今ひとつ歯切れが悪いのにはこうした事情がある。

彼が勝利の立役者として手放しで賞賛されないのは、ダウディングとパークとともに戦い、彼らに親しみと尊敬を感じる人々が多い一方で、彼らを更迭した側の人々もまた、戦後を生きて発言力を持っていたからでもある。

1940年秋の解任劇は、空軍関係者を二分する対立を戦後まで残してしまい、このためダウディングとパークの再評価は1960年代末からようやく始まり、現在もその途上にある。

1943年に行われたバトル・オブ・ブリテン勝利の記念式典におけるダウディング（左）とリー＝マロリー。ダウディングはロンドン夜間爆撃に対処できなかったことで戦闘機コマンド司令官を更迭された。とはいえ、様々な問題はあったにせよ、バトル・オブ・ブリテンはダウディングによって勝利したといえよう

だがダウディングとパークを解任に追い込み、栄光をつかんだはずのマロリーにも悲劇が待っていた。

1944年夏、東南アジア方面の司令官に任じられた矢先に飛行機事故で命を落としてしまったからである。マロリーは、戦争の勝利の瞬間をその目で見ることができなかった。

そして必ずしも本意ではなかったが、自らの戦術を強力に主張することで結果的に敬愛するパークの更迭に力を貸すかたちになったバーダーは、フランス沿岸への侵攻作戦で敵地に降下して捕虜となり、幾度かの脱走伝説を残しながらも終戦までの月日を収容所に繋がれて過ごすことになる。

1968年、映画『空軍大戦略』の撮影現場を、かつて「バトル・オブ・ブリテン」を戦った将兵たちが訪れた。

すでにダウディングはこの世を去っており、往年の戦闘機パイロットたちも年老いていたが、その中に82歳の高齢となって今や車椅子に身をゆだねたパークの姿があった。

そしてパークに寄り添いながら終日、彼の車椅子を押し続けた初老の元戦闘機パイロット、ダグラス・バーダーの姿があった。

パークとの間にどのような和解があったのかは明らかではないが、彼らの上空を当時と変わらぬ姿で飛び去るスピットファイアを見上げて、二人は何を想ったのだろうか。

■参考文献

Patrick Bishop "BATTLE OF BRITAIN : Day by day Chronicle"／David Edgerton "Britain's War Machine"／Michael Evans "Douglas Bader"／Earle Lund "The Battle of Britain A German Perspective"／John Ray "The Battle of Britain New Perspectives"／Richard Overy "The Battle of Britain Myth and Reality"／Dennis H. Thompson "ANALYSIS OF GERMAN OPERATION ART: FAILURES, THE BATTLE OF BRITAIN 1940"

ルフトヴァッフェの“いちばん長い日”

ノルマンディ航空戦

連合軍との圧倒的な兵力差によって、ドイツ空軍の戦力はすぐに壊滅したというストーリーで語られるノルマンディの航空戦。しかし資料を紐解くと、ドイツ空軍が長期にわたって戦力を維持し、連合軍に大きな出血を強い続けた事実が明らかになってくる。

激しい空襲を避けるため森林内に設けられた駐機場から引き出されるフォッケウルフFw190戦闘機。本機は旧式化の目立つBf109に代わって、ノルマンディ航空戦では主力戦闘機となった

大航空戦はなぜ語られなかったか?

第二次世界大戦において、ドイツにとっての「西部戦線」では3回の大きな航空決戦が戦われた。

最初に戦われたのは1940年夏からの「バトル・オブ・ブリテン」として知られる航空戦であり、最大規模のものは1944年12月から開始された「ラインの守り」作戦に関わる航空戦である。

そしてドイツにとって最も重要な意味を持つ長期間の航空決戦とは1944年6月6日から連合軍のノルマンディ上陸作戦に伴って発生し、上陸当日から約3ヶ月にわたって激しい戦いが続いた「ノルマンディ航空戦」だった。

しかし、ノルマンディでのドイツ空軍の活躍を伝える出版物はきわめて少ない。圧倒的な兵力を誇る連合国空軍によって、ドイツ軍機は上陸作戦実施前に壊滅して戦場上空から締め出されて後方基地に撤退し、地上作戦への航空兵力の関与はほとんど行われないまま、地上兵力の壊走と共に消滅したかのように語られることも多い。

だが近代戦で大規模な地上兵力が航空支援なしに活動することはあり得ない。

ノルマンディの戦場でも、その戦いの規模に見合った極めて大規模な航空作戦が実施され、継続されていたにもかかわらず、戦いの記録が一般向けに紹介されて来なかったのはなぜだろうか。

それは敗戦後のドイツで、陸海空軍のうち空軍OB達の多くが沈黙したことの影響が大きい。

個々の戦闘では勇戦激闘したと自負する陸軍、そして軍備上のハンディキャップに苦しみながら困難な状況を乗り越えてUボート戦を戦い、敗戦間際に赤軍が迫る東プロイセンからの市民救出で有終の美を飾った海軍と異なり、ドイツ空軍は敵に航空優勢を奪われ国土を廃墟と化し、東西の前線を崩壊させた責任を正面から負う立場にあった。

そして第二次世界大戦のドイツ軍戦史の基礎をかたち作った、連合国による捕虜となった高級将校への尋問も、陸軍将校に対しては熱心に行われたものの、空軍将校に対しては着手が遅れ、規模も小さなものとなっていた。

これはアメリカ軍内での空軍独立が1947年であるため、それまで陸軍内の航空関係者がドイツ空軍を自由に調査できなかったことによる。

その結果、第二次世界大戦のドイツ戦史は空軍について多く語られることなく、空軍は陸軍に従属した地上軍直協の航空部隊といった、とんでもない誤解を許していた。

その結果、名前のあるべき戦いに然るべき名前がなく、一般の人々に戦いの存在さえ認識されにくかったのである。

ひとつにはドイツ空軍関係者の自責の念により、ひとつには連合軍内でのドイツ空軍に関する調査が遅く小規模であったために、ドイツ空軍の物語は戦闘機エースの回想と、技術的な興味に支えられたジェット機、ロケット機などの新兵器やミステルなどの奇抜な発想によってのみ支えられて来たといえるだろう。

だが、長く、苦しく、しかも大規模な航空戦は現実に戦われていたのだ。

「オーバーロード」作戦

1940年6月のフランス崩壊以来、西ヨーロッパへの足掛かりを失っていた連合軍は、1944年夏にフランス北部海岸への大規模な上陸作戦を計画した。

「オーバーロード」と名づけられた大陸反攻作戦はかつてない大規模なものだったが、この作戦に投入される航空兵力もまた史上空前の規模となった。

地上軍の支援を任務とするイギリス空軍第2戦術航空軍とアメリカ陸軍航空軍第9航空軍だけでなく、イギリス空軍のボマー・コマンド、アメリカ陸軍航空軍第8航空軍といった四発重爆撃機と長距離護衛戦闘機を装備する戦略爆撃部隊までもが投入され、まさに連合軍航空兵力の全てが大陸反攻作戦に注ぎ込まれた。

第8航空軍は1942年8月から、フランスとドイツの戦略目標に対して昼間精密爆撃による爆撃作戦を続けていた。

目標の捕捉が容易で命中率も高い昼間爆撃は戦果も上がったが、爆撃機に随伴する長距離護衛戦闘機が存在しなかったことから、ドイツ空軍の重武装邀撃機によって深刻な損害を蒙る苦しい作戦となっていた。

計画当初、約6ヶ月でドイツの産業と経済を崩壊させられると考えられていた戦略爆撃作戦は、爆撃機の不足と度重なる大損害によって必要とされる規模と出撃回数を満たせず、いつまで経ってもその成果は明確にならなかった。

イギリス空軍ボマー・コマンドもドイツ本土に対する夜間爆撃を継続しており、ドイツ空軍の夜間戦闘機隊の兵力増加と夜間防空管制システムの充実によって昼間爆撃と同様の大損害を蒙っていたが、ボマー・コマンド司令官ハリスの強い意志によってドイツの首都ベルリンを主目標とする夜間無差別爆撃が続けられた。

イギリス空軍は市街地に対する夜間無差別爆撃によってドイツ国内の労働者の生活基盤を破壊し、その結果として出勤率の低下と勤労意欲の崩壊、そして最終的には労働者の生命そのものを奪うことで、戦争経済を崩壊させることを目標としていた。

1943年10月、マリーエンブルク(現ポーランドのマルボルク)に疎開していたフォッケウルフ社組立工場を爆撃する米陸軍第8航空軍のB-17。空襲自体は昼間精密爆撃の模範と称賛されたが、この日を含む前後3日の空襲で、同航空軍は多数の爆撃機をドイツ戦闘機の迎撃により失った

昼間精密爆撃作戦には1943年末から待望の長距離護衛戦闘機P‐51Bマスタングの配備が開始され、第8航空軍のB‐17やB‐24は全航程に護衛戦闘機が随伴できるようになった。

そしてイギリス空軍の夜間無差別爆撃作戦では、電波兵器の優越とドイツ軍レーダーシステムへの対抗手段の開発により、状況はわずかながら改善しつつあった。

しかし全体として見れば連合軍の戦略爆撃は大きな損害に見合う成果を挙げているとは評価されなかった。

大陸反攻作戦という敵の本土に直接地上軍を侵攻させる計画を控えて、ドイツ本土への戦略爆撃に向けられていた巨大な航空兵力を作戦の支援用に転用することは、連合軍最高司令官ドワイト・アイゼンハワーにとって当然の決断だった。

ドイツ本土ではなく、上陸作戦が実施されるフランス北部海岸への兵力増援と補給を阻止するために、巨大な戦略爆撃機部隊をフランス本土の交通網、なかでも操車場などの鉄道輸送施設の壊滅と補給整備拠点の破壊、そしてフランス国内のドイツ空軍航空基地の無力化に数ヶ月間投入することは、アメリカ陸軍航空軍戦略爆撃部隊にとってもイギリス空軍ボマー・コマンドにとっても極めて不満なものだった。だが、肝心の戦略爆撃による成果が不十分であると評価され、アメリカとイギリスの戦略爆撃部隊がそれに反論できない現状では、アイゼンハワーの決定は揺るがなかった。

そして戦略爆撃機部隊の転用による史上空前の規模での航空支援が実現すれば、ドイツ空軍の活動を阻止するだけでなく、上陸作戦の成功と、そこからのドイツ本土を目指す進撃が保証されると考えられていた。

連合軍の情報分析機関は上陸作戦開始時のドイツ空軍戦闘機隊の出撃を1日あたり2000ソーティと予測しており、この数値はJG2（第2戦闘航空団）の第1グルッペ（グルッペの定数は36機）、第3グルッペ、JG26の第1グルッペと第2グルッペに加えて、ノルマンディ地区に急速に増援されると考えられる他の戦闘機隊を合わせた約400機が、前進飛行場から1日あたり5回の連続出撃を実施するとの予想から成り立っていた。

もしこのような濃密な出撃が実施されれば上陸部隊の防衛は難しく、作戦は困難をきわめるはずだったが、戦略爆撃機部隊の大規模な転用によってドイツ戦闘機の出撃拠点となる前進飛行場を破壊することで対処できると考えられた。

このように、連合軍にとって戦略爆撃機部隊の転用はノルマンディ航空戦の成否を決める重要な位置を占めていた。

「上陸後10日間」に賭けるドイツ空軍の作戦構想

連合軍があらゆる航空兵力をつぎ込んで大陸反攻作戦に臨むであろうことは、ドイツ国防軍最高司令部にも容易に想像できた。

北アフリカ、シシリー島、イタリア本土と繰り返された上陸作戦の様相も、その参考となっていた。

このためフランス北部海岸に行われる連合軍の大規模な上陸作戦に対して、圧倒的な兵力が投入されることは自明と考えられた。なかでも航空兵力はあらゆる機種を投入した強大なものとなり、最大の脅威となると予想されていた。

このためドイツ空軍は敵の上陸と共に全力を挙げて敵航空兵力に対抗し、上陸直後、まだ内陸に進出できず、飛行場などの設備も確保できていない脆弱な状態の上陸軍に攻撃を加えると同時に、空襲を避けて内陸に控置された友軍の増援部隊が上陸海岸に急行できるよう、その行軍を妨害する敵爆撃機を撃退する直衛任務が求められた。

とはいえ航空兵力で敵を上回ることは難しく、特に上陸海岸はイギリス本土から出撃する戦闘機だけでなく、航空母艦から発進する艦上機も加わった濃密な防空体制が整えられると予想され、上陸海岸への攻撃は相当な損害が見込まれた。

こうした認識は国防軍最高司令部のものというよりもヒトラー自身の認識でもあった。

1944年初頭にジェット戦闘機メッサーシュミットMe262の実用化の見込みが立ち始めた際に、この機体を爆撃機として使用するという悪名高き決定が下された背景もそこにあった。ヒトラー自身により示されたMe262の爆撃機転用についての根拠は明確に、連合軍上陸部隊に対して戦闘機の妨害をすり抜けられる電撃的な爆撃を行い、増援部隊の上陸海岸への到着まで敵を押さえ込む任務を指し示していた。

Me262の爆撃機転用はこのように具体的な戦場と任務が明確で、国防軍全体の戦略に関わるものだった。

貴重な高性能戦闘機を本土防空の切り札とせず、爆撃機に転用したことは戦後、戦闘機隊出身のアドルフ・ガーランドなどによって強く批判されたが、ヒトラーが爆撃機を偏愛したからでもなければ妄想的な独創性を発揮した訳でもなかった。

それまで最優先とされた本土防空任務も、敵上陸軍の侵攻が始まればその即時撃退に重点が移るという国防軍総司令部の認識から外れて、戦術的な視点に立っていた若き戦闘機総監、アドルフ・ガーランドはあくまでも本土防空という空軍独自の任務を全うする責任感から、Me262の爆撃機転用を批判していたに過ぎない。

しかしどちらにしても、ジェット機の実用化と大量投入には技術的な問題が山積していた。不具合だらけのジェットエンジンはスロットル操作の激しい戦闘機よりも爆撃機任務により適性があるという皮肉な状態で、その熟成まではまだまだ時間が必要とされていた。その結果、ジェット戦闘機、爆撃機としての戦力化は敗戦間際まで持ち越されてしまう運命にあった。

このように連合軍の上陸を早期に撃退しなければ深刻な事態に陥るとの強い認識は、実験中のジェット戦闘機だけではなく、上陸部隊への反撃に投入される戦闘機の半数を爆装し、戦闘爆撃機として用いる決定へとつながり、重要局面では戦闘機は全て爆装するとの方針を生むことになる。

こうして上陸海岸への即時かつ強力な爆撃作戦が立案されたものの、それに必要とされる戦力は何処からか転用しなければならない。

フランス、ベルギー、オランダのドイツ空軍は第3航空艦隊の管轄だった。

この第3航空艦隊の担当地域は、大陸の目標に向かう連合軍爆撃機編隊が必ず通る関門であり、ドイツ本土への入り口を守る防空の要として位置づけられ、精強で知られたJG26を始めとする戦闘機隊は戦争中期以降、敵爆撃機およびその護衛にあたるスピットファイアとの激しい空中戦を繰り広げていた。

だが長距離護衛戦闘機P-51マスタングの投入を待つまでもなく、増強された連合軍戦闘機の活躍によってドイツ本土への入り口であるドーバー海峡沿岸空域でのドイツ空軍の活動は圧迫され、ドイツ空軍の防空戦闘機隊はスピットファイアの行動圏外へと追いやられていた。

1944年初頭の段階で、ドイツ本土防空戦は既に取り返しのつかない程に劣勢となり、ドイツ国内のどの目標を狙う爆撃機でも必ず通過する最重要空域であるドーバー海峡沿岸での勝敗は既に決していたのだ。

こうして日に日に数を増すスピットファイアに追い立てられるようにして、航空戦の主戦場はドイツ本土上空へと後退していた。

こうした戦況の下で第3航空艦隊の戦力は比較的小さなものに抑えられ、第2航空軍団、第9航空軍団、第2戦闘機師団などを中心とする合計600機程度の戦力となっていた。

第3航空艦隊はこの乏しい兵力で、ドイツ本土への空襲に対する報復として厳命されたイギリス本土への爆撃作戦を継続し、1940年のバトル・オブ・ブリテン当時とは比較にならない程に防空体制が強化されたイギリス本土に向けて爆撃機を送り出していた。

日々の消耗により爆撃機部隊の実働兵力は100機を下回るのが常態となり、もし上陸作戦が実施されても第3航空艦隊の現有兵力ではとても太刀打ちできるものではなかった。

このため、上陸作戦が確実となった段階でドイツ本土防空にあたる戦闘機隊の殆ど全てを第3航空艦隊指揮下に転用する構想が生まれ、1000機の大兵力が2日以内に北フランスの前進飛行場へと進出する計画が立案された。

そして連合軍が橋頭堡を築き上げ、除去し難いまでに拡大するまでの猶予は「10日間」と見積もられた。

ドイツ空軍はそれまでに敵上陸軍を爆撃により拘束し、反撃にあたる戦車部隊を上陸海岸に無事到達させるという2つの困難な任務を背負うことになった。

ノルマンディ上陸前夜

1944年4月、第3航空艦隊の偵察機はドーバー海峡地区とイギリス本土南部諸港の状況を捉え、航空写真偵察の分析結果から上陸作戦の準備が進められていることを確認した。

だが、V兵器（※1）によるイギリス本土への攻撃が開始されるまでのつなぎとして、ドイツ本土への無差別爆撃への報復を名目とした、ロンドンを始めとする大都市と工業中枢に対する小規模な戦略爆撃は継続されていた。

爆撃目標が上陸用の船舶が集結した港湾に変更されたのは4月25日からで、6月6日のノルマンディ上陸まで1ヶ月半に迫ってようやく新目標への爆撃が開始されたが、イギリス南部の港湾に対する爆撃はイギリス側による港湾上空での煙幕展張に妨げられ、さらに悪天候と兵力の不足も加わって大きな成果を挙げることができなかった。

5月中の天候は航空偵察を妨げ、敵戦闘機の妨害がさらに困難さを加えたが、港湾攻撃と偵察飛行は第3航空艦隊の全力を挙げて実施されていた。

偵察結果と情報分析により連合軍の上陸作戦は6月初旬であることが確信された。しかしD-Day（※2）が何日になるか、そして最も重要な問題である上陸海岸は何処なのか、その決定的情報を欠くまま5月が終わり、

※1 報復兵器（Vergeltungswaffe）とも呼ばれるドイツ軍のロケット/ミサイル兵器。パルスジェットの飛行爆弾（巡航ミサイル）「V1」、弾道ミサイルの「V2」が実戦投入された。
※2 元々は戦略上重要な作戦の開始日を示す際に使用された軍事用語だったが、現在ではノルマンディ上陸作戦（「オーバーロード」作戦）の開始日、1944年6月6日を指す場合が多い。

【表1】1944年5月31日 ドイツ空軍第3航空艦隊保有機数と可動機数

隊名	機種	保有機数	稼働機数
JG2(第2戦闘航空団)司令部	Fw190	3	0
第1グルッペ	Fw190	19	14
第2グルッペ	Bf109	13	11
第3グルッペ	Fw190	29	19
JG26(第26戦闘航空団)司令部	Fw190	2	2
第1グルッペ	Fw190	33	23
第2グルッペ	Fw190	32	25
第3グルッペ	Bf109	37	21
ZG1(第1駆逐航空団)			
第1グルッペ	Ju88	30	25
第2グルッペ	Ju88	23	12
NJG4(第4夜間戦闘航空団)司令部	Bf110	2	0
第1グルッペ	Ju88	16	7
第2グルッペ	Ju88, Bf110, Do217	20	12
第3グルッペ	Bf110, Do217	19	10
NJG5(第5夜間戦闘航空団)			
第1グルッペ	Bf110	15	9
第3グルッペ	Bf110	18	8
NJG6(第6夜間戦闘航空団)			
第2グルッペ	Bf110	13	11
KG2(第2爆撃航空団)			
第1グルッペ	Ju188	12	9
第2グルッペ	Ju188	5	0
第3グルッペ	Do217	7	1
第4グルッペ	Ju188, Do217	31	15
KG6(第6爆撃航空団)司令部	Ju188	1	1
第1グルッペ	Ju188	22	15
第2グルッペ	Ju88	3	2
第3グルッペ	Ju188	25	5
第4グルッペ	Ju88	33	18
KG26(第26爆撃航空団)			
第2グルッペ	Ju88	37	27
第3グルッペ	Ju88	35	14
KG30(第30爆撃航空団)			
第1グルッペ	Ju88	2	1
KG40(第40爆撃航空団)			
第1グルッペ	He177	20	11
第2グルッペ	He177	30	26
第3グルッペ	Fw200	29	1
第4グルッペ	He177, Fw200	17	7
KG51(第51爆撃航空団)			
第2グルッペ	Me410	24	17
KG54(第54爆撃航空団)司令部	Ju88	1	1
第1グルッペ	Ju88	11	15
第3グルッペ	Ju88	14	8
KG66(第66爆撃航空団)			
第1グルッペ	Ju188	31	12
KG76(第76爆撃航空団)			
第6シュタッフェル	Ju88	12	3
KG77(第77爆撃航空団)			
第1グルッペ	Ju88	28	17
第2グルッペ	Ju88	25	8
KG100(第100爆撃航空団)			
第3グルッペ	Do217	31	13
SG4(第4攻撃航空団)			
第3グルッペ	Fw190	40	36
SKG10(第10高速爆撃航空団)			
第1グルッペ	Fw190	33	19
FAGr(第5長距離偵察グルッペ)			
	Ju290	11	4
	Do217	2	0
	He111	1	0
AGr33(第33偵察グルッペ)			
第1シュタッフェル	Ju188, Ju88	7	3
AGr121(第121偵察グルッペ)			
第1シュタッフェル	Me410	9	3
AGr122(第122偵察グルッペ)			
第3シュタッフェル	Ju188, Ju88	8	2
AGr123(第123偵察グルッペ)			
第3シュタッフェル	Ju88	9	3
第4シュタッフェル	Bf109	10	6
第5シュタッフェル	Bf109	7	6
	Fw190	4	2
	He111	1	0
第6シュタッフェル	Ju88, Bf110, Do217	5	0
NAGr13(第13近距離偵察グルッペ)	Bf109	42	24
SAGr128(第128水上偵察グルッペ)			
第2シュタッフェル	Ar196	12	10
SAGr129(第129水上偵察グルッペ)	Bv222	4	2
TG4(第4輸送航空団)			
第4グルッペ	LeO451	31	13
軍団輸送シュタッフェル	LeO451	11	4
	Ju52	22	14
機体合計		1079	597
上表のうち単座昼間戦闘機(除:偵察型)		168	115
上表のうち爆撃機(除:偵察型)		559	292

D-Dayの1週間前、5月31日付報告の第3航空艦隊兵力は稼働戦闘機115機、爆撃機292機で、この航空艦隊がイギリス本土爆撃と船舶攻撃を主任務としていたことがわかる。戦闘機の数は、連合軍の情報分析による戦闘機保有定数400機の半分以下でしかなかった。各隊の充足率はきわめて低く、戦闘機グルッペで定数36機を満たしている隊はない。この稼働機数は6月6日までにさらに悪化していく。

6月5日の晩を迎える。

連合軍の上陸が何処に行われるかについてはドラマチックな状況が伝えられ、それだけでひとつの物語をなすだけの濃厚さがあるが、それまでの無線傍受による情報分析によってドイツ空軍はノルマンディへの上陸を最も早く確信した組織となった。

ドイツ空軍西部方面司令部は国防軍最高司令部に対してノルマンディへの上陸が切迫していることを警報したが、空軍の分析が採り上げられることはなく、ノルマンディへの上陸はもし実施されても、それは連合軍による巧妙な陽動作戦であるとの見解は空軍の機動集中を妨げた。

国防軍最高司令部との見解が食い違うまま、西部方面司令部は北フランス地区への本土防空戦闘機隊の移動準備を独断専行で命じる。ノルマンディ航空戦はこの瞬間から開始されたが、中央での明確な決断に欠けたことで、航空部隊の展開をまるまる一日遅らせる結果となった。

ノルマンディ上陸前夜の第3航空艦隊の実働兵力は偵察機64機、爆撃機90機、戦闘機約100機という貧弱な兵力では出来ることは知れていた。

しかも連合軍の空襲を頻繁に受ける上陸海岸近くの飛行場群から内陸よりに移動する最中に6月6日を迎えてしまったのである。

D-Day当日、上陸海岸からの警報は空襲とレジスタンスによる電話線の切断によって第3航空艦隊の各部隊に伝達できず、第2戦闘機師団所属部隊は午前8時まで警報が伝わらなかった。

映画「The Longest Day」(邦題「史上最大の作戦」)でJG26司令のエース、ヨーゼフ・プリーラー少佐が僚機とともにたった2機で発進するエピソードの原型となる孤独な出撃はこのようにして発生した。

D-Day当日の激闘

イギリス本土からノルマンディ海岸に向けて最初に飛び立ったのは、空挺部隊を乗せた輸送機の大編隊だった。

606機の大型輸送機と327機のグライダーがイギリス第6空挺師団を、378機のC-47双発輸送機と229機のグライダーがアメリカ第82空挺師団を、そして443機のC-47と84機のグライダーがアメリカ第10

1空挺師団を乗せてノルマンディ海岸へと飛び立った。

続いてイギリス空軍ボマー・コマンドとアメリカ第8航空軍の四発重爆が上陸海岸の防衛陣地制圧に出撃した。

その内容はボマー・コマンドの1056機のランカスターとハリファックス、第8航空軍のB-24とB-17を加えて2600機という空前の規模となった。

しかし夜明け前の爆撃となったことと爆撃目標が内陸に偏っていたため、この大兵力にも関わらず爆撃は成果を挙げられず、海岸の防衛拠点の殆どは破壊されずに生き残った。

続いて四発重爆よりも身軽で小目標の攻撃に適するアメリカ第9航空軍とイギリス第2戦術航空軍の双発爆撃機部隊は、上陸海岸に向かう増援部隊の行軍路と予想された内陸からカランタン、サン・ロー、カーンに向かう5つのルートへの阻止爆撃と、四発重爆による爆撃を逃れた臨機目標への爆撃を実施した。

そして夜明けと共に艦砲射撃の支援を受けて、午前6時20分のオマハ・ビーチ上陸から午前7時25分のソード・ビーチへの上陸までの約1時間の間に、5つに分けられた各軍の担当海岸で上陸が開始され、ノルマンディ海岸での地上戦が幕を開ける。

最も脆弱な状態となる上陸直後の部隊に対する直衛任務は、アメリカ第9航空軍のP-47とイギリス第2戦術航空軍のスピットファイアが担当した。

高高度(8000フィート=約2400m)の哨戒はP-47によって行われ、低高度(2000フィート=約600m)での哨戒は上陸海岸を東西2地区に分割して実施され、この3つの哨戒担当部署には常時3個スコードロン(3個スコードロンで1個ウィングが形成され、スコードロンは多くの場合12機前後で出撃した)の戦闘機が滞空し、1時間ごとのローテーションで次の3個スコードロンと交替した。

このスコードロンは各担当部署に5組充てられ、4時間のインターバルで次の哨戒任務が回って来るシステムで、各スコードロンの戦闘機は6月6日にそれぞれ4回の出撃を行い、最初のシフトは午前4時30分、最終シフトは午後10時30分だった。

この季節の北フランスは早く明けていつまでも暗くならないために生じた過酷な飛行計画だったが、「The Longest Day」はまさに長き一日だったことがわかる。

また「高高度」「低高度」とはいうものの、高度2500m前後から高度600m前後の二段構えで、低空から突進して来ると予想されるドイツ軍爆撃機に対抗する布陣で、ノルマンディ海岸の上空には常時9個スコードロン、すなわち100機以上の戦闘機が滞空していたことになる。

このような計画ではあったが、実施に移すと幾つかの問題が生じた。

第一に挙げられるのは戦闘機隊の航続力不足だった。

ノルマンディ海岸にはドーバー海峡に面したイギリス本土の基地から飛び立たねばならなかったため、スピットファイアは60分の哨戒時間を担いながら50分程度の滞空が限界で、しかも担当時間中に空中戦が行われると滞空時間は激減した。

これはP-47でも若干ましな程度で、低高度を高速飛行する哨戒任務は燃料消費も激しかった。

第二には天候問題が挙げられる。

6月6日から6月8日かけてのノルマンディ海岸はほぼ全面が雲に覆われ、雲高は3000フィートから6000フィート（約900mから1800m）と低く、P-47は計画通りの高度で哨戒できず敵機の捕捉が困難だった。

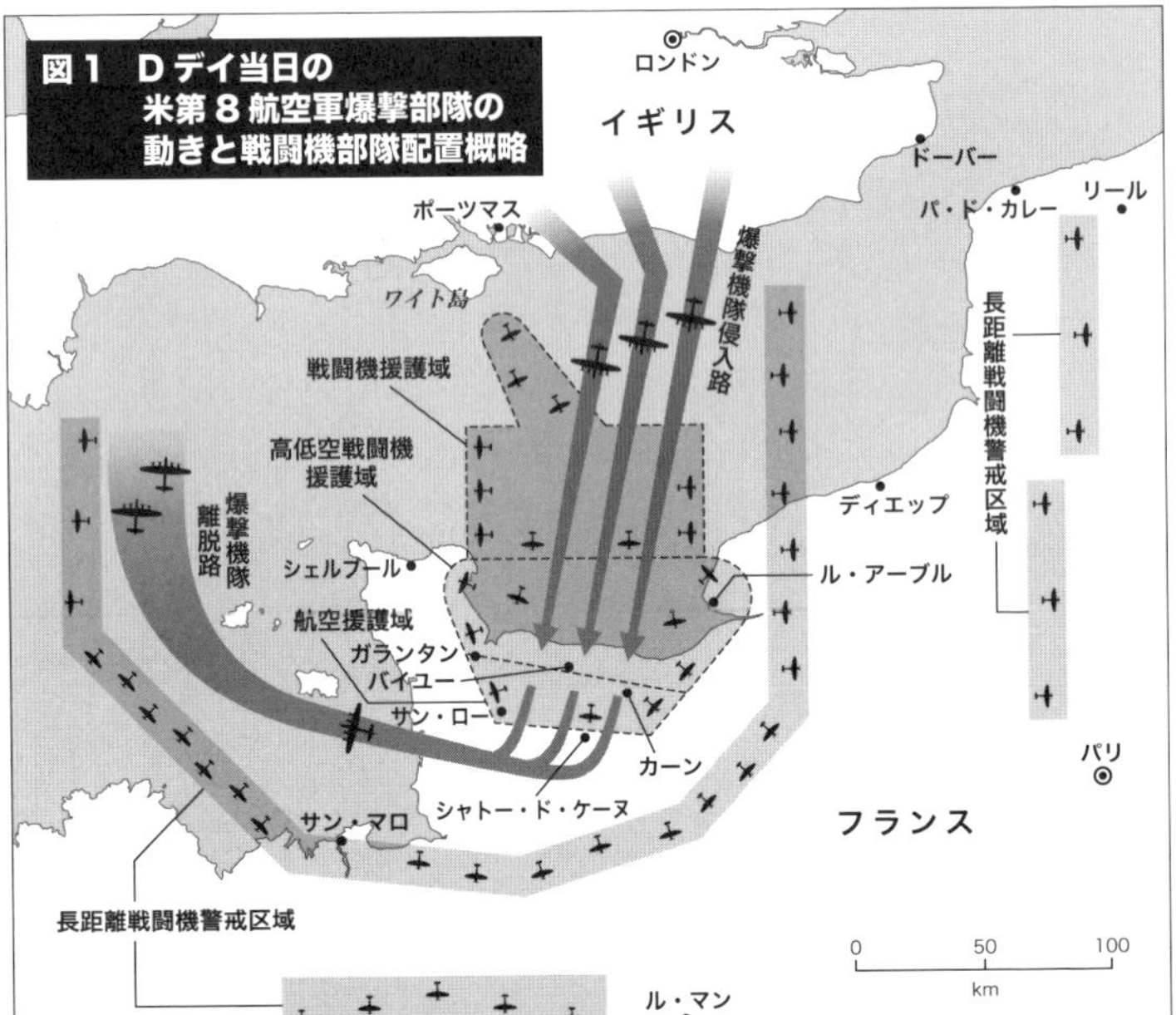

図1　Dデイ当日の米第8航空軍爆撃部隊の動きと戦闘機部隊配置概略

アメリカ陸軍第8航空軍の爆撃機部隊はノルマンディの上陸海岸を3つに区分し、精密な爆撃エリアを割り当てられていたが、当日の気象条件により投弾のタイミングを遅らせた結果、ほぼすべての爆弾がドイツ軍陣地後方へと落下した。一方、上陸地点と周辺には戦闘機による濃密な援護区域と警戒区域が設けられていたが、本文に記述された条件により、防空の盲点も生まれていた。

２０００フィートの低空で飛ぶ計画のスピットファイアも、限られた視界の中で東西25マイル（約40㎞）に及ぶ上陸海岸を全てカバーするには機数が足りず、海岸上空の防空体制には最初から大きな穴が各所に生じていた。

　このため海岸上空の哨戒に当たった戦闘機隊のうち、敵機との交戦を行ったのは第２２２スコードロン、第３４９スコードロン（ベルギー飛行隊）、第４８５スコードロン（ニュージーランド飛行隊）からなるイギリス空軍第１３５ウィングのみで、午前11時10分に海岸に侵入を試みたJu88を攻撃し、１機撃墜を報告している。このウィングは幸運にも４時間後の次の哨戒で午後３時20分にJu88 ４機を撃墜したと報告しているが、第３４９スコードロンのスピットファイア１機がJu88の機関銃によって撃墜され、乗員は捕虜となっている。

D-Day当日、ドイツ軍増援部隊の行軍ルートを空襲する、アメリカ陸軍第9航空軍のA-20双発爆撃機

　しかし、これ以外の多数のスコードロンはまったく敵機を捕捉できなかった。

　様々な要因に妨げられて会敵できなかった戦闘機乗員たちの間では「ノルマンディ海岸上空には敵機が侵入しなかった」という認識が生まれ、「The Longest Day」に描かれたようにプリーラー少佐と僚機の出撃が唯一のものと誤解される背景を作り上げている。

　プリーラー少佐はパ・ド・カレーに近いリールの本部で警報を受け、パリ地区へ移動中だった指揮下のＪＧ26所属グルッペに伝達すると、直ちに離陸して超低空でノルマンディ海岸に侵入。ソード・ビーチ、オマハ・ビーチを弾薬が空になるまで銃撃して無事帰還したが、この攻撃では敵戦闘機との戦闘は無く、プリーラー自身も敵戦闘機による邀撃を報告していないことから、連合軍戦闘機による海岸上空の哨戒飛行が十分に機能していなかったことがうかがえる。

Ｄ－Ｄａｙの戦闘はこれだけではない。
戦闘機同士の空中戦は午前11時57分、カーンの南方で始まった。

地上目標を攻撃中だったアメリカ第９航空軍第365戦闘機グループのＰ－47 16機に対して、立ちこめた雲を縫ってＪＧ２のFw190Ａ－８ 29機が遅い掛かり、２機を撃墜した。

この鮮やかな奇襲はＪＧ２司令にしてエースのクルト・ブーリゲン大尉の手腕だった。ブーリゲンは編隊を率いて先頭に立ち１機を撃墜している。

Ｐ－47編隊はからくも戦場を離脱したが、ＪＧ２のFw190編隊は新たな標的を捉えた。

それはノルマンディ海岸に急行する第12装甲師団「ヒトラーユーゲント」の補給段列を攻撃する、イギリス第２戦術航空軍第193スコードロンのタイフーン８機編隊だった。

ＪＧ２第３グルッペ指揮官ヘルベルト・フーペッツ大尉以下のFw190が３機を撃墜した。この戦いでＪＧ２はFw190 1機を失っている。

正午には内陸のル・マン上空で爆撃機護衛任務に就いて随伴していたアメリカ第８航空軍の第335、336、337戦闘スコードロンのＰ－51Ｄが、飛行場移動中のＳＧ４所属のFw190編隊を捉えて攻撃し、ＳＧ４の偵察型Fw190 4機の撃墜が報告されている。

しかし弱敵に対して有利に戦いを開始したＰ－51編隊の、およそ１／４以上にあたる10機は帰還できなかった。

このような戦いは午後10時近くまで断続的に発生し、ＪＧ26とＪＧ２のFw190Ａ－８は増援部隊が未到着という厳しい状況にもかかわらず、文字通り獅子奮迅の活

JG26指揮官ヨーゼフ・プリラー少佐のFw190A-8は僚機と共にノルマンディ上陸海岸に最初の一撃をけかたドイツ空軍機となった。映画や小説では唯一の孤独な反撃のような印象を与えるが、少佐編隊の銃撃は3ヶ月にわたる長い航空戦の始まりだった

躍を示して、個々の空中戦では概ね優位に立っていた。Fw190 17機、Bf109 1機の機体損失のうち、空中戦で失われたものは12機だった。

D-Day当日、JG26の出撃は172ソーティ、JG2の出撃は120ソーティに達した。そしてJu88による上陸海岸への爆撃は30ソーティ前後が実施されたが、ほぼ決死の戦いが予想されていたにも関わらず、帰還できなかったJu88は4機に留まった。

絶望的に見えた戦況だったが、損害は意外にも軽かったのだ。

第3航空艦隊はD-Day当日の連合軍による猛攻の下で、戦闘消耗と事故を含めて22機を失った。

その一方で連合軍航空部隊はスピットファイア9機、タイフーン8機、P-47 8機、P-38 2機、P-51 22機に、爆撃機損失を加えた66機を失った。この66機には輸送機、四発重爆撃機の損失は含まれていない。

そして戦闘機損失のうち16機はドイツ軍機による被撃墜が確実で、意外なことにノルマンディ初日の戦闘機同士の戦いのみを見れば、その戦果は17対12となりドイツ空軍が優位に立っていた。

ドイツ空軍の増援到着と航空戦の更なる激化

アメリカ陸軍航空軍総司令官「ハップ」・アーノルド大将の戦時日記によれば、6月6日の上陸初日を終えて連合軍総司令官アイゼンハワーとその幕僚は各海岸での上陸成功に安堵すると同時に、ドイツ空軍の反撃が予想以下だったことで極めて楽観的なムードにあったという。

発進拠点となったイギリス南部の諸港への空襲も、4列で整然とノルマンディ海岸に向かった侵攻部隊の艦船も攻撃されず、上陸海岸への攻撃も予想した規模をはるかに下回ったからで、フランスに

爆弾搭載量に優れ、戦闘爆撃機としてのイメージが強いP-47Dも、ノルマンディ上空では対戦闘機戦の主力として活躍した。地上部隊が航空支援を要請できる戦闘爆撃機の多くは、第9航空軍所属のP-47Dだった

あったドイツ空軍はその戦力を喪失したと考えられていた。

しかしこの判断は楽観的に過ぎるものだった。

6月7日から8日にかけて、ドイツ本土からの増援部隊がル・マン地区からパリ地区の飛行場に次々と飛来していたからである。

増援部隊は正規の飛行場ではなく、草地で林などが隣接する擬装に適した秘匿飛行場に展開して連合軍機の襲撃を避けつつ出撃準備を進め、上陸2日目の航空戦は前日よりもはるかに広範囲で大規模なものとなった。

ドイツ空軍の最優先攻撃目標となる上陸海岸の戦闘機直衛は6月7日以降も継続されていたが、地上で苦戦の続くオマハ・ビーチのアメリカ軍部隊は艦砲射撃では破壊できないドイツ軍戦線後方の砲兵陣地への攻撃を上空直衛のP-47部隊に要望し、海岸直衛のP-47にとって防空と地上攻撃との兼務という大きな負荷が課せられた結果、上陸海岸の上空は初日に増して手薄となってしまった。

6月7日のドイツ空軍の損害は各要因合計71機に上り、ノルマンディ航空戦での最大の損害となったものの、連合軍の損害も著しく、各機種合計89機が失われた。

上陸2日目も兵力で圧倒的優位にあるはずの連合軍機の損害は、ドイツ空軍を上回ったのだ。

上陸3日目となってもノルマンディ戦線から内陸へと広範囲にわたる航空戦は衰えなかった。

6月8日の戦闘では夜間爆撃を実施したJu188とモスキート夜戦の対決も見られ、モスキートはJu188を2機撃墜したが、モスキートも2機が失われた。

このように本来は脆弱なはずの双発爆撃機隊の夜間空戦でも意外な奮戦が見られた。

6月9日は悪天候のために戦闘は下火となったが、視界の悪化した上陸海岸では直衛のスピットファイアが友

【表2】1944年6月8日
増援後のドイツ空軍戦闘機戦力

隊名	機種	機数
JG1 第1、第2グルッペ	Fw190A-8	56
JG1 第3グルッペ	Bf109G-6	30
JG2 第1、第3グルッペ	Fw190A-8	30
JG2 第2グルッペ	Bf109G-6	11
JG3 第2、第3グルッペ	Bf109G-6	32
JG5 第1、第2グルッペ	Bf109G-6	72
JG11 第1グルッペ	Fw190A-8	25
JG11 第2グルッペ	Bf109G-6	30
JG26 第1、第2グルッペ	Fw190A-8	48
JG26 第3グルッペ	Bf109G-6	21
JG27 第1〜第3グルッペ	Bf109G-6	63
JG53 第2グルッペ	Bf109G-6	14
JG54 第3グルッペ	Fw190A-8	14
SG4 第3グルッペ	Fw190A-6	15
合計		461

【表1】と比較すると、単座昼間戦闘機の稼働機数は4倍となったことがわかる。

軍艦艇からの誤射を受けて大損害を出すという不幸な事件が発生し、この日もドイツ側損害に対して連合軍の損害が上回る結果となった。

そして6月10日の航空戦では今度はドイツ側に不幸が訪れた。

それは「ウルトラ」と呼ばれたエニグマ暗号解読情報によって西部装甲集団司令部の所在が連合軍に判明し、イギリス第2戦術航空軍第121ウィングのタイフーン40機と第137ウィング、第139ウィングの60機のミッチェル（B-25）が司令部の置かれたシャトー・ド・ケーヌを急襲したからである。この陣容は第2戦術航空軍がその時に繰り出せた最大規模の出撃だった。イギリス空軍の反応は極めて素早かった。

擬装された飛行場から爆装して前線に向かうメッサーシュミットBf109G-6。連合軍の上陸直後に急派されたドイツ空軍の増援部隊は、事前の計画によって常設基地の使用を放棄し、主力基地の周囲に建設されていた草地の臨時飛行場に展開した。そのため、連合軍はそれらの基地の完全な制圧ができなかった

ロケット弾と500ポンド爆弾による猛攻を加えた結果、参謀長シュヴェッペンブルクを含む高級将校18名が死傷し、司令部機能を事実上喪失した結果、上陸海岸に向けて準備されていた大規模反撃計画は大幅に延期され、その時機を失してしまった。ノルマンディ海岸への装甲部隊突入というわずかな希望はこの日に潰えたのである。

しかし、ノルマンディ航空戦はそれでも終わらない。

戦いの潮目を変えた内陸飛行場の建設

ノルマンディの地上戦ではバイユーの南東で6月13日に、東部の要衝カーンへの側面攻撃を意図したイギリス第7機甲師団の先鋒部隊に対して、ドイツSS第101重戦車大隊のミハエル・ヴィットマンが搭乗するティーガーIが単騎突入して大戦果を挙げた「ヴィレル・ボカージュの戦い」が発生している。

この戦いの経緯は多くの出版物で紹介されているが、

イギリス軍戦車部隊との接触からヴィットマン車の突入、ドイツ軍の攻撃、イギリス軍の後退まで航空の介入が無いことへの注目は少ない。

ヴィットマン達は連合軍の阻止爆撃によって鉄道拠点が破壊された結果、重戦車部隊であるにもかかわらず長距離を自力走行して戦場に駆けつけるという苦労を経験していたが、戦場到着以降、ヴィレル・ボカージュの奪回まで空からの介入は無かった。

そして一旦、再占領したヴィレル・ボカージュを放棄してドイツ軍が再び後退したのは翌日の爆撃が要因だった。

このようにノルマンディ戦前半は最前線での航空支援はレスポンスが悪く、戦況の変化に即応できない傾向があった。

その理由は戦闘機隊の発進基地がイギリス本土に置かれていたことにある。

内陸への飛行場建設は上陸当日から意欲的に開始され、上陸部隊と共に飛行場建設部隊が進出して臨時飛行場の建設に注力していたが、上陸は果たしたものの内陸への進撃が滞る連合軍部隊にとって緊急に必要だったのは戦闘機の発着場ではなく、不足する物資を戦場に直接送り込み、重傷者を即刻イギリス本土の医療施設に送り返せるC-47（イギリス軍名「ダコタ」）用の飛行場だった。

このために戦闘機用の飛行場群が機能し始めるのは6月下旬からとなった。

イギリス軍担当地区では6月14日までにダコタ用飛行場1箇所、スピットファイア用飛行場2箇所が概成し、さらに中型爆撃機用飛行場の建設が進んでおり、建設用

イギリス空軍によるノルマンディ地区での臨時飛行場建設。メッシュ状の整地用トラッキングを敷き詰めて、粗い平地を短時間で航空機の離発着が可能な飛行場に整える

機械270台が投入されてこれらの工事を進めていた。

そして6月24日までにアメリカ軍担当地区に23箇所、イギリス軍担当地区に17箇所の飛行場が稼動し始め、これらの飛行場群からの出撃は天候と機材整備、人員が整った最良の条件の下であれば1日あたり6000ソーティが可能となったと報告されている。

内陸の飛行場から戦闘機が発進できるならば、地上部隊からの近接航空支援要求に対して短時間で対応できるだけでなく、今まで十分に制圧できなかった戦線後方のドイツ軍拠点に対する攻撃密度も大幅に増大する。

事実、6月20日以降に航空戦の様相は大きく変化した。それは連合軍戦闘機がドイツ軍の後方にまで連続した哨戒と攻撃を実施するようになったことだった。

このためドイツ空軍戦闘機は戦線後方の直衛任務という受動的な活動に注力せざるを得ず、連合軍地上部隊への攻撃を縮小するという苦しい選択を行った。

連合軍戦闘機の活動が急速に活発化したことから、ドイツ空軍がかろうじて保っていたノルマンディ海岸での主導権は急速に失われて行き、受動的な戦いが多くなると同時に空中での損害も増え、敵機の撃墜、撃破数も減少してしまった。

ドイツ戦闘機の積極的、攻撃的な活動が減少し、同時に連合軍戦闘機の活動が活発化したことで、連合軍側はノルマンディ戦で初めて砲兵用観測機を飛ばせる状況を獲得した。

地形を利用して巧妙に擬装されたドイツ軍砲兵陣地や、後方の補給拠点はそれまで連合軍砲兵による捕捉が困難だったが、航空観測が可能となると、対空機関砲などでは反撃できない一方的な砲撃が突如開始されるという脅威に直面した。

こうした苦しい状況はドイツ第2装甲師団からの報告に「動くものは全て攻撃され、われわれは常時、敵の観測下にある」という文面にも現れている。

連合軍部隊を悩ませていたドイツ軍砲兵は戦闘爆撃機の姿を見ても一旦始まった戦闘を止めることはなかったが、上空にイギリス軍のオースター観測機が1機、その姿を見せると直ちに砲撃を中止したという。

こうした状況の変化は明確に数字に反映され、6月最終週、24日から30日までの1週間はドイツ軍の戦闘機損失が連合軍の損失を上回る日が続いている。

内陸飛行場の完成で前線近くに連合軍戦闘機が進出した結果、戦いの潮目が変ったのである。

爆撃、雷撃部隊の活躍

ドイツ空軍第3航空艦隊所属のJu88部隊はD-Day当日から上陸海岸への攻撃を実施していたが、さらに南フランスで地中海方面の艦船攻撃を行っていた雷撃部隊と、同じく北海方面で艦船攻撃を実施していたJu88部隊が逐次ノルマンディ方面に移動して来た。

これらの爆撃、雷撃部隊の出撃は6月8日には合計392ソーティに達する勢いで、6月10日にはJu88雷撃機に加えて、He293誘導滑空爆弾を搭載したHe177による艦船攻撃も実施された。

He293誘導滑空爆弾は護衛艦と輸送船自らの対空砲火によって全弾が撃墜されて戦果は無かったが、母機が比較的安全に攻撃できるHe293による攻撃は6月8日以降も継続された。

そして雷撃、爆撃と共に沿岸地区への航空機雷の投下も6月9日にBM1000(航空機投下水圧感知式機雷)機雷122発、6月13日にBM1000機雷94発といったペースで継続して行われ、セーヌ湾内での大型軍艦の活動を妨げた結果、地上戦闘に絶大な威力を発揮する艦砲射撃の実施を大きく妨害してカーン市街の陥落を長引かせたひとつの要因となっている。

こうした艦船攻撃の成果はドイツ側発表では巡洋艦1隻撃沈、駆逐艦4隻撃沈、1万4000トンの輸送船撃沈などといった誇張されたものだったが、現実の損害も無視できるものではなかった。

6月中の機雷による連合軍艦船の損害は駆逐艦1、輸送船5、掃海船艇3が沈没し、戦艦1、巡洋艦2、駆逐艦1、フリゲイト1、LST(※3)1、LSI(※4)1、掃海船艇3、その他艦船1が損傷を受けていた。

機雷投下作戦は7月に入っても継続され、ノルマンディ海岸が位置するセーヌ湾には7月中だけで1644個のLMB(航空機投下磁気感知式機雷)と993個のBM1000が投下された。

そのため7月に入っても触雷による損害は続き、輸送船1、掃海艇2、魚雷艇1が沈没、輸送船1、LST1、LSE(※5)1、掃海艇4、その他艦船2が損傷している。

※3 LST=Landing Ship, Tank/戦車揚陸艦。
※4 LSI=Landing Ship, Infantry/歩兵揚陸艦

機雷と夜間雷撃による損害は大兵力を誇る連合軍にとっては総じて軽微な損害ではあったが、ノルマンディ沖は連合軍艦船にとって危険な水域であることがドイツ空軍によって示されたことは、連合軍にとって最も重要だった上陸海岸への補給と増援を大いに妨げる結果となった。

そしてドイツ空軍爆撃機部隊の活動は船舶攻撃だけに絞られた訳でもなかった。

ノルマンディ沖で精力的な艦船攻撃作戦が繰り広げられる一方で、驚くべきことにKG3（第3爆撃航空団）第3グルッペはロンドンに対して3回の夜間空襲を実施し、サザンプトン港湾部に対する爆撃も含めて合計243トンの爆弾を投下していた。

夜間迷彩を施したJu188。夜間攻撃の主体は爆撃機部隊で、モスキート夜戦の哨戒をかいくぐり雷撃、機雷投下に活躍した。さらに作戦中、ロンドン空襲までも実施して少なからぬ損害を与えている

決戦となった7月の戦闘

連合軍の圧倒的な攻撃に対して果敢に反撃し、6月の戦闘でドイツ空軍は戦闘機646機を含む1000機弱の損失を蒙った。

この損害は膨大なものではあったが、軍用機生産が戦争全期を通じて最高潮に達しつつあったドイツの航空工業は、それを補って余りある補充機を送り出していた。

6月の激しい戦いをくぐり抜けて7月を迎えても、数の面でドイツ空軍は少しも衰えなかったのである。加えて連合軍に与えた損害はそれを上回るものだった。

しかしドイツ軍にとって大きな痛手となったのは、幹部クラスのエース・パイロット達の損失だった。

幹部クラス乗員の損害を重大視したヘルマン・ゲーリング国家元帥は7月に入り、最前線の戦闘機隊に対して幹部乗員の保護を命じた。

その内容はシュタッフェル（連合軍のスコードロン、

※5 LSE=Landing Ship, Emergency Repair/舟艇修理船

日本陸軍航空隊の中隊に相当）指揮官は必ず6機の編隊と共に出撃すべしというもので、グルッペ（連合軍のウィングに相当、日本陸軍の戦隊に相当）指揮官は最低限15機、ゲシュヴァーダー（本稿では航空団と訳し、連合軍のグループ、日本陸軍の飛行団に相当）指揮官は最低限45機と共に出撃することが求められた。

しかし6月中、1日あたり平均400ソーティの出撃を行っていた戦闘機隊にとって、幹部の保存は重大な問題ではあったものの、ノルマンディ進出時の定数充足率が平均50％程度でしかなかった各隊にとって、ゲーリングの命令は常時全力出撃を行っても命令通りの機数を揃えることは困難だった。

こうした苦しい状況の下で7月の航空戦は、ノルマンディ海岸の飛行場群建設によって大陸に足場を築いた連合軍のドイツ軍地上軍に対する攻撃と、各地に散在するドイツ空軍飛行場に対する連合軍の航空撃滅戦にドイツ戦闘機が立ち向かう、戦線後方での戦いが目立つようになる。

ノルマンディ海岸に急造された連合軍飛行場はいずれも擬装、防御面の設備が不足するきわめて脆弱な状態に置かれていたが、それらを制圧する攻撃は連合軍戦闘機よって押し返されて殆ど成果を挙げられず、主に夜間に散発的な爆撃が行われる程度に留まっていた。

そして地上ではアメリカ軍がコタンタン半島を横断して戦線を広げ、イギリス軍はカーン方面での突破を目指して大規模な攻勢を繰り返していた。

ドイツ空軍航空部隊の基本的な編制

戦略単位
- 航空艦隊（Luftflotte） — 開戦時は4個、終戦までに6個航空艦隊が編成された。
- 航空軍団（Fliegerkorps）／航空師団（Fliegerdivision）

作戦単位
- 航空団（Geschwader） — 航空団以下の部隊は、戦闘機や爆撃機といった単一機種のみで編成される
- 飛行隊（Gruppe）

戦術単位
- 飛行中隊（Staffel）
- 飛行小隊（Schwarm）

ドイツ空軍の組織を示す。各方面を管轄する航空艦隊（航空軍）はその下に航空軍団、航空師団を持ち、さらにその下に航空団を持っているのが原則だった。しかし、集中原則に反して航空団の運用はグルッペ単位で分割されることが多く、一つの航空団が西部戦線と東部戦線に分かれることもあった。

戦闘機飛行小隊の編成例

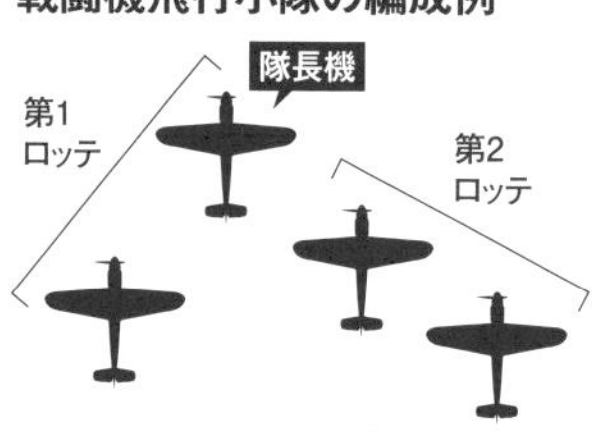

戦闘機部隊の1個飛行小隊は、2機ペアのロッテ（Rotte）が2組の計4機で編成され、基本的に図のような編隊を組んだ。

カーン方面のイギリス軍の攻撃はランカスター、ハリファックスなどのボマー・コマンド所属の戦略爆撃機部隊を大規模に投入して砲兵の支援射撃の代用とする戦術を採用し、6月末の「エプソム」作戦、7月8日の「チャーンウッド」作戦と連続したカーン方面での突破作戦で、長方形に指定された区域への濃密な無差別爆撃が実施された。

爆撃精度の不足を爆撃密度で補い、面での制圧を狙うこの戦術はその後のノルマンディ戦後半で連合軍の常套手段となる。

ドイツ本土と同じように密集編隊で飛来する重爆部隊に対して、ドイツ空軍戦闘機は有効な反撃ができなかった。

この猛爆撃に加えて「チャーンウッド」作戦では戦艦「ロドネー」、巡洋艦「ベルファスト」を中心とした艦砲射撃が実施され、上陸作戦初期とは異なり、有効な航空観測に助けられて絶大な威力を発揮している。

しかし、それでもカーン方面の突破作戦は成功しなかった。

ノルマンディ戦後の連合軍側リサーチによれば、重爆の投下する大型爆弾の破壊力は強烈で市街を廃墟に変えたものの、爆撃で生じた廃墟と砲弾穴は友軍の進撃を妨げただけでなく、逆にドイツ軍にとって臨機の防御ポジションとして活用される傾向があり、見かけ程の効果は無かったとの評価がある。一方で、ドイツ軍側からは猛烈な砲撃はまさに恐怖以外の何ものでもなく、大きな損害と混乱を生んで危機的状況をもたらしたものの、その

ハリファックスの猛爆を受ける海岸東部の要衝カーン。夜間雷撃と機雷投下によってセーヌ湾の大型軍艦は行動が抑制され、カーンへの艦砲射撃が計画通りに実施できず、防衛戦は予想外に長引いた

効果を利用するにはイギリス軍の進撃があまりに遅く慎重で、地上部隊同士の衝突前に再び防御態勢を整える時間的余裕があったのだとの回想も残されている。

どちらの評価が正しいかは別として、ドイツ空軍はカーン攻防戦に意味のある介入ができなくなっていたことは紛れも無い事実であり、こちらはきわめて深刻だった。

7月後半は連合軍による連続した突破作戦が実施され、ノルマンディ戦の帰趨を決する戦いとなった。

7月18日に開始されたイギリス軍の「グッドウッド」作戦では再び重爆による猛爆撃が実施され、戦闘爆撃機がドイツ軍後方を脅かした。ドイツ空軍の反撃もただちに実施され、午前9時20分にル・マンの北、アランソン付近で最初の空中戦が発生した。

JG3の第2グルッペと第3グルッペのBf109G-6編隊と第388戦闘スコードロンのP-47が空中戦に入り、P-47は4機が撃墜され、JG3は8機を失った。

続いてエヴルー上空では第474戦闘グループのP-38と、JG1、JG5、JG54、そしてJG26によるFw190A-8、Bf109G-6の集成編隊とが衝突し、P-38は4機が撃墜され、ドイツ側は9機を失っている。

最前線よりも内陸側で戦われた制空戦で連合軍側により大きな損害が出ていることと、戦闘機隊が4つの戦闘航空団の混合編隊であることが、ドイツ軍の疲労と消耗を示していると読める結果だろう。大編隊を組むために複数の戦闘航空団を結集しなければならない苦しい状況は、戦いの終わりまで続くことになる。

7月25日には戦線西部、サン・ロー方面で内陸への突破を目指す、アメリカ軍の「コブラ」作戦が開始された。この作戦はノルマンディ戦で初めて成功した大規模突破となり、戦いを海岸部での膠着状態から脱する決定打となったが、「コブラ」作戦初日から両軍の戦闘機の交戦が発生し、断続的な空中戦の結果、ドイツ戦闘機26機、連合軍戦闘機25機が失われている。

連合軍の近接航空支援システム

内陸への進撃局面には連合軍の近接航空支援システムが威力を発揮した。

機械化部隊の進撃には牽引式砲兵が追随できない場合

が多く、前進する部隊の先鋒に対する火力支援手段として航空攻撃は優秀な成績を残している。

　連合軍の近接航空支援は北アフリカ戦のイギリス軍の経験から組織化され、イタリア戦を通じて機能を洗練していったもので、ノルマンディ戦ではアメリカ軍が獲得したガダルカナル島での運用ノウハウも生かされた。

　イギリス軍の近接航空支援は「ローバー・システム」と呼ばれ、主に先鋒を務める大隊に無線装備一式を積んだトラックと、陸軍将校と空軍連絡将校をリーダーとする航空管制チームが乗り込んだジープが派遣され、最前線で臨機に出現した目標に対して戦闘爆撃機の出動を要請し、目標を指示した。

対地支援に活躍したイギリス空軍のホーカー タイフーン戦闘爆撃機。3インチロケット弾を発射レールに装填しているシーンで、本機は同ロケット弾を最大8発搭載できた

　この航空管制チームに配置される空軍連絡将校は飛行機操縦経験のある現役操縦者が交代で充てられ、場合によっては自分の原隊に所属する戦闘機を誘導することもあった。

　このように現役の操縦者を地上の最前線に送り込むことで、航空機の立場を考慮した管制が行える大きなメリットが生まれた。

　だが、しばしば「動くもの全てが狙われた」と語られる連合軍の近接航空支援は、地上部隊の要請に応じてどんな目標でも攻撃していた訳ではなかった。

　地上部隊が航空支援を要請するには目標選定に関しての厳然としたルールがあり、それは厳しく守られていた。

　そのルールとは次のようなものだった。

1：1両以上の戦車
2：10両以上の自動車
3：100名以上の敵部隊
4：4門以上の火砲
5：全ての機関車
6：全てのフェリー

7：500トン以上の船舶

こうした目標の制限が無ければ、地上部隊からの近接航空支援要請は膨大なものとなり、優先順位もつけ難い混沌を生み出しかねなかったのである。連合軍の航空支援能力は無限ではなかったのだ。

8月の戦線崩壊とノルマンディ航空戦の終焉

「コブラ」作戦による戦線突破はノルマンディ戦を機動戦局面に変えた。

ドイツ軍は突破したアメリカ軍部隊をその突破回廊の根元で断ち切ろうと、コタンタン半島の付け根で西に向けて全力を挙げた攻勢を開始した。

ドイツ軍主力が東に集中した機会を逃さず、8月10日、連合軍は「トータライズ」作戦を発動してファレーズで南進を開始、ドイツ軍主力は南方から機動するアメリカ軍と中央部のイギリス、北部からのカナダ軍によって包囲され、ノルマンディ戦はこの戦いで終局を迎えた。

8月17日から開始された撤退戦により、からくも脱出したドイツ軍残存部隊はセーヌ川を渡ってドイツ領内へと敗走することになる。

8月の航空戦はドイツ空軍にとって深刻な事態を伴っていた。

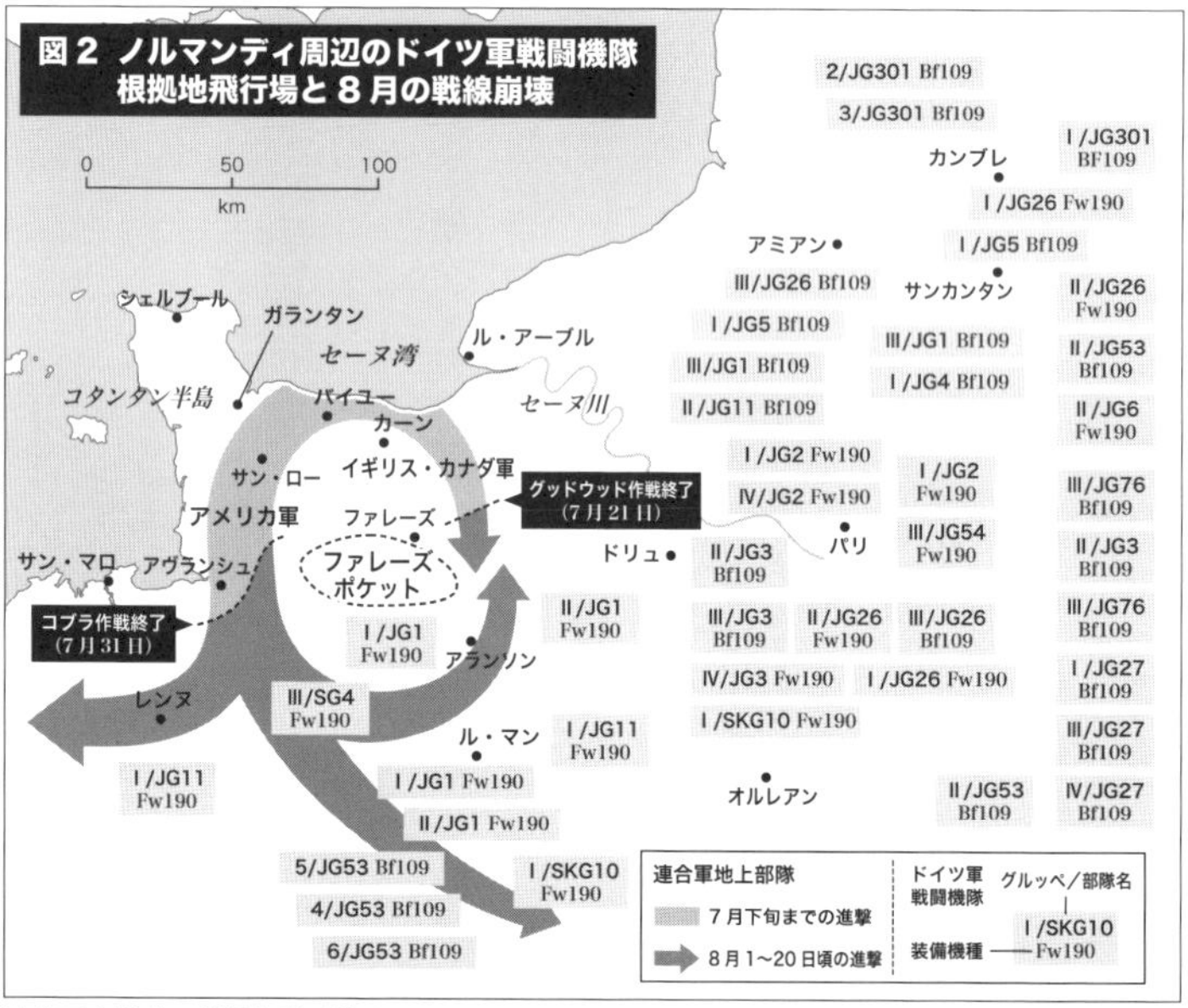

図2 ノルマンディ周辺のドイツ軍戦闘機隊根拠地飛行場と8月の戦線崩壊

連合軍上陸後の増援部隊到着時における、ドイツ空軍主要グルッペの配置（グルッペ名は分割と移動により重複）と、連合軍の8月攻勢を示す。図のようにアメリカ軍の「コブラ」作戦以降の進撃が内陸のドイツ軍飛行場を呑み込んだことで、ノルマンディ航空戦はようやく終焉を迎え、第3航空艦隊は地上支援機材の多くを放棄して可動機のみが国境へと後退していった。

それはサン・ロー突破から旋回して東に進んだアメリカ軍の進撃路が、そのまま第３航空艦隊の各部隊の拠点群と重なっていたからである。

拠点となる飛行場に敵地上軍が迫っている以上、基地の要員と資材を後退させるしかなかった。ファレーズ・ポケットの戦いに直接介入することができない以上、ドイツ空軍の活動はファレーズ救援を目的として立案された西への反撃計画の支援と、ファレーズから東へ撤退する部隊の上空援護に限られた。

さらにファレーズから脱出する友軍への補給物資空中投下作戦が加わった。重装備を放棄して撤退する部隊とはいえ、燃料と弾薬、食料を投下しなければ、遅かれ早かれ追いすがる連合軍部隊に捕捉されてしまうからだ。

さらにドイツ空軍にはフランス西部沿岸に孤立した港湾都市への空中補給という、地味ながら重要な任務も課せられ、驚くべきことに包囲下に置かれた諸都市への補給はファレーズの敗北から数ヶ月後まで継続されていたのだ。

これらの戦いは戦局を左右する要素は何も無い絶望的な努力ではあったが、ノルマンディ航空戦の最後を飾る激戦となっていった。

このため８月の航空戦も前月と同じく、連合軍戦闘機との果てもない空中戦の連続となり、苦しい戦いは８月末まで衰えなかった。

個々の戦いでは連合軍側が主導権を握り、ドイツ空軍が守勢に立ったことと、熟練乗員の消耗から撃墜数で連合軍に優位に立つことは少なかったものの一方的な敗戦は少なく、戦闘機隊は常に連合軍に対して損害を強いていた。

全期間の累積損害はこの評価の絶対的な根拠となるだろう。

Ｄ－Ｄａｙから約３ヶ月にわたるノルマンディ航空戦で連合軍は、ついに戦いの最終局面までドイツ空軍の活動を許し、圧倒的航空優勢を確立するには至らなかったのである。

性能的にも劣勢だったドイツ戦闘機

ノルマンディ航空戦当初のドイツ戦闘機はＪＧ２の第１グルッペと第３グルッペがＦｗ１９０Ａ－８、第２グルッペがBf１０９Ｇ-６を装備し、ＪＧ26の第１グルッペと第２グルッペがFw１９０Ａ-８を装備、第３グルッペがBf１０９Ｇ-６を装備するという、Fw１９０Ａ-８とBf１０９Ｇ-６の混成だった。

また戦闘任務に就かないＳＧ４はFw１９０Ａ-６とＡ-７を装備していた。

このような航空団内でのグルッペごとの混成状態は最後まで変らなかったが、ダイムラーベンツＤＢ６０５Ａを装備するBf１０９Ｇ-６は様々な装備の追加から最大速度は６００km／ｈを少し上回る程度でしかなく、連合軍戦闘機、特にスピットファイアMk.IX、Ｐ-51Ｄマスタングに対して性能面で明らかに劣勢となり、ドイツ空軍戦闘機隊の弱点となっていた。

また戦闘機隊の半数を構成するFw１９０Ａといえども、連合軍戦闘機に対して性能面での優位はとうに逆転され、Bf１０９Ｇ-６程には顕著ではなかったものの、陳腐化しつつあることは否定できなかった。

Bf１０９Ｇ-６の中には大型過給器を持つＤＢ６０５ＡＳを装備し、敵新鋭戦闘機に何とか太刀打ちできる性能となったBf１０９Ｇ-６／ＡＳがごく少数ながら供給され、主に航空団司令部編隊などで指揮官用として使われていたものの、Ｇ-６の多くは通常型のエンジンを持つ機体だった。

数少ないエースが指揮する編隊が見せた善戦健闘の記録は残されているものの、Bf１０９装備部隊はこのような性能的劣勢によって、Fw１９０部隊よりも目だって大きな損害を出す傾向にあった。

しかもＤ-Ｄａｙ後の増援部隊にはこのBf１０９Ｇ-６装備のグルッペが多く、Bf１０９Ｇ-６装備部隊の存在は第３航空艦隊にとって頭の痛い問題だった。

８月半ば以降にＪＧ27、ＪＧ53などで水メタノール噴

旧式化したBf109G-6に代わって、1944年8月からまとまった数が供給され始めたG-14/ASは、大型過給器を装備した性能向上型だった。速度面での劣勢を補う新装備として、損害の減少に多少なりとも寄与したと考えられる

射装置付のBf109G-14の配備が始まり、同時にG-6の頃よりもまとまった数で供給が始まったBf109G-14/ASも配備されるようになると、性能面での劣勢をある程度補うことができるようになった。

Fw190に比べて明らかに多かったBf109の損害が8月下旬に若干改善しているように見える背景には、この新型機の供給もあると考えられ、空中戦そのものに勝てなくとも、不利な状況に陥った際に戦場を離脱しやすい速力を得たことで、損害が減少したと推定される。

「20対1」の劣勢下で、なぜ戦いは続いたのか？

「20対1」といわれた劣勢下で、6月6日のD-Dayから3ヶ月にもわたる長期の航空戦をドイツ空軍が戦い続けられた理由は何だったのか。

その理由の第一には機材の補給が比較的円滑だったことが挙げられる。

大陸反攻という大規模な作戦の成功を勝ち取るために連合軍はドイツ本土への空襲を緩和した結果、1944年夏にはそれまで主目標とされていた航空機工場は戦争全期間を通じて最大の機数を送り出し続け、ノルマンディでの大損害を補充していたからである。

D-Dayから7月1日の間に第3航空艦隊は戦闘機998機、爆撃機83機の補充を受け取り、この数値はそれまでの戦闘損失を補って余りあるものだった。

第二にはフランス北部に無数に設けられた秘匿飛行場群の捕捉と破壊が、連合軍の圧倒的な兵力を以ってしても手に余った点にある。

敵機を地上で破壊することが航空撃滅戦の理想だったが、あまりにも多過ぎる目標がそれを妨げ、ドイツ空軍は地上の戦線後退により前進飛行場群を失うまで機動的な航空戦を展開することができた。これは連合軍の計算外のことだった。

第三に挙げられるのは、膨大なソーティ数を数える連合軍の航空作戦の多くが爆撃機による広範囲な目標への空襲に割かれており、ドイツ空軍の活動を直接妨害できなかったことだ。

D-Dayから7月1日までの連合軍航空部隊の出撃は合計9万6000ソーティと圧倒的だ。

しかし、その内訳は戦闘機3万5000ソーティ、双発爆撃機２万２０００ソーティ、四発爆撃機２万６０００ソーティ、夜間作戦１万３０００ソーティで、戦闘機の出撃は全体の３分の１で、しかも上陸当初に手厚く行われた海岸上空の直衛任務は１日だけで２０００ソーティを消費した。

　このため、制空作戦、航空撃滅戦に割ける戦力は意外な程に小さかったのだ。

　ドイツ空軍は同期間に戦闘機９１５１ソーティ、爆撃機３５６８ソーティ、夜間戦闘機１１０１ソーティを送り出しており、これらを完全に妨害することは現実的ではなかった。

　また７月に入ってもドイツ空軍の活動は衰えるどころか活発化しており、連合軍航空部隊の合計９万６８５０ソーティに対して、ドイツ空軍戦闘機の出撃は１万７７２８ソーティ、全体で１万５５４５ソーティに及んでいた。連合軍の航空撃滅戦はドイツ空軍の活動を制圧できていなかったことが、残された数字から明確に理解できる。

　こうした事情が、６月６日から８月28日までの両軍戦闘機の累積損害がドイツ空軍１５２２機、連合軍

【表3】1944年6月6日～8月28日までのノルマンディ地区戦闘機 被撃墜数の推移

	Bf109	Fw190	独軍計	スピットファイア	タイフーン	P-47	P-38	P-51ほか8AF所属機	連合軍計
6/6～6/12	117	90	207	68	40	59	9	88	264
6/13～6/19	50	45	95	35	21	40	9	21	126
6/20～6/26	102	65	167	22	12	31	28	11	104
6/27～7/3	94	34	128	24	6	11	5	9	55
第4週までの小計	363	234	597	149	79	141	51	129	549
7/4～7/10	75	51	126	21	12	18	7	20	78
7/11～7/17	54	36	90	22	13	20	6	1	62
7/18～7/24	45	26	71	15	15	20	14	0	64
7/25～7/31	54	46	100	22	25	47	9	4	107
第8週までの小計	228	159	387	80	65	105	36	25	311
8/1～8/7	43	28	71	16	13	24	5	10	68
8/8～8/14	41	34	75	23	26	40	16	16	121
8/15～8/21	61	41	102	28	43	21	11	21	124
8/22～8/28	45	78	123	32	12	22	25	0	91
第12週までの小計	190	181	371	99	94	107	57	47	404
合計	**781**	**574**	**1355**	**328**	**238**	**353**	**144**	**201**	**1264**

事前の見積りで「20対1」と言われる兵力差がありながら、意外にも戦闘機の損害はドイツ空軍と連合軍で大きな差はなく、戦闘機同士の戦いにおいては戦闘爆撃作戦、制空防空作戦ともに互角の戦いが繰り広げられていたことが数字にも表れている。なかでもD-Dayから2週間、連合軍側が上陸海岸に飛行場群を作り上げるまでの期間の損害は明確にドイツ側に有利な数値を示している。ノルマンディでの戦いでもし勝機があるとすれば、国防軍最高司令部の予想と同じく、連合軍側が橋頭保を確立できていないこの時期にあったといえるだろう。

１６３９機という連合軍にとって不名誉な結果につながったといえるだろう。

こうした数字に表れるドイツ空軍の戦いは、しばしば「ドイツ空軍はどこにいる?･」との非難の言葉を吐くドイツ軍地上部隊の活動をよく支え、長期にわたる抵抗を助けていた。

他の多くの戦いと同じく、地上部隊の将兵にとって頭上を飛ぶ飛行機が果たして敵機なのか友軍のものなのか、自らが標的とならない限りは明確に判別できなかったが、それでも１９４４年6月以降の西部戦線でこれほど頻繁に友軍戦闘機が飛び続けた戦いは無い。

「何処へ行った?･」と非難されるドイツ空軍は「しばしば頭上に居た」のである。

こうして勇戦激闘の記録を残したとはいえ、ノルマンディ航空戦はドイツ空軍にとってきわめて高くついた戦いでもあった。

連合軍戦闘機隊にとって１６００機の損害を回復することは何とか可能だったが、ドイツ空軍戦闘機隊は１５００機の機材と共に、貴重な指揮官クラスと中堅幹部クラスの乗員を数多く失っていた。

その中にはかけがえのない多数撃墜記録を誇る超エース達が含まれており、ノルマンディ航空戦での空中戦戦果の多くは彼らによるものだった。

機材の補充は何とか可能だったにせよ、ドイツ空軍を支える指揮官層はノルマンディの戦いで危機的なまでにやせ細ってしまっていたのだ。

これらの痛手は敗戦まで回復されることはなく、ドイツ空軍にとってノルマンディ航空戦は奮闘の記録を数多く残したものの、その実態は紛れもなく「敗戦」であることに変りはなかった。

■参考文献

John W. Huston "American Air Power Comes of Age-General Henry H.Arnold's World War II Diaries"／Frappe Jean-Bernard "La Luftwaffe Face Au Debarquement Allie : 6 Juin Au 21 Aout 1944"／Walter Gaul "The German Air Force Luftwaffe and The Invasion Normandy 1944"／Richard P. Hallion "Air War Normandy"／John Weal "Ju88 Kanpfgeschwader on Western Front"／Richard Hallion "D-Day 1944 Air Power Over The Normandy"／David Clark "Angels Eight : Normandy Air War Diary"

ドイツ空軍が空前の兵力を投じた知られざる大攻勢

アルデンヌ航空戦

1944年12月の西部戦線におけるドイツ軍の大反攻作戦「ラインの守り」。その航空戦としては「ボーデンプラッテ」作戦の名が知られているが、それはアルデンヌ上空で繰り広げられた航空戦の一部でしかなかった。地上軍がアルデンヌで戦っていた時、空軍は名もなき一大航空作戦を実施していたのである。

KG51(第51爆撃航空団)所属のメッサーシュミットMe262A-1a。ドイツ空軍史上最大の作戦に、本機も投入されていた

名前を持たない航空作戦

１９４４年12月16日、西ヨーロッパは低気圧に覆われ、冬季の荒天によってそれまで圧倒的な威力を誇っていた連合軍の航空優勢に陰りが見えた。そのほんのわずかな隙を突き、ドイツ陸軍最後の装甲兵力が西部戦線で一大反撃を試みた。

作戦目標はアントワープ。アルデンヌ高原を突破してミューズ河を渡り、かつて１９４０年にフランス戦役で勝利したように、連合軍右翼のイギリス軍部隊を大きく包囲して撃滅する一大攻勢、「ラインの守り」作戦である。

同作戦に呼応して、かねてからの計画通り、作戦開始直前に荒天を縫った夜間戦闘機隊による誘導で、ドイツ空軍戦闘機隊の大部隊が前線に集結した。前進する地上軍を掩護・支援するべく、開戦以来各戦線で名を馳せた名門戦闘機隊のほぼすべてが投入されたのである。

このアルデンヌ高原を突破してアントワープに向かうという壮大な反撃構想は「アルデンヌの戦い」または「バルジの戦い」として有名だが、一般的な印象として悪天候を衝いて実施されたこの戦いは、天候回復と共に連合軍の航空攻撃が再開されたことによって、ドイツ軍の進撃は頓挫したと受け取られている。

その戦いには空軍の影があまりにも薄い。わずかに1月1日という戦いのピークをはずれた時期に実施され、大損害を出して終わった連合軍飛行場への奇襲攻撃「ボーデンプラッテ」作戦が目立つのみだ。

ドイツ地上軍の進路を阻む南の要衝・バストーニュの包囲が破られてから数日後という、いわば気の抜けた時期になって大規模な航空作戦が行われたことは、なんとも愚かに感じられる上、戦闘機総監アドルフ・ガーランドが戦後の回想録に書き残した「この無駄な作戦のために連合軍の戦略爆撃に対抗する集中反撃計画が中止された」とする辛辣な批判が、作戦の愚かさをいっそう強調している。

そしてドイツ空軍戦闘機隊は、無意味な作戦で致命的に消耗して最後の希望まで失ったとの認識は、戦史愛好者の間では半ば定説となっている。

だが、「ラインの守り」作戦のあと、ドイツ空軍戦闘機隊が大きく消耗して組織的な反撃能力が失われたことは事実であっても、「ボーデンプラッテ」作戦のただ一日の戦闘、300機程度の損害で壊滅してしまうほど、ドイツ空軍戦闘機隊は小さな組織ではなかったはずである。

ましてアルデンヌ高原で激戦が繰り広げられていた1944年12月後半の2週間もの間、ドイツ空軍が地上部隊による必死の戦闘をひたすら静観していたとしたら、それは不自然極まりないことではないだろうか。

かつて1940年5月にフランスに侵攻したドイツ軍の「電撃戦」は、濃密な航空支援を伴っていた。進撃速度が遅く、戦車部隊に追従できない上にその兵力も小さかったドイツ軍野戦砲兵の戦力を補って、野砲の代わりに火力支援と阻止攻撃の役割を担ったのはほかならぬ空軍だった。

そしてアルデンヌ高原を抜ける、か細い道路上にひしめくドイツ軍後続部隊を狙う連合軍爆撃隊を撃破し、上空掩護を行ったのもドイツ空軍だった。また、フランスの運命を決したミューズ河渡河に続くセダンの突破も、空軍の急降下爆撃機あってこその成功だったといえよう。

第一次世界大戦末期、1918年春の「カイザー戦」から、第二次世界大戦での東部戦線最後の大攻勢となったクルスク戦まで、ドイツ軍の大規模攻勢は、必ず航空兵力と密接に協同する空陸一体の機動戦の形をとってきた。それがドイツ軍の創り上げた機動突破作戦のドクトリン（教義）だからである。

つまり、ドイツ軍が地上で大攻勢をとる場合には、必ずそれに見合った大規模な航空支援が伴うはずなのだ。

このような視点から、ドイツ軍最後の大攻勢となった「ラインの守り」作戦でのドイツ空軍の活動を追うと、意外にもドイツ側のみならず、迎え撃つ連合軍側にとっても最大規模となった航空作戦の姿が浮かび上がってくる。

実は、「ラインの守り」作戦は、陸上戦闘だけでなく、空の戦いにおける焦点も地上軍と同じく12月16日の攻勢開始から12月31日までの戦いにあったのである。

もっともドイツ空軍が、1945年1月1日、「ボーデンプラッテ」作戦のたった一日で壊滅したのではなく、アルデンヌ高原を進撃する装甲部隊の上空で、空軍誕生以来最大級の激戦を繰り広げた末に「壊滅」したことを納得するには、説明が必要かもしれない。

「ラインの守り」作戦:ドイツ軍の進攻計画

ヒトラーの構想した「ラインの守り」作戦は、連合軍の補給港たるアントワープを奪回し、併せて戦線北翼の連合軍を包囲撃破することで、西部戦線での条件付き講和も見据えた大攻勢であった。その広範な地上部隊支援のため、2,000機の航空戦力が準備された。

アドルフ・ガーランド(1912~1996)
スペイン内戦を皮切りに大戦全期間で活躍したドイツ空軍の戦闘機エース。1941年には戦闘機総監に就任するが、のちにMe262の戦闘機としての実用化などを巡りゲーリングと対立し解任された。貴重な証言を残すが、誤解に基づくものもある

なぜなら、ドイツ空軍の運命を決した史上最大の航空作戦には「名前すら無い」からである。

ドイツ軍、大航空兵力を集結

1944年10月の「反撃計画」

1944年9月、オランダのアーンヘムでの突破作戦が頓挫したことによる補給難から連合軍の進撃が衰え、西部戦線には奇妙な安定状態が訪れた。一方、ソ連軍の夏季攻勢もまた補給線の緊張からその勢いを失い、ドイツ軍の3個軍集団は壊滅的打撃を被りながらも東部戦線を再び持ち直すことに成功した。

このわずかな間隙を縫ってヒトラーは、ノルマンディ戦の損害から回復した西部戦線の野戦軍と、残された装甲戦力および航空戦力の大半を集中しての一大反撃を着想し、国防軍総司令部は作戦の検討を開始する。

ヒトラーの発想のベースは、冬季ヨーロッパの天候にあった。冬季の悪天候は航空作戦を阻み、実際、前年の冬も、うち続く荒天によってドイツ空軍の活動は大いに妨げられた。複数の乗員が乗り込む夜間戦闘機ならとも

かく、単座で航法能力に劣るドイツ空軍昼間戦闘機隊は悪天候下での飛行が難しく、邀撃作戦に支障を来した苦い経験が身に染みていたのである。（※1）

しかし、今回の反撃作戦では前年に自軍を苦しめた冬季の悪天候を逆手にとり、圧倒的な航空兵力を誇る連合軍の戦術航空部隊が自由に活動できない中で、ドイツ空軍のみが一方的に航空作戦を実施するための工夫が検討されていた。

それは、電子装備と乗員の航法能力に優れる夜間戦闘機隊のユンカースJu88Gを各戦闘機隊に派遣し、悪天候下で出撃する際の誘導機として用いるという策だった。天候が回復すれば、Ju88はもともと爆撃機であるため地上攻撃の補助兵力としても使えるという一石二鳥の着想だったが、各航空団の飛行隊ごとに数機ずつ派遣すると、ドイツ空軍の夜間戦闘機隊はかなりの兵力を割かねばならず、それはイギリス空軍の夜間爆撃の邀撃を半ば放棄することを意味した。

そして1944年11月14日、ヘルマン・ゲーリング元帥の名で西部戦線の航空部隊各司令部に対して、大反撃に関する作戦命令が下された。その内容は次のようなものだった。

連合軍機が自由に行動できない冬の荒天下、ドイツ空軍のみが一方的攻撃を可能とするための切り札として考えられたのが、Ju88G夜間戦闘機による戦闘機隊の誘導だった。写真は1944年晩秋、東プロイセンにおけるNJG100のJu88G-6で、機首にSN-2レーダーを装備している

a　第2戦闘機軍団は、第3戦闘機師団と共に西部戦線前線飛行場にある敵戦闘機部隊を攻撃せよ。

b　さらに重要な任務として、第2戦闘機軍団は制空戦闘を展開し、友軍に機動の自由を確保せよ。

c　第4地上攻撃航空団は、主にミューズ河の渡河援護を実施せよ。

d　第3航空師団は、ジェット爆撃機を用いて敵飛行場その他目標の攻撃を爆撃機部隊と夜間地上攻撃機部隊と共に実施せよ。第2夜間戦闘機航空団も、装備するJu88を用いて夜間地上攻撃機部隊として作戦せよ。

※1 誘導システムと航法能力に優れるアメリカ第8空軍の重爆撃機は、雲に覆われた都市への"盲目爆撃"さえ実施できる能力を持ちつつあった。

ここに見られるように、西部戦線での大攻勢は昼間戦闘機をはじめ、爆撃機や夜間戦闘機までも投入する大規模な航空支援を伴うだけでなく、ドイツ軍にとって最大の脅威となっていた敵戦闘爆撃機（※2）を地上において撃滅する作戦が、早くも11月中旬には確定していたことがわかる。

「ボーデンプラッテ」作戦は、アドルフ・ガーランドが戦後の回想で書き残しているような「突然」の思いつきではなく、組織的に計画されたものであった。無論、ガーランドが虚偽を書き残したわけではなく、戦闘機総監の職にあった彼には作戦指揮権がなかったため、こうした重要計画の検討に参画しておらず、「突然」と感じたものであろう。

兵力はいかに捻出されたか

やがて「ラインの守り」と名づけられる西部戦線での大反撃計画を空から掩護するため、航空兵力がかき集められた。12月16日までに準備されたドイツ軍の航空兵力は総数２４６０機に達した。その内訳は単座戦闘機１７７０機、双発戦闘機１４０機、爆撃機55機、ジェット爆撃機40機、地上攻撃機３９０機、偵察機65機という驚くべき大兵力だった。

ノルマンディ上陸作戦直前の１９４４年5月におけるドイツ空軍の第一線部隊すべての単座戦闘機実働兵力は合計１０５１機、双発戦闘機は１４０機でしかなかったことを見れば、「ラインの守り」作戦に投入された航空兵力がどれだけ膨大なものだったかがわかる。

ドイツ空軍は、いったい何処からこの兵力を捻出したのだろうか。

それは１９４２年後半から軍需相アルベルト・シュペーアが推進した大規模な産業動員体制の完成と、空襲対策として実施された航空工業の分散疎開計画による成果だった。ドイツの戦争経済に残されていた余力を残さず軍需生産に集中し、生産拠点を一回の空襲で破壊されにくい多数の小規模工場に分散した結果、ドイツの軍用機生産は１９４４年秋の段階でピークに達していた。

この増産によって、ノルマンディ上陸作戦に伴うドイツ空軍の激しい反撃作戦で生じた各種機材の大損害が急速に補われた。そしてノルマンディ戦に続く一大危機と

※2 戦闘爆撃機＝攻撃機の能力を備えた戦闘機。連合軍ではホーカー・タイフーンやP47サンダーボルトなどが、爆弾やロケットを搭載し、対地攻撃でドイツ軍を悩ませた。

認識された、連合軍の集中突破作戦である「マーケットガーデン」作戦への反撃にも航空兵力を送り込むことができ、連合軍の攻勢をオランダのアーンヘムで食い止めてルール地帯への突破を阻止することもできた。映画『遠すぎた橋』に描かれたように、アーンヘムの町で偶然にＳＳ装甲師団が休息していただけでなく、まとまった兵力による積極的な航空支援が行われたおかげで西部戦線は維持されたともいえるのだ。

　補給線が延びきって連合軍の進撃が停止した１９４４年10月と11月を利用して、ドイツ空軍はノルマンディ上陸以前にも存在しなかった大規模な予備兵力を抱えることに成功したのである。

　こうした軍用機生産の上昇は、１９４４年前半から空軍首脳に残された〃希望の光〃となっており、5月23日に空軍部内でゲーリングが行った演説では、「２０００機の戦闘機群の創出」が、航空戦の形勢逆転の鍵となることが述べられていた。また、空軍総司令部だけでなく国防軍総司令部でも、航空兵力の再生は本土防空よりもノルマンディに上陸した連合国侵攻軍への反撃に投入されるべきものと認識されていた。

　ガーランドが痛恨の出来事として回想するのは、「大打撃」計画すなわち本土防空戦における２０００機の

ドイツ空軍戦闘機の生産数（含ジェット機）

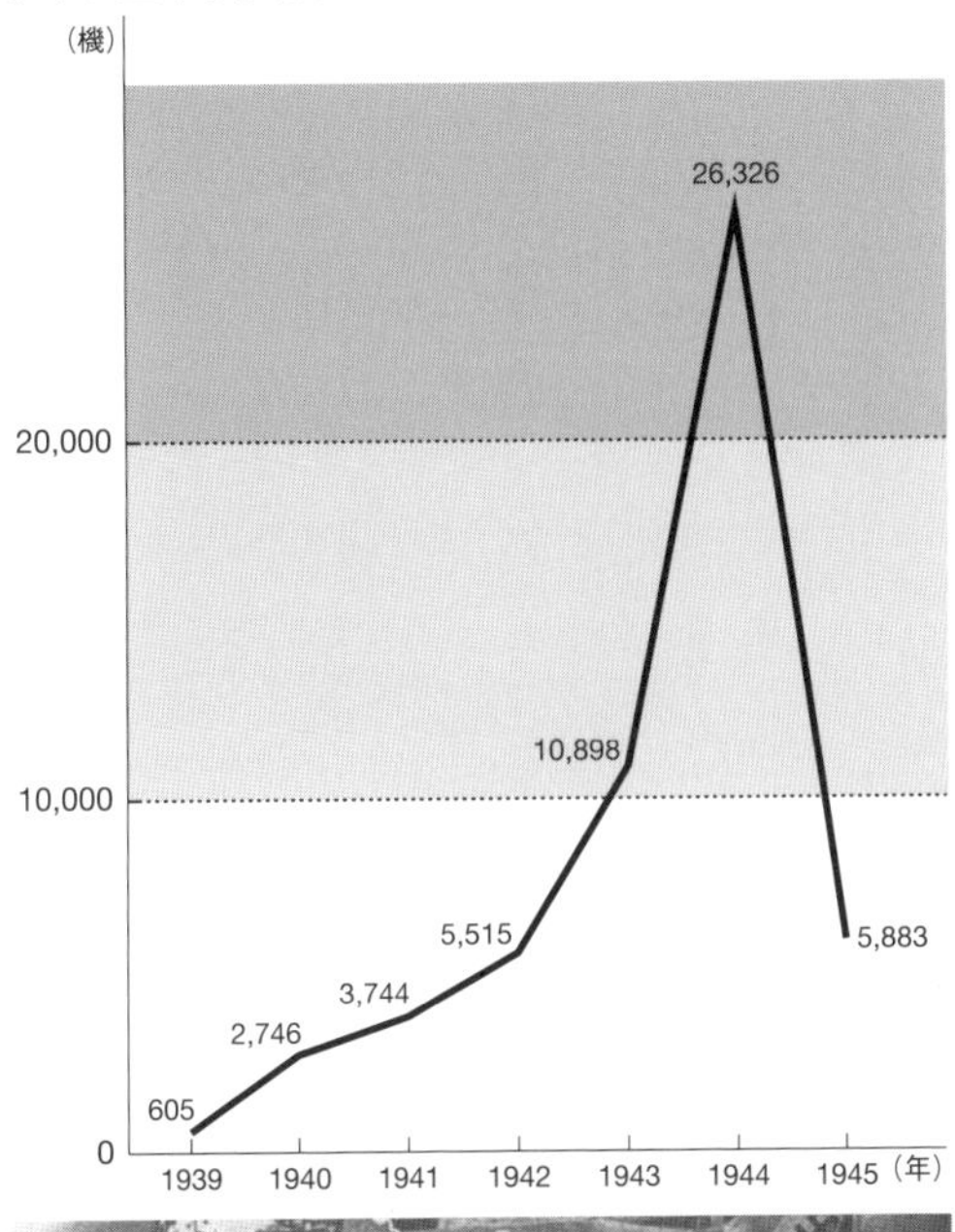

軍需相シュペーアが大規模に推進した産業動員体制や、空襲対策としての生産拠点の分散化の効果もあって、戦闘機の生産数は1944年にピークに達し、ドイツ空軍はその成果を「ラインの守り」作戦に投入することができた。写真はFw190の生産ライン

戦闘機によるB‐17、B‐24編隊への集中邀撃計画が、「ボーデンプラッテ」作戦への戦闘機兵力の動員で挫折したとの批判だったが、本土防空戦の形勢逆転よりも、ドイツ国境に迫る連合軍地上部隊をより大きな脅威として扱う国防軍総司令部の姿勢は、大局的に見て正しい判断だったといえる。

ほんの2年前までは前線の戦闘機部隊の隊長だった32歳の若き空軍将官であるガーランドの理解は、エース戦闘機パイロットの心情に根ざした戦術面に留まるものだった。しかもガーランドが「大打撃」を望んだ時点で、すでに戦闘機兵力は「ラインの守り」作戦への投入が決定していたのである。

戦闘機隊の錚々たる陣容

1944年12月5日、第2戦闘機軍団指揮下の航空団指揮官と飛行隊指揮官たちに、「ラインの守り」作戦の概要が通達された。地上軍の進撃を敵戦闘爆撃機から守る制空任務と、敵飛行場に対する攻撃計画、さらに悪天候下を飛行するための夜間戦闘機による誘導の実施が説明されている。作戦は突如として命じられた「寝耳に水」ではなく、事前の説明をもって組織的に開始された。

結集された戦闘機隊の陣容は、まさにドイツ空軍戦闘機隊の揃いぶみともいえる錚々たるものであった。

JG1（第1戦闘航空団）は8月中旬までフランスで戦い、大損害を受けて後退したのちに戦力再建を果たし、その後は本土防空戦に参加していた。12月当時の装備機はフォッケウルフFw190A‐8、同A‐9が中心で、第3飛行隊のみはメッサーシュミットBf109G‐6、同G‐10、同G‐14を装備していた。

JG2（第2戦闘航空団）はノルマンディ戦の前半に消耗して7月末に本土へ後退し、戦力回復後、再びフランス戦線への復帰後、戦力消耗により9月中旬に再度本土へ戻っていた。装備機は第1飛行隊がFw190A‐8／R6、第2飛行隊がBf109G‐14と同K‐4、第3飛行隊がFw190A‐8および同A‐9だった。

SG4（第4地上攻撃航空団）は1943年10月の地上攻撃部隊再編で誕生した航空団で、イタリア戦線とノルマンディ、そして東部戦線の東プロイセンで戦っていた。装備機はFw190F‐8で、敵戦闘機の活動が活発な西部戦線でSG4が作戦するため、JG2が掩護戦闘機隊としての役割を担っていた。

JG3（第3戦闘航空団）は有名なエース、ハインツ・ベアが指揮する、ドイツ空軍戦闘機隊で最古参部隊のひとつだった。主な装備機はBf109G-6/ASで、ベアはノルマンディ戦で他の戦闘航空団の残余と共に集成戦闘機部隊を指揮し、9月に本土へ帰還。戦力回復を行ったのち第1飛行隊を「マーケットガーデン」作戦への反撃に派遣したほか、防空戦にも参加している。失った機材はBf109G-14/ASで再装備されていた。また第4飛行隊は防空任務専門に割かれ、Fw190A-8/R2を装備する対爆撃機用の重装甲重武装の突撃飛行隊となっている。

JG4（第4戦闘航空団）は当時典型的だった双発戦闘機からの機種転換部隊であった。長くJG77（後述）の一部で編成された第1飛行隊のみでイタリア戦線で戦い、双発戦闘機隊である第1駆逐航空団（ZG1）からの機種改変で第2飛行隊、第3飛行隊を加えた。ちなみに第3飛行隊は「マーケットガーデン」作戦への反撃のためアーンヘムへ投入され、損害を受けたのちに再建されている。装備機は第1飛行隊がBf109G-10、同G-14、第2飛行隊は対爆撃機用の突撃飛行隊としてFw190A-8/R2を装備。第3飛行隊はBf109G-14と同K-4、第4飛行隊はBf109G-10、同G-14、同K-4を装備していた。

JG6（第6戦闘航空団）は最後期に編成された戦闘機隊で、これも双発戦闘機の名門航空団であるZG26（第26駆逐航空団）を基幹としてFw190に機種転換した部隊だ。第3飛行隊だけはフランス戦線で壊滅したJG5の第1飛行隊を再建したものであった。装備機は主にFw190A-8と同A-9で、第3飛行隊のみはBf109G-10と同G-14/ASを装備した。

JG11（第11戦闘航空団）は1943年4月に編成された戦闘機隊で、Bf109GとFw190A-8を装備して本土防空にあたり、250kg爆弾を用いた空対空爆撃や、ロケット弾攻撃を主戦術に、連合軍のB-17およびB-24編隊に対抗した歴戦の防空戦闘機隊だった。第1飛行隊はFw190A-8を装備、第2飛行隊はBf109G-6/U2と同G-14/AS、同K-4、第3飛行隊はFw190A-8と同A-9を装備していた。

アルデンヌ航空戦の代表的ドイツ軍機

メッサーシュミットBf109G-10

Bf109は大戦全期間を通じた主力戦闘機で、「ラインの守り」作戦にも多数が参加。

全長:9.02m／全幅:9.92m／最高速度:630km/h／武装:20mm機関銃×1、13mm機関銃×2、爆弾250kg(スペックはG-6のもの)

フォッケウルフFw190A-8

Fw190はBf109と並ぶドイツ空軍の主力戦闘機。写真はJG4所属のFw190A-8/R2と見られ、1945年1月に被弾不時着し、鹵獲された機体。

全長:9.00m／全幅:10.51m／最高速度:640km/h／武装:20mm機関銃×2、13mm機関銃×2

メッサーシュミットMe262A

世界初の実用ジェット戦闘機。「ラインの守り」作戦には爆撃機・戦果確認機として参加。

全長:10.60m／全幅:12.48m／最高速度:870km/h／武装:30mm機関砲×4、R4Mロケット弾×24(スペックはA-1aのもの)

フォッケウルフFw190D-9

Fw190の高高度性能改良型D-9は「ラインの守り」作戦が実質的なデビュー戦となった。

全長:10.19m／全幅:10.51m／最高速度:686km/h／武装:20mm機関銃×2、13mm機関銃×2、爆弾500kg

JG26(第26戦闘航空団)はドイツ空軍戦闘機隊で最も精強な部隊として知られる。戦闘機総監アドルフ・ガーランドがかつて指揮した部隊であり、「バトル・オブ・ブリテン」当時から西部戦線の最前線にあって、連合軍から恐れられた象徴的存在だった。このため「ドーラ」の名で有名な新鋭のFw190D-9を優先的に配備され、「ラインの守り」作戦開始時に同機を装備していた数少ない部隊の一つとなった。彼らは作戦開始時まで本土防空任務に就いてその戦力を維持し続けており、装備機は第1飛行隊がFw190D-9と同A-8、第2飛行隊がFw190D-9、第3飛行隊がBf109G-14と同K-4だった。

また、JG26指揮下にはもう一つの飛行隊もあった。それは東部戦線で「グリュンヘルツ(緑のハート)」のシンボルマークで知られたJG54(第54戦闘航空団)の第3飛行隊で、この飛行隊は1944年9月にドイツ空軍で初めてFw190D-9の支給を受けた実戦部隊となったが、戦力再建が進まないまま後方に留まり「ラインの守り」

作戦には12月25日から参加している。

ＪＧ27（第27戦闘航空団）は「アフリカ」の称号を持つBf１０９装備の名門部隊で、ロンメルのアフリカ軍団と共に戦い、一部は東部戦線でも戦った歴戦の戦闘機隊だった。ノルマンディ戦で壊滅的大損害を受けたため本土に帰還して戦力を再建され、爆撃機隊からの転科者と飛行学校卒業者によって補充されたが、その後の本土防空戦への参加で再び戦力を消耗して再建途上にあった。装備機は第１飛行隊がBf１０９Ｇ-10と同Ｇ-14、同Ｋ-4。第２飛行隊がBf１０９Ｇ-10と同Ｇ-14／ＡＳ。第３飛行隊がBf１０９Ｋ-4。第４飛行隊がBf１０９Ｇ-10と同Ｇ-14だった。

このＪＧ27にも追加の飛行隊が配置されている。こちらも「グリュンヘルツ」の第４飛行隊で、Fw１９０Ａ-8を装備してノルマンディでの消耗後、本土に引き揚げられて9月に「マーケットガーデン」作戦への反撃に投入され、再び本土で戦力回復中だった。

ＪＧ53（第53戦闘航空団）は「ピックアス（スペードのエース）」のシンボルマークで知られる名門戦闘機隊である。主に北アフリカ、シシリー、イタリア戦線で戦い続け、１９４４年には本土防空、ノルマンディへも出動した歴戦の戦闘機隊だった。また１９４４年8月には、新たに第４飛行隊が加わっている。戦闘航空団の飛行隊は3個が標準だったが、戦闘機の増産によって各戦闘機隊の標準編成が４個飛行隊へと移行しつつあり、ＪＧ26、ＪＧ27へのＪＧ54所属飛行隊の分派も同じ動きの中にあった。この部隊は、名門の名に恥じず「ラインの守り」作戦時に平均的錬度が最も良好な戦闘機隊で、12月末まで高い戦闘能力を維持し続けている。全飛行隊がBf１０９Ｇ-14、同Ｇ-14／ＡＳ、同Ｋ-4を装備していた。

ＪＧ77（第77戦闘航空団）は「ヘルツアス（ハートのエース）」のシンボルマークで知られる開戦以来の戦闘機隊で、あらゆる戦線を転戦した歴戦の部隊だった。１９４４年10月以降、本土に引き揚げられて消耗した戦力の回復に努めつつ、防空戦に参加していた。装備機は全飛行隊がBf１０９Ｇ-10、同Ｇ-14、同Ｋ-4という、ＪＧ27と並ぶメッサーシュミット装備の典型的な戦闘機隊だった。

ＫＧ51（第51爆撃航空団）はジェット爆撃機隊である。この部隊は本来、来るべき連合軍の上陸作戦時に敵戦闘機の妨害を突破できる唯一の爆撃機戦力として、反復攻撃を行うことで侵攻軍を上陸海岸で一時的な混乱状態に陥れ、装甲師団が急行する時間を稼ぎ出す目的で構想されたものだった。だが、肝心のメッサーシュミットMe262の戦力化が間に合わず、7月になってからようやく参加したノルマンディ戦では実験的な出撃のみに留まっていた。

Me262は「ラインの守り」作戦準備段階ではエンジン不調と乗員の錬度不足から戦闘機としての運用準備が整わなかったが、スロットル操作の緩やかな爆撃機としての運用ではなんとか実用段階に達すると判断された。40機程度のMe262A-2aを保有して、爆撃と敵飛行場攻撃作戦後の戦果確認機としての役割が期待されていた。

KG76（第76爆撃航空団）はジェット爆撃機アラドAr234B-2を装備した部隊で、十数機を保有して限定的な出撃を行いつつ「ラインの守り」作戦を迎えている。

戦闘機を装備した部隊としては、この他にNAGr1（第1夜間地上攻撃飛行隊）とNAGr13（第13夜間地上攻撃飛行隊）のBf109と、少数のFw190があった。

さらに、飛行場攻撃作戦時の戦闘機隊の誘導機として、夜間戦闘機隊から合計80機のユンカースJu88G夜間戦闘機が抽出され、各戦闘飛行隊に分派されている。そして12月中旬までには各戦闘機隊との合同訓練が開始されていた。

このように「ラインの守り」作戦に動員された戦闘機

図は「ラインの守り」作戦開始前における、ドイツ空軍の主要航空部隊の配置状況。来るべき一大攻勢に投入される航空部隊は、ドイツ国内西部の広範な地域に展開しており、その作戦規模の大きさが窺える。

戦力は「ドイツ空軍戦闘機隊のすべて」と形容できる陣容だった。この作戦に参加しない有力部隊としてはJG51、JG52、そして本土防空の専門部隊であるJG300とJG301程度しか挙げられない。

ドイツ空軍は、アルデンヌ高原を進撃する装甲部隊のエアカバー用に、その持てる力のすべてを注ぎ込んでいた。ドイツ国境に迫り、戦争経済の中枢であるルール工業地帯を脅かす連合軍を撃破することは、それだけ緊迫した課題だったのである。

とにかく西部戦線最大の航空作戦の準備は、ほぼ計画通りに完成していた。2000機を遥かに超える航空兵力が動員され、あとは攻勢開始を待つばかりだった。

未曽有の航空作戦始まる

戦闘機隊の機動集中と出撃開始

1944年12月16日、装甲師団を中核とするドイツ軍地上部隊によるアルデンヌ高原での反撃作戦が開始された。この日は西部ヨーロッパの冬に典型的な悪天候だったが、ドイツ空軍戦闘機隊の多くは当日までに出撃基地への移動を済ませていたか、当日に夜間戦闘機の誘導で移動したが、一部の部隊はそれまで駐留していた基地がそのまま出撃基地となっていた。

ガーランドは戦後の回想で、それまで設備の整った国内基地から出撃していた戦闘機隊を、条件の悪い前線飛行場に進出させて事故を続出させたと批判しているが、この指摘は正確ではない。そもそも西部戦線の前線がドイツ国境に迫っていたため、ドイツ西部の本土防空用基地がそのまま「ラインの守り」作戦用の基地となっていたからである。

さらに、「防空任務用に訓練された乗員が、爆弾を抱えて地上軍支援に用いられた」との批判も不正確である。なぜなら作戦全期間を通じてドイツ戦闘機隊は爆弾装備を行わず、12月中は制空任務に徹し、1月1日の「ボーデンプラッテ」作戦でもその攻撃は搭載した機関砲を用いた飛行場在地敵機に対する銃撃が主体だった。戦闘機に爆弾を積んでいては、出撃基地から100~200kmを進撃しなければならない敵飛行場攻撃は、航続距離の関係で困難だったのだ。

作戦初日となった12月16日の悪天候は、ドイツ空軍の出撃を阻み、唯一出撃できたのは戦線南部を担当していたJG53だけだった。

作戦2日目の12月17日、天候は若干の回復を見せて、各戦闘機隊は進撃する装甲部隊の上空掩護に出撃を開始した。各戦闘機隊への作戦命令は「〇〇地区上空を低空飛行する敵機すべてを撃墜せよ」といった制空作戦を指示したもので、アルデンヌ地区を含む広範囲のファイタースウィープ(※3)を命じていた。

これに対し、連合軍航空部隊は戦場上空が雲に濃く閉ざされた天候のため、第9空軍が装備する双発爆撃機部隊が出撃できず、単座の戦闘爆撃機のみが出撃し、雲の切れ目を縫っての低空攻撃を試みた。

こうしてイギリス第2戦術空軍のスピットファイア、タイフーン、テンペストおよびアメリカ第9空軍のP-38ライトニング、P-47サンダーボルトといった単座機と、ドイツ軍機との空中戦が各所で展開された。その焦点の一つとなったのは、アメリカ軍が頑強に防衛していたドイツ軍進撃路上の交通の要衝であるサン・ヴィト上空だった。サン・ヴィトの攻撃には、ミューズ河渡河作戦に投入される予定だったSG4のFw190F-8も投入されている。

地上軍からは、低く垂れ込めた雲の上で展開される空中戦は把握しにくかったが、ドイツ軍の進撃路上空では敵味方入り乱れての激戦が開始されていたのである。

作戦3日目の12月18日には、それまで出撃できなかったJG1の全飛行隊が戦闘に加わり、空中戦は激しさを増した。また、SG4の攻撃はこの日もサン・ヴィトへと向けられた。翌12月19日にも戦闘は続けられ、SG4の攻撃はこの日以降、アメリカ軍第101空挺師団が包囲下で抵抗を続けるバストーニュへ向けられた。バストーニュは、12月末まで航空戦の焦点であり続けることになる。

ここで天候がさらに悪化して、航空戦が一時中断する。激しい吹雪とみぞれは12月22日まで3日間続き、ドイツ戦闘機隊は、作戦初期の損害をようやく届き始めた新鋭機材で補充することができた。Fw190装備部隊には、工場で完成したばかりのFw190D-9がようやくまとまった数で補給され、Bf109部隊にはG-10とK-4が送られている。

しかし待望の新鋭機材とはいえ、作戦中に機種転換訓

※3 戦闘機隊単独で敵支配地域上空に進出し、制空任務を行う航空作戦。戦闘機掃討とも。

練をする間もなく送り込まれたFw190D-9が十分な戦力となるにはあまりにも無理があった。

天候回復と航空戦の絶頂

12月23日の天候は、久々の晴天だった。この急激な天候回復は、進撃を続けるドイツ地上軍にとって敗北への転機となった出来事として知られているが、実は、この日に敗北を噛み締めたのはドイツ地上軍ではなく、双発爆撃機900機からなる優勢な航空兵力を誇るアメリカ第9空軍の方だった。

天候の劇的な回復に伴い、第9空軍所属のB-26B部隊は全力出撃を開始し、ドイツ軍後方の補給路や交通要衝の破壊を狙い、かつ最前線への補給と増援を断つ航空阻止攻撃を大規模に実施しようと試みた。

一方、ドイツ空軍はこのB-26部隊の大規模な動きを察知し、各戦闘機隊にその邀撃を命じて、ドイツ国境地帯の各所で激しい邀撃戦が繰り広げられることとなった。

この戦いは、アメリカ軍にとって予想外に厳しいものとなる。なぜならドイツ戦闘機隊の中には、本土中枢の防空を担当し、B-17、B-24といった四発重爆撃機の密集編隊に対し、その防御砲火をぬって攻撃する重装甲・重武装の突撃飛行隊が参加していたからである。

この隊の装備するFw190A-8/R2は、B-17でさえ4~5発で仕留められる30mm機関砲を装備し、B-26が撃ち出す12・7mm弾では装甲と防弾ガラスに囲まれた操縦者を傷つけるどころか、機体に致命傷を与えることも難しかった。そして重防御の四発重爆撃機に比べて双発のB-26は防御力に劣り、エンジン一つを破壊されれば即時に戦闘能力を失ってしまう脆弱さを持っていた。こうしたB-26に対し、突撃飛行隊のFw190A-8/R2が攻撃を仕掛ければ、結果は明らかだった。

ボン西方でB-26編

「ラインの守り」作戦の最中、降下猟兵を載せてサン・ヴィト～マルメディ間を進撃する、SS第501重戦車大隊所属のティーガーII重戦車

隊を捉えたＪＧ４第４飛行隊のFw１９０Ａ-８／Ｒ８は攻撃を繰り返し、30機編隊の完全殲滅を報告した。他の飛行隊を含めたＪＧ４のＢ-26撃墜報告は72機に達している。実際の撃墜戦果は報告よりも大幅に少なくなるのが通常だが、この日のＢ-26部隊は全体で42機を撃墜され、損傷機は１８２機に及んだ。

12月23日に第９空軍が出撃させた双発爆撃機はＢ-26とＡ-20を合わせて６２４機といわれるが、その35％以上の戦力がたった一日で失われてしまったのである。しかも敵地上空での損害となれば、42機の乗員二百数十人は誰も帰還できない。こうして、Ｂ-26部隊の士気は地に落ちてしまった。たった３回出撃すればほぼ１００％帰還できないという損害率は、乗員を恐慌に陥れた。

そしてＪＧ４第４飛行隊の大戦果を聞きつけて、翌日のクリスマス・イブに基地へ駆けつけた人物がいる。それは「ラインの守り」作戦に反対しているはずの戦闘機総監アドル

「ラインの守り」作戦:ドイツ軍の攻勢

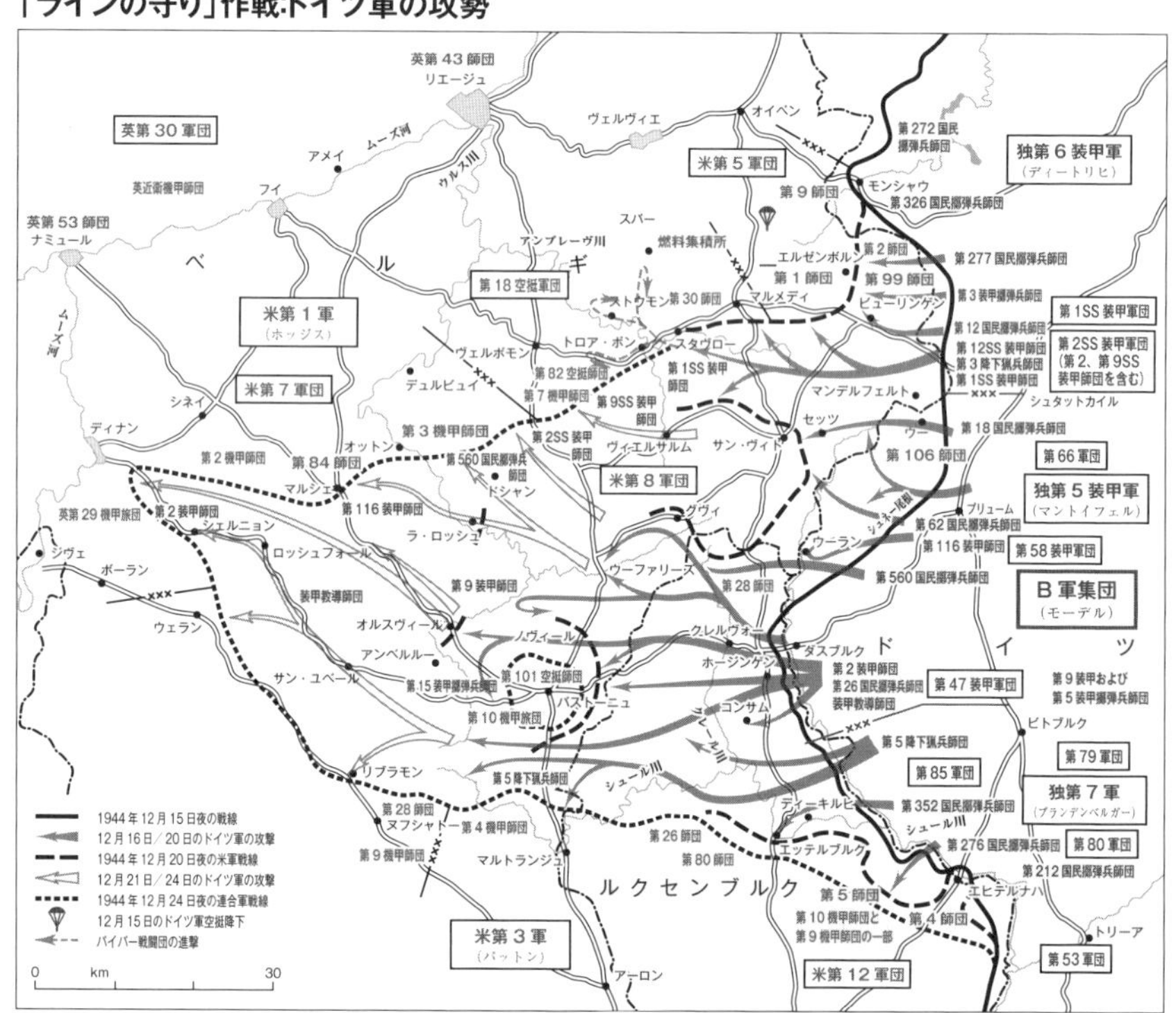

長い戦争でかつての錬度を失っていたドイツ装甲部隊は、奇襲で混乱しつつも頑強に抵抗するアメリカ軍を攻めあぐね、北の要衝サン・ヴィトは確保したものの、南のバストーニュは占領できなかった。そして進撃は、燃料の欠乏もあって停滞してゆく。

フ・ガーランドその人だった。ガーランドは、戦略爆撃のために飛来する四発爆撃機ではなく、前線近くで戦術目標に向かう双発爆撃機を撃滅したこの第4飛行隊の隊員たちを祝福し、「この隊は西部戦線最優秀の戦闘機隊である」と称賛している。

B-26部隊の「虐殺」の日となった12月23日、第9空軍司令官アンダーソン中将は突然の大損害に驚愕し、戦略爆撃部隊によるドイツ西部の航空基地に対する全力攻撃を総司令部に対して要請した。

この要請を受けてアメリカ第8空軍はB-17、B-24からなる2034機の重爆撃機編隊に、P-51マスタングを主力とする818機の護衛戦闘機をつけて「ラインの守り」作戦の基地となっているドイツ西部の飛行場爆撃を実施した。イギリス空軍爆撃機コマンドもこれに呼応し、248機のハリファックス、79機のランカスター、11機のモスキートを同作戦に振り向けた。

この爆撃作戦は一日に行われたものとしては史上最大のもので、これより大規模な出撃は12月24日以前にも以後にも存在しない。第二次大戦中最大の爆撃作戦は、アルデンヌの航空戦を支援するために実施されているのだ。

そして緊急即応の反撃作戦であるため、大規模な作戦であるにもかかわらず、特定の作戦名は与えられていない。

もっとも、この爆撃作戦の成果は無きに等しいものだった。24日は天候が良好だったこともあり、爆撃を受けた基地のドイツ戦闘機隊は前日と同じく出撃を続けていたため、空襲時の在地戦闘機はほとんど無く、しかも予備機は連日の空襲のために、長い誘導路で結ばれた飛行場から離れた偽装掩体に隠されており、投下された爆弾は滑走路に無数のクレーターを生じさせただけに終わっている。

激しい爆撃で破壊された滑走路を、民間人も動員した徹夜の復旧工事で回復した基地もあれば、破壊された舗装滑走路を避けて草地に臨時滑走路を設けることで機能を維持した基地もあった。小型の単発戦闘機にとって舗装滑走路は必須ではなく、その基地機能を一日の爆撃で完全に奪うことは困難だったのである。

連合軍はなぜ攻勢を察知できなかったか

このような失態が繰り広げられた背景には、連合軍総司令部がドイツ空軍の攻勢準備を正しく察知できなかったという事情があった。

連合軍が傍受していたドイツ軍のエニグマ暗号通信の解読情報、秘匿名称「ウルトラ」は早くも、ドイツ戦闘機隊に作戦概要が通達された12月4日には、ドイツ第2戦闘機軍団が前線上空通過時に味方識別に用いる「黄金の雨」ロケット照明弾と、目標表示用の発煙弾の集積を命じる電文を捉えていた。しかし連合軍情報部隊は、この電文の意味するところを分析できず、せっかくの「ウルトラ」情報は機能しなかった。

次いで12月12日には、同じく第2戦闘機軍団の電文が傍受され、それはJu88誘導機が戦闘機の誘導に用いる照明弾の使用について発せられたものであることが判明している。さらに翌12月13日には、ＪＧ27にJu88誘導機が与えられたことを伝える電文が傍受され、この時点で連合軍情報部隊は、ドイツ空軍戦闘機隊の動きが本土防空作戦ではなく地上軍の戦術支援にあるらしいことを察知した。だが、この情報が作戦指揮に反映されることは無かった。

さらに「ラインの守り」作戦が開始されて数日を経た12月20日には、「特別行動」に関する不時着飛行場の指定について命じた第3戦闘機師団の電文も傍受されたが、なんらかの航空攻撃計画が実施間際にあることを暗示するこの情報も、具体的に検討されることは無かった。

1944年12月25日、アルデンヌ上空の空戦を見上げるアメリカ陸軍の高射砲部隊

総じて「ドイツ軍が西部戦線で攻勢に転ずる」という事態そのものが、連合軍に想定されていなかったことを示している。油断からくる失態ではあるものの、これは無理もないことで、戦略爆撃にあたる第8空軍は、「ドイツの戦争経済はすでに破綻しており、継戦能力はあと6ヶ月程度」と報告していたからである。

そして、この報告は正確だったのだ。

西部戦線の進撃が停止したことで、戦術支援任務から解放された連合軍の戦略爆撃部隊は、ドイツ国内の鉄道輸送網と人造石油工業の両方を破壊し、1944年9月を境にドイツ国鉄は輸送能力を急速に喪って、兵器産業部門への資源輸送は停止寸前となっていた。兵器の出荷量こそ増加していたが、現実には資源入手の見通しが全く立たないまま、国内の各兵器工場はそれまで積み上げられた資源ストックを利用して、最後の増産を行っているに過ぎなかった。

ドイツの戦争経済はすでに心臓停止状態にあったが、そこに送り込まれた最後の血液で生み出した成果を「ラインの守り」作戦に根こそぎ投入してくるとまでは、連合軍もさすがに予想できなかったのである。

人員・機材の大消耗戦

クリスマス・イブ以後の戦い

12月24日には、KG51のMe262A-2a戦闘爆撃機が出撃に加わり、KG76のAr234B-2も出撃を開始した。しかし、バストーニュ爆撃に向かったSG4第2飛行隊のFw190F-8は、目標を誤認してバストーニュ南方60kmも離れた地点を誤爆したのち、護衛のJG2戦闘機隊が燃料不足で離脱した直後にP-47、P-51に襲撃されて壊滅的損害を受けた。

同日、JG77航空団指揮官ヨハネス・ヴィーゼ少佐が、スピットファイアに撃墜されて落下傘降下したものの重傷を負って戦線を去った。また、JG3の第2飛行隊第4中隊は航空団の作戦開始以来、3人目となる中隊長を失ったが、中隊内に指揮官適任者がなく、士官でもなければ戦闘機経験も無い曹長が中隊の指揮を執るという事態が発生している。ドイツ軍にとって、これは危険な兆候だった。

12月25日は、前日の連合軍による基地大空襲の影響から一部の部隊で整備遅延や基地移動が発生した結果、出撃はやや低調となったが、リエージュ、サン・ヴィト、マルメディ等、各地で空中戦が繰り広げられた。

12月26日には、SG4によるバストーニュへの爆撃が行われたほか、前日と同じく空中戦が行われ、翌27日にもバストーニュ爆撃が実施された。この日はFw190D-9を装備したJG54第3飛行隊が初めて作戦に参加したが、期待のD-9はイギリス空軍のテンペスト戦闘機との空中戦において、1機撃墜の報告と同時に5機を撃墜されている。こうしたどうにも分の悪い数字は、「ラインの守り」作戦で本格的に出撃し始めた新鋭機Fw190D-9の典型的な空戦結果だった。

12月28日から同31日にかけての戦闘では、ドイツ戦闘機隊は損失に耐え切れず明らかに息切れし始めていた。JG54第3飛行隊のFw190D-9はこの日、8機撃墜を報告したものの17機を撃墜され、13人が戦死または行方不明、2人が負傷して戦線を去った。この中には飛行隊指揮官のロバート・ヴァイス大尉も含まれていた。そしてJG4第2飛行隊では、爆撃機隊出身で戦闘機経験皆無のゲアハルト・シュレーダー少佐が指揮官となるなど、機材よりも幹部の消耗が問題化しつつあった。

12月23日の天候回復後、連合軍機の行動は活発となり、攻勢開始以来の損害が重なってきたドイツ戦闘機隊の迎撃をかいくぐり、進撃するドイツ地上軍や後方連絡線を攻撃した。写真は12月26日、ドイツ軍占領下のサン・ヴィトを爆撃する、イギリス空軍のランカスター重爆撃機

また、損害が続いたJG1第2飛行隊では、12月30日と31日に合計19機のFw190D-9の補充を受けたが、搭乗する隊員がおらず、機材を基地まで空輸して来たフェリーパイロット15人をその場で飛行隊に編入し、残りは人員に少し余裕があったJG1第1飛行隊から配置換えして凌ぐこととなった。JG1の損害はかなり深刻で、作戦開始以来、飛行隊指揮官2人と中隊指揮官4人を失っている。ドイツ空軍戦闘機隊にとって、一般隊員だけでなく指揮官クラスの払底という深刻な事態が起こっていた。

額面どおりでは無かったドイツ空軍戦力

航空工業が果たした増産結果と、連合軍側の油断とに助けられて、「ラインの守り」作戦にほぼ計画通りの大兵力を動員できたドイツ空軍だったが、地上軍の進撃は60㎞程度の突破を実現したものの、計画とはかけ離れた地点で停滞し始めた。ドイツ地上軍は1月に入ってからもじりじりと前進してミューズ河畔近くまで達したが、結局そこから押し返されてしまっている。膨大な航空兵力が投入されたにもかかわらず、ドイツ空軍が当初の作戦目標を達成できなかったのはなぜだろうか。

その大きな要因は、連合軍機との空中戦である程度の戦果を挙げつつも、攻勢開始以来、連日にわたりその戦果に見合わない大損害を被り続けたことにある。

サン・ヴィト上空、バストーニュ上空、または戦域全体で繰り広げられた制空戦闘では、敵戦闘機1機の撃墜と引き換えに数機の友軍戦闘機が返り討ちにあうという、悲惨な結果が続出していたのである。敵戦闘機との空中戦で圧倒的な敗北を続けたことが、最終的にドイツ戦闘機隊の活動を制限することとなり、地上軍への支援任務を妨げる結果となった。

1943年から激しさを増したドイツ本土防空戦は、戦闘機乗員の消耗をかつてない水準に押し上げ、毎月生じる大量の損害によって熟練乗員が失われた。1944年には、前線部隊に新規配属される乗員の平均飛行時間は最悪で100時間程度にまで低下していた。連合軍の戦闘機乗員が第一線に配属される際には、その数倍の飛行時間を経験しているのが常だったが、激しい消耗に苦しむドイツ空軍にはそうした余裕がもはや無かったのである。

そして1944年夏以降、P-51を代表とする連合軍の護衛戦闘機のために任務遂行が困難となったドイツ空軍の双発駆逐機部隊が解散され、その乗員が単座戦闘機隊に転科するようになったが、同じ戦闘機とはいえ、双発機の乗員に単座戦闘機の戦闘法を教育するには時間が足りなかった。

さらに、西部戦線の制空権喪失によって活動が困難になった爆撃機隊を解散して戦闘機に転科させたことも、結果的に戦闘機隊の戦力を大きく削ることとなった。経験を積んだ爆撃機操縦者は航法能力に長けてリーダーの素質はあったが、なまじ経験を積んだ操縦者であるために編隊長を務めることも多く、戦闘機の戦い方を習得していない幹部を生み出すことになったのだ。

また、補充要員の大半を占めた飛行学校卒業者の第一線部隊への直接配属は、末期的状況を加速することになった。各戦闘機隊の多くは飛行隊指揮官、中隊長クラスまでは経験を積んだ乗員が務め、その多くは5機以上の撃墜戦果を誇るベテランだったが、率いる編隊のほとんどを若年乗員が占めるようになった結果、編隊長機に損害が生じると編隊そのものが潰走してしまう事態が多く生じた。

要するに、機材の増産によってドイツ空軍戦闘機隊の兵力は額面上はかつてないほどに充実していたが、その実力は戦力とはかけ離れた水準にあったのである。こうした状況下では飛行隊であれ、中隊であれ、その核となる指揮官の存在が極めて重要になっていた。未経験者ばかりの隊員からなる部隊が、戦闘機隊として機能するための最後に残された頼みの綱が、各クラスの指揮官だったのである。そして彼らの補充はもはや不可能だった。指揮官の戦死は、部隊の機能消失に直結していたのだ。

アメリカ軍戦闘機に撃墜されるFw190A(1944〜1945年頃)。「ラインの守り」作戦に大量の航空機を投入したドイツ空軍だったが、本土防空戦における多大な熟練搭乗員喪失を背景とする錬度不足や、他機種からの転科の弊害もあり、連日にわたって戦果に釣り合わない損害を出し続けた

ドイツ戦闘機隊の大損害

「ラインの守り」作戦の発動以来、局所的に大きな戦果を挙げながらも、ドイツ戦闘機隊の被った損害は膨大なものとなっていた。実質的に戦闘初日となった12月17日だけでも、戦闘機隊の戦死・行方不明者は最大で55人。負傷者を含めば合計79人が失われ、12月18日にも戦死・行方不明・負傷で計33人が失われたといわれる。

天候が回復して連合軍との本格的な激突が始まった12月23日には、同様に計98人が失われ、12月24日には戦死・行方不明85人、負傷21人の計106人という恐るべき損害を出し、翌25日には計62人、27日には計50人を数える。「ボーデンプラッテ」作戦前日の12月31日にも計49人が失われた。具体的な数字が不明な日もあり、記録が錯綜しているため、これらの数字は必ずしも正確ではないとはいえ、累積する損害の異常さがわかる。「バトル・オブ・ブリテン」当時の損害など何処かへ飛んでしまうかの如き規模なのである。

結局、ドイツ戦闘機隊は12月17日から12月27日の期間で644機が失われ、227機が損傷してその多くが廃却されている。乗員は322人が戦死または行方不明、23人が捕虜となり、133人が負傷したとされる。これに12月28日から31日までの損害を加えたものが、12月中に「ラインの守り」作戦でドイツ戦闘機隊が被った損害総数となる。恐らくあと150機から200機程度の機材と、100人以上の戦死傷者があると推定される。ちなみに戦死・行方不明が多く、負傷者が少ないのは、敵支配地域上空での戦闘が多いため、無事に落下傘降下した者も捕虜となったことによる。

指揮官クラスを失った部隊
(1944年12月16日~31日)

失われた指揮官	部隊名	人数
航空団司令	JG77	1名
飛行隊長	I/JG1 III/JG1 IV/JG3II/JG27 III/JG54 I/JG77	6名
飛行中隊長	2、4、10、11/JG1 12/JG2 1、3/SG4 1、2、3、4、13、14/JG3 10/JG6 4/JG26 4、7、15/JG27 14、16/JG54 2/JG77	21名
合計		28名

上の表のように、12月中の戦闘で失われた指揮官クラスの総数は28名におよび、「ボーデンプラッテ」作戦での損失指揮官数22名よりも多い。指揮官クラスの損失は容易に補えるものではなく、各部隊の戦力の急速な弱体化を招いた。

そして機材の消耗は幾らかを補うことができたとしても、取り返しのつかない損害があった。言うまでもなく指揮官クラスの大量損失である。

12月16日から12月31日までの戦闘により、戦死または行方不明、捕虜、負傷などの原因で失われた各級指揮官は上の表の通りである。

まさに壊滅的な損害だった。

止めとなった「ボーデンプラッテ」

12月中の攻勢支援作戦として、西部戦線の北半分で展開された航空戦は、ドイツ空軍に致命的な損害を与えていた。

数多くの乗員と、もはや交替要員のいない指揮官クラスを大量に失った戦闘機隊の士気は低下していた。戦闘機隊指揮官の中には、予定された敵飛行場攻撃作戦は中止されると予想する者もあり、事実、組織的な戦闘能力は救いようも無いほど低下していた。

しかし、そんな戦況であっても新鋭機材の補充だけは順調に行われた結果、各隊の保有機数は12月31日になっ

主要部隊の保有機と可動機数(1944年12月31日)

部隊	装備機種	定数	12月31日 保有機数	可動機数	可動機比率
JG1司令部	Fw190A-9	4	1	1	100%
第1飛行隊	Fw190A-8/A-9	68	27	22	81%
第2飛行隊	Fw190A-8	68	50	36	72%
第3飛行隊	Bf109G-6/G-10/G-14	68	18	12	67%
JG2司令部	Fw190A-8R6/D-9	4	5	4	80%
第1飛行隊	Fw190A-8R6/D-9	68	46	35	76%
第2飛行隊	Bf109G-14/K-4	68	29	20	69%
第3飛行隊	Fw190A-8/A-9/D-9	68	42	40	95%
JG3司令部	Fw190A-9	4	5	3	60%
第1飛行隊	Bf109G-10/G-14AS	68	30	22	73%
第2飛行隊	Bf109G-14/K-4	68	24	17	71%
第3飛行隊	Fw190A-8R2	68	30	19	63%
JG4司令部	Fw190D-9/Bf109G-10	4	2	2	100%
第1飛行隊	Bf109G-6/G-10/G14	68	26	23	88%
第2飛行隊	Fw190A-8R2	68	28	24	86%
第3飛行隊	Bf109G-14/K-4	68	28	10	36%
第4飛行隊	Bf109G-10/G-14/K-4	68	32	19	59%
JG6司令部	Fw190A-9	4	4	3	75%
第1飛行隊	Fw190A-8	68	34	29	85%
第2飛行隊	Fw190A-8/D-9	68	55	46	84%
第3飛行隊	Bf109G-10/G-14AS	68	40	21	53%
JG11司令部	Fw190A-8/D-9	4	6	4	67%
第1飛行隊	Fw190A-8	68	17	16	94%
第2飛行隊	Bf109G-6U2/G-14AS/K-4	68	59	31	53%
第3飛行隊	Fw190A-8/A-9	68	63	47	75%
JG26司令部	Fw190A-8/D-9	4	3	1	33%
第1飛行隊	Fw190A-8/D-9	68	51	32	63%
第2飛行隊	Fw190D-9	68	39	32	82%
第3飛行隊	Bf109G-14/K-4	68	43	20	47%
JG27司令部	Bf109G-10/Fw190D-9	4	3	3	100%
第1飛行隊	Bf109G-10/Fw190D-9	68	23	22	96%
第2飛行隊	Bf109G-10/G-14AS	68	21	13	62%
第3飛行隊	Bf109K-4	68	26	15	58%
第4飛行隊	Bf109G-10/G-14	68	32	17	53%
JG53司令部	Bf109G-14AS	4	4	3	75%
第2飛行隊	Bf109G-14AS/G-14U4/K-4	68	42	22	52%
第3飛行隊	Bf109G-14AS	68	35	26	74%
JG54第3飛行隊	Fw190D-9	68	49	32	65%
JG54第4飛行隊	Fw190A-8/A-9	68	33	15	45%
JG77司令部	Bf109G-10	4	2	1	50%
第1飛行隊	Bf109G-14U4/K-4	68	25	18	72%
第2飛行隊	Bf109G-10/G-14	68	27	20	74%
第3飛行隊	Bf109K-4	68	27	18	67%
SG4司令部	Bw190F-8	4	6	3	50%
第1飛行隊	Fw190F-8	68	29	21	72%
第2飛行隊	Fw190F-8	68	36	27	75%
第3飛行隊	Fw190F-8	68	36	24	67%
KG51司令部	Me262A-2a	1	1	0	0%
第1飛行隊	Me262A-2a	40	30	21	70%
第2飛行隊	Me262A-2a	40	13	3	23%
KG76実験隊	Ar234B-2	16	13	6	46%
		2589	1350	921	67%

12月末の戦力表からはドイツ空軍の疲労度が窺える。攻勢開始後の補充は新型のFw190D-9で行われるため、損害補充の多い部隊ほどFw190D-9の割合が高まった。定数と保有機数の差の最大はJG27の171機である。

ても合計１４４６機を数えていた。作戦開始時に１７７０機（※4）だった兵力は、書類上ではいまだ健全だったのだ。

　そして地上軍の攻勢は停滞していたものの、新たに獲得したアルデンヌの突出部はそのまま維持されており、同時に敵航空兵力の激しい攻撃に曝されて危機的な状況にあった。そうした状況下で、12月31日に「ボーデンプラッテ」作戦の準備命令「ヴァルス」が下令され、翌１月１日に出撃準備命令「テウトニクス」が発令、夜明けと共に出撃命令「ヘルマン」が発せられた。

　ドイツ戦闘機隊は稼働兵力の９２９機をベルギー、オランダ、フランス西部の敵飛行場に向けて発進させ、さらなる大損害を被ることとなる。１月１日の敵飛行場攻撃では、戦闘機のみで２７１機を損失し、65機が損傷した。そして戦死・行方不明者は１４３人、捕虜70人、負傷21人。そこには22人の指揮官クラスが含まれていた。

　一方、地上では12月下旬以降、アルデンヌ突出部の南北で反攻に転じた連合軍により、ドイツ軍は次第に後退、２月上旬には攻勢前の線まで押し戻され、「ラインの守り」作戦は失敗に終わることになる。

　この戦いを生き残ったドイツ空軍搭乗員たちにとって、12月中の戦いも１月１日の飛行場攻撃も連続した大消耗戦と感じられ、「ラインの守り」作戦における一連の航空戦は、12月中の悪夢のような損害も含め、痛恨の想いと共に「ボーデンプラッテ」作戦として印象づけられることとなったのである。

1945年1月1日の「ボーデンプラッテ」作戦での損害は、12月中に莫大な人員・機材の損耗を被ったドイツ空軍に止めを刺すものとなった。写真は機体の不調によってブリュッセル近郊に不時着したFw190D-9。ドイツは空陸の大攻勢に失敗し、降伏への道をたどることになる

■参考文献

John Manrho/Ron Pütz "BODENPLATTE : The Luftwaffe's Last Hope"／Alfred Price "The Last Year of the Luftwaffe : May 1944 - May 1945"／Jerry Scutts "B-26 MARAUDER UNITS OF THE EIGHTH AND NINTH AIR FORCES"／ヴェルナー・ジルビッヒ（著）、岡部いさく（訳）『ドイツ空軍の終焉』

※4 地上攻撃部隊を含まない、戦闘機隊所属の単座昼間戦闘機の総数。

航空戦史
-航空戦から読み解く世界大戦史-

2020年2月29日発行
2020年8月25日　第2刷発行

著者　古峰文三

装丁・本文DTP　御園ありさ（イカロス出版制作室）
編集　及川幹雄
発行人　塩谷茂代
発行所　イカロス出版株式会社
〒162-8616 東京都新宿区市谷本村町2-3
[電話] 販売部 03-3267-2766
編集部 03-3267-2868
[URL] https://www.ikaros.jp/
印刷所　図書印刷株式会社